PHILIPP BLOM

Die Unterwerfung

Anfang und Ende der
menschlichen Herrschaft
über die Natur

Hanser

Für Lea und Benedikt

1. Auflage 2022

ISBN 978-3-446-27421-1
© Carl Hanser Verlag GmbH & Co. KG, München
Umschlaggestaltung: Peter-Andreas Hassiepen, München
Motiv: © akg-images / Johann Joseph Leyendecker:
Mechernicher Bleibergwerk (Eifel), 1854.
Öl auf Leinwand, 108 × 155 cm.
Satz: Greiner & Reichel GmbH, Köln
Druck und Bindung: CPI books GmbH, Leck
Printed in Germany

Inhalt

Der Schwung in die Lüfte 7
PROLOG Kauf eine Wolke mir 9

I MYTHOS

Die Welt auf einer Vase 29
Gilgamesch, der Held 33
Der Blick von der Zinne 39
Landschaft und Erinnerung 44
Der freie Markt der Opfer 50
Vor der Flut 53
Auf der Suche nach dem verlorenen Matriarchat 57
Auf der Suche nach der vermuteten Religion 66
Der tanzende Gott 70
König der Welt, König von Assyrien 73
... und macht sie euch untertan 77
Lost in Translation? 83
Seht meine Werke! 85
Der Sieg des Lichts über die Dunkelheit 92
Die Landkarte der Missverständnisse 106

II LOGOS

Landschaft mit Sturz des Ikarus 117
Warum Europa? 127
Die Last des Imperiums und die Technologie 141
Die Industrie der Rechtfertigung 148
Das eherne Zeitalter 152
Monsieur Grat und sein Herr 159
»Wenn ich nur seinen Geist malen könnte!« 166

Der Kanon und der Antichrist   174
An Experiment on a Bird in an Air Pump   181
Die Theologie der Fische   192
Lissabon   196
Ein Werk der Natur   206
Tugendterror   221
Der Freibrief   230
Ausgestopft und ausgestellt   243
Das stille Sterben der Saartjie Baartman   251
Die Hasenjagd   262
Modern Times   274

III   KOSMOS

Agonie   281
Der einarmige Holzfäller   291
Liberale Lebenslügen   297
Die Welt als Uhrwerk   301
Bewunderung für Menschenfresser   308
Verstricktes Leben   315
Eine Handvoll Erde   326
Riskantes Denken   333

Dank   347
Anmerkungen   349
Bibliografie   354
Bildnachweis   364
Personenregister   365

Der Schwung in die Lüfte

Ein Moment des höchsten Todesmutes, des blinden Glaubens, als er auf die Klippe zurennt und sich dann in die Luft wirft, auf die Flügel vertrauend, die fremd und starr sind, bis der Wind sie ergreift und sie mit einem Satz in die Höhe hebt, als wären es nur Federn. Da fliegt er, steigt er auf, rast er mit flatternden Fittichen in die Sommerluft, über der Insel. Er sieht die Häuser unter sich, die Bäume und die Felder und die Berge selbst immer kleiner werden, das glitzernde Meer reicht bis an den Horizont, ans Weiß überall. Er fühlt seine Kraft, hebt sich weiter in die Höhe mit jedem Flügelschlag und immer weiter. Unter sich sieht er seinen Vater fliegen. Nie würde der den Mut haben, sich so weit in den Himmel zu schwingen, einem Gott gleich, dem Beherrscher der Inseln und des Meeres. Er aber hört das Pulsieren des Blutes, das in seinen Ohren pocht und durch seine schwellenden Adern läuft, er fühlt jede Anspannung seiner Muskeln, er fühlt die warme Luft, die ihn umströmt wie eine fließende Umarmung, der Atem einer unbekannten Göttin. Ikarus schwingt sich weiter empor, weiter als die Möwen und Gänse, höher als die kühnsten Adler fliegen. Er hat es geschafft. Er ist der Welt da unten entkommen. Ihren tyrannischen Gesetzen. Von nun an wird er seine eigenen Gesetze schreiben. Von nun an wird er wie ein König leben, erhaben, frei und auf jede Herausforderung gefasst. Er wird der Herr sein von alledem, von diesen kleinen Flecken Land, die von hier oben aussehen, als hätte ein Vogel sie im Flug fallenlassen, als hätten die Götter mit den Inseln gewürfelt, um einen Preis zu gewinnen. Gleich erreicht er die Wolken, die frei und unbezähmbar im Himmel fliegen, gleich wird er sie greifen können und ihnen ihr Geheimnis entreißen.
Nur wenige Flügelschläge noch, dann ist er dort.

PROLOG
Kauf eine Wolke mir

Ich habe großen Respekt vor dem Material. Als wäre es selbst ein Lebewesen. Das meiste ist ja von Menschen erdacht. Und man muss es wieder zum Erzählen bringen. Nicht der Autor erzählt, wie wir früher immer eingetrichtert bekommen haben. Alle Menschen und Ereignisse erzählen.

Alexander Kluge[1]

Sieh in den Himmel, auf die Unendlichkeit und davor auf den hoch gekuppelten Tumult der Wolken. Egal, was auf dem Streifen Land darunter liegt: ein Alpenpanorama, der tägliche Stau auf dem Sunset Boulevard, eine Industrieruine, sturmgepeitschte Ozeane, Getreidefelder oder glitzernde Wolkenkratzer: Dort oben weht der Wind frei, dort müssen auch die Gedanken frei sein in immer neuen Formen. Dort muss die letzte Wildheit herrschen.

Maler sind seit jeher verliebt in Wolken, in ihre stürmischen Metamorphosen, in die Sinnlichkeit der Formen, das Spiel von Licht und Schatten und die dramatischen Stimmungsumschwünge, die hereinbrechen, wenn plötzlich die Sonne verschwindet oder wie eine Offenbarung durch die aufgetürmten bleiernen Massen bricht.

Die größten Wolkenvirtuosen waren jene Holländer, die um die Mitte des 17. Jahrhunderts begannen, die eigene Stimmung in der Zerrissenheit und der Poesie der himmlischen Landschaften zu sehen, schon weil die irdische Landschaft ihnen nicht viel zu bieten hatte: kaum ein Hügel, geschweige denn dramatische Gipfel und Schluchten, majestätische Flüsse oder Panoramen. Hier war alles feucht und klein, bräunlich mit Grau, ohne große Akzente, antike Ruinen oder andere Quellen des erha-

1 Jacob van Ruisdael, *Weizenfeld*, ca. 1670, Öl auf Leinwand, 100 x 130,2 cm, The Metropolitan Museum of Art, New York, Nachlass Benjamin Altman, 1913, Accession Number: 14.40623

benen Schauers. Die Menschen dort waren Bauern oder Heringsfischer. Das Land war ein Strich am Horizont, nur von einigen Bäumen oder einer Reihe von Windmühlen unterbrochen. Große Teile dieser Landschaft waren von Menschenhand erschaffen; nicht nur die Felder, deren Ränder wie mit dem Lineal gezogen waren, auch die Kanäle und die Städte, überhaupt das Land selbst, das Ingenieure, Deichgrafen und die harte Arbeit anonymer Arme der Nordsee abgetrotzt hatten. »Gott hat die Erde geschaffen«, sagt eine alte Redensart, »und die Holländer ihr eigenes Land.« An Selbstbewusstsein fehlte es ihnen nicht.

Die Maler aber suchten nach mehr als nach abgezirkelten Produktionseinheiten der Marktgärten und Kuhweiden. Ihre Auftraggeber, die Patrizier von Amsterdam und anderen Handelszentren, verlangten nach bildlichen Darstellungen ihres Lebensgefühls und ihrer Ideen. Sie waren strenge Protestanten, die glaubten, dass sie Gott direkt Rechenschaft schuldig waren. Ohne Beichte und Absolution waren sie ganz auf ihr Gewissen zurückgeworfen. Die Künstler der Zeit projizieren dieses Drama in die Natur. Leinwände, auf denen ein Bauernhaus oder ein Wäldchen zu sehen ist, bilden die Bühne für psychologische Dramen, in denen die Wolkenmassive den Sturm der Emotionen und der inneren Kämpfe darstellen.

Im Himmel erkannten Rembrandt, Ruisdael und ihre Kollegen die letzte Wildnis einer aufgeschütteten, abgezirkelten, in Streifen geschnittenen Welt. Das Meer, der ewige Ernährer und ewige Feind aller Küstenvölker, repräsentierte die Natur, die sich nicht bezwingen ließ und deren Kraft man respektieren musste, wenn einem das Leben lieb war. Das Meer war aber immer auch Quelle für Fisch und Handelsware, für Arbeit und Karrieren. Bei aller Achtung hatte man eine pragmatische Beziehung zur Nordsee. Der Himmel war der letzte Raum, in dem die Stürme der Seele sich abbilden ließen.

*

1. Juli 2021: hundertjähriges Jubiläum der Kommunistischen Partei Chinas. Eine Ehrengarde marschiert vor 70 000 geladenen und uniformierten Gästen und 56 geladenen Artilleriegeschützen über den Platz des Himmlischen Friedens und durch ein riesiges Tor, das mit den Jahreszahlen 1921 und 2021 sowie Hammer und Sichel in Gold gekrönt ist. Die Soldaten bewegen sich mit der Disziplin eines einzigen Körpers, jeder Winkel exakt abgezirkelt, das Metall ihrer Gewehre blitzt in der Sonne, ihr Blick ist starr nach vorne gerichtet, in eine glorreiche Zukunft. Beim Hissen der Nationalflagge schießen die Kanonen hundert Salutschüsse. Die Kommunistische Jugend und die Jungen Pioniere zollen der Partei vor einem riesigen Porträt von Mao Zedong enthusiastisch Tribut. Die jungen Menschen tragen im linken Ohr kleine Kopfhörer, damit sie die Sprechchöre und Parteihymnen perfekt synchronisiert skandieren können, nichts ist hier dem Zufall überlassen. Helikopter fliegen in der Formation der Zahl »100« über den Platz.

Abseits von dieser Zeremonie und den omnipräsenten Postern, Bannern und Leuchtreklamen für das Parteijubiläum geht das normale, chaotische Leben der Stadt weiter. Die drückende Glocke aus Smog, die sonst das Atmen erschwert, hat sich gelichtet – ein für viele Menschen in Peking willkommener Nebeneffekt der Feierlichkeiten: Der Himmel strahlt blau und obwohl die Bilder dieses Tages deutlich einen gelblich-grauen Dunst über den Häusern erkennen lassen, sind die Sichtweite und Luftqualität doch wesentlich besser als an anderen Tagen, weil in der Umgebung Pekings Fabriken mit besonders stark schmutzigen Abgasen einige Tage vor der Zeremonie ihre Produktion herunterfahren mussten.

Internationale Wissenschaftler fanden für das schöne Wetter an diesem feierlichen Tag aber noch einen anderen Grund: Die Regierung hatte sich einer Technologie bedient, in die sie in den letzten Jahren Unmengen Geld investiert hatte: *Cloud Seeding*. Dabei werden Silberjodid oder andere Chemikalien von Flugzeugen auf Wolken gesprüht, um dort das Entstehen von Tropfen zu stimulieren und am gewünschten Ort das Abregnen der Wolken zu provozieren. Durch den künstlichen Regen am Vortag war die Luft gereinigt und der Himmel über dem Platz des Himmlischen Friedens beinahe blau. Auch den Olympischen Spielen 2008 hatte Cloud Seeding schöne Fernsehbilder beschert.

Nach offiziellen chinesischen Angaben sind allein zwischen 2012 und 2017 mehr als zweihundert Milliarden Kubikmeter Wasser künstlich abgeregnet, Artilleriegeschosse mit Jodid haben 2019 riesige Hagelschäden verhindert. Ziel ist es, die Wetterveränderung durch Cloud Seeding weiter auszudehnen, bis es ein Gebiet abdeckt, das anderthalbmal so groß ist wie Indien, um landwirtschaftliche Produktionsquoten und propagandistische Ereignisse abzusichern.[2]

*

»Ich, Noa Jansma, verkaufe Wolken«, verkündet eine junge niederländische Künstlerin auf ihrer Website. In der Sprache der Wirtschaft erklärt sie ihr Projekt:

1. das Schürfen: Die Wolken werden zu meinem Besitz. Nach der Besetzungstheorie von Jean-Jacques Rousseau bemächtige ich mich ihrer, indem ich eine Grenze um sie ziehe, bevor jemand anders das tut. Ich habe künstliche Intelligenz trainiert, das für mich zu tun.

Prolog Kauf eine Wolke mir | 13

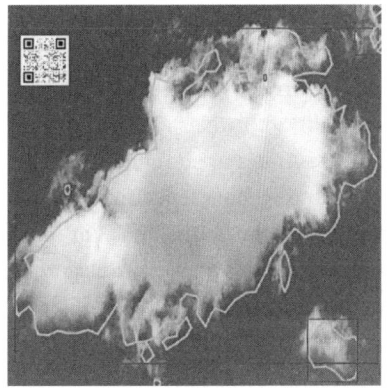

2 Noa-Jansma-Projekt: *Buycloud*.
Quelle: https://www.noajansma.com/buycloud

2. die UR (Unique Registration): Nach der Arbeitstheorie von John Locke müssen Menschen mit den Wolken interagieren, um sie zu ihrem Eigentum zu machen. Ich habe eine Installation gebaut, in der Menschen auf dem Gras liegen können und auf projizierte Wolken blicken, die vorbeischweben. Die Wolken werden nach ihren Eigenschaften bepreist (in €) und ein QR-Code wird hinzugefügt. Wenn die Zuschauer diesen QR-Code mit ihren Handys scannen, betreten sie die Welt der virtuellen Spekulation. Als Teil der Interaktion teilen sie ihre Daten (ein Selfie und ihren Namen) mit der Wolke und bekommen ein Zertifikat.
3. das US (Universal System): Nach der Bezahlung bekommen die Besitzer ein Zertifikat, das auch in einem Online-Kataster archiviert wird. Die gekauften Wolken schweben mit den Kaufpreisen im virtuellen Raum. Inspiriert durch kapitalistische Marktkräfte, können im Kataster größere Wolken kleinere fressen und auf ihre Kosten wachsen.[3]

Die Pandemie hat Jansmas Projekt notgedrungen zu einem Online-Ereignis mutieren lassen. Trotzdem sieht sie gerade für Buycloud eine eindeutige Chance mitten in der Katastrophe: »Neue Studien sagen vorher, dass bei steigenden Emissionen bald keine Kumulus-Wolken mehr existieren werden. Das wird zu einem Temperaturanstieg von 8° Celsius führen – katastrophal für den Planeten, aber hervorragend für den Wolkenmarkt. Der Kauf einer Wolke wird zu einer poetischen, aber stabilen Investition.«

Das Lachen bleibt den Investoren gelegentlich im Halse stecken, aber die Künstlerin will ihre Gedanken noch einen Schritt weiterführen. Ihre Inspiration kam aus der Geschichte der europäischen Unterwerfung anderer Kontinente, erläutert sie: »Als im 15. Jahrhundert westliche ›Entdecker‹ das Land besuchten, das wir heute Amerika nennen, sagten sie den Ureinwohnern, dass sie ihr Land kaufen wollten. Die Ureinwohner waren verwirrt. Ihr Land? Kaufen? Ihr Wortschatz hatte kein Wort oder Verständnis für Eigentum an Naturphänomenen.«[4] Die Wolken als letztes noch nicht kolonisiertes Phänomen warten nur darauf, endlich global vermarktet zu werden.

*

Wolken – der letzte ungezähmte Teil der Natur? Das sind sie, die ewig Veränderlichen, nur in unserer Vorstellung. Längst wird ihre Entstehung durch die Erderhitzung beschleunigt, werden sie beobachtet, klassifiziert, verfolgt, analysiert, chemisch manipuliert und nicht nur in einem Kunstprojekt mit Preisen versehen und zu Spekulationsobjekten gemacht: denn Zukunftsoptionen auf die Erntemengen einzelner landwirtschaftlicher *Commodities* und damit auch Wetten auf das Wetter im Zeitraum der Ernte gehören längst zur Normalität. Mit Wolken lässt sich eine Menge Geld verdienen.

Wer lange genug eine Landschaft (im Englischen schöner: *skyscape* oder sogar: *cloudscape*) von Kumuluswolken beobachtet, ein Feld von feinstem Cirrus im Licht der untergehenden Sonne, oder eine bleiern drohende Gewitterfront, kann nicht umhin, von ihren unerschöpflich einfallsreichen Variationen über ein Thema hypnotisch aufgesogen zu werden. Gesichter und Gestalten erscheinen, Drachen kämpfen mit anderen, wunderbaren Kreaturen, bedrohliche Felswände türmen sich auf, Sonnenstrahlen schneiden durch dunkle Mauern oder illuminieren eine Szene wie in einer barocken Oper. Keine Landschaft kann grandioser sein als die Berge und Schluchten dieser hoch aufgetürmten Chimären. Wie beim Blick auf fließendes Wasser, auf die Brandung oder auf ein Feuer, kann das Bewusstsein von diesem Strom ganz mitgerissen werden, sich am Ende in ihm auflösen.

Die anarchische, ungreifbare, dauernd in Veränderung begriffene Natur der Wolken hat es ihnen erlaubt, sich so lange der Herrschaft der Menschen zu entziehen. Sie gehörten schon immer den Göttern, die sie nach ihrem Willen zusammenballen oder vom Himmel verbannen konnten, in denen sie sich verbergen konnten und aus denen sie ihre Blitze schleuderten.

Jetzt aber, wo smarte Unternehmer und selbsternannte Visionäre längst planen, den Planeten, auf dem sich die Menschheit in jüngster Zeit aufgeführt hat wie eine Rockband in einer Hotelsuite, einfach zurückzulassen und mit einer kosmischen Arche Noah die eigenen zerstörerischen Instinkte und Besitzansprüche in andere Teile der Galaxie zu tragen, ist auch der Raum der Wolken längst kolonisiert. Nur in jenen Winkeln der Vorstellungskraft, die noch nicht von kommerziellen Interessen usurpiert oder betäubt sind, können die Wolken ihre Zauberei noch schwellend und verwehend in den Himmel malen, eine Erinnerung daran, dass alles, was Teil der Natur ist, im dauernden Fluss begriffen ist, unmöglich festgehalten werden kann.

Das gezähmte Land unter den Wolken und der Griff nach immer neuen Eroberungen in der Stratosphäre sind Ausdruck eines kollektiven Wahns, der vollkommen entfesselten Idee nämlich, der Mensch (das Maskulinum ist bewusst gewählt) stehe außerhalb und über der Natur und könne, ja müsse sie unterwerfen. Dieses Menschenbild begreift sich als erhaben über Tiere und andere Lebewesen, sieht die Natur als Kulisse seiner eigenen Ambitionen und als Rohstofflager. Von dieser privilegierten Position aus macht er sich daran, die Welt ganz seinem Willen zu unterwerfen.

Dieser Ehrgeiz ist von einem faustischen Irrsinn umflattert. Gleichzeitig aber ist dieser Wahn der Naturbeherrschung so allgegenwärtig und alldurchdringend, dass es schwerfällt, den nötigen Abstand zu gewinnen, um ihn mit all seinen grotesken und faszinierenden Gesichtern, Masken und Fratzen zu sehen, die auch Wolken schließlich nur zeigen, wenn man nicht mitten in ihnen steckt, sondern sie aus der Ferne betrachtet.

Die Unterwerfung der Natur ist längst zu einer globalen Praxis geworden. In Gesellschaften, die sich gerne als aufgeklärt verstehen und die auch häufig auf eine christliche Tradition zurückblicken, ist dieser Wahn in Naturverständnis und Menschenbild besonders tief verwurzelt. Er wird in Familien und Schulen weitergegeben, findet sich als Muster in

Geschichten, Filmen und Video-Games, auch in Gesetzen, Bemerkungen und sogar Witzen, aus denen heraus die soziale Welt sich den Einzelnen als Träger der gleichen Bezüge darbietet. Diese Unterwerfung prägt den Weltzugang und das Selbstbild vieler Gesellschaften, die sich auf ein gemeinsames Erbe berufen. Aus ihrer Perspektive heraus stellt sich die Geschichte als eine Ausbreitung der Zivilisation und der Entfaltung des Fortschritts dar, der durch Zufall oder Vorsehung in der eigenen Lebensweise oder einer sehr ähnlichen seinen höchsten Ausdruck findet. Der Aufstieg vom Nomadentum zu Ackerbau, Stadtkulturen, Schrift und Geld, Rad und Eisenbahn, Menschenrechten, liberalen Demokratien und globalen Märkten scheint mit unaufhaltsamem Momentum voranzuschreiten.

So zumindest beschrieben es Beobachter im sogenannten Westen nach dem Zusammenbruch der Sowjetunion, aber die Geschichte hat gleich mehrere andere Wendungen genommen. Die Eschatologie der liberalen Demokratien und der liberalen Märkte ist einerseits von der Techno-Zukunft des Silicon Valley abgelöst worden, das dieselbe alte Sehnsucht in neue Bilder kleidet und als Transhumanismus, Besiedlung ferner Planeten oder Herrschaft der Künstlichen Intelligenz inszeniert.

Auf anderen Gebieten ist dieses Narrativ an der Wirklichkeit zerbrochen, von der Klimakatastrophe bis hin zum Aufbrechen postimperialer Wunden und Demütigungen vom Mittleren Osten bis in die Ukraine. Jenseits dieser offensichtlichen Konflikte rasen die Missachtung natürlicher Systeme und der damit verbundene Kollaps der Biodiversität einer vorhersehbaren Katastrophe zu. Anstatt eines himmlischen Jerusalem erscheinen in der mittleren Distanz ein Sodom und Gomorrha.

Das gezähmte und beherrschte Land, der unterworfene Planet zeigt sich überfordert von so viel willkürlicher und plötzlicher Manipulation. Organische Verbindungen, über Jahrmillionen entstanden und in der Erde gespeichert, wurden innerhalb von wenigen Jahrzehnten wieder in die Atmosphäre geblasen: Ihre Energie befeuerte den rapiden Aufstieg einer Spezies zu ungeahnter Macht.

Aus der Perspektive ökologischer Systeme aber hat dieser Aufstieg einen Preis: Fein aufeinander eingespielte Lebenszyklen kollabieren, chemische Zusammensetzungen und Temperaturen von Ozeanen und Atmosphäre ändern sich, Ozeanströmungen und Höhenwinde ändern die Richtung, Polareis schmilzt ab, Regenwälder verschwinden, Meeresspiegel steigen, die Biodiversität kollabiert. Das himmlische Jerusalem ist noch unbewohnt und schon längst kellerfeucht.

Diese natürlichen Prozesse spulen sich ab wie von Wissenschaftlerinnen vorhergesagt, nur wesentlich schneller als in vielen Modellen errechnet. So müssen wir uns darauf gefasst machen, dass auch die nächsten Stadien der Erderhitzung ähnlich ablaufen wie berechnet, aber das Potenzial für Verdrängung, Leugnung und politische Instrumentalisierung ist so enorm, dass sich die bloße, nachvollziehbare und beobachtbare Wahrheit nicht durchsetzen kann.

So vollzieht sich die Katastrophe vor aller Augen. Jedoch ist Homo sapiens kein besonders wichtiger Organismus und wird das Schicksal seines Heimatplaneten nur vorübergehend beeinflussen, davor und danach regieren die Mikroben, für die Säugetiere wenig mehr sind als Trägerorganismen. Homo sapiens freilich – dieser Gedanke entbehrt auf der Bühne der Evolution nicht der Komik – sieht sich als Mittelpunkt, als Maß, als Herrscher der Natur. Er glaubt tatsächlich, dass alle lebenden Kreaturen vor seiner unvergleichlichen Majestät in den Staub fallen.

Ein nüchterner Blick erkennt Homo sapiens als einen Primaten, der sich selbst hoffnungslos überschätzt, einen unwesentlichen Teil in einem System von Systemen, das in der westlichen Tradition als »Natur« bezeichnet wird, einen biologischen Neuankömmling, der im Moment den Zyklus aller innovativen Spezies zu durchlaufen scheint: maximale Ausdehnung, Degradierung der Ressourcen, gefolgt von Zusammenbruch. Diesen Weg ist auch das römische Reich gegangen.

Die Unterwerfung der Natur spielt eine Schlüsselrolle in diesem sich entfaltenden Drama, wenn auch vielleicht eine andere als erwartet. Sie ist längst Teil des Gewebes geworden, in dem unsere Gesellschaften denken und handeln. Sie scheint ein selbstverständlicher Teil des menschlichen Lebens zu sein, dabei war ihr Erfolg nie sicher; ihre Karriere verläuft abenteuerlicher als die vieler Romanhelden. In einer sehr begrenzten geografischen und kulturellen Umgebung hat sich die Idee der Unterwerfung über Jahrhunderte etabliert, um dann zu einem neuen, unendlich viel mächtigeren Leben aufzubrechen. Mit den Schiffen, den Büchern und den Kanonen der Europäer wurde sie in die Welt getragen, die Aufklärer erklärten die absolute Beherrschung der Natur zur vornehmsten Aufgabe des Menschen, Wissenschaftler und Ingenieure machten scheinbar riesige Schritte einer glorreichen Zukunft entgegen, Kapitalisten und Kommunisten gleichermaßen erhoben sie zur Staatsraison und erklärten der Natur buchstäblich den Krieg.

In diesem Buch versuche ich der erstaunlichen Geschichte dieser Wahnidee nachzugehen, von ihrer Geburt im Morgengrauen der dokumentierten Zivilisation bis hin zu ihrem Sterben im Zuge der Klimakatastrophe.

*

Außerhalb der »westlichen« Tradition bietet sich ein ganz anderes Bild. Es gibt kaum andere Gesellschaften, deren Mythen und Geschichten bis heute überliefert und erschlossen sind, die den Menschen als Herrscher über die Natur verstehen, erhaben über das Gekreuch und Gefleuch zu seinen Füßen, dazu ausersehen, sie zu unterwerfen und die Geschichte zu vollenden.

In chinesischen Denktraditionen beispielsweise gibt der Weg, das *Dao*, vor, wie und wohin die Natur fließt und dass Menschen diesen Weg erkennen und das Gleichgewicht respektieren lernen müssen (wie wir später sehen werden, geschieht das allerdings auch nicht so idyllisch, wie es zunächst scheint). Die Azteken sahen sich selbst als Sklaven tyrannischer und inkompetenter Götter, die ihnen in allen Naturerscheinungen begegneten und die nur mit exaltiert blutrünstigen Menschenopfern bei Laune gehalten werden konnten.

Die Aborigines in Australien begreifen sich als Wanderer entlang der Traumpfade ihrer Ahnen, die sie intim mit ihrem Land verbinden und eine spirituelle Geografie formen. Das Volk der Jívaro in Ecuador weiß, dass es ein Volk von Räubern ist, das im Krieg gegen die Natur lebt und sich gewaltsam oder durch List nimmt, was es vom allgegenwärtigen Feind erbeuten kann. Für die neuseeländischen Maori und ihre polynesischen Vorfahren ist die natürliche Welt voller Dinge und Orte, die für alle oder nur für bestimmte Menschen *tāpuu* sind, tabu, die nicht angerührt, gegessen oder betreten werden dürfen.

In der Shinto-Tradition Japans liegt die höchste ästhetische Perfektion und die größte Weisheit in der meditativen Identifikation mit natürlichen und vergänglichen Formen und Prozessen. Menschen vom Volk der San in Botswana und Namibia wissen, dass sie Verwandte von Tieren und Bäumen sind, und dass ihre Ahnen in Steinen und sogar im Wind wohnen können. Es ist leicht, solche Entwürfe als poetische Naivität zu belächeln, aber Kulturen wie die San haben es über mehrere Jahrzehntausende geschafft, in einer relativ stabilen Beziehung mit ihrer natürlichen Mitwelt zu leben. Das westliche Modell ist innerhalb von wenigen Jahrhunderten, wenn nicht von Jahrzehnten an seine Grenzen geraten.

Diese Weltentwürfe (und dies sind nur wenige, willkürlich gewählte Beispiele) unterscheiden sich stark voneinander und transportieren sehr unterschiedliche Menschenbilder und Handlungsmuster. Sie entstanden in Kulturen mit sehr unterschiedlichen Graden der technologischen Entwicklung und sozialer Komplexität, unter sehr verschiedenen klimatischen Bedingungen und als Reaktion auf verschiedenartige Herausforderungen. Gemeinsam ist ihnen aber, dass sie Menschen als Teil eines geschlossenen Systems wahrnehmen.

Viele Traditionen räumen dem Menschen eine gewisse Sonderstellung ein, wie auch Dipesh Chakrabarty beschreibt[5], aber in keinem dieser vielen Weltbilder erscheint die wahnsinnige und atemberaubend narzisstische Idee, dass der Mensch über der Natur stehe und nicht nur andere Menschen und Territorien, sondern die Natur selbst unter sein Knie zwingen könne, sei es durch Gebete oder technologische Arsenale und wissenschaftliche Penetration der letzten Geheimnisse des Kosmos.

Lange war diese Idee lediglich eine unter vielen, der Wahn der Unterwerfung der Natur konzentrierte sich auf die ehrgeizigen Fantasien einiger Mönche und Gelehrter in Europa, einem Teil der Welt, der nach dem Zusammenbruch des römischen Reiches in Anarchie verfallen war. Andere Kulturen mit anderen Ideen über die Welt und zweifellos auch anderen kollektiven Wahnideen entwickelten sich auf anderen Erdteilen. Manche Gesellschaften und ihre Geschichten lebten weitgehend isoliert voneinander, andere waren im ständigen Austausch durch Migration, Handel und Krieg. Keiner der kulturellen Weltzugänge aber schaffte es, sich auf dem ganzen Globus zu etablieren.

Im 15. Jahrhundert entsteht eine rasante historische Dynamik, die dieses Gleichgewicht zerstört. Innerhalb von wenigen Generationen wird das Narrativ der Naturbeherrschung und der Unterwerfung globalisiert, durch die Kolonialmächte eingeschleppt und verbreitet, adaptiert und oft intensiviert von Rebellen und Befreiungskämpfern, von Kirchen, Kommunisten und Kapitalisten gefördert, besungen und exekutiert. In diesem Prozess wurden andere Weltzugänge als rückständig gebrandmarkt und bekämpft, während das Evangelium der wissenschaftlichen Beherrschung der Natur im Dienst des Menschen, der Wirtschaft, des Fortschritts, in Abermillionen von Köpfen gedrillt und zur Not mit Panzerbrigaden durchgesetzt wurde.

Heute ist dieser Wahn so endemisch und mit feinsten Haarwurzeln so tief in die letzten Winkel unseres Bewusstseins und unseres Menschenbildes eingedrungen, dass es vielen Menschen buchstäblich unmöglich ist, sich die Welt aus einer anderen Perspektive vorzustellen. Die Geschichte dieses einzigartigen Wahns ist eine Möglichkeit, kritische Distanz zu dieser Idee zu gewinnen, die in vielerlei Hinsicht die Matrix des westlichen Zugangs zur Natur darstellt.

Deswegen scheint es der beste Weg, die Idee der Unterwerfung der Natur nicht wie ein Insektenforscher aufzuspießen und zu klassifizieren, sondern den gesamten Prozess ihrer Entstehung darzustellen und zu beobachten, wie sie sich entfaltet, neue Köpfe und Kollektive ansteckt, ums Überleben kämpft, sich verändert und triumphiert, von ihren Anfängen in Mesopotamien bis zur globalen Herrschaft und ihrem langsamen Sterben. Aus diesem Zusammenbruch entsteht eine philosophische Revolution, die größer ist als die kopernikanische: die radikale Wiederentdeckung des Menschen als Teil der Natur. Dieses intellektuelle Abenteuer wird in Teil III in diese Geschichte zurückkehren.

Der Mensch als Teil der Natur entsteht, wenn die Geschichte der Naturbeherrschung auf den Kopf (Marx würde sagen: vom Kopf auf die Füße) gestellt wird. Anstatt Homo sapiens als Herrn der Schöpfung zu begreifen, ist es auch möglich, ihn als in alle möglichen Zusammenhänge verstricktes Tier zu verstehen, als Knotenpunkt in einem unendlich komplexen Geflecht auch changierender Zustände, als ein Wesen mit weniger Macht und Willensfreiheit, als es sich schmeichelnd zuspricht.

Wer also handelt eigentlich von dieser Perspektive aus gesehen? Wie wichtig sind in diesem komplexen Bild die Geschichten, die Gesellschaften in ihren kollektiven und individuellen inneren Theatern auf die Bühne schicken und die ihr Handeln lenken sollen? Können kollektive Ideen und Geschichten eine aktive Rolle spielen in der Geschichte, oder sind sie nur passive Hirngespinste? Handeln, mit anderen Worten, Menschen mehr als freie Individuen oder mehr als Teil einer kollektiven Gestimmtheit, eines gemeinsamen kulturellen Horizonts, aus dem Drama ihres inneren Theaters heraus?

Vielleicht ist es interessant, auch den Wahn der Unterwerfung der Natur und mit ihm jeden kollektiven Wahn, jede Geschichte, die sich eine Gemeinschaft erzählt, als einen zwar nicht biologischen, aber doch lebensähnlichen Akteur zu begreifen, der sich mit einer gewissen Intentionalität und Kreativität seinen Weg bahnt, der sich anpasst und ändert und Strategien findet, um sich weiter auszubreiten und mehr Köpfe zu infizieren, so wie ein Virus es tut und damit die Evolution selbst. So stellt sich die Unterwerfung als evolutionäre Dynamik dar, die Menschen benutzt, wie es auch Pilze und zahllose Mikroben tun in dem großen Tanz der Verstrickungen und Abhängigkeiten, den wir »das Leben« nennen. Der Wahn als Handelnder: Diese gewissermaßen evolutionäre Perspektive schafft den nötigen analytischen Abstand, um seine Geschichte überhaupt erzählen zu können.

*

Den passiven Part bei all diesem Nachdenken über das Verhältnis zwischen Mensch und Natur spielt Letztere, die ich weiterhin so bezeichnen möchte, obwohl sich beide Begriffe im Laufe dieser Überlegungen auflösen werden. Die Schwierigkeit des Nachdenkens liegt schon in diesem einen Wort »Natur« beschlossen, von dem man meinen sollte, dass sofort klar ist, was gemeint ist; aber schon beim ersten Nachfragen stellen sich Zweifel ein und niemand weiß, wie sein Gegenüber den Begriff versteht.

Nur um den Bedeutungshorizont ein wenig zu öffnen und dieses Wort in seiner Komplexität aufblitzen zu lassen, sei daran erinnert, dass das Wort »Natur« immer schon einen Unterschied transportiert. Die Natur ist der Kultur entgegengesetzt, die eine definiert das Gegenteil der anderen, aber gleichzeitig hängen sie voneinander ab; Bruno Latour beschreibt sie als die »Siamesischen Zwillinge, die zärtlich zueinander sind oder sich mit den Fäusten prügeln, ohne aufzuhören, denselben Rumpf zu teilen«.[6] Je nach ideologischer Disposition gestaltet sich die Hierarchie zwischen Kultur und Natur unterschiedlich. Die Natur ist unberührt und kommt aus sich selbst (oder durch göttliche Intervention), die Kultur ist von Menschen gemacht und dessen eigentliche Bestimmung. Der Mensch steht zwischen Natur und Kultur. Seine historische Mission liegt in der Emanzipation von der Natur und der Schaffung einer höheren Kultur, der Grundlage seiner Freiheit und seiner Erlösung von seinen irdischen Banden.

Dieses etwas überspitzte Narrativ spiegelt sich in einem künstlerischen Genre, das in einer Epoche zum Leben erwachte, als sich die Beziehung zwischen Menschen und der Natur radikal änderte: Stillleben, die besonders in den Niederlanden des 17. Jahrhunderts populär wurden.

Ein klassisches Stillleben – ein Gemälde mit einem Blumenstrauß oder einem Teller mit Früchten, oder Küchenzutaten inklusive Wild und Fischen – ist nie die Darstellung einer natürlich aufgetretenen, vorgefundenen Szene, sondern ein sorgfältiges Arrangement verschiedener Elemente nach einer moralischen Ordnung. Und ein Stillleben ist nie lebendig. Das französische Wort dafür ist *nature morte*, tote Natur.

Ein Stillleben ordnete die Natur nicht nur – es versah sie mit einem moralischen Inhalt, verwandelte natürliche Dinge wie Blumen und Früchte in bloße Chiffren einer göttlichen Ordnung. Jeder Blumenstrauß zeigte abgeschnittene Blumen, deren Sterben in ihre Schönheit eingeschrieben war, eine Frucht auf dem Höhepunkt ihrer Reife und im Begriff, in Fäulnis überzugehen, schon umschwirrt von den ersten Fliegen. Eine Kerze würde bald niederbrennen, ein Blütenblatt ist rasch vertrocknet, ein Glas geht bald zur Neige, eine Flöte wird nur durch den vergänglichen Atem zu kurzem, melodischem Leben erweckt – und was die häufigen Totenschädel, Rechnungsbücher (dies war eine Nation von Kaufleuten) und religiösen Traktate angeht, so erübrigt sich jede Interpretation. Die Natur wurde zum moralischen Spektakel, zum Raum der Inszenierung der menschlichen Sterblichkeit und eines Verlangens nach Transzendenz.

Diese Denkbewegung, konstatiert Bruno Latour, führt zu einer strukturellen Schizophrenie: »Gerade diese unzulässige Verallgemeinerung jedoch führte zu dem seltsamen Verfahren, einem als objektiv und träge deklarierten Sektor der Welt das Leben abzusprechen und einen als subjektiv, bewußt und frei deklarierten Sektor mit Leben zu überfrachten.«[7] Das Erfahrungskontinuum von Natur/Kultur, in dem das menschliche Bewusstsein existiert, wird aufgespalten in eine individuelle, subjektive, »überanimierte« Kultur und seinen Schatten, eine entseelte, objektivierte Natur. Das eine bedingt das andere.

Die entfernte »Natur« wird einerseits zur stummen Ressource und ökonomischen Externalität, zum anderen aber zum Stillleben, zur Landschaft, zum touristischen Dekor, zu Kitsch. Der Rest ist die historische Rache des Jean-Jacques Rousseau: In einer Gesellschaft, die sich von allen natürlichen Rhythmen, Nahrungsmitteln und Reizen emanzipiert hat und zunehmend auch ihre Erfahrungen in eine Sphäre digitaler Simulacren verlegt, wird eine authentische, unberührte Natur endgültig zum Sehnsuchtsort, auch wenn so eine Natur spätestens seit der Proklamation des Anthropozäns nirgendwo auf diesem Planeten existiert.

Die kulturelle Gegenbewegung zur Künstlichkeit der Kultur ist spätestens seit Rousseau der Rückzug ins Paradies, in die kindliche Unschuld und die Harmonie mit der Natur, ins Idyll. Das ist im besten Falle gefährlich anarchische Romantik, meistens aber schlicht Gedankenkitsch. Es gibt keine Rückkehr und keinen Stillstand in der Natur oder in der Geschichte, keinen ruhenden und neutralen Ort des Denkens, von dem aus die Welt objektiv beschrieben werden kann. Allein die Tatsache, dass alles Denken in und durch alternde, lüsterne, kranke, ängstliche, sich dauernd verändernde Körper und Erfahrungshorizonte geschieht, macht eine solche historische Abstraktion unmöglich.

Zwischen der hyperanimierten Kultur und der passiven Natur, zwischen extremer Trennung von der Natur und der Sehnsucht nach der Rückkehr in ihren Schoß bietet die Geschichte des Westens ein ganzes Panorama an Spannungen und Positionen. Gleichzeitig aber ist die Art, auf die der moderne Okzident die Natur darstellt, so der Anthropologe Philippe Descola, etwas, »was in der Welt am wenigsten geteilt wird«.[8] In vielen Regionen des Planeten werden Menschen und Nicht-Menschen nicht als fundamental voneinander getrennt angesehen, erklärt er. Sie leben in derselben »ontologischen Nische«, haben dieselben Bedürfnisse, sind miteinander verwandt, sind durch dieselben Geschichten miteinander verwoben und sind vollinhaltliche Individuen mit ihrer eigenen Vernunft, Moral und Gesellschaft.

Diese Trennung der ontologischen Nischen zwischen westlichen Menschen und ihrer Kultur und dem, was sie »Natur« nennen, ist nie vollkommen – in der Tat, ein Teil dieses Buches ist der Archäologie des gedanklichen Widerstands dagegen gewidmet –, aber sie hat die Kultur der Unterwerfung ermöglicht und geprägt, indem sie aus den Organismen, mit denen Menschen diesen Planeten teilen, eine *nature morte* gemacht hat.

Wo auch immer auf dem Kontinuum zwischen ekstatischer Auflösung und totaler Objektivierung die verschiedenen Stimmen und Positionen sich finden mögen, sie alle teilen die komplizierte, widersprüchliche Geschichte des Begriffs, von dem sie ausgehen. Es ist wichtig, die schwierige Biografie dieses Begriffs mitzulesen und mitzudenken, wenn im Folgenden scheinbar arglos das Wort »Natur« in verschiedenen Kontexten und Bedeutungen auftaucht und sich jeder klaren Definition immer wieder entzieht.

In einer Bedeutung aber ist die Natur gerade massiv in das Leben von vielen Millionen von Menschen zurückgekehrt. Die Corona-Pandemie hat drastisch verdeutlicht, wie willkürlich und wie aufwändig diese Trennung geworden ist, wie verwundbar Menschen sind, wie unmittelbar Teil der Natur, vernetzt und verstrickt in biologische, ökonomische, politische und soziale Zusammenhänge jenseits ihrer Kontrolle und sogar ihrer Kenntnis. Es ist eine Pandemie, die vermutlich durch menschliche Eingriffe in die Natur verursacht wurde und durch menschlichen Erfindungsgeist beendet werden wird.

Schon jetzt aber hat das Virus Wahrnehmungen und Instinkte verändert, Körpergefühle modifiziert, Arbeitspraktiken geändert, Familiendynamiken und soziale Rituale. Es hat soziale Unterschiede vergrößert und Regierungen bloßgestellt, hat das Vertrauen in die Wissenschaft in manchen Ländern gestärkt und in anderen weiter erodiert, hat Gesellschaften gespalten, zahllose Menschen psychisch und finanziell belastet, Karrieren befördert und gebrochen, zu neuen medizinischen Durchbrüchen geführt, ungekannte staatliche Interventionen verursacht und alten Debatten ein neues Vokabular gegeben. Gleichgültig, wie lange es die Welt in Ausnahmezustand versetzt: Es wird eine andere Welt zurücklassen. Wenn eine biologische Pandemie innerhalb von wenigen Monaten so tiefe Spuren in Denken und Verhalten von Millionen von Menschen hinterlassen kann, gleichgültig, ob sie körperlich infiziert wurden oder nicht, wie ist es mit einer Wahnidee, deren infektiöse Macht schon seit Jahrtausenden wieder und wieder Gesellschaften heimsucht? Und was kommt nach der Pandemie? Irgendetwas kommt immer danach.

I
MYTHOS

Die Welt auf einer Vase

3 Reliefierte Steinvase, Mesopotamien, Uruk-Zeit, etwa 3200–2900 v. u. Z. Museum Bagdad, Iraq Museum

Dies ist die Welt und ihre Ordnung. Ein mächtiger Zylinder aus blassem, gelblich-grauen Alabaster, so groß wie ein zehnjähriges Kind, mit horizontalen Bändern von Figuren, die sich um das Gefäß winden.

Ganz unten, direkt über dem Fuß, kräuseln sich die Wellen, die Wasser von Euphrat und Tigris, die aus der dürren Ebene fruchtbare Felder machen, die Wasser an der Küste, wo sich die süßen und salzigen Wasser einer Göttin und eines Gottes in einem Akt der kosmischen Zeugung vermischt hatten, um die bekannte Welt zu erschaffen, die funkelnden Kanäle, die sich in einem dichten Netz zwischen den Feldern und Gärten erstrecken. Alles ruht auf dem Wasser, das wie im Gilgamesch-Epos die Welt erschafft, ernährt und umgibt.

Das nächste Band zeigt Kornähren und Schilf, kultivierte und wilde

Pflanzen dieser Küstenlandschaft, direkt darüber folgt ein Band mit Schafen und stolz gehörnten Widdern, die einander in scheinbar ewiger Prozession folgen.

Auf der nächsten Ebene schreitet eine lange Reihe von Männern, die Krüge mit Öl oder Bier und Schalen voller Früchte tragen, um ihre Ernte im Tempel darzubringen. Sie sind alle in derselben Geste gefroren, im Profil mit mandelförmigen Augen, markanten Nasen und kahlen Köpfen, die Arme mit ihrer Bürde angewinkelt vor sich gehalten, die Körper weich und stark gebaut, als wollten sie zeigen, dass ihr Herr reich ist und sie genug zu essen haben, die Beine im Schritt geöffnet, die Genitalien klar sichtbar.

Ein breites Band trennt diese unermüdlichen Träger von der obersten Darstellung, die für Betrachter fast auf Augenhöhe ist. Ein nackter Mann bietet der Göttin betend einen Korb mit Früchten dar. Die beiden Schilfbündel mit den ringförmig eingerollten Spitzen identifizieren sie als eine mächtige Göttin.

Dieses Feld zeigt ein ganz besonderes Ritual: Opfer und heilige Hochzeit. Der Herrscher ehelicht Inanna, die Schutzgöttin der Stadt und Herrin des Himmels, Göttin der fleischlichen Liebe und des Krieges, der Gerechtigkeit und der Macht. Wir wissen nicht genau, wie dieses Ritual vollzogen wurde. Vielleicht hat der König stellvertretend mit der Hohepriesterin die Ehe vollzogen, aber so wie die Priesterin bei diesem Koitus nicht mehr nur eine irdische Frau ist, so ist der König gleichzeitig der Leib und Stellvertreter von Dumuzi, dem göttlichen Gefährten von Inanna. Die Herrscher vollzogen so ein alljährliches Ritual, das die Fruchtbarkeit des Landes sicherstellen sollte.

Die Natur – unbelebt, pflanzlich und tierisch – belegt die niedrigsten Ränge der Pyramide, deren Spitze das Opfer im Tempel bildet, die mystische Hochzeit, wie spätere, christliche Autoren den Moment nennen würden, an dem sich das irdische Leben mit dem überirdischen verbindet, um die Ordnung der Welt zu garantieren.

Über den Rängen der natürlichen Welt finden sich die Sklaven und Menschen von niedrigem Status (auch wenn die hier Dargestellten symbolisch entkleidete Priester sein dürften). Erst auf dem höchsten Rang tragen die meisten Menschen (außer dem Priester) rituelle Kleidung. Der

König wird als Bräutigam (leider ist dieses Fragment verloren gegangen) an einer breiten Schärpe zu seiner Braut geführt. Der Priester übergibt eine Brautgabe. Die Braut steht vor dem Eingang zu ihrem Tempel und Vorratshaus, einem Teil der Tempelkomplexe, so wie die Priester und Verwalter zur selben, schreibenden, mathematisch gebildeten Klasse gehörten. Die Lagerung des Getreides für schlechte Jahre, die Besteuerung der Felder und die Fixierung der Preise bildeten die Machtbasis der Tempelelite.

Im Tempel stehen zwei Götterstatuen, mehrere Opfergaben – und ein Paar Vasen, die der Uruk-Vase erstaunlich ähnlich sehen. Archäologen gehen davon aus, dass zu diesem Meisterwerk im Tempel der Inanna noch eine zweite, korrespondierende Vase gehörte und dass beide im Tempel der Inanna standen, sodass die beiden Gefäße auf dieser Darstellung Teil der Geschichte werden, die sie erzählen – eine ewige, selbstreferenzielle Bespiegelung.

Dieses Spiel mit Referenzen ist nicht zufällig, denn das Objekt selbst wird zum Spiel. Das Ritual der Hochzeit zwischen dem Herrscher/Dumuzi und der Göttin (vertreten durch eine Priesterin oder Tempelprostituierte) wurde alljährlich gefeiert. Die heilige Hochzeit erinnerte auch an das Schicksal des Gottes Dumuzi, der die Hälfte des Jahres in der Unterwelt verbringen musste und jedes Jahr wiedergeboren wurde, genau wie die Pflanzen. Es garantierte die Kontinuität dieses Zyklus und gleichzeitig erklärt es die simple, konische Form des Gefäßes, denn die Vase kann auch wie ein riesiges Rollsiegel gedacht werden, das, in die Unendlichkeit ausgerollt, einen immer wiederkehrenden Kreislauf aus Hochzeit und Ernte symbolisiert, gestützt von der ewigen Hierarchie der göttlichen Ordnung.

Die Uruk-Vase kann nicht nur betrachtet werden, sie birgt ihre Botschaft auch in ihrer Form und in der Weise, in der sie sich selbst zum Teil ihrer eigenen Geschichte macht. Sie stellt eine Welt dar, in der sich die Menschen die Erde untertan gemacht haben und selbst Untertanen der Götter sind, in der alles einer göttlichen Ordnung folgt. In dieser Ordnung aber gibt es ein ambivalentes Element: Der Mensch ist das einzige Geschöpf, das auf zwei verschiedenen Ebenen der Vase auftaucht; halb tierisch und halb göttlich, bewohnt er ein Zwischenreich.

Diese Doppelnatur verursachte offensichtlich schon für die Mesopotamier eine schwer zu ertragende Spannung. Wie über alle großen Spannungen, Risse und Ängste, erzählten sich die Menschen auch hierüber Geschichten. Eine dieser Geschichten, von einem großen König, der zu zwei Dritteln Gott und zu einem Drittel Mensch war und der auszog, um die Natur und den Tod selbst zu unterwerfen, wurde zu einer zentralen Erzählung von Uruk und am Beginn des 2. Jahrtausends v. u. Z. von einem Schreiber und Priester namens Sîn-leqe-unnīnī nach alten Überlieferungen auf zwölf Tontafeln aufgezeichnet, in einem Zeichensystem, das etwa 1800 Jahre früher entwickelt worden war, um die Vorratshaltung zu erleichtern: die Schrift.

Gilgamesch, der Held

»Der, der die Tiefe sah, die Grundfeste des Landes, der die Wege kannte, der, dem alles bewußt – Gilgamesch, der die Tiefe sah, die Grundfeste des Landes, der die Wege kannte ... Er sah das Geheime und deckte auf das Verhüllte, er brachte Kunde von der Zeit vor der Flut.«[9] Mit diesen Versen beginnt die älteste schriftlich überlieferte Geschichte, die archäologischen Funden zufolge in wesentlichen Zügen bis ins 6. Jahrtausend vor unserer Zeitrechnung zurückreicht. Und diese Geschichte liefert das erste Zeugnis für die Idee der Unterwerfung der Natur. Deshalb muss sie hier einigermaßen ausführlich nacherzählt werden. Gilgamesch, der König des mesopotamischen Uruk, will sich durch Heldentaten einen Namen machen und scheitert schließlich beim Versuch, das ewige Leben zu erlangen. Trotz seiner Weisheit und seiner Kraft erleidet er Schiffbruch. Dieser Held ist weise und doch töricht, ein herausragender Herrscher und doch ein Tyrann, grausam und doch manchmal sanft, ein widersprüchlicher und ambivalenter Protagonist, wie alle großen Figuren der Weltliteratur.

Im Prolog des Epos tritt Gilgamesch als Städtebauer auf, der Uruk mit einer großen, imposant aus der Ebene aufragenden Mauer umgeben hat, einem Bauwerk, wie es die Welt noch nie gesehen hat – »sieh an dessen Mauer, die wie Kupfer glänzt! Besieh ihre Brustwehr, die niemand nachzubilden weiß!«[10]

Nicht alles aber ist so schön hier wie die glänzenden Mauern. Der König unterdrückt sein Volk. Er zwingt die jungen Männer, sich Tag und Nacht bereitzuhalten, um ihn zu amüsieren, und er beansprucht das Recht der ersten Nacht mit allen Jungfrauen der Stadt. Niemand kann ihm Einhalt gebieten, und so wenden sich seine verzweifelten Untertanen an die Götter, sie mögen seinen übergroßen Appetit zügeln und sie von der Bürde seiner Willkür befreien.

Die Götter erhören diese Klage und beschließen, den übermächtigen

König abzulenken. Sie erschaffen Enkidu, einen Mann, der ihm an Kraft und Körperbau ebenbürtig ist, einen haarigen Gesellen, der in der Wildnis lebt, weitab von der umwallten Stadt, und zwischen den Gazellen grast. Als die Städter von diesem seltsamen Wesen hören, schicken sie die Hure Schamchat, um ihn zu überlisten. Sie trifft ihn an einer Wasserstelle, an der er mit anderen Tieren trinkt, und schreitet zur Tat: »Da löste Schamchat ihr Untergewand. Sechs Tage und sieben Nächte stand Enkidu aufrecht und paarte sich mit Schamchat.«

Als Enkidu endlich genug hat, muss er feststellen, dass die Tiere, unter denen er gelebt hat, jetzt vor ihm fliehen. Sein ehemals unschuldiger Körper ist »beschmutzt« von seinem neuen Wissen, von seinem Kontakt mit der Kultur, aber seine Nächte mit Schamchat haben den Verstand in ihm wachsen lassen und er bleibt bei ihr. Durch sie wird er ein Bewohner der Stadt und entfernt sich von der Wildnis. Auf einem Marktplatz in Uruk trifft er Gilgamesch, der sich gerade daranmacht, eine weitere junge Frau zu entjungfern. Enkidu verstellt ihm den Weg und die beiden ringen miteinander, bis die Wände wanken, ohne dass einer den anderen besiegen kann. So werden aus den Gegnern Freunde.

Gilgameschs Verlangen nach Bestätigung und Ruhm ist durch seine neue Freundschaft und seine neue Beliebtheit bei seinen Untertanen und den Göttern noch längst nicht gestillt. Er beschließt, gemeinsam mit Enkidu in den Zedernwald zu ziehen, um dort den Waldgeist Chuwawa, den Wächter der Zedern, zu erschlagen. Die Ratgeber des Königs und Enkidu versuchen, ihn davon abzubringen, denn Chuwawa steht unter dem Schutz des Gottes Enlil und ist ein schreckliches Ungeheuer. Aber Gilgamesch lässt sich nicht von seinem Vorhaben abbringen und schließlich willigt Enkidu ein, ihn zu begleiten. Nach schweren Kämpfen gelingt es den beiden Helden, den schrecklichen Waldgeist zu töten. Gilgamesch fällt die riesigen Zedern, um aus ihnen Tore für den Tempel von Nippur anzufertigen. Auch den abgeschlagenen Kopf von Chuwawa nehmen sie mit sich.

Der Mut und die Kraft der beiden Freunde beeindrucken sogar die Götter. Die mächtige Göttin Ischtar hat beschlossen, den schönen König zu heiraten. Ischtar ist niemand anders als Inanna, die »Herrin des Himmels« und Göttin der Liebe und des Krieges. Man sagt von ihr, dass sie mit ihren Liebhabern grausam umgeht, wenn sie ihrer müde wird. Gilgamesch weiß das und gibt seiner himmlischen Verehrerin einen Korb. Wutentbrannt und tief gedemütigt veranlasst die Göttin, dass der Himmelsstier losgelassen wird, um Gilgamesch und Enkidu zu vernichten. Die beiden Helden aber sind auch dieser Bedrohung gewachsen und töten den Stier.

Gilgamesch veranstaltet ein ausschweifendes Freudenfest in Uruk, die Götter aber sind aufgebracht über seinen Frevel und seine Arroganz. Sie beschließen, dass einer der beiden Freunde sterben muss, und schicken Enkidu ein Fieber. Gilgamesch ist außer sich vor Schmerz und Trauer um seinen engen Gefährten, sein zweites Selbst. Er will dessen Tod nicht wahrhaben und bleibt bei seinem Leichnam, bis eine Made aus dessen Nase fällt. Erst dann überfällt ihn eine schreckliche Erkenntnis: »Auch ich werde sterben, und werde nicht auch ich dann so wie Enkidu sein? – Trübsal ist eingekehrt in meinen Leib. Ich begann, den Tod zu fürchten ...«

Durch den Verlust des Freundes wird der große König sich seiner eigenen Sterblichkeit bewusst, und er beschließt, sich auf den Weg zu machen, um Utnapischtin zu finden, den alten Mann, dem die Götter die Unsterblichkeit geschenkt haben. Vielleicht kann der ihm helfen, unsterblich zu werden? Nach langer und gefährlicher Reise erreicht er eine Bierschenke am Ufer des Meeres am Rande der Welt, der erste Last Chance Saloon der Weltliteratur.

Er berichtet der Wirtin von seinen Heldentaten, aber sie ist nicht beeindruckt. Als er ihr von seiner Todesangst und seiner Trauer berichtet, gibt sie ihm einen Rat, der auch nach Jahrtausenden nichts von seiner Weisheit verloren hat: »Gilgamesch, wohin läufst du? Das Leben, das du suchst, wirst du nicht finden! Als die Götter die Menschen schufen, Bestimmten sie für die Menschen den Tod, Das Leben behielten sie in ihrer Hand! Drum Gilgamesch, fülle deinen Leib, Freue dich bei Tag und Nacht, Feire jeden Tag ein Freudenfest! Tag und Nacht spring und vergnüge dich! Zieh reine Kleider an, Wasche dein Haupt und bade dich im Wasser, Schau froh auf das Kind, das dich an der Hand hält, Und dein Weib freue sich in deinen Armen!«[11]

Der wandernde Held aber ist fest entschlossen, das Wasser zu überqueren, um Utnapischtin zu finden, und schlägt den weisen Rat in den

Wind. Er findet den Fährmann, fällt siebzig Bäume, um sie als Stocherstangen für die Überfahrt mit dem Kahn zu nutzen, und macht schließlich den Alten ausfindig.

Auch der unsterbliche Utnapischtin versucht, Gilgamesch den Wunsch nach Unsterblichkeit auszutreiben. Wie eine Eintagsfliege ist der Mensch für kurze Zeit von den Reichtümern der Welt umgeben, nur um plötzlich zu verschwinden: »Die Menschheit, deren Spross stets abgemäht ist, einem Schilfrohr aus dem Sumpfe gleich, den schönen jungen Mann, das schöne Mädchen, geschwinde raubt in ihrer vollen Blüte sie der Tod!«

Der Alte erzählt ihm seine eigene Geschichte. Vor langer Zeit beschlossen die Götter, die Stadt Schuruppak und alle ihre Bewohner, die ihnen lästig geworden waren, durch eine Flut auszulöschen. Nur der Gott Ea wollte nicht mitmachen. Er beauftragte Utnapischtin, ein Schiff zu bauen und alle Tiere auf das Schiff zu laden, damit sie die Flut überlebten. Der Alte baute das Schiff und belud es mit seiner Familie, allen Tieren, die er finden konnte, den Vertretern aller Künste, seinem gesamten Besitz und »jeglichem Samen von dem, was atmet«. Dann beginnen die Götter ihr imposantes Zerstörungswerk: »Einen ersten Tag walzte der Sturm das Land nieder. Rasend brauste er einher. Dann aber brachte der Ostwind die Sintflut. Wie ein Schlachtengemetzel ging die Wucht der Flut über die Menschen hinweg.« Sogar die Götter packte die Angst, als sie ihr Werk sahen. Sie schrien auf, stimmten laute Klagen an und bereuten ihre Grausamkeit, weil sie erst jetzt begriffen, dass ihnen von jetzt ab auch niemand mehr opfern würde.

Sechs Tage und sieben Nächte lang tobte die Flut, dann zog sich das Wasser zurück und das Schiff kam auf einer Bergspitze zu ruhen, von wo aus Utnapischtin eine Taube, eine Schwalbe und einen Raben ausschickte, um nach Land zu suchen. Endlich brachte er »oben auf dem Stufenturm aus Fels« ein Opfer dar und die Götter »rochen den süßen Duft, die Götter kamen alsbald wie die Fliegen«, um ihren Hunger zu stillen.

Nach dieser Erzählung beschließen Utnapischtin und seine Frau, ihren unnachgiebigen Besucher auf die Probe zu stellen. Wenn Gilgamesch sieben Tage und Nächte wach bleiben kann, wird der Alte den Rat der Götter zusammenrufen, um über seine Unsterblichkeit zu entscheiden. Der Held willigt ein, ist aber so erschöpft, dass er sofort einschläft. Obwohl er die Probe nicht bestanden hat, erbarmt sich Utnapischtins Frau seiner und erzählt ihm von einer Pflanze, die ewige Jugend verleiht. Gilgamesch findet die Pflanze auf einem abenteuerlichen Tauchgang an den Boden des Meeres.

Während der Held auf seinem Weg zurück zu den Menschen in einem kühlen Teich badet, frisst eine Schlange die Pflanze und häutet sich, denn jetzt hat sie ein neues Leben gewonnen. Gilgamesch hat alles gewagt und alles verloren und muss mit leeren Händen nach Uruk zurückkehren. Seine letzten Worte wiederholen den Anfang des Epos. Sie preisen die Schönheit der Stadt und ihrer Mauer, ein Wunderwerk sondergleichen.

Es ist erstaunlich, dass schon der erste Held der Literaturgeschichte ein unvollkommener und suchender Mensch ist, der – obwohl zu zwei Dritteln göttlich – einen Fehler nach dem anderen macht und dafür leiden muss, weil er zu arrogant ist, taub für guten Rat, zu stolz und zu unwissend, weil er seinen Ort in der Welt nicht kennt.

Obwohl er der älteste Held der Literatur ist, kommt er uns gar nicht fremd vor, ein Mensch mit Ambitionen und Fehlern, die uns sehr vertraut erscheinen. Und hier begegnen wir ihm zum ersten Mal, dem Wahn der Unterwerfung. Gilgamesch, der alle im Kampf besiegen muss, der den Wächter des Waldes erschlägt und die Zedern der Götter zu Bauholz macht, der Herrscher über eine Stadt und ihre Gärten, der den Tod selbst überwinden will, dieser fehlerbehaftete Held ist der erste Träger dieses Wahns, gegen den der Mythos eine Warnung ausspricht: Du kannst nicht die Natur beherrschen, entheiligen, unterwerfen, außer Kraft setzen. Wie weit du auch wanderst, was für heroische Taten du auch auf deinem Weg vollbringst, es ist verlorene Mühe gegen den Willen der Götter und die Gesetze des Schicksals. Am Ende bleibt nur die Einsicht.

Schon die ersten Zeilen erwähnen seinen größten Verdienst, der mit seinem größten Fehler zusammenhängt. Gilgamesch »brachte Kunde von der Zeit vor der Flut« von seinem Zusammentreffen mit Utnapischtin mit, Wissen über das harmonische Zusammenleben mit den Göttern, das ihn der unsterbliche Alte lehrte, ein Wissen also, das er selbst davor nicht besessen hatte.

Das Epos erklärt auch die Ignoranz seines Helden, denn das alte Wissen wurde durch einen göttlichen Fehler vernichtet. Als die Götter beschlossen, die Menschheit durch eine Flut auszurotten, gab der Gott Ea dem alten Utnapischtin den Auftrag, ein Schiff für sich und die Seinen und für ausreichend viele Tiere aller Arten zu bauen. Utnapischtin war weise, wusste um das Verhältnis zwischen Menschen und Göttern, wurde aber, unerreichbar für die Menschen, an einen Ort jenseits der Wasser des Todes verbannt. Von diesem Wissen, das Gilgamesch wieder zurückbrachte, sprechen die ersten Zeilen des Epos.

Das Gilgamesch-Epos ist eine Geschichte eines Unwissenden, der alle möglichen Fehler macht, weil niemand sich erinnert, wie man den Göttern dienen und im Einklang mit der von ihnen geschaffenen Erde leben kann. Auch Enkidu, das Kind des Waldes, wird durch die Berührung mit der Kultur, mit Prostituierten und dann mit Brot und Bier, zu einem Kulturwesen, vor dem die Tiere weglaufen.

Der Blick von der Zinne

Die Stadt mit ihren hohen Mauern war Gilgameschs eigentliches Vermächtnis, sein Anteil an der Ewigkeit. Was dachte ein Zeitgenosse Gilgameschs, wenn er auf den Zinnen der hohen Mauern von Uruk stand und die Umgebung bis zum Horizont betrachtete? Was dachte er über das satte Grün der Gärten unter ihm und über die Felder mit ihren funkelnden Kanälen in der Ferne? Über die staubverwehte Landschaft jenseits der Zivilisation, die Steppe und den Sumpf und die Berge? Was dachte er über den Fluss, der sie alle ernährte, und was dachte er über Steppengräser und über Wolken, über die Fliegen, die ihn am Ohr kitzelten, und die Sonnenhitze zu Mittag?

Jenseits der Zinnen schweifte das Auge über Plantagen von Dattelpalmen gefolgt von Feldern mit Gerste, Flachs und Sesam, und von Gärten mit Kichererbsen, Linsen, Bohnen, Zwiebeln und Obstbäumen wie Tamarinden und Granatapfel, eine blühende Landschaft. Dahinter, so weit das Auge reichte, kam Weideland in einer Ebene mit kleinen Bauernhöfen und Dörfern, ein grüner Schimmer über der graubraunen Ewigkeit, die sich bis zum Horizont erstreckte, bis zur Steppe, wo früher Eden lag.

Hier entstand eine Denkfigur, die bis in die Gegenwart wirkt. Die Steppe als Ort der Wildheit und der Unbestimmtheit, ein feindlicher Ort, der darauf wartete, kolonisiert und zivilisiert zu werden, der aber auch als Wildnis der Kultur feindlich entgegenstehen konnte, zeigt sich im schönen Sprachbild des biblischen Gartens Eden, in der Bibel der *Gan-ba-Eden*, in der awestischen Sprache des Nordirans, seinem linguistischen und vielleicht auch kulturellen Ursprung, ein *pairi daēza*, ein eingezäunter Garten in der Steppe, ein geschützter und schattiger Obstgarten inmitten der feindlichen Natur.

Die Philosophie der Gärten füllt Bibliotheken zwischen Japan und England und stellt von Anfang an die Frage, ob es neben der Unterwerfung nicht auch ein kollaboratives Formen und Weiterdenken von Möglichkeiten natürlicher Gestaltung geben könne. Im Garten war immer schon die Spannung zwischen Wildnis und Zähmung präsent. Im europäischen Mittelalter wurde daraus der *Hortus conclusus*, der umhegte Ort, an dem die Jungfrau und das Einhorn in mystischer Eintracht leben, ein organisierter Raum, der allegorisch alle Ordnungen der Schöpfung abbilden soll und dessen Pflanzen ihre eigene symbolische Sprache sprechen. Der Gegensatz von Natur und Kultur fand seinen Ausdruck in dieser Praxis, gelegentlich auch die meditative und vegetative Überwindung oder die Negation dieser Gegensätze.

Das Bild des Gartens Eden begleitet nicht nur die Kultur des Westens, war hier aber stark ausgeprägt und von Anfang an von gewissen Motiven charakterisiert, die sich über Jahrtausende erhalten haben. Uruk, die erste Kultur, die von sich glauben konnte, die Natur vielleicht nicht unterworfen, aber doch durch den eigenen Fleiß und die Gunst der Götter gezähmt und geordnet zu haben, wurde von den akkadischen Königen verdrängt. Sie verwendeten die sumerische Sprache Uruks weiterhin bei Ritualen, brachten sonst aber neben der eigenen Sprache auch eine stärker hierarchisierte Kultur mit.

Die soziale Struktur des sumerischen Uruk ist schwer zu erkennen, weil es zwar Tempel, aber keine eindeutig identifizierbaren Palastbezirke gibt. Das änderte sich unter den Akkadern, die von ca. 2300 v. u. Z. im südlichen Mesopotamien den ersten Flächenstaat der Geschichte aufbauten. Nicht nur ihre Architektur zeigt eine stärkere soziale Abgrenzung zwischen Herrschern und Beherrschten, auch ihr Denken war eher vertikal strukturiert.

Ein Höhepunkt der königlichen Selbstdarstellung waren die zeremoniellen Löwenjagden, bei denen sich der Monarch als Unterwerfer der Natur und Beschützer der Kultur inszenieren konnte. Eine weitere Neuerung der akkadischen Palaststadt ist der von mehreren Herrschern unterhaltene königliche Zoo, der einem staunenden Publikum exotische Tiere wie Elefanten, Löwen und Affen präsentierte: nicht nur domestizierte Tiere, auch ihre Cousins aus der Wildnis waren unter menschlicher Herrschaft.

Zwischen den Anfängen der sumerischen Zivilisation etwa 5000 v. u. Z. bis zur Akkadischen Periode um 2300 v. u. Z. war bereits mehr Zeit vergangen, als unsere Gegenwart vom antiken Griechenland trennt, aber es gab starke kulturelle Kontinuitäten, die sich über Sprachen und geografische Verlagerungen hinweg durchsetzten. Eine dieser stabilen Ideen war der Blick von der Zinne, über die kultivierte Landschaft inmitten der Wildnis, die Gärten in der Wüste. Wer hier stand, konnte wirklich wie Gilgamesch von sich glauben, die Natur unterwerfen zu können. Klima und Geografie begünstigten diese Perspektive. Die mesopotamischen Stadtkulturen bilden den Anfang eines historischen Phänomens, das der Historiker Karl Wittfogel als »hydraulische Gesellschaften« bezeichnete: Gemeinwesen, die durch die geplante und organisierte Bewässerung ihrer Felder intensive Landwirtschaft betreiben konnten und sich gemeinsam mit urbanen Zentren und rigiden Hierarchien und militärischen Elitekulturen entwickelten.

Wittfogels vielleicht allzu schematische Theorie der hydraulischen Gesellschaften ist inzwischen vielfach kritisiert und in Teilen widerlegt worden, aber seine Beobachtung von gewissen morphologischen Ähnlichkeiten dieser Stadtkulturen war trotzdem wertvoll, zumal solche Kulturen unabhängig voneinander, zu unterschiedlichen historischen Momenten und auf verschiedenen Kontinenten immer wieder entstanden sind, von China und dem Industal bis nach Mesopotamien und Mittelamerika. In Angkor-Wat und in den Niederlanden erwiesen sich Kanalisierung, Bewässerung und Trockenlegung ganzer Landschaften als immens wirkungsvolle Werkzeuge im Kampf um die Beherrschung der als passiv oder feindlich erlebten Natur und für die Schaffung einer intensiven, wie Latour sagen würde, »hyperanimierten« Kultur.

Die Bewässerung der Felder ermöglichte größere und häufigere Ernten (oder, im Falle von Mesopotamien, dass überhaupt geerntet werden konnte). Viele Menschen konnten an einem Ort leben, sodass die Produktion von Nahrung einen Überschuss erwirtschaftete und einer gewissen Klasse der Gesellschaft anvertraut wurde. So entstanden differenzierte Gesellschaften, in denen Händler, Handwerker, Beamte, Priester und Krieger ihren je eigenen Aufgaben nachgehen konnten.

Die Besteuerung der Bauern machte die Herrscher der einzelnen Städte mächtig und erlaubte ihnen, Armeen auszurüsten und ihre Felder nicht nur zu schützen, sondern auch zu Eroberungsfeldzügen aufzubrechen, denn wie schon Gilgamesch waren auch die akkadischen Herrscher nur ruhmreich, wenn sie Reichtümer und Beute in die Stadt brachten. Gleichzeitig verlangte eine effiziente Besteuerung eine funktionierende Buchhaltung und Verwaltung. Diese Stadtkulturen brachten ein ganz neues Modell von Macht und sozialem Zusammenhalt hervor. Der große Schritt zur Landwirtschaft war schon um 12 000 v. u. Z. vollzogen worden, wenn auch häufig als Teil einer nomadischen oder halbnomadischen Lebensweise. Lange diskutierten Prähistoriker über die sozialen Folgen der landwirtschaftlichen Revolution und behaupteten, dass sie einen abrupten Wechsel von einem Leben in kleinen Gruppen von Jägern und Sammlern zu einer Existenz als höriger Landarbeiter bedeutet hat. Jüngere Ausgrabungen aber zeigen, dass es häufig und über Jahrtausende hinweg eine Koexistenz von Feldern und kleinen, flexiblen Siedlungen gegeben hat (auch die Akkader und die Sumerer scheinen lange neben- und miteinander gelebt zu haben), ohne Befestigungen und offensichtliche soziale Hierarchien, ohne ein starkes Innen und Außen, ohne einen markanten Gegensatz also zwischen Natur und Kultur, denn die Gemeinschaften lebten zumindest einen Teil des Jahres auf eine Weise, die sich seit dem Paläolithikum nur wenig geändert hatte und durch dieselben Geschichten und Legenden beschrieben werden konnte. Gemauerte Strukturen wie Çatalhöyük in der heutigen Türkei und Knossos auf Kreta scheinen dabei als Versammlungsorte für die verschiedenen Gemeinschaften und ihre Rituale fungiert zu haben, obwohl neuere Forschungen nahelegen, dass Çatalhöyük auch phasenweise intensiv bewohnt wurde.

Im Mesopotamien des 4. Jahrtausends v. u. Z. hatte sich das Bild einer dicht besiedelten Stadt radikal geändert. Wer Uruk zum ersten Mal besuchte, das geschäftige Treiben in den Straßen sah, die großen Rituale im Tempel, den Reichtum, die Gerüche und Klänge einer Stadt in einer Welt ohne Städte, und um sie herum die Gärten und Felder und Dörfer, konnte leicht zu der Überzeugung gelangen, dass die Sumerer es vermochten, die natürliche Welt selbst zu unterwerfen.

Die bewässerten Felder des Zweistromlandes sind beredte Zeugnisse einer Verwaltung und einer arbeitsteiligen Gesellschaft, in der es Baumeister, Bürokraten und Arbeiter gab, eines Systems, das aus einfachen

Anfängen zu ungeheurer Komplexität anwuchs und das die Landschaft in dem Maße veränderte, in der sich auch die Gesellschaft neu erfinden konnte, denn sie führen zu einer noch größeren Konzentration der Bevölkerung, zu mehr Handel, mehr Kriegen, mehr Sklaven und einer noch stärker arbeitsteiligen Gesellschaft mit einer herrschenden Elite aus Priestern und Aristokraten.

So entstanden inselhaft Stadtkulturen, die ihre Macht auf Wassermanagement aufbauten und die sich über kulturelle Differenzen hinweg in einigen Aspekten erstaunlich ähnlich waren. Eine Landschaft von bewässerten Feldern und Gärten mit kleinen Bauernhöfen und Dörfern, Transportkanälen und relativ guten Straßen umgibt eine Stadt, die meist konzentrisch angelegt ist und ihre soziale Geografie in der Topografie der Wohnstätten und öffentlichen Plätze spiegelt, mit Adelspalästen und Tempelbezirken, Plätzen für Märkte, öffentliche Rituale, aber auch für Hinrichtungen, häufig Quartieren für Ausländer, aber auch Straßengeschäften, Bordellen, Kasernen und einer Stadtmauer.

Diese Organisation beschreibt das Tenochtitlan des 15. Jahrhunderts ebenso wie drei Jahrhunderte zuvor Angkor-Wat in Kambodscha, das mittelamerikanische Tikal wie auch die Stadtkulturen in Mesopotamien.

Landschaft und Erinnerung

Bei aller Vorsicht gegenüber verlockenden Spekulationen ist der klimatische und geografische Einfluss auf landwirtschaftliche Praktiken und Produkte, auf Nutztiere und Rohmaterialien und damit auch auf gesellschaftliche Strukturen und ihre Geschichten kaum zu bestreiten. Ein Beispiel: Mittelamerikanische Kulturen durchliefen eine vergleichsweise schwache wirtschaftliche und machtpolitische Entwicklung – auch weil ihnen vor der Ankunft der Europäer keine Lasttiere und Reittiere zur Verfügung standen: Lamas und Alpakas eignen sich nicht für solche Arbeiten. Transporte über lange Distanzen mussten von Menschen bewerkstelligt werden, nur auf wenigen Routen konnten sie auf Kanälen abgewickelt werden. Ein Träger aber konnte Nahrung höchstens dreißig Kilometer weit befördern, dann benötigte er selbst mehr zu essen, als er tragen konnte.

Wie viel Einfluss eine Gesellschaft auf ihre natürliche Umgebung hatte, hing aber auch von klimatischen Gegebenheiten ab. Die Khmer in Angkor-Wat im 12. Jahrhundert oder die Azteken in Tenochtitlan im 15. Jahrhundert lebten in tropischen Gebieten, in denen die organische Welt ständig in alles von Menschen Gemachte eindringt und es unbeirrbar zurückzugewinnen sucht. Von Schimmelpilz über Ameisen und unendlich erfindungsreiche Pflanzenschösslinge ist die Natur unentwegt aktiv, in der Regenzeit werden die Straßen unpassierbar und das Leben zieht sich so weit wie möglich in die Häuser zurück. In einem solchen Klima kommt man eher nicht auf die Idee, die Natur unters Knie zwingen zu können.

Die Zivilisationen in Ägypten und im Industal lebten unter unterschiedlichen klimatischen Bedingungen, waren aber beide davon abhängig, dass der Fluss als ihre Lebensader einmal im Jahr über seine Ufer trat und die Felder nicht nur bewässerte, sondern auch mit Nährstoffen versorgte. Wie in Kambodscha und im subtropischen Mittelamerika wirkte die Natur hier als dominanter Akteur und Rhythmusgeber, wenn auch in einer nährenden Rolle. Ein Ägypter wäre wohl kaum auf die Idee gekommen, die Natur zu beherrschen, denn seine Existenz hing vom Rhythmus des Flusses ab, dessen Gottheiten er deshalb Opfer darbrachte. Einen Stausee konnte man öffnen, wenn der Regen einmal ausblieb, aber die alljährliche Überflutung des Nil oder des Indus konnte kein Mensch kontrollieren.

Wir wissen nicht, wie egalitär und gemeinschaftlich organisiert Harappa im Industal wirklich war, aber die ägyptische Kultur ist doch hinreichend bekannt, um einen Vergleich mit Mesopotamien zu wagen. In ihrer Aggressivität, ihrer systematischen Sklaverei und Unterwerfung anderer Völker, ihrer Vorliebe für monumentale Architektur, ihrer hierarchischen Organisation und ihrem Hunger nach Macht und Ruhm standen die Pharaonen den Herrschern des Zweistromlandes um nichts nach, was sie auch im 2. Jahrtausend v. u. Z. zu geopolitischen Rivalen machte.

Trotzdem gibt es keinen ägyptischen Gilgamesch, keinen ägyptischen Gott-Menschen, der alles unterwerfen will. Ein Pharao konnte von sich behaupten, von den Göttern abzustammen, und sich als Gott verehren lassen, er konnte Tempel bauen und ruhmreiche Kriege führen, aber die Mythen gehörten allein den Göttern und beschrieben den Kreislauf von Leben und Tod, die Herrscher der verschiedenen Bereiche. Osiris, der leidende Gott, der jedes Jahr aufs Neue sterben und wiedererstehen musste, gab so auch den Takt für den landwirtschaftlichen Jahreszyklus von Empfängnis, Geburt, Reife und Tod, den scheinbar ewigen Atem der alljährlichen Überschwemmungen und der Fruchtbarkeit, die sie brachten.

Uruk lag in einer Flussebene, die von Marschland und Steppe gezeichnet war. Es regnete wenig, die Sommer waren heiß. Nur während der kurzen Winter konnte das Wasser in den Krügen gefrieren. Diese Landschaft war tatsächlich transformiert worden. Vor der Stadtmauer erstreckten sich Dattelplantagen und grüne, geordnete Felder, die Natur war gezähmt. Sie war wie unterworfen.

Nichts von alledem wäre möglich gewesen ohne Zwang, ohne die Ausübung von tyrannischer Macht und, noch konkreter, ohne Getreide, Schrift und effektive Besteuerung. Der Agrarhistoriker James C. Scott unterstreicht, dass diese Entwicklung nur in Gesellschaften möglich war, die Getreide anbauten. Die konventionelle Geschichtserzählung beschreibt die Entwicklung der Landwirtschaft als einen Fortschritt, der es den Menschen erlaubte, die unsichere und ärmliche Existenz der Nomaden hinter sich zu lassen.

Analysen von Skeletten von sesshaften und nomadischen prähistorischen Gemeinschaften im fruchtbaren Halbmond allerdings ergeben ein anderes Bild. Die Knochen und Zähne der Bauern lassen darauf schließen, dass sie sich weniger reichhaltig und weniger ausgewogen ernährt haben als ihre nomadischen Verwandten. Ihre Knochen weisen aber auch mehr Stressfrakturen auf, die von harter Arbeit stammen, durch die Domestizierung von Geflügel, Rindern und Schweinen waren sie mehr Krankheitserregern ausgesetzt und außerdem starben sie jünger. Für diese Menschen also war der Wechsel ihrer Lebensweise sicherlich kein Fortschritt, sondern konnte eigentlich nur unter Zwang geschehen sein, zum Beispiel durch eine Bedrohung von außen wie Überfälle durch andere Clans oder bewaffnete Banden, gegen die sich kleine Dörfer nicht verteidigen konnten, sodass sie sich Beschützer suchen mussten, die aber ihrerseits Tribut und Frondienste forderten.

Diese Ergebnisse untergraben das historische Fortschrittsnarrativ der Landwirtschaft und der Stadtkulturen. Der Anthropologe Guillermo Algaze fasst die neue Forschungslage so zusammen: »Frühe Dörfer im Nahen Osten haben Pflanzen und Tiere domestiziert. Die urbanen Institutionen von Uruk haben Menschen domestiziert.«[12]

Das wichtigste Instrument dieser Zähmung war nicht das Schwert, sondern die Steuer, und für die war es unabdingbar, dass die angesiedelten Bauern, die von nun an Untertanen waren, auf offenen Feldern Getreide anbauten. Der enorme Vorteil von Getreide aus der Perspektive des Steuereintreibers ist einfach zu verstehen. Ein Tier, das man bei der Jagd erbeutet hat, im Wald gesammelte Früchte oder wildes Korn und sogar Gemüse, das in der Erde wächst, lässt sich kaum kontrollieren. Ein Bauer wird selten sagen, wie viel er wirklich geerntet, gesammelt oder erlegt hat. Aber ein Getreidefeld liegt offen da. Es hat eine bestimmte Oberfläche, einen bestimmten Erntezeitpunkt und eine bestimmte, wägbare und zählbare Menge an Korn, die vorausberechnet werden kann. Es eignet sich ideal zur Kontrolle und zur Besteuerung sowie auch zum Transport und zur Lagerung. Wer das Korn kontrolliert, der kontrolliert die Macht.

Auf Getreide konnten ganze Staaten wachsen. Sesshaft gewordene oder sesshaft gemachte Bauern konnten die Felder bearbeiten und zu anderen Zeiten zu Arbeiten wie dem Bau von Kanälen, Tempeln und Befestigungen herangezogen werden. Die Steuern, die ihnen in Form von Getreide sowie anderen Produkten auferlegt wurden, erforderten eine effektive Bürokratie, die wiederum musste eine komplexe Buchhaltung beherrschen. Die Keilschrift wurde als Gedächtnisstütze und zur Dokumentation der Lagerbestände, Schulden und Guthaben in der Verwaltung entwickelt. Dies gilt offenbar nicht für alle frühen Schriftsysteme. Die frühesten Verwendungen von Schriftzeichen in China und Mesoamerika erscheinen ausschließlich in rituellen Kontexten.

Die Gesellschaft von Uruk spürte die Erinnerung an ihre Unterwerfung noch in den Knochen. Ihre Geschichten und Mythen kreisten um Macht und Willkür. In Enuma Elisch, dem Schöpfungsmythos, beschließt der Vatergott Apsu, seinen gesamten Nachwuchs zu ermorden, weil die jungen Götter zu viel Lärm machen und ihn in seiner Ruhe stören. Dieses etwas frivole Motiv führt zu einem katastrophalen Krieg zwischen den Göttern, in dessen Verlauf wie zufällig die Erde aus dem Leichnam der rebellischen Wassergöttin Tiamat und dann die Menschheit aus dem Blut eines anderen Gottes erschaffen wird.

Der einzige Grund für die Erschaffung der Menschheit war dem Mythos zufolge, dass den Göttern die Arbeit auf dem Feld und das Erwirtschaften des eigenen Unterhalts zu viel werden und sie die Menschen als Sklaven halten wollen, die sich statt ihrer mit der schweren Arbeit auf dem Acker abplagen und ihre göttlichen Herren mit ihren Opfergaben ernähren. Auch bei Gilgamesch geht es um Macht und Machtmissbrauch, um die Unterwerfung der Natur und ihrer Gesetze selbst durch die übermenschliche Kraft eines Helden, der sich letztendlich hoffnungslos überschätzt.

Mit diesen Überlegungen im Hinterkopf darf man wohl annehmen, dass die Uruk-Vase für den Zeitgenossen von Gilgamesch, der von den Zinnen der Stadt in den Tempel gegangen war, um dort das Paar der rituellen Alabaster-Gefäße zu bewundern, keine Schwierigkeiten bereitet hätte. Die Bänder auf der Vase und die Gestalten in ihnen waren klar zu identifizieren: das Wasser als Grundlage aller Existenz, die Kulturpflanzen, die geordnet marschierenden Tiere und die nackten Dienerfiguren, schließlich das Opfer im Tempel selbst, wo die Menschen den Göttern ihre Schuldigkeit verrichteten und durch dieses Ritual auch noch die eigene soziale Ordnung legitimierten.

Die Gesellschaft, so liest ein kundiges Auge dieses aufwärts zu entziffernde Bild, ist eine Pyramide, vom Gemeinsten bis zum Göttlichen. Wohin man als Einzelne und Einzelner geboren wird, entscheidet das Schicksal, der Wille der Götter. Wahrscheinlich wird man ein Bauer sein, oder eine Sklavin, oder ein Diener oder armer Schlucker oder eine Dirne, aber auch das ist der Wille der Götter und der Wille der Götter darf niemals missachtet werden, denn sie schlagen unerbittlich zurück mit Krankheit und Unglück, Niederlage und Scham. Sogar der König muss den Göttern opfern, die über ihm stehen, um sie zu verteidigen gegen die anderen Götter und ihre Günstlinge und ihre Söldner. Die Welt besteht aus Herrschern und Beherrschten und sogar die Herrscher werden beherrscht von den Imperativen ihres Status und der unerbittlichen Dynamik der Umstände, in denen sie eine Rolle spielen, ohne es jemals gewollt zu haben. Die Götter der Sumerer sind die ersten Sklavenhalter der Geschichte. Die Herrscher der Stadt erfüllen lediglich ihren kapriziösen und unbeugsamen Willen.

Die »Natur« spielt in diesem Weltbild insofern keine Rolle, als weder die sumerische noch die spätere akkadische Sprache, die in Uruk und anderen urbanen Zentren Mesopotamiens gesprochen und geschrieben wurden, Worte für »Natur« oder »Kultur« kennen. Es gibt in den erhaltenen Mythen und alltäglichen Dokumenten häufige Erwähnungen von Himmel und Erde, Land und Meer, Sonne und Sternen, Feldern und Gärten, Pflanzen und Tieren, aber kein großes Etwas, das Menschen Erfahrungen gibt, die nicht von anderen Menschen stammen, sondern aus einer ursprünglichen Wirklichkeit, außer eben dem Eden, der sich weithin erstreckenden Wildnis.

Auf den zahllosen uns überlieferten sumerischen und akkadischen Tontafeln sind nicht nur Epen und literarische Werke erhalten, sondern auch eine große Vielfalt administrativer Dokumente, Händlerbriefe, Handbücher und Warenlisten. Die Elemente der Natur wurden also sehr differenziert wahrgenommen, solange sie in einem Zusammenhang mit den Interessen der Menschen standen. Dattelpalmen wurden auf Plantagen gezüchtet, Gartenbücher kannten den besten Erntezeitpunkt und alle anderen Details der Bewirtschaftung, die Astronomie war so weit fortgeschritten, dass Sonnenfinsternisse und Planetenbahnen berechnet werden konnten, Handelswege durch verschiedene und gefährliche Landschaften wurden genutzt, um Güter wie Kupfer, Zinn, chinesische Keramik und Lapislazuli einzuführen, aber trotz dieses detaillierten Wissens tritt die Natur nur als Bedrohung oder als Ressource in Erscheinung. Außerhalb des zivilisierten Bereiches lag die Wildnis, das Reich der Barbaren und bösen Geister.

Der freie Markt der Opfer

Was unser Mesopotamier auf der Mauer gesehen hat, wissen wir erst, wenn er darüber spricht, und wenn er so sprechen würde wie in den vielen überlieferten Hymnen, Zaubersprüchen und brieflichen Anreden, würde er zuerst einmal den Göttern danken, die so viel Schönheit und Fruchtbarkeit möglich machten, denn die Götter waren nach seinem Verständnis tatsächlich physisch anwesend in der Welt um ihn, und zwischen ihnen und den Menschen fand ein Austausch statt wie auf einem Markt, wenn auch in einer metaphysischen Zwangsgemeinschaft.

Nach dem peinlichen Misserfolg der Flut, die nicht nur die meisten Menschen und Tiere ertränkte, sondern auch die Götter ohne Opfergaben am Hungertuch nagen ließ, waren die Menschen den Göttern gegenüber in einer guten Verhandlungsposition. Beide brauchten sich gegenseitig, denn ohne Opfergaben hungerten die Götter und ohne göttlichen Schutz konnte kein Mensch weit kommen. Die Logik funktionierte erstaunlich ähnlich der Loyalität heutiger Fußballfans, die mit ihrer Mannschaft leiden, große Opfer bringen und dabei immer wieder enttäuscht werden, aber manchmal auch unvergessliche Triumphe feiern können. Tontafeln verraten aber, dass ein Mesopotamier, der sich von seinem lokalen Gott ignoriert oder betrogen fühlte, durchaus anderen Beistand suchen konnte. Die Menschen schrieben Bitten an ihren Gott und drohten ihm gelegentlich mehr oder weniger subtil mit der Möglichkeit, sich an einen anderen zu wenden, wenn die Resultate ausblieben. Wie in der politischen Welt, im Kampf der Großreiche, der Königtümer, der Stadtstaaten, Armeen und Familien, konnte ein Mesopotamier unterschiedliche Zweckbündnisse mit lokalen und allgemeinen, uralten und neu von anderen Völkern übernommenen Göttinnen und Göttern schließen, eine Realpolitik der Verehrung.

Die Götter forderten ihren Tribut in Form von Opfergaben, Ritualen und überschwänglichen Lobgesängen, sie behandelten den individuellen

Menschen wie der König einen provinziellen Gouverneur, der in Ruhe gelassen wird, vor Ort so zu schalten und zu walten, wie er will, wenn der nur genug Steuern und Kriegsbeute in die Hauptstadt schickt. Solange der süße Geruch der Brandopfer zum Himmel aufsteigt, überlassen die Götter und Schöpfer ihre Erde den Menschen. Die Menschen können also mit der Welt um sich herum umspringen, wie sie möchten, solange sie brav ihren Tribut entrichten und sich an die Gebote halten – oder zumindest den Schein wahren. »Die mesopotamische Religion«, zitiert Jean Bottéro aus heiligen Texten, »hat nie etwas Mystisches gehabt; sie hat niemals dazu ermutigt, irgendeine Intimität mit den Göttern zu suchen. Man ›bewundert‹ sie, ›betet sie an‹, ›lobpreist‹ sie, ›schmeichelt‹ ihnen, aber an ihrem Ort ist keine andere Haltung denkbar als die der ›Ergebenheit‹, der ›Unterwerfung‹, der ›Furcht‹ vor dem höchsten und allmächtigsten Herrn und Meister.«[13]

Solange die Götter zufrieden waren, konnten sich die Könige der Stadtstaaten ihren eigentlichen Aufgaben widmen: ihr Reich zu vergrößern, die Rivalen in Schach zu halten oder in einer glorreichen Schlacht zu schlagen, lukrative Plünderungsexpeditionen loszuschicken (übliche politische Praxis in der Bronzezeit), sich selbst durch große Bauprojekte ein Denkmal zu setzen, die raffiniertesten Handwerker und Künstler und die besten Baumeister und Ingenieure um sich zu versammeln, um den eigenen Namen zu verewigen – und dann, nach Abarbeitung dieser langen, aber trotzdem unvollständigen Liste, konnten sie den Rat von Gilgameschs Wirtin annehmen und jeden Tag ein Fest feiern, der Schönheit huldigen und in den Armen einer Geliebten einschlafen.

Der kleine Provinzherrscher, der sich mit der fernen Zentralregierung arrangieren musste, der aber vor Ort Steuern erpressen, Schätze in die eigene Kasse abzweigen und mit Willkür und Härte herrschen konnte (lange hielten sich Gouverneure selten), stellt aber nur eine Seite der Beziehung dar, die die Mesopotamier mit ihren Göttern verband, denn während sie den Göttern einerseits im Tempel die richtigen Opfer darbringen mussten, so waren die Gottheiten, Dämonen und Geister doch dauernd um sie herum, bewohnten Berge und Flüsse und Felder, Häuser und Köpfe, magische Amulette und Kräuter am Wegrand. Das Göttliche war überall.

Die Rituale – ob offiziell im Tempel oder in privaten Räumen – waren nur der praktische Ausdruck dieser Beziehung, die Menschen und andere Geschöpfe der Götter miteinander verband. Das hinderte die Mächtigen der Zeit und auch die kleinen Leute (soweit ihr Leben sich aus den Dokumenten herauslesen lässt) nicht daran, robust ihre eigenen Interessen zu verfolgen, aber sie wussten wie ihr Held Gilgamesch, dass ihre Pläne sich mit denen der Götter kreuzen konnten und dass sie dafür büßen müssten, wenn es ihnen nicht gelang, die beleidigte Gottheit durch Opfer und andere mehr oder minder subtile Bestechungsmaßnahmen auf ihre Seite zu bringen. Es war eine Frage von Aktion und Reaktion.

Gilgamesch zog den Zorn der Götter auf sich, als er Chuwawa erschlug und dann Ischtar verachtungsvoll abwies. Er musste damit rechnen, dass die Rache der Götter hart sein würde, dass sie ein Leben fordern würden, auch wenn es nicht seines war, sondern das seines besten Freundes Enkidu. So war es nun einmal. Das akkadische Wort für Krankheit heißt übersetzt: »Hand Gottes«.

Der Mensch lebte durch den Willen und die Macht und die niemals endenden Konflikte und Launen der Götter. Sie waren weder universell (jede Stadt hatte ihre eigene Schutzgottheit), noch waren sie gerecht, oder allwissend, oder notwendigerweise gut, aber man musste mit ihren Interessen und ihrem Einfluss rechnen.

Der Mythos des Gilgamesch zieht sich durch sicher fünf Jahrtausende mesopotamischer Geschichte. Seine Konflikte, Bilder und Figuren aber haben sich auf verschiedene Weisen bis in die Gegenwart behauptet. Gilgamesch hallt durch die Bibel, er kehrt zurück als Odysseus und als Parsifal, sein egomanischer Amoklauf antizipiert Faust, Prometheus und Orpheus – es gibt kaum eine Geschichte der Gegenwart von Hollywood bis Netflix, über Fortnite und die Erzählraster der Medien, die nicht immer noch auf die Archetypen des Gilgamesch-Epos zurückgreift.

Gilgamesch war der Einzige, der Wissen von bevor der Flut mitbrachte. Vor dieser Flut, so scheint es, ist kaum historisches Wissen möglich, und was noch überlebt hat, besteht aus hartem Stein oder Elfenbein, nicht aus den seidenfeinen Gespinsten uralter Geschichten, auch wenn ihre Fäden vielleicht sogar bis heute weitergesponnen werden.

Vor der Flut

4 Venus von Willendorf (Wachau), ca. 20 000 v. u. Z. Kalksandstein mit Rötelbemalung; Höhe: 10,5 cm. Naturhistorisches Museum, Wien

Sie ist eine der berühmtesten Frauen der Kunstgeschichte, und doch ist so gut wie nichts über sie bekannt. Die sogenannte Venus von Willendorf wurde in der Nähe eines Dorfes in der österreichischen Wachau gefunden. Ihr Alter wird auf knapp 30 000 Jahre geschätzt. Sie ist elf Zentimeter groß und aus einem Stein gefertigt, der aus mehr als hundert Kilometern Entfernung zur Donau gebracht worden war. Sonst liegt alles im Dunkeln.

Wer ist diese Frau mit den großen Hüften und Brüsten und der deutlich sichtbaren Vulva? Trägt sie eine Kappe aus kleinen Schneckenhäusern, wie sie in anderen steinzeitlichen Gräbern gefunden wurde, oder hat sie kurzes, krauses Haar wie Menschen aus Afrika, woher ihre Vorfahren vor vielleicht noch nicht sehr vielen Generationen gekommen waren? Die ersten Menschen, die Europa besiedelten, hatten dunkle Haut. Die winzige Schöne bleibt stumm und wird gerade dadurch zu einer immensen Projektionsfläche.

Generationen von Forscherinnen haben versucht, die Bedeutung dieser steinzeitlichen Figuren zu entschlüsseln, von denen inzwischen von Sibirien bis nach Spanien, Rumänien und bis hinab nach Ägypten etwa zweihundert gefunden wurden. Was haben sie für die Menschen bedeutet und welche Geschichte erzählen sie? Können sie Aufschluss darüber geben, wie Menschen damals dachten? Sind es Fruchtbarkeitssymbole, die von einer innigeren, symbiotischen Beziehung zur Natur zeugen? Sind es Göttinnen, oder Abbilder derselben fruchtbaren Muttergöttin?

Diese rätselhaften Idole gehören zu den wenigen materiellen Zeugnissen einer fernen Vergangenheit, die es ermöglichen könnten, Rückschlüsse auf die Gedankenwelt und das erzählte Wissen von Menschen vor tausend Generationen zu ziehen. Die berühmten Höhlenmalereien scheinen aus einer Welt der Schamanen und der animierten Natur zu kommen, in der Tiere rituell beschworen oder gebannt werden und in manchen Fällen eine schamanische Figur mit Hörnern auf dem Kopf offenbar Rituale vollzieht. Allerdings hängt schon hier vieles ab von der Interpretation, vom Erhaltungszustand, von der Verwitterung und oft auch von dem, was Forscher in den Funden zu finden hoffen, in sie hineinlesen und dann triumphierend zu entdecken glauben. Je weniger Funde es gibt, desto weniger Kontext, desto größer der Abstand zwischen beweisbaren Tatsachen und plausibel klingenden Hypothesen.

Die Existenz von Frauenfiguren, die teilweise mit großer Sorgfalt gefertigt waren, liefert Hinweise auf den Status von Frauen in der Gesellschaft, und da die Unterwerfung der Natur ein traditionell stark männlich besetztes Geschäft ist, öffnen diese Darstellungen wenigstens ein kleines Fenster in die Mentalität von Menschen, die vor bis zu 30 000 Jahren lebten.

Vermutlich genossen Frauen in paläolithischen Gruppen von Jägern und Sammlern mehr Respekt als in den Dörfern und Städten späterer Zeiten. In einer kleinen Gruppe – hier sind Vergleiche mit heutigen Gruppen dieser Art tatsächlich aussagekräftig – ist jede Hand wichtig, jede Fähigkeit kostbar, jedes Paar Augen kann ein Leben retten. Kein Mann hat die überzähligen Ressourcen, um mehrere Frauen an sich zu binden, keine Frau kann durch zu viele Kleinkinder von produktiver, essenzieller Arbeit abgehalten werden.

Die perlenartige Dekoration auf dem Kopf der Venus von Willendorf erinnert an eine fein geknüpfte Kappe aus den Häusern von Meeresschnecken, die in einer Höhle in Ligurien auf dem Kopf eines weiblichen Skeletts gefunden wurde und das um einige Jahrtausende vom österreichischen Fund entfernt ist. Diese Frau war mit Ocker bedeckt sehr sorgfältig begraben worden, in demselben Höhlenkomplex wurden dreizehn kleine Venus-Statuetten entdeckt, die zwar aus einem härteren Stein und in einem anderen Stil gefertigt waren, aber mit denselben, von höflichen Archäologen immer wieder als »die Fruchtbarkeit betonenden« Rundungen versehen sind.

All das deutet auf Kulturen hin, die, nicht flächendeckend, aber doch in Gruppen, über große Distanzen immer wieder miteinander in Austausch standen und miteinander handelten. Wie sonst wäre die Venus von Willendorf zu ihrer Muschelkappe gekommen, die wohl auch ein Statussymbol damaliger Frauen war? Und schon blüht und gedeiht die Spekulation, schon entstehen Panoramen von glücklichen, egalitären, friedlich Handel treibenden Gesellschaften, in denen nichts Böses geschehen konnte.

Auch im Falle der Venus-Figurinen ist nicht alles so einfach, wie es sich auf den ersten Blick darstellt. Sind es wirklich Statuetten der Muttergöttin, deren Kult langsam von patriarchalischen, aggressiveren und erobernden Gesellschaften verdrängt wurde?

Die Idee eines steinzeitlichen Matriarchats vor der Verbreitung der Landwirtschaft hat eine lange und faszinierende Tradition. Der Schweizer Gelehrte Johann Jakob Bachofen vertrat diese Thesen schon 1861 in einem Werk mit dem für die damalige Zeit provokanten Titel *Mutterrecht*, das zu seiner Zeit einen Skandal auslöste, weil es vorschlug, eine friedlichere, matrilineare Hochkultur sei durch ein aggressives Patriarchat usurpiert worden, mit dem Resultat, dass die Welt nicht nur grausamer sei als früher, sondern die Spuren der ermordeten Zivilisation beseitigt hatte, wie ein Mörder die Leiche.

Bachofen war Jurist und Altphilologe und gründete seine enorme Materialsammlung über frühe matriarchale Gesellschaften auf textliche Quellen, was eine Erforschung von Gesellschaften, die vor der Erfindung der Schrift bestanden hatten, ausschloss. Trotzdem fand die Idee nach seinem Tod Resonanz und inspirierte so unterschiedliche Persönlichkeiten wie den Dichter und Historiker Robert Ranke-Graves, den Psychiater und Analytiker Carl Gustav Jung, die Mythenforscherin und Archäologin Marija Gimbutas und den Autor des monumentalen *The Masks of God*, Joseph Campbell. Von nationalistischen Mystikern um 1900 bis zu Feministinnen der zweiten Welle bezog sich ein breites Spektrum von Denkerinnen und Denkern auf den Schweizer Professor, dessen Werk zu seinen Lebzeiten fast völlig in Vergessenheit geraten war und erst später neu entdeckt wurde.

Auf der Suche nach dem verlorenen Matriarchat

Die These, dass menschliche Gesellschaften ursprünglich sanfter waren und dass Frauen in ihnen nicht nur das Sagen hatten, sondern dass auch Eigentum, Erbfolge und Nachkommenschaft durch die weibliche Linie definiert wurden, hat nicht nur einen gewissen ketzerischen Reiz, sondern erklärt auch einige Auffälligkeiten der antiken Geschichte. Große Epen wie das Gilgamesch-Epos und später auch die *Odyssee* und die *Ilias*, die Bibel und die indische Mahābhārata, lassen darauf schließen, dass hier ältere Mythen und Rituale zurückgedrängt und uminterpretiert wurden. Diese älteren Elemente galten der Verehrung weiblicher Gottheiten und kamen aus Gesellschaften, die friedlicher, weniger brutal und matriarchal waren. Die Zeit vor der Flut, so diese Theorie, gehörte den Frauen und wurde von patriarchalen Ackerbauern erst unterwandert, dann zerstört, und dann auch in der kollektiven Erinnerung verdrängt und unsichtbar gemacht.

Um 1900 verschafften Veröffentlichungen über die von Arthur Evans durchgeführten Ausgrabungen des Königspalastes von Minos auf Kreta der Idee des historischen Matriarchats immensen Auftrieb. Endlich wurden die Thesen von Bachofen und seinen Schülern mit archäologischen Funden belegt und bewiesen. Evans entdeckte in den Ruinen von Knossos nicht nur ein archaisches Königtum, das seine Blüte lange vor den Griechen erlebt hatte, sondern eine ganz andere Gesellschaft. Auf den Fresken und Kunstwerken im Palast sah man athletische junge Frauen, die todesmutig über den Rücken und die lanzengleichen Hörner eines Bullen sprangen, eine mächtige Hohepriesterin, die Schlangen in ihren Händen bündelte, wie Zeus seine Blitze – überall sprach aus den Funden eine Kultur, in der Frauen eine ungekannte Macht ausübten und eine furchtlose, sinnliche Präsenz hatten.

Der Palast von Knossos war ein zentraler Ort der europäischen Imagination – nicht nur in der Bronzezeit, sondern auch im frühen 20. Jahrhundert. Im Aufschwung neuer Technologien erinnerte die Geschichte von Daedalus und Ikarus an die Gefahren der menschlichen Hybris, so wie der Minotaurus, halb Stier und halb Mann, daran gemahnte, dass die unnatürliche Lust der Menschen gefährliche Monster erschuf. Diese Legenden konnten auf unterschiedliche Weise interpretiert werden, aber sie sprachen direkt zu einer Gesellschaft, die sich zwischen Mary Shelleys Frankenstein und Freuds gefährlichem Unbewussten fasziniert zeigte von der zerstörerischen, dunklen Seite der hellen, neuen Welt, einer verleugneten Erbsünde der Zivilisation, die wie der Minotaurus versteckt und unschädlich gemacht werden musste, aber weiterhin unschuldiges Leben verschlang.

Es gab noch tiefere Resonanzen, die Knossos, seine Rituale und seine soziale Welt bedeutsam erscheinen ließen. Nach der brutalen Desillusionierung des Ersten Weltkrieges war die Zeit reif für die Wiederentdeckung anderer Gesellschaften, anderer Formen von Herrschaft und Autorität als der Perversion patriarchaler Herrlichkeit, die in die Katastrophe geführt hatte. Die selbstverständliche Sinnlichkeit dieser mediterranen Schönheit sprach eine Generation an, deren eigene Geschlechterrollen ins Wanken geraten waren. Frauenrechtlerinnen forderten neue Regeln fürs Zusammenleben, Neurasthenie oder Nervenschwäche war die psychologische Epidemie der Epoche, Männer sahen sich in den Großstädten ihrer sexuellen Identität hinterfragt und flüchteten sich in maskuline Rituale, Militär und Männlichkeitswahn. In diesem Kontext schuf die Vision einer von Frauen angeführten Hochkultur der existenziellen Leichtigkeit ein mächtiges Gegenbild zur rigiden Männerherrschaft der Gegenwart mit ihren Schnurrbärten und Uniformen, ganz zu schweigen von der sozial erzwungenen Heuchelei in sexuellen Belangen.

Unter dem Erdreich eines blumenbewachsenen Hügels auf Kreta kam eine andere Welt hervor und mit ihr auch die Geschichte ihrer Zerstörung durch die archaischen Griechen, die nicht nur das Land erobert und die Paläste vernichtet hatten, sondern auch die Geschichten und die Erinnerung der Inselkultur, die ursprünglich der großen Muttergöttin und ihrem Liebhaber und Gefährten, dem heiligen Stier, gehuldigt hatten.

Tatsächlich konnten Evans und andere Forscher auf einem Gebiet, das von Europa nach Osten bis nach Indien und Mesopotamien reicht und nach Süden bis nach Ägypten, durch viele Funde Nachweise führen: Ein gehörnter Gott (meistens ein Stier oder Auerochs, im Norden auch ein Hirsch oder Rentier, seltener ein Ziegenbock) tauchte in verschiedenen kultischen Kontexten und Darstellungen auf, deren historischer Anfang in die tiefste Nacht der Vorgeschichte zurückreicht; von 15 000 Jahre alten Höhlenmalereien in Südwestfrankreich bis zu Gilgameschs Himmelsstier, vom Rehbock-Kopfschmuck aus Nordengland, Rollsiegeln aus dem Industal und den Stierreliefs aus Çatalhöyük aus dem 9. Jahrtausend v. u. Z. bis zu dem gehörnten Gott von Enkomi in Zypern und zum Apis-Stier im Ägypten der ersten Dynastie, im 3. Jahrtausend v. u. Z. – gehörnte Gottheiten und Schamanen, die für Rituale Hörner trugen, mesopotamische Herrscher, die sich mit gehörnten Helmen zeigten, sind alle gut belegt. Es gab ihn, den gehörnten Gott. Er war mächtig, eine Verbindung zwischen Menschen und Tieren und ihren Geistern, Jägern und ihrer Beute. Seine Potenz sicherte reiche Ernten.

Dann aber setzt sich besonders im Mittelmeerraum um das 8. Jahrhundert v. u. Z. eine neue Art von Gesellschaft durch. Landwirtschaft, feste Siedlungen und ebenso feste soziale Hierarchien lösten endgültig das Leben kleiner, mehr oder minder mobiler Gemeinschaften ab. Sie hatten die effizienteren Technologien, die Landwirtschaft ernährte eine größere Zahl an Menschen, die Besteuerung der Ernten durch die herrschenden Familien waren der Anfang von Staaten, Verwaltungen, Armeen, Eigentum, Krieg, aber auch Arbeitsteilung, Tempeln, Palästen, Märkten, Bibliotheken.

Diese neuen Gesellschaften brachten ihre eigenen religiösen Überlieferungen mit, die Hierarchien favorisierten und deren Mythen langsam, aber stetig die Erinnerungen der sanfteren, matriarchalen alten Kultur verdrängten. Dieser Prozess der Verdrängung war umso effektiver, als mit der Landwirtschaft und ihrer Besteuerung auch die Schrift kam und die Mythen der Eroberer deswegen die Ersten waren, die ihre Version der Geschichte fixieren und verbreiten konnten.

In der Bibel lassen sich deutliche Zeichen dieses Kampfes von einem Teil der Priesterschaft gegen den gehörnten Gott und die Muttergöttin erkennen. Nicht umsonst tanzen die abtrünnig gewordenen Israeliten um ein goldenes Kalb und werden dafür bestraft. Die mesopotamische Göttin

Ischtar/Inanna wurde in der levantinischen Region unter dem Namen Aschera verehrt, allein oder als Gemahlin des Gottes Jahwe, in einem klassischen Paar für die mythische Nachbarschaft ihrer Zeit, wie auch Ischtar und Tammuz und Isis und Osiris. Hebräische und aramäische Inschriften aus dem 8. und 7. Jahrhundert v. u. Z. erwähnen »Jahwe und seine Aschera« als Schutzgottheiten, die gemeinsam angerufen wurden.

Dieses göttliche Paar wurde offensichtlich auch von den Judäern lange angebetet. Noch König Salomon hatte in den von ihm gebauten Tempel des Jahwe ganz selbstverständlich einen Schrein für Aschera eingebaut, wie das Buch der Könige anlässlich seiner Zerstörung durch König Hesekiah und dann wieder durch König Josiah zu berichten weiß, denn offensichtlich war dieser Kult zäh. Dennoch – die Zeiten hatten sich gewandelt. Die Priesterschaft in Jerusalem hatte ihr Schicksal einem einzigen Gott in die Hände gelegt, einem jener unzähligen Lokalgottheiten, wie sie auch in Mesopotamien bestanden, der ihnen Land und Macht versprochen hatte, solange sie seine Gesetze befolgten und ihren heiligen Bund mit ihm respektierten.

Sollte der Gott der Judäer früher einmal mit der fruchtbaren Aschera liiert gewesen sein, so endete ihre Beziehung in einer schrecklichen Scheidungsschlacht. Jahwe duldete nicht, dass noch irgendetwas in seinem Herrschaftsbereich an seine frühere Gemahlin erinnerte, wie Luthers handgreifliche Übersetzung ahnen lässt:

> Verstöret alle Ort / da die Heiden (die jr einnemen werdet) jren Göttern gedienet haben / Es sey auff hohen Bergen / auff Hügeln oder vnter grünen Bewmen. Vnd reisst vmb jre Altar / vnd zubrecht jre Seulen / vnd verbrennet mit fewr jre Hayne / vnd die Götzen jrer Götter thut ab / vnd vertilget jren namen aus dem selben Ort.[14]

Die zu zerbrechenden »Säulen«, die Luther hier beschwört, sind im Hebräischen noch »Ascherim«, also die Säulen oder vielleicht Baumstämme, die Aschera in ihren Heiligtümern symbolisierte, so wie sie auch Inannas Heiligtum auf der Uruk-Vase symbolisieren, vielleicht die *Axis mundi*, der Lebensbaum, ein unverzichtbarer Bestandteil schamanischer Riten.

Die ganze Passage in Deuteronomium (also dem fünften Buch Mose nach der christlichen Bezeichnung, dem Buch Devarim nach der jüdischen) zeigt den Herrn von seiner unsympathischsten und gewalttätigsten Seite. Er spricht über seinen Eroberungszug mit seinem Volk ganz so, wie Ashurbanipal es getan hätte, als Feldherr stolz auf seine Größe, »seine starke Hand und seinen ausgestreckten Arm«, mit dem er die Streitwagen des Pharaos vernichtete, und mit rivalisierenden Stämmen, »als die Erde ihren Schlund aufriss und sie verschlang samt ihren Familien und Zelten und allen ihren Tieren«. Kein Gott also, mit dem man sich gerne anlegen würde.

Gott verheißt seinem Volk, sich das Land, in das er sie führt, zum Besitz zu nehmen, mit dem ironischen Zusatz, es sei ein Land, »in dem Milch und Honig fließen«. Dieser Gott schlägt einen sehr einfachen Handel vor: Sein Volk muss ihn lieben, »dann werde ich eurem Land Regen geben zu seiner Zeit, Herbstregen und Frühjahrsregen, und du wirst dein Korn, deinen Wein und dein Öl einbringen«. Er warnt vor jedem Vertragsbruch, jeder Versuchung, durch die Juden vom rechten Weg abkommen, »und der Zorn des Herrn gegen euch entflammt und er den Himmel verschließt, so dass kein Regen kommt und der Boden seinen Ertrag nicht gibt und ihr bald aus dem guten Land getilgt werdet, das der Herr euch gibt«.

Der Herr verspricht den Seinen ein großes Reich, wenn sie sich keinen anderen Göttern zuwenden, die Eroberung der ganzen damals bekannten Welt: »Jeder Ort, auf den eure Fußsohle tritt, soll euch gehören, von der Wüste zum Libanon und vom großen Strom, dem Eufrat, bis an das westliche Meer soll euer Gebiet reichen.«

So wird die Auslöschung des Namens Aschara in den eroberten Gebieten zum *ethnic cleansing* durch Zerstörung einer ganzen Kultur (hier noch einmal in modernerem Deutsch):

> Ihr sollt all die Stätten zerstören, wo die Nationen, deren Besitz ihr übernehmen werdet, ihren Göttern gedient haben, auf den hohen Bergen, auf den Hügeln und unter jedem grünen Baum. Und ihre Altäre sollt ihr niederreißen, ihre Säulen zerschlagen, ihre Ascherim im Feuer verbrennen und die Bilder ihrer Götter zerstören, und ihre Namen sollt ihr von jener Stätte tilgen.[15]

Die erstaunlichen Ergebnisse der Ausgrabungen von Arthur Evans legten es nahe, dass sich in Kreta und damit im mediterranen Raum ähnliche Prozesse der Verdrängung und des Vergessens abgespielt haben mussten. Dem Mythos nach (der hauptsächlich durch den römischen Dichter Ovid überliefert ist) schickte der Meeresgott Poseidon seinem Günstling, dem König Minos, einen besonders perfekten Stier aus dem Meer, damit Minos ihn opfern könne. Minos aber behielt den Stier für sich und opferte einen anderen. Aus Rache sorgte Poseidon dafür, dass seine Frau Parsiphaë so unersättlich nach dem Stier lüstete, dass sie Daedalus beauftragte, ihr ein Gestell in Form einer Kuh zu bauen, damit das herrliche Tier sich mit ihr paaren könne. Das Resultat dieser mythologischen Mesalliance war Minotaurus, den Daedalus in ein Labyrinth einsperren sollte, aus dem er niemals herausfinden würde. Die Athener aber mussten den tyrannischen Minoern einen Tribut an Jünglingen und Jungfrauen schicken, bis Theseus ihn mit der Hilfe von Ariadnes goldenem Faden besiegte.

Was aber, wenn diese Geschichte die Propaganda der griechischen Eroberer ist? Es ist nicht schwer, hinter der Moral von der Geschichte des edlen griechischen Helden und Monstertöters etwas anderes zu erkennen, nämlich den diskreditierten Stierkult und die starke Frau in seinem Zentrum, deren Hingabe zum heiligen und mächtigen Liebhaber der Göttin in der hellenischen Neuerzählung als pervers dargestellt wird. Das Resultat, ein Wesen halb Tier, halb Mensch, ist zu monströs, als dass es im Licht der Sonne leben dürfte. Es frisst die jungen Körper, die in der Kunst von Knossos völlig unbeschadet waghalsige Sprünge über seinen massigen Leib vollführten. Minos selbst ist der Sohn von Zeus und Europa, dem einen Mal in der griechischen Mythologie, als der Göttervater selbst die Gestalt eines Bullen annimmt, um seine Lust zu stillen.

Die schriftliche Fixierung alter Mythen entschied mit darüber, wer die Erkärungsmacht in der antiken Welt besaß, und es kann kaum ein Zweifel daran bestehen, dass nach dem sogenannten Zusammenbruch der Bronzezeit um 1200 v. u. Z. neue Kulturen dominant wurden und in ihren auf Tontafeln und Steinstelen verewigten Gründungsgeschichten und Gesetzen auch immer das Erbe ihrer Vorgänger zu kontrollieren suchten.

Von diesem Punkt an aber wird alles kompliziert. Aus den schriftlichen

Quellen geht hervor, dass ältere Kulturen verdrängt, ihre Riten verdammt, ihre Heiligtümer entweiht, ihre Geschichten neu erzählt wurden. Aber vor der Verschriftlichung (die in verschiedenen Kulturen zu sehr unterschiedlichen Perioden stattfand) gibt es nur isolierte Artefakte, die zufällig aus haltbaren Materialen gefertigt wurden – einzelne Mosaiksteine, zwischen denen unendlich viel Platz für Vermutungen und Projektionen ist.

Der von Arthur Evans einer staunenden Welt vorgestellte Palast von Knossos hat wohl nie als Palast gedient, sondern eher als ein ritueller und temporärer Versammlungsort der Clans eines bestimmten Gebiets. Als Wohnsitz wäre die labyrinthische Architektur der kleinen Räume in seinem Inneren auch völlig ungeeignet, aber Vorratsräume für jährliche Feste scheinen hier ideal angelegt. Auch die berühmten Fresken und Reliefs, denen Evans seine Rekonstruktion der minoischen Religion entnahm, erwiesen sich als teilweise aus völlig verschiedenen Darstellungen zusammengesetzt, während die architektonischen Rekonstruktionen *in situ* aus Beton gefertigt wurden und mehr als einen Anflug von Art déco zeigen.

Der Königspalast von Knossos ist eine wohlmeinende Geschichtsklitterung und die historische Gesellschaft des prähistorischen Kreta gibt noch immer Rätsel auf. Eines aber steht fest: Auch wenn Kreta wohl kein matriarchales Paradies war, so gehörten einige der prächtigsten Gräber, die auf einen hohen sozialen Status schließen lassen, tatsächlich Priesterinnen und auch die barbrüstigen jungen Mädchen, die über Stiere sprangen, stammten nicht aus der überhitzten Fantasie eines viktorianischen Gelehrten. Frauen, oder zumindest einige Frauen, hatten also wirklich einen wesentlich höheren Status als in späteren Jahrhunderten, was sich ebenfalls an den Begräbnispraktiken und Grabbeigaben, wie auch durch die Analyse der Skelette bestimmen lässt.

Um die Wende von einer zumindest teilweise nomadischen zu einer sesshaften Lebensweise nachzuvollziehen, werden prähistorische Gesellschaften oft mit heute noch bestehenden Gemeinschaften verglichen, die ihnen im Hinblick auf den Grad der technologischen Entwicklung und die Größe der Gemeinschaft ausreichend ähnlich sind und deren Gesellschaftsstrukturen und klimatische Herausforderungen bestimmte Lebensweisen, Rituale, wirtschaftliche Praktiken, Haltungen und Erzählungen geprägt haben.

Solche Parallelen aber sind mit größter Vorsicht zu behandeln, denn erstens ist es inzwischen von Ethnologen hervorragend dokumentiert, dass unterschiedliche Volksgruppen, die unter sehr ähnlichen Bedingungen auf demselben Gebiet leben, wie etwa die Ureinwohner des Amazonasgebietes, sich vollkommen andere Wirklichkeiten und Erzählungen konstruiert haben, um ihre Erfahrung mit ihrer Umgebung zu verbinden und Sinn daraus zu gewinnen. Auch die Idee einer essenziell geschichtslosen, ahistorischen Gesellschaft, die seit Jahrtausenden praktisch unverändert überlebt hat und authentische Mythen und Traditionen bewahrt, ist seltsam paternalistisch und ignoriert, wie indigene Gesellschaften, die mit neuen Herausforderungen oder Traumata konfrontiert sind, diese flexibel meistern und in ihre »zeitlosen« Erzählungen einfügen können, als mythische Garanten einer evolvierenden Identität.

Auch die Venus-Figurinen bleiben letztlich unerklärt. Der französische Paläoanthropologe Alain Testart bezweifelt sogar, dass es sich dabei um Göttinnen handelte. Wenn man schon Parallelen mit heutigen Gesellschaften von ähnlicher technologischer und sozialer Struktur anstellen wolle, so merkt er an, seien es in solchen Gesellschaften ausschließlich Männer, die solche Bilder von Frauen herstellten. »Was lässt uns glauben, dass die neolithischen Religionen dem Kult der Muttergöttin geweiht seien? Nur diese Statuetten von nackten Frauen, nichts anderes.«[16]

Von den vielen neolithischen Gräbern würden nur verhältnismäßig wenige Frauen gehören, argumentiert Testart, Kulthandlungen sind unbekannt, Tempel kaum als solche zu identifizieren, Grundrisse von Dörfern ohne Aussagekraft über das Leben der Frauen in diesen Gesellschaften. Die Figuren werden auf jeden Fall nicht an Grabungsstätten gefunden, die als Kultorte bekannt sind, und sie sind auch in keiner Weise monumental, durchweg aus besonders kostbaren Materialien und geschaffen, um zu beeindrucken. Die meisten von ihnen sind kaum so groß wie eine Hand.

Was also sagen die Statuetten über den Status von Frauen und sogar Göttinnen? Testart wagt noch einen Vergleich über die Jahrtausende. Kulturen, die bis zur Kolonisierung oral geblieben seien und die noch wenig mit anderen Zivilisationen in Berührung gekommen waren, bieten eine Verständnismöglichkeit: »Nichts ist häufiger, nichts ist banaler, als diese Statuetten, die meist aus Holz sind und Frauen darstellen, mit betonten Brüsten, stark sexualisiert ... aber kein Ethnologe und kein Kunsthistoriker hätte daraus jemals geschlossen ... dass Frauen in der betreffenden Gesellschaft dominant seien.«[17] Sie würden Ahnenfiguren darstellen, oder mythische Mütter, gelegentlich ein »primoridales Paar« zusammen mit einem männlichen Gefährten, aber »die Macht eines Mannes wird bemessen nach der Anzahl der Menschen, die er unter seiner Kontrolle hat, zuerst nach der Zahl der Kinder, die natürlich von der Zahl seiner Frauen und ihrer Fruchtbarkeit abhängt. In solchen Gesellschaften gibt es also kein Rätsel darum, warum Frauen so oft sexualisiert dargestellt werden und dass dies nicht zum Wert der Frauen beiträgt.«[18]

Auf der Suche nach der vermuteten Religion

Ob die delikaten Figuren mit den üppigen Rundungen aus dem Paläolithikum und dem Neolithikum tatsächlich Repräsentationen der Muttergöttin waren oder doch Objekte steinzeitlicher Pornografie, ist nicht nur schwer, sondern unmöglich zu entscheiden. Vielleicht aber ist schon die Frage falsch, sodass die Antwort mehr über den Fragenden verrät als über das Objekt, ein Produkt fehlgeleiteter Erwartungen.

Vielleicht ist es falsch, von einer Religion des Paläolithikums zu sprechen, weil wir damit einen uns sehr vertrauten Begriff verwenden, für den es in der damaligen Welt keine Entsprechung gibt. Über mehrere zehntausend Jahre waren von Afrika aus immer wieder kleine Gruppen aufgebrochen, haben über mehrere Generationen hinweg längere oder kürzere Strecken zurückgelegt, hatten sich zerstreut, oder mit anderen vereinigt oder andere zu sich aufgenommen. So war die Entwicklung des Nachdenkens und Erzählens über die unsichtbaren Mächte, die alles Sichtbare bestimmten und beeinflussten, wie das Zellwachstum immer wieder von Isolation und Austausch bestimmt und es ist zumindest plausibel, dass unterschiedliche Gruppen in Europa wie auch auf Borneo oder im Amazonasbecken ihre eigenen Traditionen und Mythen bildeten, wie sie auch verschiedene Sprachen entwickelten.

All das lässt sich unmöglich unter einem Begriff fassen. Bestattungen und Malereien zeigen animistische Gesellschaften und eine gewisse Stabilität von Motiven, Techniken und Praktiken wie eben die Herstellung kleiner weiblicher Figuren, aber was diese Figuren für unterschiedliche Menschen zu ganz unterschiedlichen historischen Zeitpunkten bedeuteten, was sie sich dabei dachten und inwiefern sie in einem Dialog mit ihrem intellektuellen und emotionalen Leben standen, lässt sich nicht mehr rekonstruieren. Es ist heute leicht, eine Mumie zu durchleuchten, mithilfe eines DNA-Tests Verwandtschaftsverhältnisse zu klären oder den

Speiseplan eines prähistorischen Menschen aus etwas Zahnschmelz abzuleiten; Wissen und Erinnerungen aber verschwinden. Keine Mumie bewahrt eingetrocknete Gedanken und Gefühle in ihrer leeren Hirnschale. Der Speiseplan prähistorischer Menschen zeigt, wie viel Information verloren gegangen ist. Aus Isotopen im Zahnschmelz und aus weggeworfenen Knochen und gelegentlich auch Pflanzenpollen kann relativ gut dargestellt werden, welche Grundnahrungsmittel eine Gemeinschaft konsumierte, nicht aber, auf welche Weise das Essen die Identität der Gemeinschaft formte. Essen ist nie einfach nur essen. Es ist ein instinktiver Akt und macht uns doch schlagartig zu Kulturgeschöpfen. Aus der Perspektive einer jeden Esskultur scheint jede andere nicht nur schlicht ungewohnt, sondern auch seltsam, unverständlich, bisweilen sogar ekelhaft. Auch der Hunger wird von Vorurteilen gesteuert und so kannte wohl auch der Hunger von Höhlenmenschen seine Tabus, seine Delikatessen, seine Arzneien und Aphrodisiaka, in denen sich das wahre Porträt einer Gesellschaft zeigt: die diversen, in sich streng kodifizierten und doch als völlig natürlich empfundenen Ausdrucksformen eines universellen Grundbedürfnisses.

Unter diesem ersten Eindruck zeigt sich ein noch komplexeres Gewebe von kulturellen Bildern, die direkt in die kollektiven Mythen fließen: Welches Fleisch darf gegessen werden? Welche Tiere sind legitime Nahrungsquellen und welche nicht? Wie wichtig ist die Großzügigkeit der Gastgeber? Welches Verhältnis hat man zu Hierarchie und zu Überfluss, zu Hunger? Wie wichtig ist die rituelle Reinheit, die Gastfreundschaft, der soziale Status, das Ritual?

Aus jeder Esskultur leitet sich eine Kette von Konsequenzen ab, die in natürliche Zusammenhänge eingreifen: ein sozialer Anspruch, ein Geschmack, eine Nachfrage nach bestimmten Produkten, eine bestimmte Art von Landwirtschaft oder eine nomadische Lebensweise, die ihren Nahrungsquellen folgt, ein Handelsnetz mit Zugang zu exotischen Delikatessen, typische Krankheiten – und schließlich eine erschöpfte Biosphäre, ausgerottete Tierarten und die gezielte Züchtung bestimmter Pflanzen und Tiere, invasive Arten und Biotransfer. Die kulturelle Konstruktion des Essens durchdringt alles, was der Mensch berührt. Auch die Menschen des Paläolithikums waren davon nicht ausgenommen. Sie drängten große

Tiere wie Mammuts, Auerochsen und Raubtiere zurück, verbreiteten auf ihren Wanderungen Samen und Pollen, veränderten also gründlich die ursprüngliche Biodiversität.

Nach neuesten Forschungen können wir uns unsere Vorfahren als Afrikaner vorstellen. Ihre Haut war wohl dunkel, ihre Haare kraus gelockt, wie die der Venus von Willendorf (wenn es denn ihre Haare sind). Die helle Pigmentierung, besser adaptiert, um im sonnenarmen Nordeuropa zu überleben, verbreitete sich unter den frühen Menschen wohl durch relativ häufige Liaisons mit Neandertalern. Noch heute zeigt das Erbgut der Europäerinnen einen mehrprozentigen Anteil von Neandertaler-Genen, so wie asiatische und indigene amerikanische Bevölkerungen verstärkt Gene von den ebenfalls ausgestorbenen Denisowa-Menschen in sich tragen. Die Neandertaler selbst waren offensichtlich nicht nur primitivere Liebhaber oder Partner der frühen Homo sapiens – laut der jüngsten Forschungen produzierten auch sie Höhlenmalereien, Knochenflöten, Steinwerkzeuge und Nähnadeln, bestatteten ihre Toten und praktizierten Rituale. Sie waren keine Vorstufe zum modernen Menschen – sie waren Menschen einer anderen Art.

Zu den populären Projektionen einer bürgerlichen Kultur gehört ebenfalls schon seit Rousseau, Menschen, die »näher an der Natur« lebten – ob in der Steinzeit oder in mündlichen Kulturen, die erst von Kolonialisten mit den Segnungen des Westens in Berührung gebracht wurden –, eine größere Weisheit, Bescheidenheit, Maßhaltung zuzuschreiben. Der Umwelthistoriker Daniel R. Headrick warnt vor jeder Idealisierung indigener Lebensweisen. Menschen haben ihre Umwelt schon immer umgeformt und dabei nur ihre unmittelbaren Interessen im Blick gehabt.

Schon im Paläolithikum wurden in Mitteleuropa und in Südfrankreich und weit vor der Ankunft der Europäer auch in Colorado und Wyoming ganze Herden von Auerochsen, Mammuts oder Bisons über Klippen getrieben, wo die meisten Tiere verendeten, während die Jäger sich nur die besten Stücke nahmen. In Neuseeland rotteten die Maori auf ihrer Suche nach delikatem Fleisch die riesigen, flugunfähigen Moa-Vögel aus, um einen regen lokalen Markt zu befriedigen. Es ist nicht nötig, diese Liste zu verlängern, aber es scheint, als würde die scheinbare Harmonie mit der Natur, in der viele orale Kulturen vorgefunden wurden, nicht immer einem tiefen Verständnis entspringen, sondern auch einem Mangel an technologischer Reichweite. Auch in der Zeit vor der Flut waren Menschen gierig, versuchten Jäger, mehr zu jagen, als sie essen und verwerten konnten, wurden durch Brandrodungen ganze Landschaften verändert. Die Menschen »vor der Flut« haben ihre Gedanken mit sich genommen. Ihre Reflexe und vielleicht auch einige ihrer Ideen über die Welt leben in heutigen Menschen ebenso weiter wie ihre DNA, aber im Gegensatz zum Erbmaterial können sie nicht sequenziert und ausgelesen werden. Doch es gibt Gründe genug anzunehmen, dass sie einerseits physisch nicht den Ideen der europäischen Wissenschaftler und Museumspädagogen des 19. Jahrhunderts entsprachen, andererseits aber heutigen Menschen überraschend nahe kamen und nicht weniger intelligent und schöpferisch begabt als sie waren.

Der tanzende Gott

Kunst war nie schlecht. Sie begann nicht erst nach einigen zehntausend Jahren des hilflosen Herumkritzelns, bevor überhaupt erkennbare Formen entstanden. Die ersten von Menschen erhaltenen kreativen Äußerungen sind Meisterwerke, die Bewegung und Präsenz einzelner Tiere und ganzer Herden, unterschiedliche Stimmungen und Farben so gekonnt einsetzen, dass ihre Schöpferinnen in jeder historischen Epoche und in jedem kulturellen Idiom als große Meister gegolten hätten. Menschen einer solch kreativen Intelligenz, mit so viel Wissen über ihre Umwelt, über die sie komplex nachdenken und die sie so beeindruckend realistisch als spirituelle Wirklichkeit darstellen konnten, waren wohl auch nicht in anderen Belangen dumm. Ihr Wissenshorizont war begrenzt, aber nicht wesentlich mehr, als es bis in die frühe Neuzeit hinein für die meisten Menschen Europas der Fall war. Sie trieben nachweislich Handel mit Luxusgütern wie Bernstein und Muscheln vom Baltikum bis in den Mittelmeerraum und tauschten mit Artefakten auch kreative Ideen und Techniken und an langen Abenden auch Geschichten und Erbmaterial aus.

Nicht alle unserer steinzeitlichen Vorfahren lebten in Isolation und aßen rohes Fleisch. Einige lebten schon lange vor der Einführung der Landwirtschaft in Siedlungen, die vielleicht nur für einen Teil des Jahres bewohnt waren, sie praktizierten Arbeitsteilung und handwerkliche Meisterschaft, trieben Handel, gingen zusammen auf die Jagd, aßen und tanzten gemeinsam und brachten vielleicht auch als Gruppe Opfer dar – aber hier wird das Eis der gesicherten Fakten schon wieder dünn.

Wie dachten die Menschen in Eurasien vor 20 000 Jahren über den Status von Frauen und über die Unterwerfung der Natur – und implizit auch die der Frauen durch die Männer? Es ist nicht möglich, die Denkwelt in den Zeiten vor der Flut zu rekonstruieren, wir wissen nicht, ob die Unterwerfung schon damals begann, als Traum in einer Höhle, als Vergewaltigung, während der Feuerschein zuckend die Umrisse riesiger gemalter Tiere auf dem Fels beleuchtete, oder als halbwache Idee unter der Endlosigkeit des Sternenhimmels. Es wäre aber überraschend. Andere bislang erforschte orale Gesellschaften in Afrika und Ozeanien kennen keinerlei Konzept von der Herrschaft des Menschen über die Natur und erzählen sich darüber keine Geschichten, auch wenn sie sehr wohl sexuelle Gewalt kennen. Vielleicht entsteht der Gedanke der Herrschaft zuerst mit der Herrschaft über andere Menschen. Die meisterhaften Objekte dieser Gesellschaften lassen auf ein komplexes Denken schließen, das einerseits für immer verloren ist und andererseits noch immer eigenartig präsent bleibt. Eine Figur tanzt und flimmert aus den Tiefen der Zeit bis in die Gegenwart hinein, als eine Irritation, eine dauernde Frage, eine Verneinung der Ordnung und eine Bejahung der Gefahr, des ewigen Augenblicks, des tödlichen Lebens. Es ist der gehörnte Gott, bei dem man einen gewissen biografischen Knick erkennen kann, als er vom Gefährten der Göttin zum bloßen Störenfried herabgewürdigt wurde. Die göttlichen Stiere der Bronzezeit werden von Religionen abgelöst, in denen Ochsen den Karren zogen und Bullen den Göttern geopfert wurden.

Schon in der klassischen und klassisch patriarchalen Antike war der Geliebte der großen Göttin arbeitslos geworden, denn das Pantheon war jetzt rein männlich dominiert. Aber der gehörnte Gott war eine so starke Präsenz in der mündlichen Tradition, dass er nicht eliminiert werden konnte. Er konservierte seine erotische Energie als Pan oder Priapus, seine gefährlichen Aspekte als Satyr und Minotaurus und die Reste seiner schöpferischen und zerstörerischen Majestät als Dionysos, der ewig heimatlose, gehörnte, trunkene Gott, dessen ekstatische Lebenskraft ebenso viel zerstört wie erschafft und der gebändigt, gebunden, getötet und wiedergeboren werden muss wie die Rebe selbst.

Auch das frühe Christentum wurde Dionysos nicht los. So mancher Bildhauer im östlichen Mittelmeerraum, der für Kunden verschiedener Religionen arbeitete, hat sich da vertan und den Gott der Christen mit seinen Jüngern und seinen Weinreben und seinem tragischen Schicksal als griechischen Gott dargestellt, in voller heroischer Nacktheit. Aber die Energie dieses uralten Gottes konnte auch umgeleitet werden, wie die verwirrten Skulpturen des Heilands in Kairo, Damaskus, Jerusalem und Rom zeigen. Das Leben des Jeschuah ben Joseph aus Nazareth verband sich mit der Geschichte des wandernden Gottes und seiner Jünger, die man sich schon lange erzählte. Um aber einen Überfluss an Energie zu neutralisieren, wurden andere Aspekte in andere Figuren abgespaltet.

Im Teufel, Luzifer, Beelzebub, im Krampus, im Grünen Mann, bei alpinen Faschingsbräuchen und im Stierkampf verbanden sich vielleicht alte Traditionen mit einer neuen, akzeptablen Interpretation und wandelten sich zu neuen, alten Bräuchen und Projektionen, die sich weit in das Universum des Gamings, der Enthusiasten alternativer Spiritualität und des Wicca, der Theologie unzähliger Sekten und in die Ikonografie des Bösen eingefressen haben. Wir werden den gehörnten Gott nicht los, aber er wird langweiliger unter unseren Händen, weil sich seine Attribute immer stärker ähneln. Was aber an solch unkontrollierbaren Kräften interessant und sogar wichtig sein kann, verlangt nach Einzelanfertigung.

Sie bleibt dunkel, die Welt »vor der Flut« – auch wenn sie Homo sapiens noch tief in den Knochen steckt. Der Wahn der Unterwerfung der Natur ist aus dieser entfernten Zeit nirgendwo durch archäologische Funde oder ethnografische Vergleiche belegt. Auch wenn es ihn gegeben haben mag, es gibt keine Höhlenmalerei und kein anderes Artefakt, das darauf hindeuten würde, dass Menschen sich damals als der Natur übergeordnet und als Herren der Schöpfung begriffen hätten, und es gibt auch heute noch keine nomadische Kultur, die nicht begreift, dass sie auf ihre Umgebung angewiesen und von ihrer Vitalität abhängig ist.

Gilgamesch war das Wissen aus der Zeit vor der Flut verborgen und er wusste nicht, wie er leben sollte. So versuchte er, nicht nur die Natur, sondern auch den Tod selbst unter sein Knie zu zwingen. Die Menschen aber, die sich vor fünftausend Jahren seine Geschichte erzählten, waren keine Nomaden mehr. Sie lebten in Städten und Dörfern, sie arbeiteten auf dem Feld, in einer Werkstatt, einem Laden oder als Diener. Obwohl es auf der Arabischen Halbinsel, im Kaukasus, im heutigen Afghanistan und in Anatolien noch Völker gab, die ihre nomadische Lebensweise beibehalten hatten, lebten diese Menschen auf eine neue, bislang völlig unbekannte Weise, und mit diesem neuen Leben kam eine neue Sicht auf die Welt und eine neue Richtung dieser Sicht: von oben nach unten.

König der Welt, König von Assyrien

5 *Die sterbende Löwin*. Fresko im Palast des Königs Ashurbanipal (669–631 v. u. Z.), Nineveh, Mesopotamien. Alabaster, Höhe des Frieses 160 cm. British Museum, London. Kollektion Joseph Martin

Die Löwin brüllt ein letztes Mal, aber sie weiß, dass sie diesen Kampf verloren hat. Drei Pfeile durchbohren ihren muskulösen Körper, einer hat offensichtlich – der Bildhauer war ein exakter Beobachter – ihre untere Wirbelsäule zertrümmert und die Hinterbeine schleifen unbeweglich hinter ihr, während sie ihrem Bezwinger zähnefletschend ins Auge sieht. Dies ist der Moment ihres Todes.

Die sterbende Löwin ist nur ein Detail aus einer viel größeren Szene, in der gezeigt wird, wie König Ashurbanipal von Assyrien (er regierte 669–631 v. u. Z.) auf Löwenjagd geht. Vielleicht machten sich seine Vorfahren noch in die Berge auf, aber im perfekt durchorganisierten Reich des mächtigsten Mannes der Welt werden die Löwen eingefangen oder gezüchtet, um dann in einer Arena losgelassen zu werden, damit der Herrscher sie aus sicherer Entfernung mit dem Bogen erschießen kann, oder aus nächster Nähe, mit einem Speer, immer umgeben vom Speerwald und Schildwall seiner Leibwache. Auf einem der Panele im königlichen Palast erwürgt er sogar einen Löwen mit der Hand. Die Existenz des Palastes beruht auf der Logik des Tötens und Getötetwerdens. Platz ist nur für einen Herrn, das schrecklichste Raubtier in diesem Reich. Der König der Tiere muss dem König der Menschen nicht nur weichen und wird nicht nur von ihm ausgerottet: Er wird immer wieder vor Publikum bezwungen und spektakulär zur Strecke gebracht. Das ist der Mechanismus der Macht.

Der Palast des Ashurbanipal ist einerseits eine Hymne an die Gewalt. Seine mannshohen Fresken zeigen den König bei der Jagd, bei Feldzügen, Belagerungen und Schlachten, immer siegreich, immer strahlend, immer erbarmungslos. Die Leichen der erschlagenen Feinde treiben im Fluss, werden geköpft und verstümmelt, einem Gefangenen wird von Folterknechten die Zunge ausgerissen, zwei weitere werden, mit Pflöcken am Boden fixiert, bei lebendigem Leib gehäutet. Dieser Herrscher kannte kein Mitleid und wollte, dass die Welt davon erfuhr. Auf einem anderen Panel ist er bei einem Festmahl zu sehen, von Weinreben beschattet und mit Sklaven, die ihm kühle Luft zufächeln, während er auf seinem prunkvollen Diwan liegt und aus einer Schale trinkt.

Trotz seiner Grausamkeit als Feldherr war Ashurbanipal, oder Aššurbāni-apli, wie sein Name richtig transkribiert wird, alles andere als ein Barbar. Seine Verwaltung war effizienter als alles, was die Welt bis dahin gesehen hatte. Dieser Herrscher konnte nicht nur lesen und schreiben, er schickte seine Agenten in alle Winkel des Reiches, um ihm Bücher zu beschaffen, genauer: Tontafeln, die mit Keilschrift beschrieben waren, die er in einer eigenen Bibliothek versammelte. Mehr als 30 000 Tontafeln brachte er nach Nineveh, die wohl größte Sammlung von Texten, die es bis dahin gegeben hatte, und ein schwieriges Unterfangen, denn die Schrift selbst und einige der Texte waren schon damals über zwei Jahrtausende alt. Der König war Gelehrter, Administrator, Heerführer und Herrscher zugleich.

Wir haben einen gewaltigen Sprung gemacht, von Uruk um 3000 v. u. Z. nach Nineveh im 7. Jahrhundert v. u. Z., mehr Zeit also, als die Gegenwart von der Qin-Dynastie in China oder der römischen Republik trennt. Ashurbanipal war ein Assyrer und kam aus dem Norden des Zweistromlandes. Die Blütezeit des Südens und seiner mächtigen Städte lag Jahrhunderte zurück. Und doch gab es starke Verbindungen. Dieselben Götter wurden angebetet, dieselben Geschichten erzählt. Sumerisch wurde noch immer als Sprache für rituelle Texte genutzt und gelehrt und Ashurbanipal war stolz auf seine Bibliothek, die auch ein schon zu seiner Zeit mehrere Jahrhunderte altes Exemplar des sumerischen Gilgamesch-Epos enthielt.

Ashurbanipals Palast war der perfekte Ausdruck einer Weltsicht, die längst verinnerlicht hatte, dass die Welt in Herrscher und Beherrschte zerfällt und dass nur der immer aufs Neue demonstrierte Sieg mit starkem Arm die totale Niederlage noch einmal abwehren kann. Sein Palast war ein Storyboard seiner ungeheuren Karriere vom jungen Mann von unsicherer Herkunft zum mächtigsten Herrscher und schrecklichsten Feldherrn seiner Epoche, ein Mann, dessen Reich von Nordafrika bis nach Afghanistan und vom Mittelmeer bis zum Arabischen Golf reichte.

Als der König von Babylon, sein eigener Bruder, gegen Ashurbanipal rebellierte und ihm den Krieg erklärte, kannte er keine Gnade. Der verratene Herrscher überantwortete ihn den »brennenden Flammen einer Feuersbrunst und vernichtete ihn«. Mit den Unterstützern seines Bruders machte er ebenfalls kurzen Prozess, wie er sich brüstete:

> Die Wagen, Kutschen, Sänften, seine Konkubinen, die Güter seines Palastes brachten sie vor mich. Den Männern aber, die mit ihrem schamlosen Mund gegen Assur, meinen Gott, lästerten und gegen mich, den Fürsten, der ihn fürchtet, Böses planten, schnitt ich die Zunge ab und brachte sie zu Fall. Das übrige Volk ... habe ich ... niedergemetzelt. Die zerstückelten Körper verfütterte ich an die Hunde, Schweine, Wölfe und Adler, an die Vögel des Himmels und die Fische der Tiefe.[19]

Im Licht von Öllampen oder den schräg hereinfallenden Strahlen der untergehenden Sonne schienen die zahllosen Figuren auf den Wänden zum Leben zu erwachen. Die Qualität dieser Reliefs ist noch heute, nach fast drei Jahrtausenden, atemberaubend. An dem Ort, für den sie geschaffen und mit lebendigen Farben bemalt wurden, müssen sie für Besucher, die tagelang durch die weißgraue Kargheit der umliegenden Landschaft gereist waren und endlich an dem gleißend weißen Palastkomplex angekommen waren, eine überwältigende Erfahrung geboten haben. Die Botschaft war einfach und klar: Widerstand ist zwecklos.

Dies war ein mesopotamischer Herrscher, der auch rhetorisch alle Grenzen hinter sich ließ, gerade weil er nicht nur auf seine blutigen Siege stolz sein konnte. Der größte aller Sieger ist der Geist:

Ich, Ashurbanipal, König des Universums, den die Götter mit Klugheit ausgestattet haben, der einen durchdringenden Scharfsinn für die geheimsten Einzelheiten gelehrten Wissens erworben hat (keiner meiner Vorgänger hatte ein Verständnis für solche Dinge), habe diese Tafeln für die Zukunft in der Bibliothek von Nineveh für mein Leben und für das Wohlergehen meiner Seele niedergelegt, um die Grundlagen meines königlichen Namens zu erhalten.

... und macht sie euch untertan

Sie hatten sich verkalkuliert in einem politischen Spiel, mit mächtigen, viel zu mächtigen Gegnern. Jetzt, aus ihrem Exil, blickten sie auf die Ereignisse der vergangenen Jahre und beklagten ihren Hochmut und ihre Verderbtheit, für die Gott sie gestraft hatte. Judäa war nie mehr als ein staubiger Vasallenstaat gewesen, ein provinzielles Königreich ohne viele Untertanen, ein Land von Schafhirten und Bauern ohne wirkliche Macht und Bedeutung. Reisende kannten Jerusalem als eine Station auf dem Weg von Babylonien nach Ägypten, den regionalen Großmächten der Zeit.

Die Eliten des kleinen Königreiches standen vor denselben Problemen, wie jede kleine Macht angesichts von mächtigeren Nachbarn. Das Land gehörte zum Reich des Königs Nebukadnezar (eigentlich: Nabū-kudurrī-uṣur II.) und musste Tribut nach Babylon schicken. Als Nebukadnezar aber 601 v. u. Z. versuchte, Ägypten einzunehmen, wurde seine Armee vernichtend geschlagen. Die Judäer und einige andere tributpflichtige Provinzen sahen die Gelegenheit gekommen, das babylonische Joch abzuwerfen oder zumindest ein bequemeres anzulegen. Von nun an zahlten sie Tribut nach Ägypten.

Der babylonische König hatte einen Feldzug verloren, aber seine Macht innerhalb des Reiches war noch intakt und ein Herrscher wie er war es gewohnt, rebellische Provinzen zu befrieden und den Fluss der Tribute und Steuern aufrechtzuerhalten. Er marschierte in Judäa ein, verwüstete auf seinem Weg die Städte und belagerte dann, 589 v. u. Z., Jerusalem, die Hauptstadt der Abtrünnigen. Nach zwei Jahren Belagerung fiel die Stadt. König Zedekiah versuchte zu fliehen, aber er wurde gefangen genommen, gezwungen, die Hinrichtung seines Sohnes mit anzusehen, und dann geblendet und schließlich als Gefangener nach Babylon geschickt.

Jerusalem erging es nicht besser als seinem König. Die babylonischen Truppen plünderten alles von Wert, zerstörten den Tempel und machten die Stadt dem Erdboden gleich. Die Elite der Judäer wurde ebenfalls ins babylonische Exil gezwungen. Dieser Akt der Zerstörung und Verbannung war ein zentrales Trauma für ein Volk, das im Bewusstsein lebte, einen besonderen Vertrag mit Gott zu haben, der ihm Wohlstand und Macht in ihrem eigenen Land versprach, wenn es nur seine Gebote beachtete. Jetzt hatte er sie zerstreut, sein Heiligtum vernichten lassen, seine Kinder die Bitterkeit der Verbannung erfahren lassen.

Die traumatische Erfahrung der Judäer war einfach gängige Praxis im Neubabylonischen Reich. Die Achillesferse eines großen Imperiums waren schon immer regionale Revolten, die den Herrscher nicht nur militärisch bedrohten und seine Autorität in Frage stellten, sondern die für die immer hungrigen Staatskassen auch empfindliche Verluste an Tributen und Steuern bedeuteten. Eine der effektivsten Methoden, eine rebellische Provinz zu befrieden, war, die örtlichen Eliten oder sogar die ganze Bevölkerung zwangsweise umzusiedeln. Weit entfernt von ihrer Heimat, ihren Stämmen und ihrer Macht, war die von ihnen ausgehende Bedrohung neutralisiert, während die zurückgelassenen Bauern ohne ihre politische Führung ebenfalls keine Gefahr mehr darstellten.

Dieses Schicksal traf auch die judäischen Eliten, wahrscheinlich etwa zehntausend Menschen, die aus ihrer Heimat nach Babylonien umgesiedelt wurden. Viele der Exilanten waren verzweifelt. Der berühmte Psalm 137 zeigt die Vertriebenen in einem Wechselbad der Gefühle zwischen Trauer und blutiger Vergeltung:

> Vergesse ich dein, Jerusalem, so werde meine Rechte vergessen.
> Meine Zunge soll an meinem Gaumen kleben, wenn ich deiner nicht gedenke, wenn ich nicht lasse Jerusalem meine höchste Freude sein.
> HERR, vergiss den Söhnen Edom nicht den Tag Jerusalems, da sie sagten: »Reißt nieder, reißt nieder bis auf den Grund!« Tochter Babel, du Verwüsterin, wohl dem, der dir vergilt, was du uns getan hast!
> Wohl dem, der deine jungen Kinder nimmt und sie am Felsen zerschmettert!

Diese babylonische Gefangenschaft war wahrscheinlich nicht so schrecklich, wie sie in der Bibel zu mehr oder minder propagandistischen Zwecken dargestellt wird. Aus historischen Dokumenten wissen wir, dass Judäer als Beamte in der babylonischen Verwaltung arbeiteten und offensichtlich in die Gesellschaft integriert waren. Dafür wirkte das religiöse Trauma umso tiefer. Gott, der mit ihnen einen Bund geschlossen und sie in das Land geführt hatte, in dem Milch und Honig fließen, hatte sie verstoßen. Aber was ist ein Volk wert, das von seinem Gott verlassen wurde? Hatten sie sich alle versündigt, oder war ihr Gott gar nicht der große Schöpfer?

Das babylonische Exil war für die Judäer eine Zeit des theologischen und des existenziellen Notstands. Sie konnten ihrem Herrn in diesem fremden Land zwar kein Lied singen, aber sie konnten ihre Beziehung zu ihm neu ordnen und zumindest bis zu ihrer Rückkehr ein neues Land bauen, eine neue Heimat – in einem Buch. Das Selbstbild des Menschen, das Bruno Latour das metaphysische Erbe von Galiläa nennt und Heinrich Heine den Nazarener Geist, entstand hier. Hier wurde die Unterwerfung zur schriftlich festgelegten Leitidee und zum göttlichen Auftrag.

Im babylonischen Exil wurden die Judäer zu Juden – nicht nur, weil die Erfahrung des Exils so untrennbar mit der jüdischen Geschichte verbunden war, sondern auch, weil die verbannte Elite sich daranmachte, die schriftlich und mündlich überlieferten Traditionen ihres Volkes zu sammeln, auszuwählen und in einer kanonischen Version festzulegen.

Das babylonische Exil ist der Zeitraum, in dem die fünf Bücher Moses, die jüdische Tora und das Kernstück der Bibel von Gelehrten in ihre finale Form gebracht wurden. Die Bibel, wie man sie heute kennt, entstand in wichtigen Teilen hier. Die jüdische Gemeinde Babyloniens klammerte sich an diese Heilige Schrift und begann, das Wort Gottes, dessen Inhalt sie erst gerade und sozusagen im Komitee beschlossen hatte, mit größter Ehrfurcht vor dem letzten Punkt auf dem letzten Buchstaben auszulegen und zu interpretieren. Das Volk des Buches war geboren.

In der Situation des Exils und der religiösen Krise war es vor allem wichtig, dass die neue Heilige Schrift die nötige Legitimität hatte, um auch von allen akzeptiert zu werden, denn die Redaktion vollzog sich nicht im luftleeren Raum, sondern als Teil des Lebens einer traumatisierten und von verschiedenen politischen und religiösen Fraktionen durchzogenen Gemeinschaft.

Vermutlich hatten die Gelehrten ihre eigenen Heiligen Schriften aus Jerusalem mitgebracht und andre Episoden, Psalmen, Listen oder Passagen auch mündlich tradiert, wobei unterschiedliche Gemeinden verschiedene Überlieferungen für heilig erachteten. Bei der schriftlichen Fixierung mussten all diese Interessen berücksichtigt werden. Wahrscheinlich waren unter den Exilanten mehrere alternative Versionen der heiligen Texte im Umlauf, was erklären würde, warum gleich zwei Schöpfungsgeschichten Eingang in die endgültige Fassung fanden und auch sonst immer wieder Abweichungen vorkommen. Die Gelehrten, die diese Texte von Kindheit an auswendig konnten, waren sich dieser Widersprüche bewusst, aber die Heilige Schrift wäre nicht von allen beteiligten Gemeinden akzeptiert worden, wenn sie darin nicht ihre eigenen Überlieferungen wiedererkannten. So entstand zwar ein Dokument, das sich selbst häufig widerspricht – aber es öffnete auch einen fast unendlichen Raum für Interpretationen.

Zusätzlich zu eigenen Traditionen griffen die Redaktoren im babylonischen Exil aber auch auf die Mythen ihrer Umgebung zurück. Viele dieser Mythen kursierten im gesamten westasiatischen und levantinischen Bereich und in allen semitischen Kulturen, von Uruk bis Anatolien und von Jerusalem bis nach Ägypten, und könnten auch auf anderem Wege in die Bibel geraten sein, aber viele der Elemente scheinen sehr spezifisch den schon damals jahrtausendealten Mythen des Zweistromlandes entnommen.

Nicht nur Utnapischtin und die Geschichte der Flut haben eine deutliche biblische Entsprechung. Die Schöpfungsgeschichten (die in Mesopotamien im Laufe der Jahrtausende in verschiedenen Versionen tradiert wurden) ähneln sich in vielen Details, von der Schöpfung aus dem Chaos zur Scheidung von Himmel und Erde. Von hier gehen die Parallelen weiter: die Göttin Inanna, die in einem Garten an einem Baum lehnt und eine Frucht von einer Schlange annimmt, die in dem Garten wohnt; die Herkunft des sagenhaften Königs Sargon von Akkad, der von seiner Mutter kurz nach der Geburt in einem Körbchen auf dem Fluss ausgesetzt wurde wie später Moses in Ägypten; der Turmbau zu Babel; die vielen zivilrechtlichen Gesetze und strafrechtlichen Bestimmungen, die bis in Details dem Kodex Hammurabi entsprechen und dieselben Strafen oder Kompensationen für dieselben Vergehen festlegen und dafür dieselbe Sprache verwenden, Stilmittel wie rhetorische Wiederholungen; die Versformen und die verwendeten Bilder – dies alles verankert die Bibel und ihre Ursprünge fest in Babylon, wenn auch archäologische Funde zeigen, dass das Gilgamesch-Epos schon um 1400 v. u. Z. in Kanaan bekannt war, sodass der mesopotamische Einfluss schon vor der Ankunft der Judäer in Babylon begonnen hatte.

Die babylonischen Geschichten sind wesentlich unterhaltsamer als die biblischen, denn ihre Protagonisten sind Götter, die ihren Geschöpfen, den Menschen, an Gier, Dummheit und Lüsternheit um nichts nachstehen, und in den daraus resultierenden Konflikten und Konstellationen findet sich immer Stoff für gute, ja göttliche Seifenopern. Das mesopotamische Pantheon (es wandelt sich mit der Zeit, aber einige seiner Hauptfiguren bleiben erstaunlich stabil) ist erfrischend auf die allzu göttlichen Bedürfnisse seiner Bewohner ausgerichtet. Wie schon erwähnt, entsteht zum Beispiel der erste kosmische Kampf zwischen den Göttern aus dem Ruhebedürfnis des Göttervaters. Als eine jüngere Generation von Göttern ihn mit ihrem dauernden Lärm stört, beschließt er kurzerhand, sie alle umzubringen. Ein anderer Gott ergreift ihre Partei und schon ist ein Krieg entbrannt, an dessen Ende die Erde aus dem Leichnam einer erschlagenen Göttin geformt wird.

Die Menschen kommen erst später und sind eine besonders innovative Idee ihrer Schöpfer, denn bis dahin mussten die Götter selbst auf dem Feld schuften, um sich zu ernähren. Sie erschaffen die Menschen, damit sie selbst keine harte Arbeit mehr verrichten müssen und das tun können, was Goethes Prometheus den griechischen Göttern vorwerfen wird: »Ihr nähret kümmerlich / Von Opfersteuern / Und Gebetshauch / Eure Majestät, / Und darbtet, wären / Nicht Kinder und Bettler / Hoffnungsvolle Toren.«

Im sumerischen Mythos ist das nächste Problem, dass auch die hoffnungsvollen Toren unerträglich viel Unruhe ins Leben der Götter bringen, und so entschließen sich die Götter, ihre Schöpfung wieder zu zerstören, weil sie ihren Erwartungen nicht entspricht. So schicken sie die

Flut, nur um es bitterlich zu bereuen, denn mit den Menschen verschwindet auch ihre Nahrungsquelle und sie bleiben hungrig zurück, bis wieder Menschen Opfer bringen können.

Die Redakteure der Bibel gaben ihrem Gott schärfere Züge und eliminierten die frivoleren Elemente des babylonischen Pantheons. Der Herr der Judäer war ein rachsüchtiger und eifersüchtiger Gott, aber er hatte mit der Menschheit Großes vor. Nachdem er Adam und Eva geschaffen hatte, erteilte er ihnen einen Auftrag:

> Und Gott segnete sie und sprach zu ihnen: Seid fruchtbar und mehrt euch und füllt die Erde und macht sie euch untertan und herrscht über die Fische im Meer und über die Vögel unter dem Himmel und über alles Getier, das auf Erden kriecht.

Genesis 1:28

Dieser Satz hätte Gilgamesch gefallen, der ausgezogen war, um seine Herrschaft und seine Macht zu beweisen, um den Waldgeist zu erschlagen, den heiligen Zedernwald zu roden, den himmlischen Stier zu töten und den Tod selbst zu überwinden. Im imperialistischen Babylonien, dessen König mit seinen Eroberungen und seinen gewonnenen Schlachten prahlte, war es ein naheliegender Gedanke, sich die Erde selbst untertan machen zu wollen.

Die politische Situation der jüdischen Exilanten in Babylon war nicht dazu angetan, ihnen realistische Hoffnungen auf irgendeine Art von irdischer Macht zu geben. Sie waren Staatsgefangene, Zwangsumsiedler, lebten in einem fremden Land und wurden mit Misstrauen beäugt. Die Ambition, sich die Erde untertan zu machen, war eine Fantasie, eine rhetorische Position, die vielleicht ermutigen sollte oder aus Trotz heraus formuliert wurde, die aber keiner Wirklichkeit entsprach. Die Bibel wurde nicht nur die Heimat eines Volkes, sondern auch ein imaginärer Ort, an dem sie jemand anders sein konnten, nicht mehr Sklaven und Exilanten, sondern Herren im eigenen Haus.

Lost in Translation?

Die Formulierung der Bibel hat Theologen späterer Generationen einiges Unbehagen bereitet. Wollte die Bibel nicht sagen, dass der Mensch der Schöpfung ein guter Hirte sein sollte, ein mitfühlender Helfer? Das hebräische Wort, das dem Herrn in den Mund geschoben wurde, ist וְכִבְשֻׁהָ (wa-khibsu-ha), wörtlich »und ihr-sollt-unterwerfen sie«. Im Handwörterbuch des biblischen Hebräisch von Wilhelm Gesenius hat das Verb כָּבַשׁ (kabasch), das dem Befehl zugrunde liegt, folgende Bedeutungen: »Niedertreten, bezwingen ... treten«, mit Bespielen wie »unter die Füße treten, seiner Herrschaft unterwerfen, unterjochen« und mit dem Hinweis, dass es im Buch Ester auch »Notzucht«, also Vergewaltigung bedeuten könne. Ein »khebesch« ist ein Fußschemel. Auch in verwandten Sprachen vom Aramäischen und Syrischen bis zum Babylonischen haben die entsprechenden Verben eine sehr ähnliche, unmissverständlich gewalttätige Bedeutung.

Das Handwörterbuch von Gesenius stammt vom Anfang des 20. Jahrhunderts, aber die Übersetzung des Verbs *wa-khibsu-ha* hat auch eine sehr eindeutige Übersetzungstradition, die über Generationen bestimmt hat, wie diese Passage in Europa von Menschen gelesen wurde, die das hebräische Original nicht lesen konnten, die eigentlich historisch wirkmächtigen Versionen also. In der Vulgata, der lateinischen Übersetzung aus dem 4. Jahrhundert, heißt es »*Crescite et multiplicamini, et replete terram, et subjicite eam*«, wobei *et subjicite* mit »und ihr sollt unterwerfen« übersetzt wird und normalerweise für das Bezwingen oder Unterjochen eines Gegners oder eines Tieres, also eines antagonistischen, aber unterlegenen Willens, benützt würde. Für Katholiken war das von da an die vorherrschende, wenn auch nicht einzig gültige Lesart des Textes.

Andere christliche Konfessionen und Sprachen aber schlugen in dieselbe Kerbe. In der 1611 veröffentlichten King James Bible heißt es für alle englischsprachigen Gläubigen: »*Be fruitful, and multiply, and replenish the earth, and subdue it«*. In der um fast siebzig Jahre älteren deutschen Übersetzung von Martin Luther (1543) steht: »Und Gott segnet sie / und sprach zu jenen / Seid fruchtbar und mehret euch / und füllet die Erden / und machet sie euch untertan. Und herrschet uber Fisch im Meer / und uber Vogel unter dem Himel / und uber alles Thier das auff erden kreucht.« Luther selbst macht im Text den Zusatz: »(Untertan) Was jr bawet un erbeitet auff dem Lande / das sol ewer eigen sein / und die erde soll euch hierfür dienen / tragen und geben.«[20]

Auch weitere Bibelstellen sprechen von der menschlichen Ausnahmestellung der restlichen Schöpfung gegenüber. In Psalm 8 fragt sich der Dichter beispielsweise:

> Wenn ich den Himmel betrachte, den du gemacht hast, Mond und Sterne, wie du sie angeordnet hast: Wie kannst du dich um den Menschen kümmern? Was ist das für ein Wesen, daß du dich seiner annimmst? Es fehlt nur wenig, und er wäre Gott! Macht und Glanz hast du ihm verliehen. Du läßt ihn über deine Geschöpfe herrschen, du hast ihm alles unterworfen ...[21]

Die Bedeutung des göttlichen Gebotes hatte also eine stabile Überlieferung, auch außerhalb des Christentums. Auch die patriarchale Interpretation kann auf eine lange Tradition zurückblicken. Der große, in Frankreich lebende Bibelkommentator Rashi (eigentlich Rabbi Schlomo Yitzchaki oder auch französisch Salomon de Troyes, 1040–1105) ist für seine sanften und rationalen Interpretationen der Heiligen Schrift bekannt. Der rabbinischen Vorliebe für interpretative Sprachspiele folgend, schlug er eine alternative Lesart für das Verb »und ihr sollt sie euch untertan machen« vor und las den Vers mit der Bedeutung »und du sollst sie dir untertan machen«: »Es soll dich lehren, dass der Mann die Frau unterwirft und sie keine losen Sitten haben soll.«[22] Dies ist eine erstaunliche Verschiebung der Bedeutung. Der, dem die Herrschaft angetragen wird, ist eindeutig männlich. Die Frau war selbst nicht Unterwerferin, sondern musste Unterworfene sein.

Seht meine Werke!

Das biblische Gebot, die Erde untertan zu machen, hat eine enorme Karriere durchlaufen. Bevor wir aber dieser Entwicklung nachgehen, ist es interessant, einen Moment bei seiner Geburt innezuhalten und zu erkunden, was dieser Satz im Kontext seiner Zeit bedeutete.

Gilgamesch musste scheitern, weil er zu eigenmächtig war, zu selbstherrlich, weil er die Bräuche aus der Zeit »vor der Flut« nicht kannte und die Götter gegen sich aufbrachte. Am Ende der Geschichte, als Gescheiterter, ist er klüger. Aber gegen welche Gesetze hatte er verstoßen? In einer polytheistischen Welt, in der Götter, Dämonen, Geister, Nymphen, Ahnen und Harpyien oder ihre jeweiligen Entsprechungen ihr Wesen trieben (und hier ist es fast gleichgültig, ob im antiken Griechenland, in Korea oder in Tahiti), war jedem Menschen deutlich, dass alles, was er oder sie beginnt, nur dann glücken kann, wenn er sich mit der jeweiligen Gottheit arrangiert. Diese Arrangements konnten unterschiedlich aussehen, aber sie beinhalteten meistens Opfer, wobei in der Tiefe der Zeit vielleicht Menschenopfer eine zentrale Rolle gespielt hatten. Noch in Homers *Odyssee* muss Agamemnon sogar seine eigene Tochter opfern, um den glücklichen Ausgang des Feldzuges sicherzustellen. Das Christentum ist geschieden in theologische Strömungen, die meinen, dass sie mit dem Abendmahl nur an den Opfertod Christi erinnern, und solchen, die daran glauben, das Opfermahl sei wirklich Leib und Blut des Herrn.

Diese Opferpraxis entstand aus der Erkenntnis, dass jede Veränderung der physischen Welt die Interessen eines anderen tangiert, eines Wesens, das die Naturkräfte symbolisiert oder mit ihnen identisch ist, einen anderen Willen, eine andere Macht. Diese Naturkräfte können den Menschen nützen oder schaden, das hängt davon ab, welcher Gott oder welche Göttin mächtiger ist, welches Opfer reich genug, welche Bitte inständig genug, aber auch davon, mit welchen anderen Wesen eine Göttin verfeindet ist, wen ein Gott in sein himmlisches Bett bekommen möchte, was Götter und Menschen begehren und wie sich diese verschiedenen Interessen untereinander austarieren lassen.

Das Leben in einer polytheistischen Welt ist ein ständiges Geben und Nehmen. Alles, was ich tue, berührt eine unsichtbare, aber sehr lebendige, sehr reale Macht, die ihre eigenen Interessen hat und deren Hilfe ich brauchen werde. Es wäre töricht, die Waldgeister zu beleidigen, bevor ich mich auf eine Wanderung mache, denn ich werde vom Weg abkommen oder in einen Sturm geraten. Ich kann kein Tier töten, ohne ein Opfer darzubringen, keinen Baum fällen und keine Saat ausbringen, denn ich bin nicht allein, mein Leben vollzieht sich nicht in Isolation, jede geglückte Handlung entstammt einer gegenseitigen Anerkennung aller darin Bezogenen, ihrer aktiven Mithilfe und der Kompensation dafür. *What goes around, comes around.*

Dieser polytheistische Lebenssinn war so weit verbreitet, dass nur wenige Ausnahmen bekannt sind, deren Weltsicht zwar auch einen animistischen Ursprung hatte und hinter Naturphänomenen spirituelle Akteure vermutete, die sich aber als Gegner dieser Welt verstanden und ihren Erfolg darin sahen, die unsichtbaren Mächte zu überlisten. Soweit wir wissen, ging aber keine bekannte Kultur davon aus, dass die materielle Welt tot sei, dass die Menschen als einzige höhere Lebensform auf der Welt existieren und dass sie handeln können, ohne die unsichtbaren Mächte zu konsultieren und zu Verbündeten zu machen, ohne verstrickt zu sein in das sichtbare und unsichtbare Leben um sich herum.

Vor diesem Hintergrund war der biblische Gedanke der Naturbeherrschung so etwas wie eine mythologische Atombombe. Anstatt die natürliche Welt als beseelt und voller Akteure darzustellen, mit denen es sich zu arrangieren galt, kannte die Bibel des einzigen Gottes nur eine tote Erde, eine Welt aus Staub, die unbeseelt, ohne eigenen Willen und ohne Macht nur darauf wartet, unterworfen, gepflügt, besessen, verkauft, penetriert und befruchtet, gekauft und verkauft zu werden. In diesem Perspektivsturz liegt eine enorme Selbstermächtigung. Der Mensch ist nicht mehr Sklave der Götter – er ist Herr über die Schöpfung.

Dieser explosive Gedanke, dass Gott den Menschen geschaffen hat, um den Rest der Schöpfung zu unterwerfen und zu beherrschen, und dass diese Schöpfung nicht mehr in einer Beziehung der Gegenseitigkeit mit ihren menschlichen Bewohnern steht, sondern völlig passiv und versklavt, wurde in die hebräische Bibel aufgenommen, auch wenn, oder vielleicht gerade weil seine Autoren politisch völlig machtlos waren.

Nach der Rückkehr der Juden aus ihrem babylonischen Exil im Jahre 539 v. u. Z. änderte sich zunächst wenig an dieser Situation. Das östliche Mittelmeer und die Levante wurden von wechselnden regionalen Großmächten beherrscht. Nach den Babyloniern und den Ägyptern kamen schließlich die Römer, die Judäa zu ihrer Provinz machten, ein ruheloser Ort, nicht besonders lukrativ für seine Gouverneure, aber dafür immer vor rebellischen Energien brodelnd, kein gefragter Posten im römischen Imperium. Das Schicksal der jüdischen Eliten hing von ihren Verbündeten ab, das koloniale Joch saß niemals leicht auf ihren Schultern und schließlich brach eine neue Rebellion aus, mit einem grausamen, wenn auch erwartbaren Ende: Im Jahre 72 belagerten die Römer als irritierte Großmacht Jerusalem und zerstörten auch den zweiten Tempel – der Beginn der jüdischen Diaspora.

Sechs Jahrhunderte lang überdauerte der explosive Gedanke der Naturbeherrschung fast unbemerkt in den Heiligen Schriften der Juden. Hier hätte er bleiben und langsam sterben können, eines von vielen redundanten theologischen Konzepten, unerklärten Fragmenten und mythischen Überbleibseln, die hin und wieder in der Bibel zu finden sind.

Anderswo war dieser Gedanke längst gestorben. König Cyrus (ca. 600–530 v. u. Z.), der den Juden die Rückkehr in ihr Land erlaubt hatte, war kein neobabylonischer Monarch mehr, sondern ein Perser, der mit einer riesigen Armee in Babylonien eingefallen war und Babylon selbst genommen hatte. Er erklärte sich zum legitimen Nachfolger der hiesigen Könige, aber seine Herrschaft war der Anfang vom Ende des Reichs, den direkten Erben einer fünf Jahrtausende umspannenden Tradition. Die Kraft der mesopotamischen Gesellschaften war endlich überwältigt worden und mit den neuen Herren kamen auch allmählich deren Geschichten und Mythen, Gesetze und Sitten.

Dieser Übergang von einer Welt in die andere war allerdings heiß umkämpft. Der Achämenide Cyrus und seine Nachfolger wurden von den babylonischen Eliten nicht anerkannt. Immer wieder kam es zu Aufständen, Rivalen erhoben Anspruch auf den Thron, Bürgerkrieg breitete sich aus und schwelte über Jahrzehnte mit immer neuen Ausbrüchen weiter, bis schließlich König Xerxes Babylon selbst in einer Strafexpedition zerstörte und seine Stadtmauern dem Erdboden gleichmachte. Die babylonische Kultur lebte weiter bis in die hellenistische Epoche hinein, aber es waren die letzten Überreste einer sterbenden Zivilisation.

Nineveh, die prächtige Hauptstadt des Königs Ashurbanipal, des Herrn Assyriens und Herrn der Welt, Besitzer der ersten systematisch geordneten Bibliothek der Geschichte, Sieger über zahllose Feinde und hymnisch gefeierter Triumphator über Feinde und Löwen, die er mit bloßer Hand erwürgte – das herrliche Nineveh lag in Schutt und Asche. In seinen Ruinen lag die immense Bibliothek begraben, die erst mehr als zwei Jahrtausende später wieder ans Licht kommen sollte.

1807, als die Faszination der imperialen Briten für frühere Weltreiche und ihr historisches Schicksal einen Höhepunkt erreichte, verfasste der englische Romantiker Percy Bysshe Shelley ein Gedicht mit dem Titel *Ozymandias*, ein anderer Name für den Pharao Ramses II. Er habe einen Reisenden getroffen, reflektiert der Autor, der ihm von zwei »riesigen und körperlosen Beinen aus Stein« berichtete, die verloren in der Wüste stehen, daneben ein geborstenes Gesicht mit dem »Hohn des kalten Befehls« auf den Lippen. Auf dem Podest der zerstörten Statue war eine Inschrift, die den Dichter fasziniert:

> Mein Name ist Ozymandias, König der Könige,
> Seht meine Werke, Mächtige, und verzweifelt!
> Nichts anderes verbleibt. Um den Verfall
> des kolossalen Wracks, erstreckt sich
> immens und leer, der einsame, flache Sand.[23]

Das Ende der mesopotamischen Großreiche und seiner Stadtstaaten war nicht so plötzlich und so dramatisch, wie Shelley es vielleicht auch als Warnung an seine Zeitgenossen formulierte (seine Frau, Mary Shelley, schrieb mit ihrem Roman über Dr. Frankenstein eine weitere Warnung). Auch die größten Reiche kommen an ihr Ende, auch nahezu absolute Macht kann wenig mehr hinterlassen als die staubigen Ruinen ihrer Ambitionen.

Der Gedanke der Naturbeherrschung wäre wohl mit dem neobabylonischen Reich einen langsamen Tod gestorben, als Teil einer besiegten und machtlosen Kultur, aber er war schon übergesprungen, hatte eine weitere Kultur infiziert und sich sogar über den letztlich naiven Machtbegriff der Mesopotamier hinaus entwickelt. Es mochte einen Hofstaat beeindrucken, wenn Ashurbanipal von einem Streitwagen aus in einer Arena aus Schilden und Speeren einen zu diesem Zweck gefangenen oder sogar gezüchteten Löwen mit dem Bogen erschießt oder ihm vielleicht sogar wirklich mit seinem Würgegriff den Garaus macht, geschwächt und umgeben von Speerspitzen, die in der Sonne funkeln, jederzeit bereit, die gottgleiche Autorität des Königs durch einen beherzten Todesstoß zu bestätigen. Aber Herr über die gesamte Schöpfung? Über alle Tiere? Über alles, was wächst? Das war eine andere Art von Macht.

Diese überhöhte absolute Macht blieb in einigen Buchstaben gefangen und hatte keine Entsprechung in der Realität. Nicht einmal in Ritualen tauchte sie auf. Sie blieb ein Traum, der sich nie wirklich die Bühnenmitte erobern konnte, geträumt von einem rebellischen Volk in einer ungeliebten Provinz des römischen Reiches und bald auch von einer rätselhaften jüdischen Sekte, die immer mehr Anhänger um sich versammelte. Ihr Begründer war ein charismatischer Prediger namens Jeschuah ben Joseph und seine Worte passten perfekt in die Zeit der Endzeiterwartungen, der Rebellionen und der Wanderprediger, die zum Stadtbild der antiken Welt gehörten und in der aufgeheizten Atmosphäre Judäas besonders große Menschenmengen anzogen.

Die monotheistische Idee hatte eine verborgene Wucht in der antiken Welt, in der ein scheinbar endloser Karneval von unterschiedlichen, rivalisierenden und exotischen Olympiern nebeneinander verehrt wurde, in einer Art Hyperkapitalismus der Religion. Inmitten dieses Gezänks zwischen Jupiter und Mithras, Isis und Astarte wäre es für die philosophischen Gemüter des Imperiums ein rhetorischer Paukenschlag gewesen, einen Gott einzusetzen, der über dieses würdelose Gerangel erhaben war, ein einziger, universeller, abstrakter, allmächtiger, allwissender, ein Gott nach dem Geschmack des großen Plato. Der Gott der Juden aber kam dafür offenbar nicht in Frage, denn der hatte sich dem kleinen Wüstenvolk exklusiv verbunden. Weder seine Gebote noch seine zugegebenermaßen brüchige Bündnistreue galten für Nichtjuden und wer sich ihm anschließen wollte, musste sich auf Rituale wie die Beschneidung und den Verzicht auf Schweinefleisch einlassen, die Römern zumindest seltsam erscheinen mochten. Nein, der Gott der Juden war es nicht.

Die römischen Eliten stieß aber auch das eklatante Versagen dieses impotenten Gottes ab, der sich wie ein Esel hatte hinrichten lassen – weswegen er in einem berühmten Graffiti in den römischen Katakomben auch als gekreuzigter Mann mit Eselskopf dargestellt wurde. Man hatte Rabbi Jeschuah der Rebellion beschuldigt und ihn als Aufrührer gekreuzigt wie Spartakus, den Anführer der aufständischen Sklaven Roms. Aus Gründen, die den machtverliebten Römern unverständlich waren, hatte aber gerade dieses schändliche Ende und das Scheitern seiner Brandreden eine Bewegung geschaffen, die nicht nur über seinen Tod hinaus bestand, sondern von einem seiner Jünger auch für nichtjüdische Rekruten geöffnet wurde, die zwar ihre Seelen retten wollten, die Beachtung der jüdischen Gesetze – und besonders die Beschneidung – aber als einen zu hohen Preis erachteten. In ihrer neuen Form wuchs die Gemeinschaft im gesamten römischen Reich. Die anarchistische Botschaft der Armut und Solidarität und des transformativen Leidens hatte eine magnetische Überzeugungskraft inmitten der zynischen Korruption der römischen Herrscher und ihrer rein geschäftlichen Beziehung zu ihren zahllosen Göttern.

Und dann trat der ehemalige Christenhasser und ewige Frauenhasser Paulus auf, der auf der sprichwörtlichen Straße nach Damaskus von seinem Pferd gefallen war und durch eine Vision bekehrt wurde. Er öffnete den Zugang zum universellen Gott, indem er den Bund mit ihm für neu gestiftet erklärte und den rebellischen Prediger Jeschuah ben Joseph zum Gesalbten, zum *Christos* ausrief, zum Erlöser der gesamten Menschheit.

Für die Intellektuellen der Antike, die der aristotelischen Fingerübungen und der als Religion vermummten Korruption müde waren, bot diese aufregend anarchistische Botschaft eine enorm interessante Möglichkeit, die Welt neu zu denken. Eine bunt gewürfelte Götterwelt mit widersprüchlichen Legenden und Traditionen und rivalisierenden Gottheiten entsprach nicht dem Bedürfnis nach Ordnung und Transzendenz, das schon Plato bewegt hatte und das die neoplatonischen Philosophen noch einmal zur Diskussion gestellt hatten. Brauchte ein Imperium mit einem Cäsaren nicht auch einen Gott? Und musste dieser Gott nicht gereinigt sein von allen Zufälligkeiten und Unvollkommenheiten? Und würde dieser Gott nicht allen Menschen die Bürgerrechte in seinem Reich verleihen, wie Rom es mit seinen Bewohnern tat?

Der Sieg des Lichts
über die Dunkelheit

Niemand fing die Aufregung um die neue Religion so lebendig ein wie ein nordafrikanischer Bischof, der in der kleinen afrikanischen Küstenstadt Hippo im heutigen Algerien geboren war, ein gewisser Augustinus (354–430). »Alle sind erstaunt, die ganze Menschheit zum Gekreuzigten kommen zu sehen, von Cäsaren bis hinunter zu den Bettlern in ihren Lumpen.«[24]

Die neue Religion setzte eine soziale und philosophische Sprengkraft frei, die sie offenbar unwiderstehlich machte. Augustinus selbst hatte diese aufregende Lehre erst als Erwachsener entdeckt. Als Sohn aus wohlhabendem Hause war er in Nordafrika aufgewachsen, hatte eine hervorragende Erziehung genossen, sich eine Liebhaberin gehalten, mit der er einen Sohn hatte, und war bis nach Rom und Mailand gereist, um seine Studien fortzusetzen und selbst Rhetorik zu unterrichten. Er war ein brillanter Kopf und genoss das Leben in vollen Zügen, aber er war auch ein Suchender, der mit verschiedenen philosophischen Schulen, Kulten und Sekten experimentierte und doch nirgendwo eine spirituelle Heimat gefunden hatte.

Nach seiner Bekehrung zum Christentum verabschiedete er sich nach und nach von seinem luxuriösen Lebensstil. Der ehemalige Lehrer der Beredsamkeit wurde einer der größten Prediger und Theologen der Antike, eine Persönlichkeit mit erstaunlich modernen Aspekten. Sein Bekenntniswerk *Confessiones* war nicht nur ein Monument des spätantiken Ringens mit den eigenen Überzeugungen und Neigungen, es begründete auch das Genre der Autobiografie und der systematischen Selbstreflexion.

Als junger Mann hatte Augustinus besonders im Bann der Manichäer und der Neoplatonisten gestanden und Spuren beider Gedankenwelten sind auch in seinen theologischen Schriften zu finden. Die manichäische Doktrin ging davon aus, dass Gut und Böse in einem Gleichgewicht existieren und dass neben dem guten Gott auch ein böser existiert, der all seine Werke zunichtemachen will. Die irdische Existenz war ein Kampf der Söhne des Lichts gegen die Söhne der Finsternis.

Die Neoplatonisten hatten ein subtileres Gedankengebäude, wie es sich für eine damals brandaktuelle Schule der Philosophie einer urbanen und kultivierten Elite gehörte. Ihr Denken ging auf Platos Idealismus zurück, besonders auf die Idee, dass die eigentliche Wahrheit in den Ideen liegt, in den puren Formen und reinen Konzepten des Geistes, und dass die materielle Welt nichts als ein Abbild dieser idealen Welt ist, wie er in seinem berühmten Höhlengleichnis darlegte. Menschen, die in einer Höhle mit dem Rücken zum Eingang sitzen und den Kopf nicht bewegen können, müssen die Schatten an der Rückwand der Höhle für die Wirklichkeit halten, auch wenn es nur die zweidimensionalen Abbilder der eigentlichen, realen Wesen sind, die am Höhleneingang stehen.

Aus diesem Gedanken folgte, dass die Wahrheit über die Welt am ehesten durch Kontemplation der reinen Ideen zu begreifen war, nicht durch empirische Forschung. Die irdische Welt war schließlich nicht mehr als die niedere, unreine Spiegelung der idealen Welt und das Ziel eines Philosophenlebens musste es sein, die Zwänge dieser irdischen Existenz so weit wie möglich abzustreifen, um das eigene denkende, ideelle Selbst, das an der Welt der reinen Ideen teilhaben konnte, aus den Klauen der Materie zu befreien.

Als das römische Reich seinen Höhepunkt erlebte, entstand um den in Rom lehrenden, ägyptischen Denker Plotin eine Denkschule, die das Gedankengut Platons wiederbelebte, eine aristokratische Philosophie, die anspruchsvollen Geistern das bot, was der polyglotte Götterzirkus der offiziellen Religionen nicht bieten konnte: Ordnung, Klarheit, Prinzipien, Orientierung. Auch der junge Augustinus versuchte, das Konzert der unterschiedlichen Traditionen, Religionen und Welterklärungen, mit denen er als Sohn einer christlichen Mutter aus dem Berbervolk und eines heidnischen Vaters in Nordafrika aufgewachsen war, in seinem Geist zu einem harmonischen Ganzen zu machen.

Für seine Bibelauslegungen und Predigten kam Augustinus seine Erfahrung als Rhetoriker und Student verschiedener philosophischer Richtungen sehr gelegen. In einer Passage über die Sonderstellung des Menschen gegenüber der Natur ist der Einfluss Platos deutlich: »Auch den Menschen hat er [Gott] erschaffen, und zwar nach seinem Ebenbild, damit wie er selber durch seine Allmacht die ganze Schöpfung beherrscht, so der Mensch durch seine Vernunft, womit er zugleich seinen Schöpfer erkennt und verehrt, alle irdischen Wesen beherrsche.«[25] Dieses Argument befördert den entstehenden Wahn der Naturbeherrschung. In der Schöpfungsgeschichte war es nicht die Vernunft, die Adam und Eva vor allen anderen Geschöpfen auszeichnete. Von der Vernunft oder dem Geist der Kreaturen Gottes ist dort nicht die Rede. Gott schuf sie nach seinem Bilde, aber auch das ist eine visuelle Metapher. Die Genesis freilich wurde, wie auch andere Teile der Bibel, durch das Sieb der neoplatonischen Vernunft und Systematik gestrichen, um die wirren Fantasien einer ganz anderen Tradition in eine homogene Dogmatik zu verwandeln.

Es ist die von allen Leidenschaften gereinigte Vernunft, die den Menschen fast göttlich macht, durch die er am Wesen Gottes teilhaben kann. Auch einen Beweis blieb der Kirchenvater nicht schuldig:

... alle Tiere wurden unter seine [des Menschen] Herrschaft gestellt, nicht wegen der Würde des menschlichen Körpers, sondern wegen der Intelligenz, die wir haben und die sie nicht haben; außerdem wurde unser Körper selbst so geformt, dass er zeigt, dass wir den Tieren überlegen und Gott ähnlich sind. Denn die Körper aller Tiere, die entweder im Wasser oder an Land leben oder durch die Luft fliegen, sind von Natur aus zur Erde hin geneigt und nicht gerade wie die des Menschen. Diese Haltung bedeutet, dass unser Geist seinerseits zu den höheren Dingen erhoben werden muss, die sein eigentliches Ziel sind, d. h. zu den geistigen und ewigen Dingen. Wie schon die aufrechte Form des menschlichen Körpers bezeugt, ist der Mensch durch seine Seele nach dem Bild und Gleichnis Gottes geschaffen worden.[26]

Dies war ein klassischer Analogieschluss, der eigentlich unter dem Niveau eines sonst so imposanten Denkers war. Was der Erde zugewandt ist, ist niedrig und muss dominiert werden, was sich in die Höhe streckt, ist auch geschaffen zur Kontemplation des Göttlichen. Ob der Afrikaner Augustinus schon einmal Giraffen gesehen hatte?

Ein gewisser Rechtfertigungsdruck ist zu spüren, wenn es um die menschliche Herrlichkeit geht. An einer anderen Stelle fragt Augustinus, wie es sein könne, dass der Mensch zur Herrschaft über die Tiere eingesetzt ist, die wilden Tiere ihm aber schaden und gefährlich sein können, ohne sich kontrollieren zu lassen. Auch hier greift er in die rhetorische Trickkiste. Wenn der Mensch nach dem Sündenfall, bei dem er seine paradiesische Existenz einbüßte, noch immer Macht über seine Haus- und Nutztiere hat, dann kann man sich vorstellen, wie viel größer diese Macht war, bevor er in die falsche Frucht biss.

Für Augustinus bestand ein grundlegender Unterschied zwischen dem Menschen und dem Rest der Natur. Gott selbst hatte seinem Lieblingsgeschöpf unbegrenzte Macht über die Natur gegeben, nicht aber über andere Menschen, schloss er in einem politisch brisanteren Teil seiner Überlegungen. Ein vernunftbegabtes Wesen darf deswegen auch nie versklavt werden und Sklaverei ist ein moralisches Übel, argumentierte er, fuhr dann aber fort, dass die Erbsünde uns alle zu Sklaven mache und deshalb die Existenz der Sklaverei zu akzeptieren sei.

Augustinus polemisierte gegen die tyrannische Herrschaft von Menschen über andere Menschen und vertrat die Ansicht, dass jeder Mensch von gleicher Würde sei, auch wenn das in der Praxis anders aussehen konnte. Während er die Sklaverei zumindest ambivalent betrachtete, rechtfertigte er als einer der wichtigsten Theoretiker des gerechten Krieges andere Formen der Gewalt. Die Idee eines manichäischen Konfliktes zwischen Gut und Böse war im Denken des Augustinus vielleicht verblasst, aber es formte noch immer das Gerüst seiner moralischen Ideen. Er betrachtete innerkirchliche und politische Uneinigkeit als Affront gegen die Wahrheit und gestand zu, dass vehemente Konflikte unvermeidbar seien und dass er auf der Seite Christi einen gerechten Krieg führen konnte, der ihm ein robustes Mandat gab, selbst Gewalt einzusetzen. Es ist nichts falsch am Krieg, schreibt er lakonisch, »Menschen sterben, die ohnehin bald sterben werden«. Nur ein Feigling kann darüber jammern, denn:

> Niemand darf jemals die Berechtigung eines Krieges bezweifeln, der in Gottes Namen befohlen wird, denn selbst das, was aus menschlicher Gier entsteht, kann weder den unkorrumpierbaren Gott noch seinen Heiligen etwas anhaben. Gott befiehlt Krieg, um den Stolz der Sterblichen auszutreiben, zu zerschmettern und zu unterwerfen. Krieg zu erdulden ist eine Probe für die Geduld der Gläubigen, um sie zu erniedrigen und seine väterlichen Zurechtweisungen anzunehmen. Denn niemand besitzt Macht über andere, wenn er sie nicht vom Himmel erhalten hat. Alle Gewalt wird nur auf Gottes Befehl oder mit seiner Erlaubnis ausgeübt. Und so kann ein Mann gerecht für die Ordnung kämpfen, selbst wenn er unter einem ungläubigen Herrscher dient.[27]

Mit seinem *bellum iustum* lieferte der Kirchenvater Jahrhunderte von Kreuzzügen, kolonialen Expeditionen und Glaubenskriegen die Rechtfertigung – auch wenn diese vermutlich auch ohne ihn stattgefunden hätten. Sein heiligster manichäischer Zorn aber galt keinem äußeren Feind, sondern der Sünde selbst und damit der menschlichen Natur, die seine unsterbliche Seele und seine gottgleiche Vernunft an einen schmutzigen, lüsternen, lasterhaften Körper kettete. Auf dieser Bühne wurde der kosmische Vernichtungskrieg zwischen Gut und Böse ausgetragen, denn die Sünde, die dankbarste aller Hauptfiguren, wurde nicht nur von Individuen in Momenten des Leichtsinns begangen, sie wurde körperlich vererbt. Der Mensch ist mit der Erbsünde geboren, von Geburt an schuldig, verdammt und auf dem Weg in die tiefste Hölle, wo ewige Strafe ihn erwartete. Adams Ungehorsam und Evas Versuchung folgten der Menschheit als Schatten, der vom Höllenfeuer geworfen wurde. Nur die unverdiente Gnade Gottes konnte Seelen vor der ewigen Verdammnis retten.

»*Caro tua, coniunx tua – dein Körper ist deine Frau*«, predigte Augustinus, und verlangte dabei einerseits, den Körper zu respektieren; andererseits dachte er offensichtlich auch an die verführerische Eva, denn der ehemalige Lebemann hatte sich zu einem asketischen Theologen entwickelt, der sich nur zu gut an die manichäische Lehre erinnerte, dass das Böse durch Sex in die Welt kommt und die Seelen der Menschen mit Wollust vergiftet. Die Ehe ist daher ein *remedium concupiscentiae*, ein Heilmittel gegen die Lust, denn besser noch als Geschlechtsverkehr in der Ehe ist die völlige Abstinenz, auch wenn sie nur wenigen gelingt. Augustinus erwähnt auch, dass die Liebe der wichtigsten Frau in seinem Leben, seiner Mutter, in gewisser Hinsicht »zu fleischlich« gewesen sei, was Forscher immer wieder dazu verleitet hat zu vermuten, dass sein Verhältnis zu Frauen im Allgemeinen vielleicht kein einfaches und konfliktfreies war.

An diesem Punkt wendet sich die Geschichte der Unterwerfung nach innen. Schon Utnapischtin hatte Gilgamesch zu verstehen gegeben, dass er zuallererst seine eigene Natur zu beherrschen lernen musste, bevor er die Unsterblichkeit erlangen konnte. Vor Augustinus war die Aufforderung, die Erde untertan zu machen, aber durchaus im buchstäblichen Wortsinn verstanden worden, im Sinne der jüdischen Landnahme und militärischer Unterwerfung, oder im Sinne der Schöpfung mit der magischen Benennung aller Tiere. Der Zugriff auf die Natur aber blieb klein, die rhetorische Position in der Bibel hatte keinerlei reale Folgen, die Juden und später die Christen waren Stürmen, Erdbeben und Gewittern ebenso ausgesetzt wie der Brutalität der römischen Armee.

Augustinus stülpte diese Dynamik in den Menschen hinein. Von nun an sollte es in der kirchlichen Tugendlehre immer um die Kontrolle, Unterdrückung und Sublimierung von Begehren und von körperlichen Impulsen gehen, die als an sich sündig und verdorben gedacht werden. Die Zweiteilung des Menschen in einen reinen Geist und einen auch metaphysisch schmutzigen Körper war perfekt.

Sogar und vielleicht besonders der Lust, die ihn, der sich als einen sinnlichen Menschen beschrieben hatte, bewegt hatte, misstraute der Bischof von Hippo, weil sie sich nicht bewusst beherrschen ließ. »Jeder Freund der Weisheit«, so schrieb er, »würde lieber, wenn es in seiner Macht stünde, ohne solche Lust Kinder erzeugen, so daß auch bei diesem Geschäft der Nachkommenschaftsgründung die hierfür erschaffenen Glieder in derselben Weise seinem Geiste dienstbar wären wie die übrigen je ihren besonderen Aufgaben dienenden Glieder, also nicht auf Anreizung durch hitzige Lust, sondern in Bewegung gesetzt durch den Wink des Willens.«

Das »Geschäft der Nachkommensgründung« und die Erinnerung daran setzten dem heiligen Mann offensichtlich zu. Hier beginnt eine zweitausendjährige literarische und künstlerische Tradition der Prüderie, auch wenn sie ihre Vorläufer hatte, die Augustinus selbst anerkennend zitierte, den römischen Dichter Vergil (70–19 v. u. Z.) zum Beispiel. Nicht alle Römer waren so lebensfroh, wie es ihre Kunst und die Geschichte ihrer Herrscher vermuten lässt. Eine Schicht von desillusionierten Aristokraten hatte sich abgewandt von den Orgien und Intrigen, hübschen Sklavinnen und Lustknaben, von Brot und Spielen. Sie suchten die Wahrheit in der Philosophie des ehrwürdigen Plato und dem Kampf gegen die Sinnlichkeit. Vergil beschrieb den menschlichen Körper als eine schreckliche Bürde: »All diese Samen des Lebens sind voll feuriger Kraft, vom Himmel gekommen, soweit nicht lästiger Körper Schwere sie drückt, nicht irdische Hülle sterblicher Glieder sie hemmt.«[28] Die feurige Kraft des Himmels, die im Menschen wohnt, muss heroisch gegen den Leib und seinen Einfluss kämpfen, denn: »Dies ist die Quelle der Furcht und Begier, des Schmerzes, der Freude; eingeschlossen in Nacht und finstern Kerker, erhebt sich nicht mehr zum Himmel der Blick.«

Der große Redner und Sophist Augustinus konnte diesem freudlosen Menschenbild noch eine Wendung ins Verzweifelte hinzufügen, denn während Vergil nur seinen Körper als Feind seiner Seele begriff, so war die Erbsünde tiefer vergraben. Die Sünde lag in Adams Ungehorsam, in einer Seelenregung: »nicht das vergängliche Fleisch hat die Seele zum Sündigen gebracht, sondern die sündigende Seele hat das Fleisch vergänglich gemacht«. Der Tanz zwischen Körper und Seele, Sünde und Erlösung, wird zu einem hoffnungslosen Rasen um eine leere Mitte. Die Lösung aber ist klar: das Leben nach dem Geiste und der Kampf gegen das fleischliche Begehren, die Entsagung und der erbarmungslose Krieg gegen die Sünde. Es gibt nichts Lebensfeindlicheres und Deprimierenderes, als Augustinus' Ausführungen über den »Beischlaf als Gegenstand schamhaften Verhüllens« zu lesen, aber wie einige andere zölibatäre Denker auch, schrieb er darüber mit fast obsessiver Detailverliebtheit.

Nicht nur Augustinus predigte ein extremes, aus zeitgenössischen Einflüssen und wohl auch biografischen Motiven verzwirbeltes Weltbild. Das Christentum war auch bei weitem nicht die einzige Religion der mediterranen Spätantike, die mit radikalen Gedanken experimentierte und immer neue Schismen und Sekten produzierte. Es ist aber von besonderem Interesse, weil es im Gegensatz zu anderen antiken Kulten den

Kampf um die Zukunft gewann. So sicherte das Christentum das Überleben des westasiatischen Wahns der Unterwerfung der Natur in einem größeren Kontext. Mit der Christianisierung des gesamten römischen Reiches und später auch Europas öffneten sich der durch griechische Systematik, platonische Lustfeindlichkeit und manichäische Paranoia befeuerten Obsession ganz neue Territorien.

Die führenden Köpfe der neuen Religion sahen in der Eroberung dieser Territorien von Anfang an eine heilige Mission, wobei dieser Kampf nicht nur geografisch tobte, sondern auch innerhalb jeder Gesellschaft, denn die Welt teilt sich in »Menschen, die nach dem Fleische«, und jene, »die nach dem Geiste leben wollen«. Die Geschichte entsteht aus dem Kampf, wie Augustinus gleich in den ersten Worten seines Hauptwerks *De civitate dei* deutlich macht: »Aus dem Weltstaat nämlich kommen die Feinde, gegen die der Gottesstaat verteidigt werden muß.«[29]

Das »Leben nach dem Fleische« und in Sünde war die Folge von Evas Leichtgläubigkeit und Adams Schwäche. Augustinus fragte nicht danach, warum es schlecht sein sollte, vom Baum der Erkenntnis zu essen, und warum Gott ausgerechnet die Früchte dieses Baumes verbot; er ging auch nicht auf die vielen Schlangenmythen seiner Epoche ein, sondern er leitete von den ersten beiden Menschen die Misere und die Schuldigkeit aller anderen ab:

> Sie begingen eine so ungeheuerliche Sünde, daß dadurch die menschliche Natur verschlechtert ward, indem die Verstrickung in die Sünde und die Unvermeidlichkeit des Todes auch auf die Nachkommen überging. Die Herrschaft des Todes über die Menschen erstreckte sich aber in ihrer Gewalt so weit, daß die verdiente Strafe alle unrettbar auch in den zweiten Tod, der kein Ende hat, stürzen würde, wenn nicht Gottes unverdiente Gnade Bestimmte davor bewahrte.[30]

In diesem Namen wurde erst einem Kontinent und schließlich allen die Frohe Botschaft überbracht.

Nicht nur in den Werken des Augustinus sanken Christentum und griechisches Denken einander glücklich in die Arme. Dem Alexandrier

Origenes (185–253 oder 254) wurde nachgesagt, dass seine Abscheu gegen seinen eigenen Körper und seine Verzweiflung über die eigene, unbeherrschbare Lust ihn dazu trieben, sich kastrieren zu lassen, um von aller Versuchung befreit an seinen theologischen Werken arbeiten zu können. Schon als junger Mann hatte er seinen Biografen zufolge die Sündhaftigkeit seines Körpers tief verinnerlicht. Wie viele Menschen, die ihre eigene Welt zutiefst hinterfragen, hatte auch Origenes eine Geschichte, die von persönlichen Tragödien und Konflikten gekennzeichnet war. Sein Vater, ein frommer Christ, der sich weigerte, den römischen Göttern zu opfern, wurde öffentlich hingerichtet, als sein Sohn noch keine siebzehn war. Origenes selbst hatte versucht, sich den Behörden auszuliefern, um selbst auch den Märtyrertod zu sterben, aber seine Mutter – so die Legende – versteckte all seine Kleider und dem Sohn war die Scham der Nacktheit schrecklicher als die verpasste Chance, ein Märtyrer zu werden.

In mehr als zweitausend Traktaten bemühte sich Origenes darum, das Christentum mithilfe der platonischen Ideenlehre als sittenstrenge Vernunftreligion neu zu erfinden. Die Doktrinen und Ideen dieser mittelöstlichen Sekte mussten von den Philosophen der Antike erst einmal einer rigorosen Neudefinition unterworfen werden. Die Worte Jesu schienen ihnen häufig platt und bar aller Bildung oder rhetorischer Raffinesse, die Worte eines Tischlers, nicht eines kultivierten Menschen – und was den Rest der Bibel anging: wirre Geschichten, endlose Listen, widersprüchliche Passagen, trübe Legenden oder offensichtliche Anleihen bei anderen Kulturen. Das Rohprodukt schrie förmlich nach Veredelung durch die platonische Ideenleere und die erbarmungslose Systematik eines Aristoteles. Jeschuah ben Joseph, der zum Zeitpunkt seiner schändlichen Kreuzigung eine einfache, wollene Tunika getragen haben mag, erschien auf der Bühne der Debatte gehüllt in die wallende Toga eines antiken Philosophen.

Handelte Kaiser Konstantin aus tiefster Überzeugung oder aus politischem Kalkül, als er sich im Jahre 312 vor einer entscheidenden Schlacht unter den Schutz Christi stellte und im Zeichen des Kreuzes losschlug und siegte? Der Streit darüber wird noch lange dauern, aber eigentlich ist er unerheblich. Die Tatsache, dass er nach siegreicher Schlacht den abgeschnittenen Kopf seines Feindes auf eine Lanze gespießt im Triumphzug mit sich führte, zeigt vielleicht, dass Konstantin im Hinblick auf christliche Tugenden noch das eine oder andere zu lernen hatte, aber schließlich hatte dieser Christus ihn gerade in einem blutigen Gemetzel triumphieren lassen.

Mit dem Christentum triumphierte auch die Idee der Unterwerfung der Natur. Die Römer hatten immer durch das Schwert gelebt. Ihre Weltherrschaft aber war begrenzt auf die Kapazitäten ihrer Armeen und ihrer Kommunikationswege. Jetzt aber entstand eine andere Art von Macht, wie der Historiker Tom Holland beobachtet. »Entstanden aus einem großen Zusammenfließen von Traditionen – persisch und jüdisch, griechisch und römisch – überlebte sie bei weitem den Kollaps des Reiches, aus dem sie zuerst kam und wurde ... zum wichtigsten hegemonischen kulturellen System in der Geschichte der Welt.«[31]

Mit der Christianisierung des römischen Imperiums verwandelte sich eine aus einer staatsgefährdenden levantinischen Sekte hervorgegangene Ecclesia endgültig in eine Weltmacht, die von Anfang an dem römischen Staat mehr ähnelte als den Träumen eines gescheiterten Messias. Das Christentum lernte herrschen, Kriege zu führen, zu strafen, alles im Namen des Herrn; Christus wurde noch jahrhundertelang nicht als Gekreuzigter, sondern als glänzender König dargestellt, vor goldenem Hintergrund auf einem Thron sitzend und von seinem Hofstaat umgeben. Auf einem Mosaik in der im Jahre 547 eingeweihten Kirche San Vitale in Ravenna thront Christus als bartloser Cäsar mit goldgesäumter Toga auf einer blauen Kugel, die das Universum symbolisiert.

Die vier Figuren um ihn herum sind ebenfalls römisch gekleidet. Die beiden Engel wirken in ihren Togen wie geflügelte Verwaltungsbeamte ihres himmlischen Kaisers. Mit ihren Füßen stehen sie auf der Erde, einem dünnen Streifen Grün, der mit einigen Blumen besetzt ist. Ihre Körper aber zeichnen sich vor einem goldenen Hintergrund ab, golden wie der Heiligenschein Christi, Teilhabe an seiner Herrlichkeit allein schon durch ihre physische Erhabenheit über die Natur, ganz wie Augustinus argumentiert hatte. Der *Pancrator*, der Allesbeherrscher der frühen Kirche, gibt dem Heiligen die Märtyrerkrone und dem Bischof eine Kirche, er verteilt die Macht unter den Seinen, auf dass sie hingehen und sein Wort verkünden. Wenn das Erbe vom antiken Griechenland der jungen

Religion intellektuelle Respektabilität und eine Fülle schon längst strukturierter Ideen geschenkt hatte, so verhalf ihr Rom zu Muskeln.

Der Rest der Geschichte der europäischen Christianisierung ist bekannt und obwohl die theologischen Debatten, Disputationen und Kampagnen über Jahrhunderte nicht zur Ruhe kamen, so waren doch die Pflöcke des kirchlichen Menschenbildes und des Verhältnisses zur Natur eingeschlagen. Auf dem Territorium der Theologie trafen mehrere schriftliche Traditionen aufeinander, die jeweils in einer ganzen Wolke von Debatten, Mythen, Standpunkten, Strategien, Erinnerungen und Argumenten auftraten, die aufgeschrieben, kopiert und unverändert bis in die fernsten Winkel des Imperiums geschickt werden konnten. Ein irischer Mönch konnte die Worte des Nordafrikaners Augustinus lesen und beide waren Teil einer Tradition, die bis nach Mesopotamien und dahinter bis in die Nebel der ersten Zivilisationen reichte.

Diese gemeinsame Tradition verdankte ihren intellektuellen und kulturellen Reichtum der Tatsache, dass sie verschiedene andere absorbiert und miteinander in neue, häufig bizarre Konstellationen brachte. Die Botschaft des Evangeliums und die brutale Machtpolitik des römischen Reiches hatten lange zueinander im diametralen Widerspruch gestanden. Christen waren im alten Rom verfolgt worden, weil sie nicht an den öffentlichen Opferriten teilnehmen wollten. Die Römer waren überrascht über die naive Idee, dass man zur Teilnahme an einem Ritual auch den betreffenden Mythos für buchstäblich wahr halten müsse. Das schien ihnen intellektuell rustikal, vor allem aber gesellschaftlich unsolidarisch. Wer nicht an den Ritualen teilnahm, zeigte sich nicht als römischer Patriot, egal welchen Laren oder Philosophen er zu Hause huldigte. Wer dann noch zu einer Sekte gehörte, die aus einem umstürzlerischen Volk hervorging und einen Gott verehrte, der nicht für Macht, sondern für Machtlosigkeit stand – wer so viel Perversität in sich vereinte, konnte nur damit rechnen, als Staatsfeind den Löwen vorgeworfen zu werden, zum Vergnügen des zahlenden Publikums unter den Sonnensegeln des Circus Maximus.

Ob spirituelles Ereignis oder politischer Winkelzug, die Konversion des Konstantin veränderte den Lauf der Geschichte. Den explosiven Ideen dieser inzwischen komplex und in sich widersprüchlich gewordenen

6 Christus als »Kosmokrator« *(Weltenherrscher)*, vor goldenem Hintergrund auf einem Thron sitzend und von seinem Hofstaat umgeben. Christus reicht San Vitale die Märtyrerkrone; ein Engel gibt Bischof Ecclesius ein Modell der Kirche. Mosaik in der im Jahre 547 eingeweihten Kirche San Vitale in Ravenna

Denktradition aus Athen und Jerusalem, Mesopotamien und Nordafrika fügte sie noch einen weiteren Widerspruch hinzu und stattete sie gleichzeitig mit einem Netzwerk der Macht aus.

Für Konstantin war der eine Gott ein deutliches Alleinstellungsmerkmal, das ihm auch erlaubte, gegen den Dschungel der Kulte aus allen Winkeln des Reiches anzugehen, die zufällig nicht selten mit den politischen Interessen seiner Rivalen verbunden waren. Das Imperium hatte ein neues Image, einen himmlischen Kaiser, dessen Glanz auch von seinem irdischen Statthalter ausstrahlte. Mit dieser praktischen Botschaft kam das gesamte administrative Netz des Reiches, die Schlagkraft seiner Legionen, die Straßen und Häfen und Bibliotheken und Rhetorikschulen, die provinziellen Eliten und ihre Liebe für römische Moden und die dynastischen Machtspiele, in denen Konversionen eine strategische Rolle spielen und neue Verbündete gewonnen werden konnten. Die Hebel der Macht wirkten enorm.

Die tiefen Widersprüche und Übersetzungsprobleme zwischen der Bibel und dem Denken der klassischen Antike (von den anderen Einflüssen ganz zu schweigen) hatten über Generationen die besten Talente von Theologen, Philosophen und anderen klugen Köpfen angezogen. War Platos Idee wirklich der Gott der Abrahams und Isaacs? Wie groß müssen die Ähnlichkeiten und die spezifischen Unterschiede zwischen zwei Sprachen, zwei denkerischen Traditionen und ihren Konzepten sein, um noch einfach übersetzbar zu sein? Was wird im Prozess der Übertragung verzerrt und umgedeutet?

Offensichtlich lädt dieser Prozess geradezu dazu ein, groteske Missverständnisse zu entwickeln und halb verstanden durch die Generationen zu reichen. *Chrystos Pancrator*, der strahlende römische Held am goldenen Firmament, war so ein kulturelles Missverständnis, ein Bild, das erst nach dem Schwarzen Tod im 14. Jahrhundert endgültig durch den leidenden Erlöser am Kreuz verdrängt wurde.

In einer Welt, in der die wenigsten Menschen lesen konnten, Zugang zu Manuskripten hatten und die Bibel buchstäblich nur vom Hörensagen kannten, war die Bildersprache der neuen Religion entscheidend. Hier waren die Evangelien klar im Vorteil. Die Menschen Europas konnten sich in der bäuerlichen Welt der Bibel wiederfinden. Da ging es um Äcker und Weingärten, um Aussaat und Ernte, aber auch um Landbesitz und Steuereintreiber, um eine gottgewollte Hierarchie.

In einem Europa, in dem funktionale Macht über ein großes Gebiet häufig eine Fiktion war und de facto am nächsten Waldrand aufhörte, weil dahinter die ungezähmte, gefährliche Wildnis lag, nahmen besonders Mönche die Aufgabe in die Hand, das Land zu erobern und sich untertan zu machen. Orden wie die Zisterzienser und die Benediktiner machten es sich zur Aufgabe, ein ganzes Geflecht von Tochterklöstern und landwirtschaftlichen Besitzungen immer weiter durch die bewaldeten Ländereien wachsen zu lassen und das »unnütze« Land zu roden, von Steinen zu befreien und mit dem Pflug zu brechen. Über geschickte Käufe, Jahrhunderte von Schenkungen und Erbschaften wurde die Kirche nach und nach zum größten Landbesitzer Europas.

Trotz dieser Kampagne aber durchdrang die Zivilisation die Landschaften Europas nur allmählich. Der biblische Auftrag der Unterwerfung der Erde inspirierte ehrgeizige Äbte und Theologen, wurde aber in der augustinischen Tradition meistens als Auftrag zur Selbstbeherrschung und besonders zur Keuschheit und Kontrolle von Frauen interpretiert. Als tatsächliche Machtentfaltung auf dem Planeten blieb er ein bloßer Wunschtraum theologischer Hitzköpfe. Seine Zeit war noch nicht gekommen.

Hier aber, in den Klosterbibliotheken, wurde eine andere, wichtigere Schlacht geschlagen. Die Botschaft des Christentums war radikal, so radikal, dass sie mit dem Menschenbild der späten Antike und ihren sozialen Praktiken völlig unvereinbar war. Das römische Reich war auf Gewalt gebaut und sah sich plötzlich konfrontiert mit einer Staatsreligion, deren Begründer zwar von sich gesagt hatte, dass er gekommen sei, »um das Schwert zu bringen«, dessen Botschaft aber eindeutig auf der Seite der Gewaltlosigkeit, der Barmherzigkeit, der Demut und der Vergebung stand.

Es gab Erklärungsbedarf, Interpretationsbedarf.

Die Landkarte
der Missverständnisse

Wie kann ein barmherziger, liebender und vergebender Erlöser, der sich der Geringsten annimmt, aus Liebe seinen eigenen Sohn opfert und fordert, dass man die andere Wange hinhält, eine Gesellschaft segnen, in der es Sklaven gibt, Gewaltherrschaft und grausame Bestrafungen, ständige Kriege und öffentliche Spektakel, bei denen Menschen zur Unterhaltung der Menge von wilden Tieren zerfleischt wurden?

Augustinus hätte geantwortet, dass der Mensch eben sündig sei und gerade deswegen Gottes Vergebung bedürfe und dass auch Rom nicht an einem Tag gebaut worden sei. Aber die Grausamkeit dieser Gesellschaften entstand nicht durch einzelne Verfehlungen – sie hatte System. Die Zitate eines galiläischen Charismatikers stachen wie ein Dorn ins Fleisch von Gesellschaften, die nicht weniger demonstrativ gewaltsam waren als ihre nichtchristlichen Nachbarn. Öffentliche Gerichtstage – meist verbunden mit feierlichen Messen – waren eine Gelegenheit, die Legitimität der gottgegebenen Macht zu demonstrieren und durch spektakulär inszenierte Bestrafungen unvergesslich zu machen. Der Wille des Herrschers wurde mit dem Schwert durchgesetzt und das Gesicht der Macht war von extremer Grausamkeit geprägt. Wenn aber die Macht aus Gottes Hand kam und von Gottes Gnaden war – warum gab der Gott der Barmherzigkeit sie ihnen?

Was für ein modernes Ohr klingen mag wie ein abstraktes Gedankenspiel, hatte unmittelbare politische Implikationen, denn während der Adel seinen Machtanspruch aus der Vergangenheit ableiten konnte, hatte die Kirche, die selbst als europäische Macht auftrat, folterte, Armeen segnete und selbst ins Feld schickte, als Grundlage ihres Imperiums nur ihre Mission auf Erden.

Der offensichtliche Widerspruch zwischen biblischer Forderung und politischer Praxis sollte die nächsten Jahrhunderte der systematischen

Unterwerfung entscheidend mitbestimmen: Die problematischen Passagen konnten aus der Heiligen Schrift nicht einfach eliminiert werden, also bedurften sie der intensiven Interpretation. Die Bibelauslegung wurde, um mit dem Literaturkritiker Harold Bloom zu sprechen, zu einer »*map of misreading*«, einer Landkarte, deren Wege an kreativen, systematisch gepflegten Missverständnissen entlangliefen.

Die Herausforderung wurde noch größer, als die endzeitlich gefärbten Weisheiten des Jeschuah ben Joseph aus Nazareth, der inmitten einer apokalyptischen, von politischen Rebellionen und Endzeitpredigern an Straßenecken geprägten Zeit gelebt hatte, mit der Realität der Herrschaft konfrontiert wurden. Jesus predigte, dass man nicht mehr an morgen denken solle als ein Vöglein auf dem Felde und sich nur um die eigene Seele kümmern möge. Diese Einstellung war typisch für seine Zeit, in der viele Juden tatsächlich glaubten, der Aufstand gegen die Römer sei ein Vorbote des Jüngsten Gerichts. Es hat wenig Sinn, Vorräte anzulegen und Besitz anzuhäufen, wenn das Ende der Zeit gekommen ist und die Auferstehung der Toten kurz bevorsteht.

Es war eine der ersten großen theologischen Herausforderungen des frühen Christentums, dass diese Apokalypse auch mit dem Tod Jesu nicht gekommen war, sondern die Welt genauso weiterzugehen schien wie davor. Nach und nach mussten die Exegeten sich damit anfreunden, dass sich aus dem apokalyptischen Glauben eines Wanderpredigers eine Institution für die Ewigkeit entwickeln würde, die nicht nur über eine Frohe Botschaft, sondern auch über Paläste, Festungen und Armeen verfügte. Die Logik der Macht ist weit entfernt von der brennenden Eschatologie eines Charismatikers. Erst der Apostel Paulus hatte dieser Botschaft eine universelle Bedeutung gegeben. Nun mussten sie mit der Macht eines Staates vereinbar gemacht werden.

Christus, der glorreiche Herrscher in byzantinischer Pracht, war (mit Michel Foucault gedacht) eine Maske der Macht, die direkt an imperiale Bild- und Denktraditionen anknüpfen konnte, daher auch die bürokratisch wirkenden Engel der Fresken in Ravenna oder Konstantinopel. Dieser Christus konnte einem Großreich vorstehen und seine Cäsaren inspirieren. Trotzdem aber wurde Gewalt im Namen des barmherzigen Gottes zu einem moralischen Problem – und das war neu.

In der griechischen Antike (und in vielen anderen Gesellschaften) wurde tödliche Gewalt als ein normaler Aspekt von Macht begriffen. Exzessive Grausamkeit wurde von griechischen, chinesischen und indischen Gelehrten als moralisch falsch verurteilt, sonst aber gehörte Gewalt einfach zum Gang der Welt und zu den notwendigen Ritualen der Herrschaft. Wer sie ausübte und wer sie erleiden musste, entschieden die Götter und die Nornen, durch deren knochige Hände die Fäden des Schicksals liefen.

Die Normalität der Grausamkeit bestimmte auch die moralischen Grundannahmen. Im neunten Gesang der *Odyssee* berichtet Odysseus von seinem Unglück und klagt darüber, dass die Götter ihn zu Unrecht verfolgen, denn er ist ein gerechter Mann. Um das zu unterstreichen, erzählt er von seiner Reise: »Aber wohlan! vernimm itzt meine traurige Heimfahrt, / Die mir der Donnerer Zeus vom troischen Ufer beschieden. / Gleich von Ilion trieb mich der Wind zur Stadt der Kikonen, / Ismaros, hin. Da verheert ich die Stadt und würgte die Männer. / Aber die jungen Weiber und Schätze teilten wir alle / Unter uns gleich, daß keiner leer von der Beute mir ausging.«[32]

Odysseus will seinen Gesprächspartner davon überzeugen, dass er ein anständiger und gerechter Mann ist, der mit seinen Männern ehrlich teilt und den Zorn der Götter nicht verdient hat. Als Beispiel für seine Tugend wählt er einen opportunistischen Raubzug gegen eine Stadt, die das Pech hatte, auf seinem Weg zu liegen, bei dem er und seine Bande die Stadt zerstörten, die Männer ermordeten und die Frauen teilten, also vergewaltigten und versklavten.

Es ist wichtig zu verstehen, dass dies für Odysseus und seine Welt keinen moralischen Widerspruch darstellte. Mord und Vergewaltigung waren keine an sich moralischen Handlungen, wenn sie im richtigen Kontext geschahen. *Vae victis!* (Wehe den Besiegten!), ließ der römische Historiker Livius den Kelten Brennus sagen, der gerade Rom geplündert und besetzt hatte. Das Schicksal, die Götter, konnten auch den Größten Sieg und Niederlage bescheren, je nachdem welcher Gott stärker war, oder mit Opfergaben günstiger gestimmt, oder besserer Laune. Dem Sieger gehörte alles, aber er wusste auch, was ihn als Besiegten erwartete. Niemand konnte dem Ratschluss des Schicksals entkommen.

Christliche Kommentatoren konnten das Schicksal nicht mehr bemühen, denn es lag ja in Gottes Hand. Nichts, was auf Erden geschah, war gegen seinen Willen. Wie also war das Leid möglich, und wie war die tägliche Gewalt der Christen zu rechtfertigen?

Wir werden uns hier nicht zu tief in die theologischen Debatten knien, die in dem Jahrtausend zwischen Augustinus von Hippo und Thomas von Aquin im 13. Jahrhundert die Argumente der theologischen Rechtfertigung und Uminterpretationen von Gewalt und Grausamkeit entwickelten. Mit seiner Idee der Erbschuld, die sich seit dem Sündenfall von Adam und Eva auf jede Generation neu übertrug, hatte er das Fundament gelegt, um Gewalt im Namen des Seelenheils der Opfer zu rechtfertigen. Nur durch körperliches Leid, Entsagung, Kasteiung, Schmerz und Qual konnte die unsterbliche Seele vor den Flammen der Hölle bewahrt werden und im Vergleich zum Höllenfeuer war jedes irdische Leid die reinste Seligkeit.

Diese schreckliche Sicht auf das menschliche Leben hatte in der Antike auch innerhalb der Kirche entschiedene Gegner. Ein italienischer Bischof, Julian von Eclanum, argumentierte in einem Brief an Augustinus gegen die Erbsünde. »Säuglinge sagst du, tragen die Bürde der Sünde eines Anderen«, schrieb er. »Erkläre mir also, wer diese Person ist und wer die Unschuldigen der Strafe anheimfallen lässt. Du antwortest: Gott ... Gott, sagst du, derjenige, der uns seine Liebe gibt, der uns liebte und seinen eigenen Sohn nicht schonte, sondern uns übergab, er verurteilt uns so, er verfolgt neugeborene Kinder; er überlässt Säuglinge den ewigen Flammen wegen ihres bösen Willens, wenn er doch weiß, dass sie noch keinen Willen geformt haben, gut oder böse.«[33]

So ein Akt ist so weit entfernt von aller Frömmigkeit, von aller Zivilisation und von aller Vernunft, dass sogar barbarische Stämme nicht darauf kommen würden, schloss der Bischof. Seine Stimme und die anderer abweichender Theologen fanden in den immer mehr nach doktrinärer Einigkeit strebenden kirchlichen Debatten kaum Gehör und wurden häufig aktiv unterdrückt. Die offene Auseinandersetzung über scheinbar unsinnige oder widersprüchliche Dogmen wurde zur Ketzerei erklärt. »Lasst uns Christen die Einfachheit unseres Glaubens den Demonstrationen der menschlichen Vernunft vorziehen«[34], forderte der Kirchenlehrer Basilius der Große, während der aus Karthago stammende Theologe Tertullian das Dilemma der Selbstaufgabe der Vernunft auf eine elegante, lateinische Formel brachte: *Credo quia absurdum est* – ich glaube, weil es absurd ist.

Gewalt und Grausamkeit konnten gerechtfertigt werden, weil sie gegen die Sünde kämpften und die unsterbliche Seele der Opfer retten konnten, denn besonders in der frühen Kirche, die sich noch gegen andere Religionen durchsetzen musste, war die Seele immer gefährdet und die Flammen des Höllenfeuers leckten nach jedem menschlichen Gefühl. So wurde die Gewalt auch nach innen gelenkt, in die Ökonomie der individuellen Gefühle hinein. Das Individuum wurde durch seine bloße Existenz zum moralischen Schlachtfeld, jedes Leben ein existenzielles Risiko und eine monströse Schuld.

Origenes hatte versucht, den Wallungen seiner Lust zu entkommen, indem er sich der Legende nach kastrieren ließ. Andere suchten ihr Seelenheil in der Askese und zogen sich in die Wüsten Ägyptens und Syriens zurück, um als Einsiedler zu leben und ihr Fleisch zu kasteien, ein Prozess, der seine eigene, sorgfältig gepflegte und dokumentierte Dramatik hatte. Der heilige Hieronymus, einer der bekanntesten Einsiedler, bekannte, dass er in der Wüste unter lüsternen Visionen gelitten hatte, die sich nicht zerstören ließen: »Oft fand ich mich von Gruppen tanzender junger Frauen umgeben. Mein Gesicht war blass vom Fasten, aber obwohl meine Glieder so kalt waren, wie Eis, brannte mein Geist vor Begehren und die Feuer der Lust verzehrten mich.«[35]

Heilige und Asketen waren großartige Vorbilder, aber ein Reich ließ sich mit ihnen nicht regieren und die Mehrzahl derer, die willentlich oder unwillentlich getauft wurden, änderten ihr Leben nur wenig, wie der heilige Cassian von Tanger enttäuscht bemerkte: »Wenn ihre Begeisterung sich abkühlt, verbanden viele das Bekenntnis zu Christus mit Wohlstand, aber diejenigen, die noch die Begeisterung der Apostel lebendig hielten und sich an diese ehemalige Vollkommenheit erinnerten, zogen sich aus den Städten zurück und aus der Gesellschaft, die solche Laxheit des Lebens für sich selbst und für die Kirche erlaubte.«[36] Bis ins Mittelalter hinein gab es immer wieder Gegenbewegungen, die versuchten, an die brennende Unmittelbarkeit der Botschaft Jesu anzuknüpfen und nach dem Buchstaben des Evangeliums in Demut und Armut zu leben, aber diese Extremisten wurden entweder als Wahnsinnige verlacht, auf dem Scheiterhaufen oder in dunklen Verliesen unschädlich gemacht oder, wie der unbeugsame Charismatiker Franziskus von Assisi, rasch kanonisiert, als Heilige verehrt und damit unschädlich gemacht.

Die christliche Lehre brachte unendlich viel Erklärungsbedarf mit sich, denn innere Widersprüche und die sehr weltliche Macht der Kirche und der christlichen Herrscher stellten die Interpreten vor immer neue Herausforderungen. Eine ganze Kaste von Exegeten formierte sich im Umkreis von Klöstern und zunehmend auch an adeligen Höfen und in Handelsstädten, um der Welt zu erklären, warum das, was im Namen der Kirche geschah, auch Gottes Wille war.

Der deutsch-jüdische Dichter und Schriftsteller Heinrich Heine, einer der klügsten Beobachter des europäischen Denkens und seiner Verwerfungen, glaubte Mitte des 19. Jahrhunderts, das Erbe der klassischen Antike und der Bibel würden einen fundamentalen kulturellen Gegensatz bilden, eine alte Feindschaft zwischen Nazarenern und Hellenen, die allerdings nicht durch Gene, sondern durch die Struktur ihrer Gedanken und Gefühle definiert werden: »Alle Menschen sind entweder Juden oder Hellenen, Menschen mit asketischen, bildfeindlichen, vergeistigungssüchtigen Trieben oder Menschen von lebensheiterem, entfaltungsstolzem und realistischem Wesen. So gab es Hellenen in deutschen Predigerfamilien und Juden, die in Athen geboren und vielleicht von Theseus abstammen. Der Bart macht nicht den Juden, oder der Zopf macht nicht den Christen, kann man hier mit Recht sagen.«[37]

Für Heine waren diese beiden Kulturen und der Krieg zwischen ihnen verantwortlich für den Lauf der europäischen Ideengeschichte, wobei sich besonders aus dem Tod des Erlösers eine ganz eigene Kultur der Unterwerfung ergab: »Der Leib ward verspottet und gekreuzigt, der Geist ward verherrlicht, und das Märtyrtum des Triumphators, der dem Geiste die Weltherrschaft erwarb, ward Sinnbild dieses Sieges, und die ganze Menschheit strebte seitdem, in imitationem Christi, nach leiblicher Abtötung und übersinnlichem Aufgehen im absoluten Geiste.«[38]

So einfach, wie von Heine befürchtet, hatte die Geschichte sich nicht entfaltet, aber er hat im Wesentlichen recht behalten. Die Nazarener hatten lebensheitere Hellenen zu sittenlosen Ketzern erklärt und die religiöse und ethische Schlacht um Europas Ideen gewonnen; ihre Leidenschaft der Unterwerfung nach außen und nach innen prägte das Menschenbild und das Weltbild des Westens von nun an. Von nun an war der begehrende Körper ein Problem.

Jeschuah ben Joseph hatte seinen Körper den Evangelien nach nicht besonders gehasst. Die Erwartung der Apokalypse ist nicht der ideale Moment für heitere, hedonistische Entfaltung, aber Sexualität an sich schien ihn moralisch nicht besonders zu interessieren, während soziales Unrecht ihn immer wieder provozierte. Paulus, der aus dem Tischler und Prediger Jeschuah ben Joseph den universalen Erlöser Jesus Christus machte, brachte auch seinen Selbsthass mit, der sich als Hass auf Frauen als Versucherinnen und Verführerinnen und auf die eigene Lust als Wurzel allen Übels und aller Sünde konzentrierte. Ein weniger obsessiver Mann hätte wahrscheinlich sein Arbeitspensum nicht absolvieren und nicht die fiebrigen Höhen seiner emotionalen rhetorischen Intensität erreichen können und die Geschichte der Sekte hätte damit ihr Ende gefunden.

Paulus dirigierte die frühen Gemeinden der Levante und des östlichen Mittelmeerraums virtuos und predigte Feuer und Bimsstein. In einer Zeit der moralischen Dekadenz war seine brennende Überzeugung ein Faszinosum. Seine moralischen Obsessionen kamen vielen römisch erzogenen Intellektuellen entgegen, die sich mehr für Askese und stoische Weltabgewandtheit interessierten, weil die Verlogenheit oder die Gleichgültigkeit ihrer Umgebung sie anwiderte. Sein Schwur, durch den Akt der Taufe Zugang zur Erlösung zu bekommen, war schon vom römischen Bürgerrecht her bekannt, das auch einem Barbaren aus der Provinz und einem Sklaven nach seiner Freilassung offenstand. Die römische Welt war reif dafür, von neuen Ideen angesteckt zu werden, und verschiedenste Religionen und philosophische Schulen kämpften um Vorherrschaft bei den einfachen Leuten und den Eliten.

Das Christentum erwies sich als die ansteckendste aller Religionen der Spätantike, oder vielleicht infizierte es nur die richtigen Leute im richtigen Moment. Mit seiner Ausbreitung und Konsolidierung etablierte sich auch die Idee der Unterwerfung nicht als Recht des Stärkeren, sondern als moralischer Auftrag, vom Herren selbst den Menschen befohlen und von der Erbsünde motiviert. Diese Unterwerfung richtete sich zuallererst nach innen: gegen den eigenen Körper, der von nun an als Problem begriffen wurde, gegen das Begehren, das sündig war und unterdrückt werden musste. Dann aber richtete sie sich gegen Frauen, die als Versucherinnen und Töchter der Eva und damit der Erbsünde kontrolliert werden mussten, gegen Ketzer, Heiden und Juden, die Gottes unteilbare Wahrheit ablehnten.

Die Unterwerfung der natürlichen Umgebung lag noch außerhalb der technologischen Möglichkeiten der Antike, allerdings kam es auch schon unter den römischen Cäsaren zu dauerhaften Veränderungen der Landschaft durch Rodung und Urbarmachung, Wasserwirtschaft, Bergwerke. Die eigentliche Beherrschbarkeit der Natur lag aber so weit außerhalb von allem, was möglich und vorstellbar schien, dass sie nur im Denken von Mystikern und Propheten eine Rolle spielte.

II
LOGOS

Größeren Schaden haben die Wissenschaften aber durch den Kleinmut der Menschen und die Geringfügigkeit und Dürftigkeit der Aufgaben erlitten, welche der menschliche Verstand sich stellte. Und dabei hat sich, was das Schlimmste ist, dieser Kleinmut mit Anmaßung und Stolz verbunden.

Francis Bacon, Novum Organum

Landschaft mit Sturz des Ikarus

7 Bruegel, Pieter d. Ältere, *Der Sturz des Ikarus*, um 1555–1568. Öl auf Leinwand, auf Holz montiert. 74 × 112 cm. Königliche Museen der Schönen Künste, Brüssel

Armer Ikarus! Niemand interessiert sich für seinen Sturz. Es bleibt nicht mehr als ein Paar nackte, würdelos strampelnde Beine im Kielwasser eines Schiffes. Nicht einmal der Angler sieht hin. Die Tragödie bleibt völlig unbeachtet. W. H. Auden schreibt über diesen Moment:

> ... wie sich alles abwendet, / ganz gelassen, von der Katastrophe; der pflügende Bauer mag / das Platschen gehört haben, den verlassenen Schrei, / Aber für ihn war es kein wichtiges Versagen; die Sonne schien / wie sie musste auf die weißen Beine, die im grünen Wasser / versanken, und das teure, empfindliche Schiff, das etwas Erstaunliches gesehen haben musste, / einen Jungen, der vom Himmel fiel, / musste irgendwo hin und segelte ruhig weiter.[39]

Zuschauer lieben Höhenflüge, aber dieser war kurz. Der unweigerliche Sturz ist oft genug Anlass zu Schadenfreude, aber dieser kommt von zu weit oben, jenseits der menschlichen Sorgen, deswegen ist die Aufmerksamkeit minimal.

Es muss sich großartig angefühlt haben. Ein ungeahnter, unmöglich scheinender Sieg über die Schwerkraft, höher und immer höher, getragen von der jugendlichen Kraft der eigenen Glieder und der honigwarmen Luft. Dann die plötzliche, panisch flatternde Ohnmacht, der Widerstand schmilzt um seine Arme weg und mit ihm das Wachs, das die Federn hält, einen entsetzten Moment lang schwebt er in einem Tumult von weißen, tanzenden Federklingen und mit wenigen verrenkten Bewegungen, wie ein Fisch an der Angel, sieht er diesen Schneesturm und dann holt die Schwerkraft ihn sich wieder in einer langen, trudelnden Abwärtskurve, rasend schnell.

Bruegel stellt sich diese unsanfte Landung eher komisch vor. Das Zappeln, der nackte Hintern, der gerade von den Wellen bedeckt wird, kopfüber ins Ungeplante. Der Brüsseler Meister verlegt die Geschichte aus dem alten Griechenland in die Welt flämischer Bauern. Ohne es selbst zu wissen und mit fast hellsichtiger Sicherheit hat Bruegel auf diesem Bild nicht nur die mythische Vergangenheit und die eigene Gegenwart eingefangen, sondern auch die Zukunft.

Aber langsam. Sehen wir uns das Bild erst einmal genau an. Ikarus, das lässt seinen Absturz noch unwürdiger erscheinen, ist zwar im Titel genannt, in der Komposition aber allerhöchstens eine Nebensache. Die Hauptfigur ist ein Bauer in einer roten Jacke und einem langen Kittel, der im Vordergrund seinen winzigen Acker pflügt. Er ist ganz auf seine Arbeit konzentriert, auch er hat den Sturz nicht gesehen. Er geht in immer engeren konzentrischen Kreisen; das Pferd wird am Ende der Reihe nur durch ein Wunder der Perspektive oder der Fantasie wenden können.

Aber der freudlos ackernde Landmann ist nicht allein mit seiner Verbissenheit. Direkt hinter ihm auf einem Felsvorsprung, ähnlich bühnenhaft verkürzt, steht ein Hirte auf einem Feld und schaut verträumt in die Luft, allerdings in die falsche Richtung. Vielleicht sieht er dem Vater des Ikarus nach, dem genialen Ingenieur Daedalus, der die Flügelpaare gebaut hatte und klug genug war, der Sonne nicht zu nahe zu kommen. Rechts unter dem Hirten sitzt eine dritte Figur, auch anscheinend ganz in seine Tätigkeit versunken, ein Angler, der wohl gerade seine Leine neu auswirft. Die winzigen Figuren auf dem Schiff sind von der Tragödie des ertrinkenden Ikarus gleichgültig abgewandt.

Bruegel zeigt sich hier als aufmerksamer Leser des lateinischen Dichters Ovid, der in seinen *Metamorphosen* diese berühmte Geschichte erzählt. Daedalus hat als Architekt für König Minos auf Kreta das Labyrinth gebaut, in dem der königliche Bastard Minotaurus gefangen gehalten wird, eine Bestie, die halb Stier ist und halb Mann. Der König lässt auch ihn nicht gehen und so wendet der begnadete Baumeister seinen Blick in den Himmel, den letzten Freiheitsort: »der himmlische Raum ist frei. Dort wollen wir ziehen. / Sei er von allem der Herr, nicht Herr der Lüfte ist Minos.«

Ovids Ikarus ist noch ein Junge, der den Vater bei der Konstruktion der Flügel mit seinen Kindereien stört, und so ermahnt ihn Daedalus auch, nicht zu nahe an der Sonne zu fliegen. Dann beginnt ihre Flucht und wird von drei Zeugen beobachtet, die auch Bruegel darstellt: »Mancher, indem er mit schwankendem Rohr nachtrachtet den Fischen, / Oder ein Hirt auf den Stab, ein Pflüger gestützt auf die Sterze, / Sieht sie und staunt und vermeint, die im Aither vermochten zu schweben, / müssten Unsterbliche sein.«

Aber sie sind nicht unsterblich. Der Sohn verliert sein Leben, aus kindlichem Übermut oder jugendlicher Tollkühnheit. Der Vater hört seinen Todesschrei und kann nicht mehr tun, als seine Hybris zu verfluchen und seinen Sohn zu bestatten.

Der flämische Maler erzählt aber nicht nur die Geschichte von Übermut und Trauer. Was er zu sagen hat, geht seine eigene Zeit an, aus der das Schiff stammt, und auch der Stil der Kleider. Beim näheren Hinsehen fallen Motive auf, die dem Gemälde neue Aspekte geben. Da ist zuerst einmal die Leiche im Wald, am Rande des Feldes. Sie ist gerade noch sichtbar. Der Bauer wird ihr bei seiner nächsten Runde mit der Pflugschar den Kopf abschneiden. Staub zu Staub. Ein flämisches Sprichwort aus Bruegels Zeit besagt: »Für einen Sterbenden hält kein Pflug an.« Willkommen im Frühkapitalismus.

Noch ein Detail: der Geldsack mit dem Schwert, der am vorderen Rand des Feldes liegt – und, noch ein Sprichwort: »Schwert und Geldbeutel brauchen gute Hände.« Aber das Schwert durchbohrt den Geldbeutel wie in einem sündigen Koitus zwischen allen Geldsäcken und allen Söldnern dieser Welt. Der Bauer dreht sich immer weiter auf seinem engen Acker, ein Unterworfener, der stolz auf seine bunten Kleider ist. Er hat auf jeden Fall mehr als der Hirte, der mit seinen Schafen umherzieht. Hier reicht Bruegel noch einmal in die ferne Vergangenheit zurück, diesmal aber nicht in die lateinische Dichtung, sondern zur Bibel.

Kain und Abel stehen hier. Irgendwann wird der Bauer mit seinen massiven Schultern den Pflug fallen lassen, die Pferde an einen Baumstumpf anbinden und er wird den Hirten erschlagen, weil dessen unstete Lebensweise ihm eine dauernde und unerträgliche Provokation ist. Er wird dafür von Gott verstoßen werden, aber er wird nie verstehen, warum. Es gibt nur eine anständige Lebensweise, so weiß der Bauer, mit Haus und Acker und Pflug und Familie und Steuern und Hungersnöten und Kriegsdienst und der Segnung der Waffen in der Dorfkirche. Der Hirte, der wie ein Vagabund durch die Lande zieht und nirgends zu Hause ist, dieser Mensch ist nicht mehr sein Bruder. Er ist längst zum Barbaren geworden, zum Feind und zur Bedrohung der Moral. Die Schuld Kains aber bleibt bei ihm, zuzüglich zur Erbsünde seiner biblischen Eltern. Der fromme Arbeiter lebt unter dem Fluch seiner ewigen Schuld.

Auch das Rebhuhn, das im Vordergrund auf einem Ast sitzt, direkt unter den Beinen des unglücklichen Ikarus, hat seine eigene Geschichte, wenn sie auch in die Irre führt. In der Version des Ovid wird Daedalus von den Göttern mit dem Verlust seines Sohnes bestraft, weil er selbst einmal seinen Neffen Tales, Sohn seiner Schwester Pedrix, aus Neid vom Felsen der Akropolis in den Tod gestürzt hatte. Die Götter hatten Mitleid mit dem Knaben und verwandelten ihn in einen Vogel, der aus Angst vor großen Höhen immer nah am Boden fliegt. Die ganze Landschaft, die ganze Szene mit ihren verschiedenen Figuren – eine Moralpredigt in Öl? Vielleicht nicht ganz. Bruegels Rebhuhn sitzt abgewendet von dem Spektakel, als hätte es nichts damit zu tun. Ein Triumph sieht anders aus.

Der listige alte Maler, der berühmt dafür war, verborgene Botschaften in seinen Gemälden zu verstecken, hatte kein Interesse an erbaulichen

Plattitüden. Das ganze Geschehen ist für ihn ohnehin kein Drama, sondern eine Farce. Das Wachs an den Flügeln ist nicht geschmolzen, weil die Götter zornig waren, sondern weil der Junge zu nahe an die brennend heiße Sonne gekommen war. Er war jung und übermütig, damit hatten die Götter nichts zu tun. Sie hätten ihn mit einem Blitz treffen oder plötzlich blenden oder von Adlern angreifen lassen können, aber für seinen Tod hatte er ihr Zutun und ihre Rache gar nicht gebraucht. Er war einfach dumm gewesen, sein Vater hatte ihm zu viel zugetraut und musste ihm das zutrauen, sonst wäre ihre Flucht unmöglich gewesen. Aus der moralischen Erzählung wird ein dummer Unfall, aus dem Zorn der Götter menschliches Versagen. Der Knabe Ikarus wurde Opfer der Naturgesetze, sowohl psychologisch als auch physikalisch.

Und das Schiff? Bruegels Gemälde entstand zwischen 1555 und 1568 in Brüssel, einem Epizentrum der damals sich rapide ausdehnenden Welt. Der Maler selbst war für seine Zeit weit gereist und hatte einige Jahre in Italien verbracht, auch in seiner Heimat wurde er immer wieder daran erinnert, dass die Welt nicht so einfach war, wie die Menschen sich das dachten. Zwei Generationen vorher war der Schiffsverkehr nach Amerika und nach Asien aufgenommen worden und inzwischen kamen Dutzende von Gallonen, deren bauchige Rümpfe mit Kostbarkeiten und Seltsamkeiten aus der sogenannten Neuen Welt gefüllt waren.

Der Horizont der Europäer hatte sich radikal erweitert und auch ihr Herrschaftsbereich sollte sich bald vergrößern. Der Hafen von Antwerpen, auch die Händler und Buchdrucker, für die Flandern berühmt war, standen für diese neue Welt und Bruegel konnte diese erstaunliche Entwicklung von einem Logenplatz aus beobachten. Sein Schiff (das von Ovid nur *en passant* erwähnt wird) ist auf dem Weg zu anderen Horizonten, zu unentdeckten Welten und Reichtümern. Kein Wunder, dass es keine Zeit hat, sich um einen in Seenot geratenen Vogelmenschen zu kümmern. Weitaus seltenere und profitablere Kreaturen erwarten es am Ziel seiner Reise.

Gleich wird das Schiff an der Insel links im Bild vorbeisegeln. Die Insel scheint aus einem einzigen Felsen zu bestehen, mit einem Höhleneingang darin. Ist das das Labyrinth des Minotaurus, ein aufs Wesentlichste zusammengeschnurrtes Kreta, auch wenn Ikarus an einem ganz anderen Punkt ins Meer gestürzt ist?

Das Szenario dieser Reise ist eine Weltlandschaft, ganz alte flämische Malertradition. Eine Landschaft ist nicht das, was man draußen sieht, auf einem Berg etwa, oder einer einsamen Ebene (warum sollte man dort auch hingehen?), eine Landschaft ist eine Allegorie der Welt da draußen, mit allem, was sie ausmacht: einem Fluss oder Meer, mit Bergen, einer strahlenden Stadt, einem weiten Horizont – und der Sonne. Geht sie auf oder sinkt sie? Würde ein Schiff seine Reise vor Sonnenaufgang beginnen? Oder kommt es nicht von der offenen See, dem Hafen in der Stadt entgegen? Und warum steht sie direkt über dem Horizont, wenn sie doch gerade mit ihrer brennenden Macht und vermutlich hoch am Himmel stehend Ikarus die Flügel zerstört hat?

Nichts an diesem Bild ist eindeutig. Kommentiert es das Schicksal aller Träumer und Visionäre, die unbeachtet von einer gleichgültigen Welt unwürdig untergehen müssen? Ist es ein Kommentar auf Adams Fall und die Erbsünde? Ist es, wie andere behauptet haben, ein alchemistisches Programm, oder doch eher eine heimliche Hymne an die Freiheit in einem von den Spaniern besetzten und von Kriegen heimgesuchten Land? Pieter Bruegel, der Maler des Turmbaus zu Babel, hatte einiges zu sagen über den Hochmut, der vor dem Fall kommt. Aber spricht der Maler über den Hochmut eines Halbwüchsigen, oder über die kluge Mäßigung seines Vaters, dessen Flucht aus dem Bildpanorama schon still gelungen ist?

Unter Kunsthistorikern ist dieses Gemälde umstritten. Ist es von der Hand des Meisters oder doch nur eine Kopie aus seiner Werkstatt, dessen Original verloren gegangen ist? Und gibt sie das verlorene Werk getreulich wieder? Eine zweite Version des Bildes, wahrscheinlich eine zweite Kopie, zeigt dieselbe Szene mit dem Bauern im Vordergrund und dem Schiff, das fernen Horizonten entgegenfährt; aber hier ist auch Daedalus zu sehen, ein geflügelter alter Mann mit Bart, heroisch nackt im Himmel schwebend wie Gott in den Darstellungen, die Bruegel in seiner italienischen Zeit studierte, und gleichzeitig eine Variation auf den Gevatter Zeit, den man auch damals schon in Flandern auf den Wetterfahnen kannte. Das Werk wirkt unbeholfener als das, auf dem Daedalus bereits entkommen ist. Wahrscheinlich sind beide Kopien eines verlorenen Originals. Nur welcher Kopist hat es in die Hand genommen, die Ideen des Meisters zu korrigieren?

Sogar der monumentale und doch scheinbar so bescheidene Bauer wurde als Schlüssel zu einer radikalen Neuinterpretation verwendet. Warum ist er so luxuriös angezogen, warum tritt er mit einem Fuß in die frisch gepflügte Furche, was kein Bauer jemals tun würde, wie Bruegel wusste, denn er war ein fast fanatischer Sammler und Zeichner solcher Details. Und warum geht vor dem Pflug ein einziges Pferd und nicht das normale Gespann? Ist der Bauer, der das kleine Land umpflügt, vielleicht eine Anspielung auf den Herrscher des Habsburgerreiches, Philipp II., der mit immer härterer Hand regierte? Gehörten Dolch und Geldbeutel ihm, weil der die Ernte behält und Steuern eintreibt? Dann wäre es freilich etwas anderes mit der subtilen Botschaft, dass Hochmut gelegentlich buchstäblich vor dem Fall kommt. Der Bauer mag sich im Vordergrund mit seinen gelben Hosen und seiner roten Bluse (zugegeben, die Farben Philipps) noch so aufplustern, sein mythologisches Pendant landet doch unweigerlich im Wasser.

Aber nein, sagt ein anderer Kunsthistoriker, dies ist eine Allegorie auf die Vergänglichkeit. Der Tote im Wald, halb begraben, Dolch und Geldbeutel, der Bauer, der Hirte, der Fischer – all das sind Attribute und Figuren des *Danse macabre*, des Totentanzes, bei dem der Tod in Gestalt eines Skeletts die Repräsentanten verschiedener Stände mit sich ins kühle Grab zieht. Wenn dies also ein moralisches Bild ist, dann ist die Moral eben nicht das Lob der Mäßigung, oder die Kritik der schlechten Regierung, oder eine Karikatur des beginnenden Kapitalismus, sondern eine Meditation über die Sterblichkeit selbst, die Eitelkeit alles Trachtens und Arbeitens im Angesicht des Endes, das sogar den höchsten Überflieger zurück zur Erde stürzen lässt.

Dieses Werk hat so viele Botschaften, dass es keine Botschaft hat. Es ist unmöglich, ihm eine einzige Bedeutung zuzuschreiben, weil es so viele Bedeutungen hat, die auch im Widerspruch nebeneinander existieren. Es schimmert vor Möglichkeiten, einige davon sehr gegenwärtig. Dies ist ein Bild über die Beherrschung der Natur, angefangen von Daedalus, der die Natur verändern und umgestalten will, über Ikarus, der seinen Platz in der großen Ordnung der Dinge nicht mehr kennt, bis hin zum Bauern, auf dem alle Herrschaft aufgebaut ist und der doch selbst mit seiner Peitsche das Tier beherrscht, das vor ihm her trottet, ein endloser Regress von Herren und Sklaven. Das Schiff, das mit seinen geblähten Segeln der Sonne entgegenfährt, spricht von Beherrschung, von einer »Neuen Welt« mit ungeahnten Möglichkeiten, aber auch davon, dass die eigene Welt zusehends kleiner wird und die Flucht eine Notwendigkeit. Wer nicht immer kleinere Runden drehen will wie der Bauer, der heuere an auf einem Schiff zu einer Fahrt ins Unbekannte, der baue sich Flügel, um dem Leben in Gefangenschaft zu entkommen.

Eine letzte Hommage an Bruegel. »All things begin and end in eternity«, sagt David Bowie in Nicolas Roegs Film *The Man Who Fell to Earth* (1976), der indirekt vom *Fall des Ikarus* inspiriert ist. Er ist ein Außerirdischer, der auf die Erde gekommen ist und von der Gesellschaft, in die er hineinfällt, korrumpiert wird. Seine Zivilisation hat schon länger Fernseh- und Radioprogramme von der Erde empfangen und sich ein Bild über die Gesellschaften dort gebildet. Er weiß, dass sie zutiefst zerstörerisch sind und ihren Planeten zugrunde richten.

Bowies Figur ist hier auf geheimer Mission. Sein eigener Planet ist durch Kriege fast zerstört worden, es gibt nur wenige Überlebende. Sein Ziel ist es, die Menschheit zu vernichten und den Planeten für die geflüchteten Außerirdischen zu retten. Gleichzeitig aber lernt er das Leben um sich herum besser kennen. Der Außenseiter sieht ihre Widersprüchlichkeit, ihre Gier, ihre Einsamkeit, ihre überwältigenden Emotionen und zerbricht schließlich an seiner Aufgabe und an den Verhören durch die Geheimdienste, die ihn verfolgen. Aus dem überintelligenten Außerirdischen wird ein blinder Alkoholiker, der weiß, dass er die Welt für niemanden retten kann.

Der psychedelisch flirrende und rothaarige Alien kann sich der Schwerkraft der Umstände ebenso wenig entziehen wie der Bauer und die Seeleute, die auf ihren Plätzen verharren. Es gibt keine Erlösung für die Vielen, die ihr Leben unter dem Joch verbringen, und für die Tollkühnen, die sich zu den Göttern aufschwingen wollen und dort oben nichts finden als die grausam brennende Sonne.

Am Ende ist es Daedalus, der entkommt, außerhalb des Bildrands, in eine unvorstellbare Zukunft, der erste Cyborg. Er hat den Sturz seines Sohnes und die Unentrinnbarkeit des Schicksals mit angesehen. Er entkommt als gebrochener Mann.

Bruegels Welt markiert einen historischen Angelpunkt. Wie auch das Gemälde, das Elemente aus der griechischen Antike, der Bibel, der mittelalterlichen Bildsprache und der flämischen Kirchenmalerei mit eigenen Eindrücken, neuen Horizonten, verborgener Kritik, stoischen Beobachtungen, literarischen Anspielungen und Sprichwörtern und lakonischer Ironie virtuos zu einem neuen Idiom umschmiedet, so befand sich auch der Kontinent, auf dem er lebte, an einem dramatischen Wendepunkt, der den Herrschaftswahn zu einer globalen Kraft machte.

An diesem Punkt kommt eine Frage auf, die sich wie eine penetrant brummende Fliege einfach nicht vertreiben lässt: Die Geschichte dieser Wahnidee hat in Westasien begonnen und schwappt mitsamt der Bibel nach Europa. Von hier aus, von Häfen wie Antwerpen und Städten wie Brüssel aus, wird sie im Gepäck von Missionaren, Eroberern, Händlern, Lehrern, Rebellen und Mördern ihren Siegeszug um die Welt beginnen. Aber warum ausgerechnet von dort?

Aus globaler Perspektive war das eine völlig unvorhersehbare Entwicklung. Nichts, aber auch gar nichts hätte einen Beobachter, der rund um das Jahr 1500 eine Reise um die Welt unternommen hätte, um die besten Kandidaten für die Weltherrschaft zu identifizieren, in Europa auch nur seine Reise unterbrechen lassen. Macht und Reichtum, florierende Märkte und große Armeen, kulturelle Raffinesse und kosmopolitische Städte waren auf anderen Kontinenten zu finden.

Das Heilige Römische Reich – also Deutschland, die Niederlande, Österreich und Teile von Norditalien – hatte etwa 23 Millionen Einwohner, etwas mehr als das Sultanat Delhi oder das Königreich Mali, aber nur ein Fünftel des bevölkerungsreichsten Landes, das auch global den größten Markt und den größten Machtblock darstellte: China, mit seinen 103 Millionen Menschen, direkt gefolgt von Indien, dem zweitgrößten Wirtschaftsraum, der von mehreren mächtigen Herrschern regiert wurde.

Die Mittelmächte der Zeit – Frankreich, Spanien, das Songhai-Reich in Westafrika, das Inka-Reich, das Osmanische Reich, das Sultanat Bengal und das Vijayangara-Reich in Nordindien – zählten weniger als zwanzig Millionen Einwohner. Spanien, das Großherzogtum Moskau, das Reich der Azteken und England erreichten kaum mehr als fünf Millionen. Nichts lässt vermuten, dass die ca. 65 Millionen politisch und religiös gespaltenen, von Kriegen geschundenen und ärmlich lebenden Europäerinnen und Europäer sich anschicken würden, die Weltherrschaft zu übernehmen.

Die Frage also bleibt: Warum Europa?

Warum Europa?

Es ist jetzt etwa achtzig Jahre her, da kamen in Kalkutta bestimmte Schiffe von weißen Christen an, die ihr Haar lang trugen wie Deutsche, und die keine Bärte hatten außer um den Mund herum, so, wie sie in Konstantinopel von Kavalieren und Höflingen getragen werden. Sie landeten und trugen einen Brustpanzer und Helme mit Visier und eine besondere Waffe mit einem Schwert an einem Speer. Ihre Schiffe waren mit Bombarden bewaffnet, kürzer als die, die wir benutzen. Sie kamen alle zwei Jahre mit 20 oder 25 Schiffen. Man ist nicht fähig, uns zu sagen, wer diese Menschen sind, oder was für Handelsware sie in die Stadt bringen, außer dass es sehr feines Leinen und Messingwaren beinhaltet. Sie beladen ihre Schiffe mit Gewürzen. Sie haben vier Masten wie die aus Spanien. Wenn sie Deutsche wären, so scheint mir, dass wir eine Nachricht davon bekommen haben müssten; vielleicht sind sie Russen, wenn sie hier einen Hafen haben. Wenn der Kapitän ankommt, werden wir vielleicht erfahren, wer diese Menschen sind, denn unser Pilot, den der maurische König uns gegeben hat und der gegen seine Wünsche mitgenommen wurde, spricht Italienisch und könnte fähig sein, es herauszufinden.[40]

Der italienische Händler Girolamo Sernigi, der 1499 diesen Bericht an seine Familie im heimatlichen Italien sandte, war perplex. Wer waren diese Fremden, die Indien schon Jahrzehnte vor Kapitän Vasco da Gama erreicht hatten, in dessen Schiffe Sernigi so viel Geld investiert hatte? Hatten die Deutschen mit ihren schwerfälligen Hanse-Koggen überhaupt hochseetaugliche Schiffe? Hatte man jemals von einer russischen Flotte gehört? Wer aber sonst waren diese weißen Christen, die zu seinen Rivalen geworden waren?

Sernigi, der von Portugal aus schrieb, wo er die Handelsniederlassung seiner florentinischen Familienfirma führte, bekam seine Informationen nicht nur aus zweiter Hand und über mehrere Übersetzungsschritte hinweg, sondern auch zwei Generationen nachdem die Fremden, die offensichtlich über eine beachtliche Flotte und Organisation verfügten, zum letzten Mal aufgetaucht waren. Praktisch von einem Tag auf den anderen hatte man nichts mehr von ihnen gehört. Andere Händler hatten ihre Kontore und Lagerhäuser bezogen, entlang der Docks reparierten Seeleute aus anderen Ländern ihre Segel, während die Träger ihre Ladung löschten.

Die Sorge des Italieners war unbegründet, denn die rätselhafte Seemacht war längst wieder verschwunden. Was er über das Netzwerk seiner Informanten aufgeschnappt hatte, war eine letzte Erinnerung an ein Weltreich, das nur für einige Jahrzehnte bestand und dann plötzlich und ohne klaren Grund einfach aufgegeben wurde.

Wie viele Empfänger von Informationen, die zwischen Kulturen und Sprachen ausgetauscht werden, war auch Sernigi Teil einer Kette von subtilen Missverständnissen und Desinformationen, einer Art »Stillen Post« per Post. Das Datum aber entspricht recht genau den historischen Tatsachen, denn die erste Flotte, die auch an der indischen Küste landen sollte, setzte 1405 die Segel. Auch wenn in Kalkutta vielleicht tatsächlich nur zwei Dutzend Schiffe angekommen waren, so war die gesamte Flotte doch immens viel größer. Der ganze Horizont füllte sich mit den Masten, Segeln und Wimpeln und das Meer schäumte unter den Bugwellen von mehr als dreihundert Schiffsrümpfen.

Einige dieser Gefährte – vielleicht fünfzig oder sechzig – waren größer als alles, was die Welt davor oder seither gesehen hat. Den Angaben der Erbauer zufolge waren die größten von ihnen mehr als 120 Meter lang und fünfzig Meter breit, größer als jedes andere hölzerne Schiff der Geschichte, länger als ein Fußballfeld, mit neun Masten, vier Decks und Dutzenden von Kanonen, auf eine Ladung von 2500 Tonnen ausgelegt, eine schwimmende, bis an die Zähne bewaffnete Stadt.

Die Flotte selbst war größer als die Spanische Armada und imposanter als alles, was je zu See gesehen worden war. 28 000 Männer teilten sich die Unterkünfte unter Deck. Neben Mannschaften und Offizieren, Händlern und Übersetzern, Handwerkern und Schreibern lebten hier monatelang Tausende von Soldaten mit ihren Pferden, ganze Orchester,

Diplomaten, Gelehrte, Ärzte, Astronomen. Auf ihrer ersten Expedition 1405 erreichte diese überwältigende Streitmacht Vietnam und Thailand, besuchte Java und die Straße von Malakka und ging schließlich in Cochin und Kalkutta vor Anker. Auf weiteren Reisen befuhr die Flotte nicht nur den Persischen Golf und das Rote Meer, wo sie eine Gesandtschaft bis nach Mekka schickte, sondern sie gelangte auch nach Mogadischu an der Küste Ostafrikas. Überall landete eine Delegation, begleitet von eindrucksvollen Zeremonien, überall wurden Geschenke gemacht, Tribute gefordert und Geschäfte abgeschlossen, an vielen Orten wurden Stützpunkte aufgebaut, um die Interessen der Großmacht zu vertreten.

Hätte Sernigi früher von dieser unangreifbaren Präsenz im Indischen Ozean gehört, er hätte sein Geld wahrscheinlich anderswo investiert. Allerdings waren die blassen Rivalen, die ihre Haare lang trugen wie die Deutschen und kleine Bärte hatten wie die Herren in Konstantinopel, weder Christen noch Osmanen, und auch der unglückliche, Italienisch sprechende Übersetzer, den Vasco da Gama offensichtlich kurzerhand entführt hatte (was damals keine Seltenheit war), hätte nicht viel zur Aufklärung des Rätsels beitragen können.

Der Kommandeur der riesigen Flotte war ein Moslem aus dem Inland, der schon als Kind von feindlichen Truppen gefangen genommen, kastriert und versklavt worden war. Sein Geburtsname war Ma He, aber er wurde berühmt unter dem Namen, den sein Kaiser ihm ehrenhalber verlieh: Zheng He, der Admiral der Flotte seiner Majestät Yongle (1360–1424), dritter Kaiser der noch jungen Ming-Dynastie.

Der Aufstieg des Zheng He (1371–1433 oder 1435) vom Sklaven zum Hofeunuchen und schließlich zu einem der mächtigsten Männer des chinesischen Reiches war erstaunlich. Er war im südchinesischen Yunnan in einer moslemischen Familie aufgewachsen, die Familie war wohlhabend und in der kaiserlichen Verwaltung tätig, seine Vorfahren väterlicherseits stammten ursprünglich aus Buchara. Sowohl sein Vater als auch sein Großvater hatten den Hadsch unternommen, die traditionelle Pilgerfahrt nach Mekka, und es ist anzunehmen, dass er mit Geschichten von fremden Ländern aufwuchs. Gleichzeitig war die Familie politisch angreifbar. Einer von Zheng Hes Vorfahren, Sayyid Ajall Shams al-Din Omar al-Bukhari, war von Yunnan für die damalige, mongolische Yuan-

Dynastie Gouverneur gewesen, die neue Ming-Dynastie aber war Manchu und misstraute allen Fremden. Als die kaiserliche Armee 1388 in Yunnan einmarschierte und die Herrschaft der Mongolen dort endgültig beendete, wurden auch prominente moslemische Familien verfolgt. Zheng Hes Vater starb im Kampf gegen die chinesischen Invasoren, das Kind wurde gefangen genommen, kastriert und in den Dienst des Kaiserhofs gegeben.

Unter den Palasteunuchen stieg der junge Mann rasch auf und wurde schließlich ein enger Vertrauter des neuen Kaisers Yongle, der sich auf den Thron geputscht hatte und der deswegen mit großer Vorsicht oder großer Brutalität vorging (er tat beides). Der Kaiser brauchte fähige und entschlossene Verbündete, denn er hatte große Pläne. Sie hatten die Yuan-Dynastie erst vor wenigen Jahrzehnten vom Thron gestoßen, aber die Winde des Schicksals waren unsicher; nur militärische Macht brachte Sicherheit.

Die einzige wirkliche Bedrohung seiner politischen Stabilität war immer aus dem Westen gekommen, aus den Steppen, deren Heere von berittenen Bogenschützen zeitweise ein Reich kontrollierten, das sich von der Krim bis nach China erstreckte. Die Große Mauer war errichtet worden, um eine Invasion dieser »barbarischen Horden« unmöglich zu machen oder zumindest zu erschweren.

Yongle war überzeugt, dass nur eine massive Demonstration chinesischer Macht die Feinde des Landes im Nordwesten und an den Küsten davon abhalten würde, sein Reich militärisch zu bedrängen. Er selbst befehligte Feldzüge gegen die Mongolen im Norden und schickte einen aus Vietnam stammenden General mit einer Armee nach Süden. Aber auch zur See wollte der Kaiser zeigen, dass China die größte aller Mächte war, deswegen befahl er die Konstruktion von Schiffen, deren enorme Dimensionen allein schon reichen sollten, jeden Feind in Angst und Schrecken zu versetzen. Als Kommandeur dieser Flotte wählte er Zheng He, den gebürtigen Moslem, der seinerseits eine Verbindung zu den Städten und Menschen im Westen hatte.

Die sieben Ming-Expeditionen waren keine Entdeckungsreisen – dazu wäre eine so immense Flotte mit so schweren Schiffen auch nicht geeignet gewesen. Die Routen, entlang derer sich die kaiserlichen Schiffe bewegten, wurden von arabischen und südostasiatischen Händlern schon seit Jahrhunderten genutzt, wenn auch in einzelnen Etappen und nicht den ganzen Weg von China bis Afrika. Diese Reisen waren Projektionen von Macht, die den Barbaren das Licht der Zivilisation bringen sollten, unter der Bedingung, dass sie die Vorherrschaft Chinas annahmen und jährliche Tributzahlungen machten.

Es lag offensichtlich nicht im strategischen Interesse der Flotte, größere Territorien einzunehmen und ein Kolonialreich aufzubauen. Die Schiffe führten eine voll ausgerüstete Invasionsarmee einschließlich Kavallerie mit sich und es wäre ein Leichtes gewesen, sich auf wenig verteidigten Territorien zu etablieren, aber es fehlte China nicht an Ausdehnung oder an Land. Zheng He ging es darum, die Seewege zu kontrollieren und damit nicht nur den Handel in der Region, sondern auch die Macht von regionalen Rivalen. Um diese Interessen durchzusetzen, ließ er an strategischen Punkten entlang der Route ein Netz von bewaffneten Forts mit Baracken für Soldaten und Lagerhäusern für Tribute, Handelswaren und Verpflegung bauen.

In Zheng Hes eigenen Worten war Hauptzweck der Reise, »von den Barbaren jenseits der See Tribut einzusammeln«. Die kooperativen Landesfürsten wurden so Teil eines Arrangements, das sie zwar nicht gewählt hatten, das ihnen aber auch Schutz gewährte. Weniger willige Machthaber bekamen den kaiserlichen Zorn zu spüren.

König Vira Alakesvara, der über das kleine Reich Kotte im östlichen Ceylon (heute Sri Lanka) herrschte, scheint den spärlichen Quellen zufolge versucht zu haben, sich auf beiden Seiten zu bereichern und nicht nur Geschäfte mit den Chinesen zu machen, sondern auch ihre Handelsschiffe anzugreifen oder zumindest von Piraterie zu profitieren. Als Zheng He mit einer Armee von zweitausend Soldaten landete, lockte er die Streitmacht ins Landesinnere, um sie von der Schatzflotte zu isolieren und die Schiffe auszurauben. Die chinesischen Truppen aber überwältigten den Widerstand, zerstörten die Hauptstadt, brachten die Brüder des Königs um und deportierten ihn nach China, wo ihm nichts anderes blieb, als auf die Gnade des Kaisers zu hoffen. Tatsächlich begnadigte der Yongle-Kaiser den rebellischen Fürsten und schickte ihn in sein Land zurück – nicht ohne einen eigenen Marionettenkönig eingesetzt und in Kotte eine Garnison gebaut zu haben.

Im Gegenzug für Kooperation waren die neuen kolonialen Herren durchaus bereit, sich mit lokalen Traditionen und Eliten zu arrangieren. Auf einer seiner Reisen brachte der moslemische Admiral Zheng eine eigens in China in Stein gemeißelte Stele nach Ceylon mit, versehen mit einer Widmungsinschrift an den Buddha in Persisch, Tamilisch und Chinesisch, in der er Buddha um Schutz und Gnade für seine Flotte bat. Überhaupt scheint Zhengs Einstellung zur Religion pragmatisch gewesen zu sein, denn auf einer anderen Stele in Südchina dankt er Mazu, der lokalen Göttin der Seeleute, für seine Rettung aus einem Sturm. Weit davon entfernt, eine rigide Politik zu verfolgen, zeigte sich Zheng He als kluger Politiker und vielversprechender Verwalter eines im Entstehen begriffenen Kolonialreiches bis an die Küste Afrikas.

Mit seinen gigantischen Schatzflotten dominierte das China der Ming-Dynastie während der ersten Hälfte des 15. Jahrhunderts die Seerouten des asiatischen Raums. Es gab keine andere Seemacht in Asien oder anderswo, die es hätte wagen können, das Reich der Mitte zur See herauszufordern und in nur zwei Jahrzehnten hatten Zheng He und seine Untergebenen ein effizientes Netzwerk von Vasallenstaaten und Handelsstützpunkten aufgebaut. An diesem Punkt lag es in der Hand von Kaiser Yongle, das größte Weltreich zur See und zu Lande aufzubauen. Der Grundstein war schon gelegt und wie auch später die Europäer waren seine Truppen kaum auf Widerstand gestoßen.

Aber es sollte anders kommen. Nach der siebten Reise im Jahr 1433 sollte die große Flotte nie wieder in See stechen. Das ganze Projekt der Schatzreisen geriet in politischen Misskredit und gegen Ende des Jahrhunderts war es bei Todesstrafe verboten, auf einem Schiff mit mehr als zwei Masten zu fahren. 1525 schließlich ordnete die kaiserliche Regierung die Zerstörung aller hochseetauglichen Schiffe an und beschlagnahmte alle Dokumente über Zheng Hes legendäre Reisen. Das Reich der Mitte hatte sich nach innen gekehrt. Seine Handelsstützpunkte wurden aufgegeben und seine Präsenz in fernen Häfen wie Kalkutta war, abgesehen von privaten Handelsschiffen, zu einer lokalen Legende geschrumpft – ein halb erinnertes Gerücht über seltsame, bleiche Menschen mit großen Schiffen, die feines Leinen brachten (Seide) und kostbares Messing (wohl Bronze oder Porzellan). Nur die langen Haare und die Bärte ohne Backenbärte und die vielen Kanonen auf den Schiffen waren den Indern noch in Erinnerung geblieben.

Was war passiert?

Bis heute wissen wir nicht wirklich, warum China seine Schatzreisen so abrupt abgebrochen hat, erst recht, weil dabei verschiedene Faktoren eine Rolle spielen. Trotz eines reichen Stroms an Handelswaren und Tributen (darunter sogar drei »Zu-la-fa« genannte Tiere mit langen Hälsen, die über Indien aus Afrika gekommen waren und in China zu einem beliebten Motiv für Künstler wurden), trotz der Ernennung von Herrschern in fernen Reichen und der Machtdemonstrationen an exotischen Gestaden, waren die eigentlichen Herausforderungen der kaiserlichen Macht viel näher. Die mongolische Bedrohung hatte sich neu formiert und der Yongle-Kaiser verlegte seine Hauptstadt von Nanjing am Yangtze-Fluss, dem Heimathafen der Schatzflotte und mit vielleicht 500 000 Einwohnern wohl die größte Stadt der damaligen Welt, nach Beijing, wo er den Entwicklungen an der nordwestlichen Grenze näher war und wo auch die historische Machtbasis seiner Familie war.

Der Enthusiasmus des Kaisers brannte jetzt für den Bau seiner neuen Hauptstadt, für die er das alte Beijing dem Erdboden gleichmachte, um eine Residenz zu errichten, die eines Kaisers würdig war. Die Verbotene Stadt im Zentrum der konzentrischen Stadtanlage stand symbolisch für die zunehmende Abgeschlossenheit der Kaiser von der Außenwelt. Eine Million Arbeiter schufteten auf dieser Baustelle, um die kaiserlichen Träume zu verwirklichen, ganze Wälder wurden gerodet, um die Bauprojekte voranzutreiben, und ein riesiger Kanal musste vergrößert werden, um die Materialien zu transportieren.

Aber auch andere Faktoren wurden der Schatzflotte zum Verhängnis. Zheng He und andere einflussreiche Befehlshaber waren Eunuchen, die innerhalb des Palastes einen eigenen Machtblock bildeten und zum Teil immens einflussreich waren, was immer wieder zu Intrigen und teilweise gewaltsamen Konflikten mit der von Karrierebeamten bestimmten Palastverwaltung führte. Die Schatzreisen wurden stark mit der Fraktion der Eunuchen identifiziert und gerieten besonders im Kontext der extravaganten und märchenhaft teuren kaiserlichen Bauprojekte immer mehr als unnütze Prestigeprojekte ins politische Kreuzfeuer. Auch Chinas Händlerklasse wollte das Ende der Schatzreisen, weil sie ein De-facto-Monopol des Staates auf den lukrativen Außenhandel bedeuteten.

Das Ende der Reisen kam mit dem Tod des Yongle-Kaisers. Sein Enkel leitete eine politische Kehrtwende ein. Nach dem ruinös teuren Expansionismus seines Großvaters konzentrierte er sich auf die Innenpolitik. Er reduzierte die staatliche Willkür, die Yongle eingeführt hatte, er senkte die Steuern, die durch die Bauprojekte immer mehr in die Höhe gegangen waren, er beförderte Gelehrte zugunsten von Generälen und leitete ein neues Zeitalter ein. Die Schatzreisen, einst das Lieblingsprojekt des Großvaters, waren Vergangenheit. Eine einzige Expedition fand noch während seiner Regierungszeit statt. Ein letztes Mal kehrte Zheng He 1433 mit den Botschaftern von elf tributpflichtigen Reichen zurück, um sich dem neuen Kaiser vor die Füße zu werfen, unter ihnen Botschafter aus Malaysien, Kalkutta, Cochin, Ceylon, Dhofar, Aden, Hormuz und Mekka. Der Admiral starb zwei Jahre später (einige Quellen sagen, er sei schon auf der Rückfahrt gestorben und nur seine Schuhe seien an Bord seines Flaggschiffs nach Nanjing zurückgekehrt) und mit ihm auch das Zeitalter der Schatzreisen – und ein immenses, nie geschriebenes Kapitel der historischen Möglichkeiten.

Warum Europa? Wie die Ming-Schatzreisen zeigen, kommt hier erst einmal der historische Zufall ins Spiel. Der Kolonialismus des sogenannten Abendlands konnte sich nur ausbreiten, weil China seine Kontrolle über weite Teile der Seewege und der Handelsknoten Asiens und Afrikas freiwillig aufgegeben hatte, gerade als die Europäer endlich mit den technologischen Entwicklungen der chinesischen Schifffahrt wie Kompassnadeln, dreimastigen Schiffen, Außenrudern und hochseetüchtigen Rümpfen gleichgezogen hatten. Innerhalb weniger Jahrzehnte stachen portugiesische Karavellen (Nussschalen im Vergleich zu den gigantischen Schatzschiffen) in das entstandene Vakuum im Indischen Ozean und übernahmen Teile der chinesischen Infrastruktur und der chinesischen Seekarten, auf denen die Routen bis nach Mogadischu mit exakten Himmelsrichtungen, Reisezeiten und astronomischen Orientierungshilfen verzeichnet waren.

Aber auch dieses Vakuum erklärt nicht, warum das kleine, ursprünglich zweitrangige Europa innerhalb von drei Jahrhunderten stark genug werden konnte, um seinen theologisch begründeten Unterwerfungswahn in die ganze Welt zu tragen – angesichts der Tatsache, dass die chinesische Gesellschaft den Barbaren aus dem fernen Norden in fast jeder Hinsicht haushoch überlegen war.

Die chinesischen Bauern wurden häufiger satt und lebten länger als ihre europäischen Cousins, dank immenser Bewässerungsnetze, die über Jahrhunderte geschaffen wurden und es möglich machten, die Produktion von Reis für eine nach den Begriffen der Zeit immense Bevölkerung zu ermöglichen. Chinesischer Erfindungsgeist hatte das Schießpulver und die Kanone entwickelt, den Druck mit beweglichen Lettern, das Papier, Banken und Kreditwesen, den Kompass, lange bevor sie in Europa bekannt oder gebräuchlich wurden. Ein chinesischer Kaiser konnte eine Million Männer für seinen Palast finden, eine unbesiegbare Flotte bauen, Flüsse umlenken und verfügte über die größte Armee der Welt. Kein anderer Herrscher der Welt verfügte über eine solche Macht.

Zusätzlich zu dieser hoch entwickelten praktischen Kultur blickte China auf eine lange philosophische Tradition zurück, die etwa zur gleichen Zeit begann wie die des antiken Griechenlands, nämlich im 5. Jahrhundert v. u. Z., in einer Zeit, die an beiden Orten von Kriegen und Unsicherheit gekennzeichnet war.

Vielleicht auch als Antwort auf diese Erschütterungen interessierte sich der Konfuzianismus intensiv für soziale Harmonie, die Macht der Traditionen und Rituale. In einem ständigen Spannungsverhältnis mit dieser Denkschule stand die Denkschule des Dao, des »Weges«. Das Dao ist der Fluss des Universums und aller lebenden Dinge, die allen Begriffen entzogene, stets im Wandel befindliche Natur, deren Kontinuität sich nur im Fließen zeigt. Wer weise ist, fragt nach der Natur des Dao und versucht, nach ihr zu leben, wer töricht ist, widersetzt sich ihr und lebt in Ignoranz, Gier und Neid gegen das Gesetz des Lebenden.

An dieser Stelle sei angemerkt, dass die Komplexität, die internen Debatten, die Interpretationsräume und die schillernden Möglichkeiten der chinesischen Denktradition einer der großen Reichtümer der menschlichen Geschichte sind, dass ich mich aber auf Quellen aus zweiter Hand verlassen muss, weil mir der direkte Zugang zum Bedeutungsspiel des chinesischen Denkens verschlossen ist. Der Daoismus aber und sein Bezug zum konfuzianischen Denken spielt für die Idee der Naturbeherrschung eine so zentrale Rolle, dass er hier zumindest skizziert werden muss.

Die Lehre des Dao spiegelt sich in ihrer ganzen und provokanten Elastizität in Leben und Schriften des Zhuang Zhou (ca. 365 – ca. 290 v. u. Z.), der von seinen Zeitgenossen Zhuangzi oder »Meister Zhuang« genannt wurde. Sein durchdringender Skeptizismus erscheint in den allegorischen Erzählungen, in die er seine Lehren kleidet, immer mit dem resignierten Lächeln eines Menschen, den nichts mehr überraschen kann und der trotzdem nicht verlernt hat, zu lieben. Seine berühmteste Geschichte betrifft ihn selbst und seine Müdigkeit:

> Einst träumte Dschuang Dschou, dass er ein Schmetterling sei, ein flatternder Schmetterling, der sich wohl und glücklich fühlte und nichts wußte von Dschuang Dschou. Plötzlich wachte er auf: da war er wieder wirklich und wahrhaftig Dschuang Dschou. Nun weiß ich nicht, ob Dschuang Dschou geträumt hat, dass er ein Schmetterling sei, oder ob der Schmetterling geträumt hat, dass er Dschuang Dschou sei, obwohl doch zwischen Dschuang Dschou und dem Schmetterling sicher ein Unterschied ist. So ist es mit der Wandlung der Dinge.[41]

Das Spiel zwischen Identität und Veränderung faszinierte den Denker, der sich über die menschliche Natur keine Illusionen machte: »Die Menschen sind verstrickt, hinterlistig, verborgen. [...] Lust und Zorn, Trauer und Freude, Sorgen und Seufzer, Unbeständigkeit und Zögern, Genußsucht und Unmäßigkeit, Hingegebensein an die Welt und Hochmut entstehen wie die Töne in hohlen Röhren, wie feuchte Wärme Pilze erzeugt. Tag und Nacht lösen sie einander ab und tauchen auf, ohne dass (die Menschen) erkennen, woher sie sprossen.«[42]

Die ungebremsten Emotionen spielen auf den Menschen wie auf Orgelpfeifen und ihre Gefühlsregungen sind nicht bedeutsamer als der Wind, der über hohle Röhren bläst und dabei Töne erzeugt. Erst der Philosoph, der lernt, sich von dieser unwillkürlichen Erregtheit zu distanzieren und hinter die Kulissen des Lebens zu blicken, wird erkennen, dass das wahre Glück darin liegt, sich den Rhythmen der Natur und der Unwiederbringlichkeit des Augenblicks zu fügen und die scheinbare Kontrolle über die Außenwelt aufzugeben. Letztendlich ist es nicht wichtig, ob Meister Zhuang ein Mann ist oder ein Schmetterling, oder ob er weiß, welcher von beiden er ist; wichtig ist nur, ob er seinen Zustand als Träumender versteht und sich so vom Leiden durch Unwissenheit befreien kann, denn Ignoranz reduziert auch die Mächtigen und die Reichen zu Objekten ihrer eigenen Gier: »Die das Erdreich besitzen, besitzen ein großes Ding. Wer ein großes Ding besitzt, darf sich nicht durch die Dinge selbst zum Ding machen lassen.«

Sowohl für Konfuzius als auch für Zhuang Zhou und seine daoistischen Schüler war das Leben in Übereinstimmung mit objektiven Prinzipien wichtig, auch wenn sie diese Prinzipien unterschiedlich beschrieben. Das westliche Klischee, dass es in konfuzianischen Gesellschaften vor allem um soziale Harmonie und nicht um individuelles Glück geht, ist insofern wohl nicht ganz falsch, wenn es auch zwei Jahrtausende von Diskussionen und historischen Entwicklungen wie zum Beispiel die Konfrontation mit dem Buddhismus übergeht.

Die Denktraditionen des »Macht euch die Erde untertan« und des Lebens im Einklang mit dem Fließen des Chi und dem unaussprechbaren Weg des Dao könnten oberflächlich gesehen wohl unterschiedlicher nicht sein – tatsächlich aber verbindet sie ein wichtiger Aspekt, der außerhalb dieser Ideologien liegt. Beide Zivilisationen dachten ganz anders über die Welt um sich herum, aber beide gingen auf erstaunlich ähnliche Art mit ihr um.

Der Umwelthistoriker Daniel R. Headrick beschreibt, dass Gesellschaften auf einer ähnlichen technologischen Entwicklungsstufe sehr ähnlich mit ihren natürlichen Ressourcen umgehen. Zuerst kommt die Ausrottung großer Landtiere (z. B. Auerochsen in Europa, Mastodons in Nordamerika, Löwen in Mesopotamien und Tiger und Elefanten in China), dann, mit dem Entstehen von Städten und der beginnenden Metallverarbeitung, kommt der unstillbare Bedarf nach Holz und die Rodung ganzer Waldgebiete, ganz zu schweigen von der Veränderung der Natur durch Tierzucht und die Transformation ganzer Landschaften. Schon während der Song-Dynastie arbeitete die Regierung systematisch daran: »Sie veröffentlichte Lehrbücher, verteilte Saatgut und bot den Bauern Darlehn mit niedrigen Zinsen und Steuersenkungen an. Sie gründete Militärkolonien und Siedlungen auf staatlichem Land für Flüchtlinge und landlose Bauern. Unter Leitung von Grundbesitzern und Geschäftsleuten machten eingewanderte Bauern den Jiangnan urbar und verwandelten die Salzwiesen dieser riesigen Region in das am dichtesten besiedelte und produktivste Ackerland Chinas.«[43]

Chinas intensive Landnutzung und Ausbeutung der natürlichen Ressourcen schon vor 1500 zeigt, dass die gesellschaftliche Geschichte nicht unbedingt darüber entscheidet, wie Zivilisationen mit ihrer natürlichen Umgebung verfahren. Die chinesische Philosophie baute auf eine alte und wichtige Tradition des Lebens in Harmonie mit dem Fluss der Natur, tatsächlich aber wurde kaum ein Fluss in seinem natürlichen Bett belassen.

Allerdings war die hochorganisierte und leistungsfähige Landwirtschaft auch ein Schwächemoment der Großmacht China. Die rasch wachsende Bevölkerung der Ming-Dynastie konnte nur durch intensiven Anbau von Reis und anderen landwirtschaftlichen Produkten ernährt werden und dazu mussten über große Distanzen Kanäle gebaut werden, um die Felder zu bewässern und Ernten zu verdoppeln. Die ersten Bewässerungskanäle wurden in China fast so früh gegraben wie in Uruk. Die Liangzhu-Kultur an der Südküste baute eine Stadt mit Kanälen und Palästen, umgeben von bewässerten Feldern schon um ca. 3000 v. u. Z. und viele Kanalsysteme der Ming-Ära gingen auf frühere Dynastien zurück. Gleichzeitig aber mussten die Kanäle ständig neu ausgehoben und gereinigt, Schleusen und Stauseen, Ufer und Dämme repariert und unterhalten werden.

In Friedenszeiten funktionierte der ausgezeichnete Verwaltungsapparat und plante die notwendigen Arbeiten. Gerade in Nordchina aber war dieses System sehr anfällig für Angriffe von außen oder Rebellionen aus dem Inneren. Ein durchbrochener Damm konnte ganze Landgebiete fluten und unbrauchbar machen, ein umgeleiteter Fluss oder einfach nur jahrelange Unsicherheit die Reparaturen verzögern: Millionen waren vom Hunger bedroht, wenn das komplexe Netzwerk zerrissen wurde. Während der Konflikte mit den Mongolen, die immer wieder aus den westasiatischen Steppen einfielen, kam es immer wieder zu solchen Unterbrechungen und zu Hungersnöten.

Die Versorgungsengpässe einer riesigen Bevölkerung und die dauernde Bedrohung an der Peripherie und durch regionale Aufstände illustrierten noch ein Problem, das große Reiche häufig hatten (und haben): Ein beträchtlicher Teil ihrer militärischen und strategischen Energien und ihrer finanziellen Ressourcen werden im Landesinneren absorbiert, um die Herrschaft zu erhalten. Ein großes Reich hat zwar die Mittel, eine Flotte von nie gesehener Größe zu bauen und um die Welt zu schicken, aber die Gravitation der Ereignisse und die Entscheidungsmacht einzelner Individuen konnten die Prioritäten auch völlig umkehren.

Diese Schwachstellen hielten China vielleicht davon ab, sich dauerhaft zu exponieren, indem es sein ohnehin schon großes Einflussgebiet noch weiter ausdehnte. Kommunikations- und Transportwege waren lang, über größere Distanzen hinweg zu lang, um von einer Zentralregierung aus effektiv agieren zu können. Keine Schwäche des Reiches aber war auch nur annähernd so gravierend wie die Probleme, die aus seiner unangreifbaren Stärke beruhten.

Mit oder ohne Kriegsflotte war China die größte Macht Asiens. Außer den Mongolen, die immer wieder ihr Glück versuchten, gab es keine ernsthaften Gegner in der Region, die drohten, China zu überfallen oder ökonomisch zu überflügeln. Während der frühen Ming-Dynastie boomte die Wirtschaft und die Bevölkerung verdoppelte sich innerhalb des 16. Jahrhunderts von 100 auf 200 Millionen Menschen. Damit fehlte aber auch der Anreiz, Technologien, die seit Generationen hervorragend funktioniert hatten, weiterzuentwickeln oder neue einzuführen.

Ein Beispiel für die verhängnisvolle Kette von Zufällen, die manchmal Geschichte schreiben, ist die Entwicklung der Feuerwaffen, die China schon seit dem 9. Jahrhundert benutzte. Der einzige ernst zu nehmende Feind von außen waren die Reiterhorden aus den Steppen. Ein geübter Reiter konnte pro Minute mehrere Pfeile von einem galoppierenden Pferd aus abschießen, in einem Angriff, der vielleicht wenige Sekunden dauerte, die ganze berittene Truppe also einen Pfeilhagel auslösen und sich dann rasch zurückziehen. Mit einer chinesischen Feuerlanze, oder einer anderen frühen, tragbaren Kanone oder Muskete waren solche beweglichen Ziele sehr schwer zu treffen, außerdem waren die Schützen während des Nachladens praktisch wehrlos. Es lag also nicht im Interesse der chinesischen Landarmee, diese spektakulären, aber unpraktischen Waffen weiterzuentwickeln, während sich in Europa eine ganz andere Art des Krieges entwickelte, bei der schnellere, akkuratere und massenhaft produzierte Feuerwaffen zum Einsatz kamen. Beim Zusammentreffen beider Mächte zwei Jahrhunderte später sollte sich dieser Entwicklungsrückstand als fatal erweisen.

Die Last des Imperiums und die Technologie

China war nicht das einzige Reich, dessen schiere Größe verhinderte oder zumindest erschwerte, dass es eine globale Bühne für seine Ambitionen suchte oder seine eigenen Technologien und Praktiken grundlegend änderte.

Auch das Osmanische Reich hatte die Organisation, die Technologie, das geografische Wissen und den expansionistischen Drang, um sich weiter in die Welt zu projizieren. Ihm fehlte aber ein Hafen mit Zugang zur offenen See, wenn man von Aden am südlichen Zipfel der Arabischen Halbinsel einmal absieht, weit entfernt von Konstantinopel und im Zweifel schwer zu verteidigen. Die Seemacht der Osmanen lag im Mittelmeer und beruhte auf seinen Flotten von Galeeren, die dort mit vernichtender Wirkung eingesetzt werden konnten, für Reisen auf offener See aber völlig ungeeignet waren. Zudem war die osmanische Flotte durch die Straße von Gibraltar effektiv eingesperrt. Ohne einen geeigneten Zugang zum offenen Meer aber konnte das Osmanische Reich nicht darauf hoffen, ein weiteres Netzwerk an Handelsposten und Garnisonen aufzubauen, um seinen globalen Einfluss zu festigen.

Zusätzlich zu den Nachteilen seiner geografischen Lage waren die osmanischen Sultane – ganz ähnlich wie ihre Standesgenossen auf dem Drachenthron – immer wieder damit beschäftigt, regionale Aufstände niederzuschlagen und Invasionen aus derselben asiatischen Steppe abzuwehren, die hier ihre westlichsten Ausläufer hatte. Die Feinde Chinas waren auch die der Osmanen und seltsamerweise scheint der Kampf gegen sie auch die Truppen des Sultans in ihrer technologischen Entwicklung eher zurückgehalten zu haben, weil Feuerwaffen gegen Reiterheere noch nicht wirksam genug waren.

Trotzdem blieb das Osmanische Reich eine immense Präsenz in Eurasien. Suleiman der Prächtige (um 1495–1566) war vom Gedanken der

Weltherrschaft besessen, auch wenn der Islam selbst, der Koran, die Hadids und die Schriftgelehrten die Beherrschung der Natur selbst nicht mehr betonten, als ihre christlichen Nachbarn es in ihren theologischen Diskussionen zu dieser Zeit noch taten. Über den Eingang der Süleymaniye-Moschee ließ er eine Inschrift in den weißen Stein meißeln: »Eroberer der Länder des Ostens und des Westens mit der Hilfe des Allmächtigen und seiner siegreichen Armee, Herrscher über die Reiche der Welt.« Unter Suleiman dehnte sich der Machtbereich der Hohen Pforte dramatisch aus: 1521 eroberte er Belgrad und damit Serbien, dann Rhodos und Ungarn, 1529 stand das osmanische Heer vor Wien, musste aber wieder abziehen, geschlagen nicht von christlichen Soldaten, sondern von der einsetzenden Winterkälte.

Tatsächlich aber arbeitete die Geschichte selbst gegen das Osmanische Reich. Gerade als die Osmanen die Kontrolle über den immens profitablen Handel des östlichen Mittelmeerraums immer stärker an sich zogen, verlor dieser plötzlich an Bedeutung. Der Atlantik und die Route um das Kap der Guten Hoffnung nach Asien schufen für europäische Staaten ein immenses, neues Hinterland und einen unerhört profitablen Handel mit Gewürzen, Rohstoffen, Konsumgütern und Sklaven auf anderen Kontinenten. Nicht umsonst verfügten alle Länder, die große Kolonialreiche aufbauen sollten – Portugal, Spanien, Großbritannien, Frankreich, Belgien, die Niederlande –, über Häfen am Atlantik. Die osmanische Flotte konnte den Ozean nur durch die Straße von Gibraltar erreichen. Die Admirale des Sultans kontrollierten zwar die levantinischen Gewässer und die Landrouten nach Asien, aber der atlantische Handel nahm dem östlichen Mittelmeer seine strategische Position, was auch Venedig zu spüren bekam.

Die osmanische Streitmacht zu See war mächtig und gefürchtet, beschränkte sich allerdings fast ausschließlich auf das Mittelmeer. Die Armee zu Land verließ sich stark auf Kavallerieeinheiten, da die meisten ihrer Gegner von Arabien bis in die zentralasiatische Steppe berittene Nomaden waren, die ihre Gegner mit einem Pfeilhagel aus rapide und im Reiten abgeschossenen Bögen angriffen.

Auch das sollte sich als ein Nachteil für die Macht der Sultane erweisen, denn obwohl Feuerwaffen und besonders riesige Kanonen schon lange im Gebrauch der osmanischen Truppen waren, waren sie wie auch in China gegen schnelle Reitereinheiten fast wirkungslos. Der Gebrauch von Musketen war für Reiter fast unmöglich, denn sie konnten im Sattel nicht nachladen. Also setzte auch die osmanische Strategie auf Kavallerie mit Lanze, Pfeil und Bogen, lange nachdem Feuerwaffen in Europa weit verbreitet waren und rasch weiterentwickelt wurden.

Die Kriege Europas verliefen unterschiedlich. Hier wurde die Macht von Städten kontrolliert und so waren Belagerungen ein besonders wichtiges Instrument, dessen Erfolg von der Artillerie abhing, die kontinuierlich perfektioniert wurde. Aber auch die Schlachten zwischen den europäischen Mächten verliefen anders als die Konflikte zwischen Osmanen oder Chinesen und ihren nomadischen Angreifern.

Infanteristen waren billiger auszubilden und zahlreicher als berittene Soldaten. In der kleinteiligen Geografie der europäischen Landschaft mit ihren Wäldern, Tälern und Flüssen kämpften die Armeen hauptsächlich zu Fuß in geschlossenen Formationen, gegen die ungezielte Salven aus einem Wall von Feuerwaffen sehr effektiv waren. Die Musketiere, die während des Nachladens fast wehrlos waren, mussten von Männern mit langen Lanzen in dichten Formationen vor Kavallerieangriffen geschützt werden, was sie auch zu idealen Zielen für Kanonen machte.

Schon bei der Schlacht von Azincourt 1415 wurde eine frühe Arkebuse oder Muskete abgeschossen, aber die Schlacht wurde von Bogenschützen gewonnen. Zweihundert Jahre später, bei Ausbruch des Dreißigjährigen Krieges, waren schnelle, akkurate und robuste Musketen und Kanonen kriegsentscheidend geworden und kein Feldherr konnte es sich leisten, im Wettbewerb um Technologie, Taktik und Wissen ins Hintertreffen zu geraten.

In derselben Zeit trafen die nächsten Rivalen Europas in Istanbul einige fatale Entscheidungen, die sie endgültig zurückwerfen würden. Die religiösen Autoritäten waren dem Erwerb von Wissen und neuen Technologien – nicht nur aus dem Westen, sondern auch aus eigener Produktion – schon immer skeptisch gegenübergestanden. Gleich zweimal, 1485 und 1515, erwirkten sie ein offizielles Verbot, Bücher oder andere Dokumente auf Arabisch oder Türkisch zu drucken, sodass die einzigen Werke in diesen Sprachen in Rom, Venedig und in Nordeuropa hergestellt wurden, während im Osmanischen Reich jedes Dokument per Hand kopiert werden musste. Die erste offizielle arabische und türkische Druckerei in Konstantinopel öffnete ihre Tore 1726.

Auch den wichtigen Gelehrten und Wissenschaftlern erging es wenig besser. Schon im 11. Jahrhundert war der Universalgelehrte Abū Rayhān al-Bīrūnī nach Indien gereist und hatte über die dortigen Gesellschaften und Religionen geschrieben, den Umfang der Erde bis auf vierzig Kilometer genau berechnet, Euklid ins Sanskrit übersetzt, Sonnenfinsternisse vorausgesagt und sich Gedanken über die Schwerkraft und die Dichte von physischen Stoffen gemacht. Seine Nachfolger hatten einen wesentlich schwereren Stand.

Taqi ad-Din Muhammad ibn Ma'ruf (1526–1585) baute erstaunlich akkurate Uhren, zweihundert Jahre vor dem Briten John Harris. Er entwickelte auch eine frühe Form der Dampfmaschine. Sultan Murad III. förderte seine Forschungen großzügig, weil er sich von seinen astronomischen Arbeiten eine Methode versprach, die Zukunft aus den Sternen vorauszusagen, ganz wie europäische Herrscher zur selben Periode Gönner von Alchemisten und Kabbalisten wurden, um Gold und Einsicht ins Alphabet der Schöpfung zu gewinnen. Ad-Din war auch der Direktor des von ihm gegründeten Observatoriums in Istanbul, wo er 1577 einen Kometen beobachtete, den er als gutes Omen für die Militärkampagnen des Sultans interpretierte. Als die Truppen des Sultans daraufhin geschlagen wurden, beendete Murad III. seine Unterstützung für das extravagante Projekt und die Sternwarte wurde 1580 abgerissen.

Der große Admiral und Kartograf Piri Reis, der 1513 eine erstaunlich akkurate Karte des Mittelmeers und des Atlantiks inklusive der Küste Amerikas zeichnete, bekam seine Informationen ausschließlich aus zweiter Hand, von europäischen Kartografen und publizierten Karten einschließlich einer verloren gegangenen Karte der amerikanischen Küste, die, wie er behauptete, von Kolumbus stammte. Er selbst umfuhr die Arabische Halbinsel, kam aber nie weiter in die Welt hinaus, die ihn offensichtlich so brennend interessierte.

Wenn es um die Frage geht, warum sich Europas Ideen um den Globus verbreiteten und durchsetzten, so lautet der vielleicht wichtigste Teil der Antwort, dass der Zufall den Kontinent begünstigte. Gerade zu dem

Zeitpunkt, als es europäischen Schiffen möglich wurde, das Kap der Guten Hoffnung zu umrunden und bis nach Asien vorzustoßen, hatte sich die etablierte Macht dort zurückgezogen und alle imperialen Ambitionen aufgegeben. Andere potenzielle Konkurrenten wie das Osmanische Reich hatten keine geeigneten Häfen und andere strategische Prioritäten. Die Bewohner der Amerikas hatten keine Hochseeschifffahrt entwickelt.

Auch geografisch hatte Europa gewisse Vorteile zu bieten. Die Küste des Kontinents von Schottland bis nach Spanien hat einen freien Zugang zum Atlantik und gab den Herrschern und Kaufleuten mehrerer Länder die Möglichkeit, Reiche und Reichtümer auf anderen Kontinenten zu suchen. Ein wichtiger Teil der Antwort aber fehlt noch, denn während sich gut argumentieren lässt, dass gerade die regionale Stärke Chinas und des Osmanischen Reiches letztendlich ihren Niedergang einleitete, so lässt sich auch beobachten, dass gerade die Schwäche Europas am Anfang seiner globalen Macht stand.

Nach dem Zusammenbruch des römischen Reiches hatte Europa seine Einheit verloren. Die postimperialen, lateinisch geprägten Teile des Kontinents drifteten auseinander, das Christentum hatte sich erst in Teilen des Kontinents etabliert, keine der rivalisierenden Mächte war stark genug, sich gegen die anderen durchzusetzen. Kein europäischer Kaiser konnte seinen Willen allein durchsetzen oder den politischen Kurs des Reiches in eine völlig neue Richtung lenken, die Macht der Erzherzöge, der Adel, die Königreiche und der Klerus waren viel zu stark. Europa hatte keinen Herrscher. Es war und blieb eine Ansammlung rivalisierender Kleinmächte auf allen politischen Ebenen, ein dauernder Kampf aller gegen alle – und hier lag der Anfang von Europas Aufstieg.

Umgeben von wankelmütigen Verbündeten und eingeschworenen Feinden, war Krieg für jeden europäischen Staat eine ständige Realität. Pazifismus konnte sich angesichts der territorialen Gelüste der Nachbarn kein Herrscher leisten. Jede Grafschaft, jede freie Stadt und jedes Fürstentum musste sich gegen Invasionen schützen oder Truppen und Geld für die Konflikte seiner Verbündeten aufbringen. Ein Leben ohne Krieg am Horizont war nicht denkbar.

Militärische Stärke beruhte einerseits auf der Größe der Bevölkerung und damit dem Steueraufkommen (Krieg war schon immer teuer und Söldnerheere konnten schnell die Seiten wechseln, wenn sie nicht bezahlt wurden) und andererseits auf anderen Vorteilen, die im ewigen Rüstungswettlauf zählten: Wer die größten Handelsstädte hatte, profitierte nicht nur finanziell von dem Austausch von Waren, Neuigkeiten, Technologien und Ideen; wer Bodenschätze hatte, konnte zum wertvollen Verbündeten oder Handelspartner werden; wer geschickt heiratete, konnte seinen Machtbereich erweitern; wer die besseren Schiffe, die professionellste Artillerie, das effizientere Bankwesen, die besten Ingenieure und Künstler für sich arbeiten ließ, war seinen Rivalen eine vielleicht entscheidende Nasenlänge voraus.

Allein zwischen 1400 und 1500 tobten in Europa einander überlappend und ablösend: der Hundertjährige Krieg zwischen England und Frankreich, der osmanisch-ungarische Krieg, die Hussitenkriege in Zentraleuropa, der Kampf um die Vorherrschaft über Norditalien zwischen Mailand und Venedig und ein immer wieder aufflammender Konflikt zwischen teutonischen Rittern und preußischen Adeligen auf der einen, polnisch-litauischen Herrschern auf der anderen Seite, eine vier Jahre dauernde Revolte in Gent, die Rosenkriege in Nordengland, ein Bürgerkrieg in Katalonien, eine Konfrontation zwischen der Flotte Venedigs und des Osmanischen Reiches bei der Schlacht von Lepanto 1479, Scharmützel zwischen norddeutschen Hansestädten, britischen Kriegsschiffen und Piraterie an fast allen Küsten, um nur die wichtigsten zu nennen. Kein Jahr verging, ohne dass nicht an mindestens einem europäischen Ort gekämpft wurde.

Auch in diesem Fall ist der Krieg der Vater aller Dinge, befördert der Rüstungswettlauf die technologische Entwicklung der europäischen Mächte. Heere mit einem großen Anteil an Kavallerie (wie sie in China und im Osmanischen Reich und auch unter den Mughals üblich waren) eigneten sich nicht für die kleinteilige Geografie von europäischen Marschrouten und Schlachtfeldern. Außerdem waren Berittene wesentlich teurer in der Ausbildung, der Ausrüstung und im Unterhalt als Fußsoldaten.

Infanterieeinheiten mit ihren langen Piken konnten auch ohne langes Training sehr effektiv vorrückende gegnerische Soldaten mit einem Wald aus starrenden Lanzen mit blitzenden Stahlspitzen auf Distanz halten. Um dies zu erreichen, marschierten sie in enger Formation und formten einen Igel mit bis zu sechs Meter langen Stacheln. In diesem Kontext hatten Feuerwaffen einen entscheidenden Vorteil. Sie waren nicht akkurat und mussten lange nachgeladen werden, aber die kompakte Masse von Leibern bot Kanonen und Arkebusen ein ideales Ziel und der moralische Effekt der Explosionen und des Todes aus der Entfernung war außerordentlich.

In der Schlacht und besonders auch während Belagerungen wurden Artilleriegeschütze zu einer Schlüsseltechnologie, die es den Angreifern erlaubte, die Stadt oder Festung oder Armee aus der Luft zu zerstören, ohne eigene Soldaten zu riskieren, während spezialisierte *Sapeurs* Gräben und Tunnel anlegten und versuchten, Sprengladungen unter die Mauern der Festung zu legen. Ingenieure, Metallurgen, Mathematiker und andere Spezialisten wurden zu gefragten und hoch bezahlten Experten, die Geschossbahnen berechneten, Festungen planten, Waffen verbesserten, Truppen ausbildeten, Logistik sicherten. Diese wissenschaftlich denkenden Experten waren oft Schlüsselfiguren der kulturellen Entwicklung. Leonardo da Vinci gehörte zu diesen Militärtechnologen und René Descartes wurde als Artillerieoffizier in der Berechnung von Abschusswinkeln und Flugbahnen ausgebildet, bevor er philosophische Werke verfasste.

Die Industrie der Rechtfertigung

Der Krieg trieb nicht nur technologische Entwicklungen an. Gerade nach der Reformation befeuerte er die theologische Industrie der Rechtfertigung, die schon seit der Spätantike die europäische Kultur prägte.

Während der Debatten und Konzile der Spätantike war die offizielle Theologie der Kirche zeitweise stabilisiert und erfolgreich vereinigt worden. Immer wieder hatte es in den folgenden Jahrhunderten Bewegungen wie die Katharer und Albigenser gegeben, die sich gegen die offizielle Lehre zur Wehr setzten, aber die meisten von ihnen waren durch die Armeen des Papstes und seiner Verbündeten vernichtet oder durch die Inquisition neutralisiert worden. Im 15. Jahrhundert freilich wurde die Fliehkraft der Debatten und der politischen Interessen schließlich zu stark, die Einheit der Kirche zerbrach.

Nachdem Martin Luthers innerkirchliche Rebellion die Gläubigen gespalten hatte, war auch Gottes eine und unteilbare Wahrheit zerbrochen und hatte nun mehrere Kirchen, Auslegungen und Armeen. Weil aber theologische Dogmen immer mit Macht verbunden waren, wurde der Streit um religiöse Wahrheiten bald zum *casus belli*. Beide Seiten mussten beweisen, dass sie nicht nur der Stärkere waren, sondern dass sie und nur sie Gottes Willen verkörperten; professionelle Propaganda wurde in allen Bereichen unabdingbar.

In den Religionskriegen, die seit dem 16. Jahrhundert den Kontinent ausbluteten, vermischten sich politische Interessen und religiöse Überzeugungen. Anders als Odysseus aber mussten die Theologen die von den Landsknechten und Söldnerheeren angerichteten Gemetzel, die ganze Landstriche entvölkerten, so rechtfertigen, dass sie selbst nicht als die Sünder gegen Gott dastanden, sondern als Armee des Herrn, die seinen Willen und seine Barmherzigkeit mit dem Schwert durchsetzte.

Gottes Wahrheit war zum Schlachtruf geworden. Während der Kreuzzüge hatte sich der Zorn des Herrn gegen die »Ungläubigen« gerichtet, die sein Grab entweihten und seine Heilige Stadt besetzt hielten. Das war nicht schwer zu argumentieren gewesen. Nach der Reformation aber waren die Ungläubigen, die bekehrt oder ausgerottet werden mussten, die eigenen Brüder, die zum selben Gott beteten und demselben Erlöser für seine Gnade dankten. Schon Augustinus hatte erhebliche rhetorische Energien darauf verwendet, Gewalt im Namen Gottes und seines Evangeliums theoretisch zu untermauern. Jetzt aber, wo Christen im Namen Christi Christen mordeten, stieg der Rechtfertigungsdruck noch einmal immens an.

Die Rechtfertigungsindustrie entstand nicht durch eine koordinierte Verschwörung oder ein Komplott, sondern einfach durch eine gefühlte Notwendigkeit, gewisse unterschwellige oder sogar evidente Widersprüche aufzulösen, die durch die Religionskriege besonders brutal zutage traten – und das in einem Klima, in dem freie Meinungsäußerung unmöglich war und politischer Opportunismus vorherrschte. Wie konnte all dies Gottes Wille sein? Und wie konnten die Mörder und Profiteure und Kriegsfürsten, die Jahr um Jahr Ernten vernichteten und Dörfer ausrotteten, gute Christen sein?

Die intellektuelle Schlacht um Gottes Segen tobte in Europa bis zur Aufklärung und darüber hinaus. Theologen und Historiker, Juristen und Philosophen (später auch Archäologen, Anthropologen, Zoologen, etc.) beteiligten sich an der Debatte und kamen dabei (mit Ausnahmen wie Machiavelli, der das Ganze als Spiel beschrieb) bemerkenswert oft zu dem Schluss, dass ihr Brotgeber aus unwiderlegbaren Gründen auf der richtigen Seite der Geschichte stand.

Natürlich besteht in allen Kulturen die Notwendigkeit, Gewalt zu rechtfertigen, aber die brutale Praxis und die religiösen Dogmen der christlichen Länder klafften weiter auseinander als in Kontexten, in denen die Gewalt der Mächtigen und der Sieger nicht *a priori* ein moralisches Problem ist, sondern das Recht des Stärkeren, das allerdings durch Regeln der Verhältnismäßigkeit und Angemessenheit durchaus begrenzt ist. Christliche Gesellschaften aber mussten einander und sich selbst beweisen, dass systemische Gewalt und organisierter Hass auf allen Ebenen tatsächlich der Wille des einen allbarmherzigen, allwissenden und guten Gottes waren.

Dieser Wettlauf um Gottes Segen oder um die besten Argumente dafür war nicht weniger wichtig als das Rennen um schnellere und akkuratere Feuerwaffen. Keine andere Gesellschaft der Welt mit der möglichen Ausnahme Chinas entwickelte eine solche Dichte von professionellen Erforschern, Erklärern und Interpreten, von Propagandisten und Poeten, die mit allen analytischen, rhetorischen und ästhetischen Mitteln das Loblied der eigenen Seite sangen, denn es gab viele Allianzen in verschiedenen Konflikten, also gab es viele Loblieder zu singen, Fresken zu malen, Werke zu verfassen, Flugblätter zu drucken.

Obwohl oft vom »Buchdruck« gesprochen wird, war das Erzeugen von Büchern nicht die einzige Beschäftigung der Drucker und vielleicht nicht die wichtigste. Bücher, bei deren Produktion jede Seite per Hand gesetzt, gedruckt, getrocknet und gebunden werden muss, waren noch bis ins 17. Jahrhundert extrem teuer. Flugblätter und Pamphlete aber, mit Illustrationen versehen und häufig gereimt und auf einer Seite gedruckt, konnten billig verkauft und einfach versteckt und geschmuggelt werden. Satiren und Gräuelgeschichten, aber auch anzügliche Bilder setzten eine ungeheure politische Sprengkraft frei. Im Propagandakrieg zwischen den Konfessionen dienten Flugblätter als Waffen, die schnell und flexibel eingesetzt werden konnten, um Desinformation zu verbreiten, den Gegner zu demoralisieren – oder um die eigenen Leute bei der Stange zu halten.

Während der Religionskriege, die im Namen des Herrn ganze Landschaften verwüsteten und menschenleere, von Leichen übersäte Landstriche zurückließen, bestand ein ständiger Druck, mit allen Mitteln zu beweisen, dass der Herr auf der eigenen Seite kämpfte, gleichgültig, welche Gräueltaten unter seiner segnenden Hand verübt wurden.

König Gustav Adolf von Schweden war der wichtigste protestantische Kriegsherr des Dreißigjährigen Krieges. Auf einem anonymen Flugblatt aus dem Jahr 1632 wird er als »Der Mann, der helfen kann« dargestellt, nachdem er gerade Augsburg von einer Belagerung durch katholische Truppen befreit hatte. Der Feldherr steht rechts im Bild, neben ihm die Allegorie der Stadt als klagende Witwe und links eine von Katholiken geplünderte und geschändete Kirche. Über der Stadt selbst erscheint Gottes Name in einer Wolke und leuchtet auf den schwedischen König, das

Die Industrie der Rechtfertigung | 151

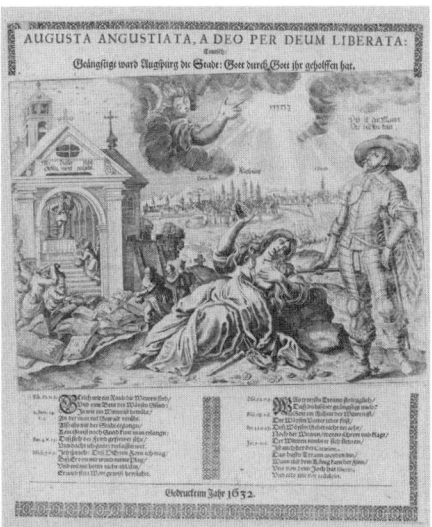

8 Unbekannter Künstler, *Augusta Augustiata, a Deo per Deum liberata*, Stiftung Preußischer Kulturbesitz: Ident. Nr. 14 136 034. © Foto: Kunstbibliothek, Staatliche Museen zu Berlin

Instrument des Herrn, der mit Feuer und Schwert regieren muss, um seinen Willen auf Erden durchzusetzen, gegen den perversen Willen der anderen Seite, die nicht nur zum Feind, sondern auch zum Verräter geworden ist.

Das eherne Zeitalter

Der militärische und ökonomische Wettbewerb, der Zugang zur offenen See und die theologische Rechtfertigungsindustrie veränderten die Gesellschaften Europas und lösten einen unentrinnbaren Konkurrenzkampf um politische und religiöse Dominanz aus. Diese Eigenheiten, durch die sich Europa von allen anderen Weltteilen unterschied, kamen besonders stark zur Geltung, als eine globale Klimakrise, die sogenannte Kleine Eiszeit, die Gesellschaften unter Druck setzte.

Die »Kleine Eiszeit« ist ein Wetterereignis, das wissenschaftlich noch nicht vollständig erklärt, dafür aber ausgezeichnet dokumentiert ist. Es beschreibt eine Kälteperiode, die etwa zwischen 1560 und 1685 ihren Höhepunkt erreichte, mit einer durchschnittlichen Abkühlung um zwei Grad Celsius.[44] Das bedeutete bis zu acht Grad niedrigere Temperaturen in scheinbar endlosen Wintern und kurze, verregnete Sommer mit verdorbenen Ernten und drohenden Hungersnöten. Die Vegetationsperiode verkürzte sich um drei Wochen, die Zeit der Reife kam zu spät, immer wieder mussten Bauern zusehen, wie das Getreide auf den Feldern verrottete.

Aus der Analyse von Eisbohrkernen, Baumringen, Pflanzensedimenten und anderen natürlichen Indikatoren sowie aus menschlichen Dokumenten wie Erntetagebüchern, Wetteraufzeichnungen, Briefen und Tagebüchern wird offensichtlich, dass diese Krise verschiedene Kontinente gleichermaßen hart traf, aber ein sinnvoller Vergleich wird dadurch unmöglich gemacht, dass die Quellen sehr ungleich gewichtet sind. Aus Europa gibt es einen überwältigenden Reichtum von Dokumenten, die eine feinkörnige Rekonstruktion der Krise und ihrer ökonomischen, politischen und philosophischen Auswirkungen möglich machen. Für andere Gebiete ist das schwieriger, so gibt es nur wenige und indirekte historische Belege für die Auswirkungen der Krise aus den Gesellschaften des amerikanischen Kontinents, aus Australien oder weiten Teilen Asiens, wieder mit Ausnahme von China, wo die politischen und demografischen Veränderungen der Zeit ausgezeichnet dokumentiert sind.

Das China der Ming-Dynastie im frühen 17. Jahrhundert wurde brutal von der Klimakatastrophe getroffen. In der Provinz Jiangxi wurden Orangenbäume gefällt, die hier seit Jahrhunderten Früchte getragen hatten, weil es nicht mehr warm genug war. Viel schlimmer aber war die Situation im Nordwesten, wo ein wichtiger Teil der Ernte an Hirse und Weizen erwirtschaftet wurde. Zu den langen und harten Wintern und kurzen Sommern kamen Angriffe mongolischer Reitertruppen, die Kanäle und Dämme zerstörten oder dringende Reparaturen verhinderten. Das effektive, aber störungsanfällige System der Bewässerung wurde immer wieder unterbrochen und die Ernten brachen ein. Hunger, Aufstände, fehlende Steuergelder und daher auch fehlende Investitionen in die Infrastruktur verschlimmerten die Situation.

Das Fehlen einer energischen Politik hatte noch einen anderen, sehr individuellen Grund. Der Wanli-Kaiser (1563–1620) war erst zehn, als er auf den Thron kam, während die eigentlichen Regierungsgeschäfte von seinem Großsekretär Zhang Juzheng geführt wurden, einem energischen Reformer so unterschiedlicher Bereiche wie der Landwirtschaft und der Zentralverwaltung, der sich im Laufe seiner Karriere wenige Freunde machte, dabei aber wichtige Neuerungen durchsetzte.

Nach Zhang Juzhengs Tod 1593 übernahm der junge Kaiser selbst die Zügel und rebellierte gegen den Mann, der sein politischer Ziehvater geworden war, indem er viele seiner Reformen rückgängig machte und sich dann in einen Konflikt mit der Palastverwaltung hineinsteigerte, weil er seinen dritten und nicht seinen ersten Sohn zum Thronfolger ernennen wollte und an ihrem Widerstand scheiterte. Dieser Streit resultierte darin, dass sich der Wanli-Kaiser ab 1600 völlig von den Regierungsgeschäften zurückzog, keine wichtigen Entscheidungen mehr traf, keine Ämter nachbesetzte, keine Richtung vorgab. Der Kaiser von China war im Streik. Er blieb es zwanzig Jahre lang.

Auch in der Mandschurei im Nordosten des Reiches war die Situation angespannt, weil heftige Schneefälle bis in den Frühling die Aussaat hinauszögerten und Missernten Menschen und Vieh verhungern ließen. Als die Verwaltung des streikenden Kaisers auf unverminderten

Zahlungen von Tributen bestand, rebellierten die mächtigen Clans der Mandschurei und zogen den Kaiser in einen Krieg, in dem seinen Truppen empfindliche Verluste zugefügt wurden. Die extremen Wetterereignisse dauerten an: Taifune an der Küste, Überschwemmungen des Gelben Flusses und Dürre in anderen Gebieten. Immer wieder harte Winter erschütterten die ländliche Gesellschaft zutiefst und schwächten die Bevölkerung, sodass ständig Seuchen durchs Land gingen. Manche Schätzungen gehen davon aus, dass die Hälfte der chinesischen Bevölkerung während des 17. Jahrhunderts verhungert, an Seuchen gestorben, oder durch Kriege zu Tode gekommen ist.

1644 war die Regierung des letzten Ming-Kaisers dramatisch geschwächt und wurde schließlich durch einen Bauernaufstand gestürzt. Dieser Aufstand begann aus Verzweiflung über die erdrückende Steuerlast der Zentralregierung, die trotz des grassierenden Elends häufig mit Waffengewalt oder hohen Strafen ihre Steuern einforderte. Unter den zahllosen verhungernden Bauern war ein Mann namens Li Zicheng, der mit einem Joch um Hals und Hände auf dem Marktplatz an den Pranger gestellt wurde, weil er seine Steuern nicht hatte zahlen können. An diesem Tag kam das Fass zum Überlaufen. Die aufgebrachte Menge befreite Li Zicheng und brachte ihn in die Berge, von wo aus er zuerst eine mit Knüppeln bewaffnete Bande und bald eine Rebellenarmee mit Zehntausenden von Soldaten befehligte. Die kaiserliche Armee hatte dem Zorn des Bauernheeres nichts entgegenzusetzen. Als die Nachricht die Verbotene Stadt erreichte, dass Li Zicheng und seine Männer Beijing eingenommen hatten, erhängte sich der letzte Kaiser an einem Baum im kaiserlichen Garten.

Die Kleine Eiszeit war ein entscheidender Faktor beim Zusammenbruch der Ming-Dynastie, auch wenn noch andere, wichtige Elemente dazukamen. Die Entscheidung des Wanli-Kaisers, wichtige Reformen rückgängig zu machen, um sich dann ganz aus der Politik zurückzuziehen, hinterließ ein Vakuum in der Regierung, die in Kämpfe zwischen Palastbürokratie und Eunuchen verfiel und faktisch aufhörte zu funktionieren. Eine starre Administration verlor die Kontrolle über das Land, die Krise der Landwirtschaft, die Invasionen aus dem Nordwesten und die ausbrechenden Bürgerkriege überwältigten sie vollkommen.

Es ist faszinierend zu sehen, dass und warum Europa im Laufe der Zeit eine andere Antwort auf eine sehr ähnliche Ausgangssituation fand. Auch hier war die Bevölkerung schwer getroffen von überlangen Wintern und Missernten, auch hier gab es Aufstände, auch hier herrschten Hunger und Krieg, besonders im verheerten Mitteleuropa, wo ähnlich wie in China wohl die Hälfte der Bevölkerung umkam. Die Winter waren so kalt, dass ganze Armeen während des Dreißigjährigen Krieges über die zugefrorene Donau und den eisigen Rhein reiten konnten und auf der Themse in London während der kalten Monate ganz neue Stadtviertel entstanden. Vögel, so erzählte man sich, seien aus der Luft gefallen, mitten im Flug erfroren, Reiter als Eisbrocken vom Pferd gestürzt. Belegt ist, dass den Soldaten ihre Weinrationen gelegentlich von großen Blöcken abgesägt wurden.

Die ersten Antworten der Europäer auf diese offensichtliche Bedrohung waren erwartungsgemäß sehr mittelalterlich. Prozessionen wurden abgehalten, Bittgebete, Predigten, Reliquien wurden um Kirchen und zu Gletschern getragen, Männer in langen Gewändern geißelten sich in den Straßen und nach jeder schlechten Ernte ging eine Welle von Hexenprozessen durch Mitteleuropa, bei denen den Frauen (und gelegentlich auch Männern) vorgeworfen wurde, die Ernte verhext und das Vieh krank gemacht zu haben – und Unzucht mit dem Teufel getrieben zu haben, das gehörte dazu, schon um das Interesse der Öffentlichkeit zu wecken.

Wie zu erwarten waren diese Maßnahmen nicht dazu imstande, das Wetter zu verändern. Die Ernten fielen weiterhin aus, Mehl und Feuerholz verdoppelten jedes Jahr ihren Preis. Gleichzeitig aber war der Kontinent durch puren Zufall wesentlich besser dazu fähig, Lösungen auf längere Sicht zu finden: dezentral und gelegentlich anarchisch, durch Scheitern und besser Scheitern, durch empirische Beobachtung und eine gewisse Offenheit für Neuerungen, die einen Wettbewerbsvorteil bringen konnten.

Die ersten tatsächlich konstruktiven Maßnahmen in Europa bestanden in einer Veränderung landwirtschaftlicher Methoden und Produkte nach Anleitung botanischer Experten, die die Ergebnisse ihrer publizierten Versuchsreihen zur Diskussion stellten. Ein verstärkter Fernhandel für Getreide und andere Nahrungsmittel half, nach Missernten Engpässe auszugleichen, und stärkte gleichzeitig den Austausch von Gütern, Menschen und Ideen und das Bedürfnis nach verlässlichen Nachrichten und nach Rechtssicherheit.

Der Reformdruck war durch die Krise der Landwirtschaft überall gestiegen, aber in einem Reich mit einem einzigen Herrscher konnte er über Jahrzehnte ignoriert werden, wenn dieser Herrscher sich als nicht geeignet erwies. Auch in Europa gab es zur selben Zeit mehrere unfähige Herrscher, aber nur wenige Tagesreisen entfernt trieben rivalisierende Mächte ihre Entwicklung fort und warben gegebenenfalls die fähigsten Köpfe des stagnierenden Hofes ab, ein Schicksal, das zum Beispiel die spanischen Habsburger im 16. Jahrhundert ereilte.

Gleichzeitig profitierte Europa auch einfach vom Glück. Auch europäische Bauern litten unter dem Wetter und den ständigen Kriegen, aber ihre Landwirtschaft beruhte auf Getreide anstatt auf Reis als Grundnahrungsmittel und war somit kleinteiliger und nicht abhängig von einem zentral administrierten Bewässerungssystem, weswegen Schäden stärker lokal begrenzt blieben. Auch ein Acker, auf dem das Korn in einem schlechten Jahr schlicht verrottet war, oder von einer durchziehenden Armee zur Verzweiflung der Landbevölkerung abgefackelt, konnte im nächsten Jahr wieder tragen. Ein Acker, der mit der neuen Kartoffel bepflanzt war, kam sogar besser mit der Kälte zurecht und konnte nicht Opfer der Flammen werden.

Die Kleine Eiszeit machte radikale Änderungen notwendig, und in dem intensiven Wettbewerb der europäischen Mächte untereinander machten sich die Auswirkungen neuer Praktiken schnell bemerkbar. In der ersten Hälfte des 17. Jahrhunderts gab es kaum noch Prozessionen und Hochämter gegen die Kälte, dafür aber ein ausgebautes Handelsnetzwerk, ein lebendiges Netz von Lesern und eine gestärkte urbane Mittelklasse aus Händlern und Rechtsanwälten, Steuereinnehmern und Ärzten, Rentiers und Unternehmern, die selbst begann, für die Durchsetzung ihrer Interessen zu agitieren.

Verschiedene Elemente einer Antwort auf die Frage nach dem spezifisch europäischen Weg der Geschichte sind nun deutlich geworden, eine finale, alles erklärende Antwort steht noch aus. Die geografische Lage des Kontinents mit seinen langen Küsten zum Ozean war ebenso wichtig wie das Vorkommen von großen Wäldern, Bodenschätzen wie Eisen und Kohle und der intensive Wettbewerb der einzelnen Länder und Reiche untereinander.

Eine zentrale Rolle in der Frage der europäischen Dominanz spielt von Anfang an die schöpferische Zerstörung des Krieges, für den europäische Staaten im Gegensatz zu China oder Japan und Indien häufig mehr als zwei Drittel des Staatshaushalts ausgaben. Das spornte technologische und wissenschaftliche, wirtschaftliche, administrative und sogar (propagandistisch) künstlerische Weiterentwicklung an und machte kreative Köpfe auf dem ganzen Kontinent begehrt und gut bezahlt.

Zentral regierte Großreiche wie China und das Osmanische Reich, die auch durch die Kleine Eiszeit unter Druck gerieten und aus politischen Gründen isolationistische Agenden verfolgten, verteidigten die Autorität ihrer Herrscherhäuser durch eine Betonung der religiösen und kulturellen Reinheit und Zeitlosigkeit. Das resultierte auch in einer isolationistischen Haltung, den Bücherverbrennungen und Druckverboten und Maschinenzerstörungen und den Bildungsbeschränkungen, die in diesem turbulenten Jahrhundert immer wieder erlassen wurden.

Im europäischen Kontext aber war kulturelle Reinheit von vornherein eine kulturelle Fiktion. Religiöse Reinheit war immer umstritten und stand im Fokus intensiver Diskussionen, die eine unendliche Bücherflut auslösten, aber jede Diskussion und jedes Handelshaus braucht verlässliche Schreiber und Buchhalter und gewitzte Köpfe aller Sparten. Die Argumente um den wahren Glauben ließen sich nie auf den Glauben begrenzen, glitten immer wieder ab in soziale und politische Fragen, in Diskussionen über Gerechtigkeit und Menschenwürde und Gleichheit und andere gefährliche Ideen. Ein Gespräch aber, das einmal begonnen wurde, ist einfach nicht mehr tot zu kriegen, auch wenn die ursprünglichen Redner längst von der Inquisition oder von einem ungeduldigen Landesherrn ihrer Federn, Zungen oder unsterblichen Seelen beraubt wurden.

Mit neuen Technologien kamen unweigerlich neue Gedanken und ketzerische Reden, die in gedruckter Form bleibender und subversiver waren als Bemerkungen unter Freunden. Die kontinentweite Diskussion, die als Auseinandersetzung theologischer Standpunkte und moralische Rechtfertigung systemischer Gewalt begonnen hatte, entwickelte eine Dynamik, die sie von der Theologie löste und allgemeine Fragen stellte. Damit stellte sie die Macht der Mächtigen in Frage und wurde so zum erklärten Feind. Neue Theologen, Philosophen, Historiker und Künstler wurden ausgebildet, um diese gefährlichen Fragen im einzig richtigen Sinne zu beantworten, und auch sie und ihre Schüler waren nicht immun gegen die Absurdität ihrer Aufgabe und gegen ihren eigenen kritischen Instinkt und so ging das Spiel von vorne los. Die Legitimität der Kirche starb auch durch den Eifer ihrer feurigsten Verteidiger.

Viel von dieser intellektuellen Kreativität und ungezählte Reichtümer wurden in die absurde aristokratische Obsession für militärische Posen und glorreichen Siegen investiert, aber auch die Erkenntnisse, die zur Grundlage der modernen Wissenschaft wurden, und viele der Kunstwerke, die noch heute bewundert werden, wären ohne diese Besessenheit von tödlichen Technologien für Krieg undenkbar gewesen. Das half den Bauern nicht, die von durchreitenden Truppen vergewaltigt und ausgeraubt und dem Verhungern überlassen wurden, aber es beschleunigte technologischen Wandel.

Dem Krieg und der ständigen Gewalt gegenüber steht die Notwendigkeit einer christlichen Gesellschaft, sich selbst und ihre Interessen als tugendhaft und gottgefällig zu begreifen. Die Rechtfertiger, Behübscher, Begründer und kulturellen Schaufensterdekorateure der europäischen Gesellschaften erfüllten eine essenzielle Rolle in Gesellschaften, in denen Gewalt grundsätzlich zu einer moralischen Frage geworden war und gleichzeitig Teil des täglichen Erlebens. So wurden Gewalt und Unterdrückung im Dienste der moralischen Rechtfertigung zum einzig richtigen und gottgefälligen Handeln und Denken überhöht, eine atemberaubende Institutionalisierung der Heuchelei, die ihresgleichen suchte.

Monsieur Grat und sein Herr

Hat er ihn geliebt? Wenn wir Zeitgenossen glauben können, waren Monsieur Descartes und Monsieur Grat unzertrennlich und verbrachten lange Stunden gemeinsam – und ganze Nächte im überheizten Schlafzimmer des Philosophen.

»Herr Kratz« war, der Name verrät es schon, kein menschlicher Gefährte. Er begleitete seinen Freund auf vier Beinen, denn er war ein Hund, dessen Herrchen eine besondere Beziehung zu Tieren hatte. Descartes interessierte sich lebhaft für Tiere, wenn auch nicht immer auf die freundlichste Weise. Schon der Name seines Hundes mag ein Hinweis sein, dass er sich besonders für Reflexe und unwillkürliche Handlungen interessierte und diese auch selbst erforschte. In einem seiner Werke beschreibt er die Vivisektion eines Hundeherzens, das er zwischen seinen Fingern schlagen fühlt, in einem anderen legt er dar, wie man Hunde durch Schläge dazu konditioniert, Geigenspiel zu hassen (als würde das nicht auch auf den Spieler ankommen).

In seinem Hauptwerk begründete René Descartes (1596–1650) seine beiläufige Grausamkeit. Tiere, so schreibt er, sind nicht nur dumm, sie haben keinen Geist, keine Seele, nichts, was als fühlendes Selbst angesehen werden kann. Vielmehr sei klar, »dass sie keinen Geist haben und allein die Natur in ihnen nach der Disposition ihrer Organe handelt. Man sieht ja auch, dass ein Uhrwerk, das bloß aus Rädern und Federn besteht, richtiger als wir mit aller unserer Klugheit die Stunden zählen und die Zeit messen kann.«[45]

Es machte keinen Unterschied, meinte Descartes, ob man aus anatomischer Neugier das Herz eines lebenden Tieres in der Hand hält, oder ob man auf einen Grashalm tritt. Sie beide fühlen nichts, folgen nur dem Diktat ihrer Konstruktion. Tiere waren Dinge, keine fühlenden Wesen, auch wenn die Regungen ihrer Organe so etwas wie ein Individuum vorgaukelten. Sie waren gute Automaten, mehr aber nicht.

Descartes markiert einen interessanten Punkt in der Entfaltung der Unterwerfung der Natur als aufgeklärtes Dogma; den Punkt nämlich, an dem der Propagandist alle Evidenz hinter sich lässt, um zu verhindern, dass die beobachtbare Wirklichkeit die Erhabenheit des Dogmas beschädigt. Als Mensch, der viel Zeit mit seinem Hund verbrachte, ist es nicht sehr plausibel anzunehmen, dass Descartes in Monsieur Grat keine Persönlichkeit erkannte, keine Empathie, keinen eigenen Willen, keine Erinnerung und keine Emotion. Als Philosoph aber verteidigte er seine Position, dass Tiere lediglich *res extensa* waren, ausgedehnter Stoff, im Gegensatz zur sublimen *res cogitans*, dem denkenden Stoff, aus dem Gott und die Engel gemacht waren und an dem nur der Mensch durch seine Seele, die ebenfalls nicht aus ausgedehntem Stoff bestand, teilnehmen konnte.

Diese Zwei-Substanzen-Lehre trägt in sich ein Echo nicht nur von Gilgamesch, der zwei Drittel Gott und ein Drittel Mensch war, sondern besonders an Platos Welt der Ideen, der eigentlichen Wahrheit, die von der Welt der Wahrnehmungen nur unvollkommen abgebildet wird.

Im 17. Jahrhundert, im Verlauf einer philosophischen Debatte, die immer stärker unter dem Eindruck wissenschaftlicher Erfolge geführt wurde und selbst verstärkt analytisch und empirisch argumentierte, konnte diese Theorie helfen, eines der großen philosophischen Probleme seiner Zeit zu lösen: Wie lässt sich die unsterbliche Seele mit der Naturwissenschaft vereinbaren? Hinter dieser Frage lauerte eine zweite, zu schrecklich, um ihr direkt ins Gesicht zu sehen: Wie passen die Wissenschaft und die offenbarte Wahrheit Gottes zusammen?

Während die weltliche Macht der Kirche auf ihrem Zenit stand, war sie theologisch längst in die Defensive geraten. Die Reformation hatte tiefe Breschen in ihr Dogma und ihre Autorität gerissen, die Renaissance die Möglichkeit einer moralisch denkenden Kultur ohne Christentum gefeiert, die Entdeckung neuer Kontinente zeigte eine Welt, über die in der Bibel nichts zu lesen stand, andere Kulturen und Religionen, von denen sie nichts wusste, der Buchhandel schrie täglich neue Ketzereien und unangenehme Wahrheiten in die Welt hinaus und immer mehr Gelehrte drängten auf die Bühne mit Theorien über die Natur, in denen Gott nicht vorkam, stellten Fragen, auf die der Katechismus keine Antwort hatte.

All diese Entwicklungen ließen sich mit viel Aufwand kontrollieren. Theologen und Künstler arbeiteten im Zuge der Gegenreformation innerhalb der katholischen Kirche fieberhaft an einer neuen, individualistischeren und eindrucksvolleren Repräsentation des Glaubens, die Ästhetik der Renaissance wurde in die Architektur der Kirchen übernommen, die sogenannte Neue Welt wurde zum Missionsgebiet, Bücher wurden beschlagnahmt und verbrannt, Druckern die Finger gebrochen und auch Gelehrte konnten eingeschüchtert und eliminiert, oder mit großzügigen Angeboten für die gute Sache gewonnen werden. Überall konnte die Ketzerei zurückgedrängt, konnten Länder und Seelen zurückgewonnen werden, aber all dies kostete Kraft und konnte die leise Stimme des Zweifels nicht ersticken, die so vielen Zeitgenossen immer neue Fragen einflüsterte.

Kommen wir zurück zu Monsieur Grat, den sein Herr entgegen aller Evidenz als einen bloßen Automaten beschrieb. Seine Argumente über die zwei Substanzen, die *res extensa* und die *res cogitans*, sollten mit philosophischen Mitteln einen theologischen Zweifel beseitigen, nämlich einerseits, wie sich die Existenz Gottes mit einer materiellen Welt vereinbaren lässt und wie beide verbunden sind, und andererseits, wie es sich rechtfertigen lässt, dass Menschen mit anderen Geschöpfen so umgehen, wie sie es tun.

Dieses vielleicht überraschende moralische Bedenken spricht besonders klar aus einem Brief von Descartes an den in Cambridge lehrenden Philosophen Henry More, in dem er seine Zwei-Substanzen-Lehre verteidigt. More hatte sich mit einem tiefen Gewissenskonflikt an ihn gewandt, denn er sah einen Widerspruch zwischen Descartes' imposantem System und seiner eigenen Wahrnehmung: »In dieser Hinsicht bewundere ich nicht so sehr die penetrierende Kraft Eures Genies, wie ich für das Schicksal der Tiere zittere. Was ich in Euch erkenne, ist nicht die Subtilität des Gedankens, sondern eine harte und unbarmherzige Logik, mit der Ihr Euch bewaffnet, wie mit einem stählernen Schwert, um fast dem gesamten Tierreich mit einem Streich Leben und Gefühl wegzunehmen.«[46]

Descartes ließ sich von so viel Sentimentalität nicht bewegen. Nur den intelligenten Gebrauch von Sprache ließ er als Beweis für eine Seele gelten, und den konnten Tiere nicht erbringen. Es ließ sich also strikt gesprochen lediglich nicht beweisen, dass Tiere eine Seele haben, was kein

Beweis dafür ist, dass sie keine haben. Descartes wusste, dass dieses Zugeständnis seine Position schwächte; *absence of proof is not proof of absence*, wie More sich gedacht haben mag. Also fügte Descartes seinem Argument ein weiteres hinzu: »Meine Ansicht ist nicht so sehr grausam zu Tieren als respektvoll zu Menschen, die sie von dem Verdacht eines Verbrechens freispricht, wenn immer sie Tiere töten oder essen.«

War dieser Standpunkt das Resultat einer rationalen Analyse? Vielleicht nicht nur, gab der Franzose zu, aber es war gut für die Gesellschaft:

> Ich verschwende auch nicht meine Kunst auf den Scharfsinn von Hunden und Füchsen, noch auf andere Argumente, die um des Essens willen, aus Lust oder aus Angst vor wilden Bestien vorgebracht werden. Denn ich gebe zu, dass ich all diese Dinge leicht erklären kann, da sie allein auf der Gleichförmigkeit des allgemeinen Denkens beruhen.[47]

Der französische Meisterdenker gab zu, dass der menschliche Verstand die Herzen der Tiere durchdringt und dass alle Beobachtung »von frühester Kindheit an« nahelegt, dass Tiere, die so gebaut sind wie Menschen, auch ähnlich fühlen, aber er sieht noch stärkere Argumente dagegen, denn sonst müssten auch »Würmer und Mücken« eine Seele haben.

Descartes argumentiert in diesem Brief sozusagen in Abkürzungen, unter Kollegen. Warum verschwendete er seine Kunst nicht an den Scharfsinn von Tieren? Weil es alle möglichen Argumente über das Innenleben von Tieren gibt, die meistens von sehr durchsichtigen Interessen motiviert sind: Um des Essens und des eigenen Genusses willen ist es nicht genehm, Tieren eine Seele zuzusprechen. Der Hunger und die Angst vor der Wildheit der Natur lässt Menschen grausam zu Tieren sein. Menschen dichten Tieren Eigenschaften an, die menschliche Interessen und Verhaltensweisen widerspiegeln. Die Gleichförmigkeit des allgemeinen Denkens gibt diesen Vorurteilen Legitimität. Es würde zu vieles durcheinandergeraten, wenn der Scharfsinn von wilden Füchsen und zahmen Hunden, die mütterlichen Gefühle von Kühen und Schweinen oder die Angst der Pferde vor der Schlachtbank ins Visier der Philosophie gerieten. Es ist besser, gewissen Fragen nicht zu weit nachzugehen.

Vielleicht spielte auch eine gewisse Eitelkeit eine Rolle in dieser Verteidigung, denn Descartes wollte sich die bestechende Reinheit seiner Theorie nicht verderben lassen. Er war stolz darauf, eine wahrhaft historische Leistung vollbracht zu haben, einen Geniestreich, der eines Plato oder Aristoteles würdig war. Sein System, so behauptete er selbstbewusst, hatte die Welt der Dinge und die Existenz Gottes auf eine rationale Grundlage gestellt, ohne obskure Mythen oder wallenden Weihrauch. Er hatte allein durch die Vernunft bewiesen, dass Gott existiert, dass er gut ist, dass er die Welt geschaffen hat, dass der Mensch die Welt wahrnimmt, wie sie ist, und ihre Wahrheit durch die Vernunft entschlüsseln kann und dass nur der Mensch mit einer Seele ausgestattet sei, die ihn mit Gott verbindet. Er hatte die Welt durch die Vernunft – durch seine Vernunft – auf neue Füße gestellt, da konnten Monsieur Grat und Henry More sich kratzen, so lange sie wollten.

Nicht alle Philosophen teilten Descartes' Meinung über sich selbst oder seinen Gottesbeweis. Er war nicht nur zirkulär, sondern schon seit dem Mittelalter widerlegt, bemerkten seine Kollegen und auch in seiner Erkenntnistheorie klafften erhebliche Lücken. Trotz dieser gelehrten Gegenargumente aber erwies sich die Theorie von Descartes als immens einflussreich in der Geschichte – wohl auch, weil sie Frieden schaffte zwischen der Theologie und den neu hereindrängenden Wissenschaften. Von nun an konnte die Theologie sich um die immateriellen Seelen kümmern und die Wissenschaft sich mit der ausgedehnten Materie begnügen, eine klare Gewaltenteilung, die im langsamen Rückzugsgefecht der Theologie aus der Erklärung der Welt zumindest eine Anhöhe halten konnte.

Eine gewisse Aggression spricht aus Descartes' wohlformulierten lateinischen Sätzen, ein Griff nach der Macht. Die Natur als totes, mechanisches Objekt schien endlich bereit, vom Verstand erobert und in Besitz genommen zu werden. Noch zwei Generationen zuvor hatte ein anderer Franzose, Michel de Montaigne (1533–1592), ganz anders über sein Haustier nachgedacht. Was Montaigne als philosophischen Abenteurer ausmacht, ist seine Bereitschaft, seinen Beobachtungen und ihrer Logik bis zum Ende zu folgen und sie weiterzudenken, gerade wenn die Resultate ihn beunruhigen und überraschen. Im Falle seiner Katze brachte ihn das zu einer berühmten Frage: »Wer weiß, wenn ich mit meiner Katze spiele, ob sie sich die Zeit nicht mehr mit mir vertreibt, als ich mir dieselbe mit ihr vertreibe?«

Immer wieder versuchen Menschen, klare Linien zwischen Menschen und Tieren zu ziehen, schreibt Montaigne, aber: »Der Hochmut ist ein uns natürlicher und angeborener Fehler. Der Mensch ist das elendeste und gebrechlichste unter allen Geschöpfen ... Nichts desto weniger will er sich durch seine Einbildung über den Kreis des Monds schwingen, und den Himmel unter seine Füße bringen.«[48]

Die Menschen sind es, die sich Eigenschaften andichten, schreibt Montaigne, göttliche Eigenschaften, die sie von den anderen Geschöpfen absondern und über sie bestimmen lässt, weil sie sie für dumm und willenlos halten:

> Wie, erkennt er denn durch die Stärke seines Verstandes die innerlichen und verborgenen Regungen der Tiere? Aus was für einer Vergleichung zwischen uns und ihnen folgert er dann die Dummheit, die er ihnen beilegt? ... Es ist noch nicht ausgemacht, an wem der Fehler liegt, dass wir einander nicht verstehen: denn wir verstehen sie eben so wenig, als sie uns verstehen. Sie können uns aus eben dem Grunde für unvernünftig halten, aus welchem wir sie dafür halten.

Schon die aufmerksame Beobachtung auf einem Bauernhof kann einen Menschen lehren, dass Tiere intelligent sind, komplexe Emotionen zeigen, einander täuschen und drohen und trösten und verstehen können. Ihre Fertigkeiten und ihre Organisation betreffen die von Menschen bei weitem: »Kann eine Polizei ordentlicher eingerichtet sein, mehr verschiedene Ämter und Bedienungen haben, und beständiger unterhalten werden, als diejenige, die unter den Bienen ist?« Anstatt aber ihre Verwandten zu bewundern und von ihnen zu lernen, halten die Menschen sich für überlegen, »dergestalt«, wie er trocken hinzufügt, »dass ihre viehische Dummheit in allen vorteilhaften Stücken dasjenige übertrifft, wozu unser göttlicher Verstand gelangen kann«.

Es sind menschliche Dummheit und Gier, die Tiere buchstäblich versklaven, wie sie auch andere Menschen als Sklaven missbrauchen und sich selbst für überlegen halten. Das Problem mit dieser Art von Überheblichkeit ist aber, dass es alles Denken in eine Logik der Unterwerfung zwingt. Wie sonst könnte man erklären, dass Menschen sich um einer Idee willen freiwillig in Sklaverei begeben und sogar freiwillig in den Tod gehen können? Menschen verhalten sich letztlich nicht rationaler als Tiere, denn: »Wir sind weder höher, noch niedriger als der übrige Teil. Alles, was unter dem Himmel ist, sagt der Weise, ist einerlei Gesetze, und gleichem Glücke unterworfen.«

»Wenn ich nur seinen Geist malen könnte!«

Montaignes aufmerksame Beobachtung und sein Mut, seinen Gedanken freien Lauf zu lassen, auch wenn sie den Konventionen der Zeit und den Dogmen des Glaubens zuwiderliefen, hat ihn zu einem persönlichen Freund von vielen Generationen lesender und denkender Menschen gemacht, die gerade diese Freiheit bewunderten und bewundern. Für das immer klarer formulierte Projekt, sich die Erde untertan zu machen, war dieses Denken allerdings nicht brauchbar. Es war auch nicht nötig, denn sein Zeitgenosse Francis Bacon (1561–1626), selbst ein begeisterter, wenn auch offensichtlich kein vollkommen überzeugter Leser der berühmten *Essais*, entwickelte die theoretischen Grundlagen dafür.

Bacon war eine der schillerndsten Figuren der britischen Geschichte, ein Karrierepolitiker und Intrigant, Beisitzer von Hexenprozessen und Lord Chancellor der Krone, aber auch ein Wissenschaftler und Philosoph und ein wunderbarer Stilist, dessen Schriften noch lange nach seinem Tod einen ungeheuren Einfluss haben sollten. In späteren Debatten wurde er oft zum Paradebeispiel für die Mentalität der westlichen Ausbeutung und der instrumentalen Vernunft gestempelt, aber die Wahrheit ist, wie so oft, komplexer und interessanter als das Emoji.

Immer wieder wird Bacon mit seinem einprägsamen Motto »knowledge is power« zitiert, häufig mit dem Zusatz, dass man die Natur »auf die Streckbank« legen müsste, um ihr ihre Geheimnisse zu entreißen. Das erste Zitat ist korrekt, wenn es auch im Kontext anders klingt. Das zweite ist frei erfunden. Allerdings schrieb Bacon in seinem *Novum Organum*: »Der Mensch, als Diener und Erklärer der Natur, wirkt und weiß nur so viel, als er von der Ordnung der Natur durch die Sache oder seinen Geist beobachtet hat; mehr weiß und vermag er nicht.«[49]

Schon als Kind galt Bacon, Sohn einer politisch gut vernetzten und gebildeten Familie, als außergewöhnlich brillant. Von klein auf kränklich, wurde er zu Hause erzogen, bevor er im Alter von zwölf Jahren in Cambridge studierte – was damals, als die Universität im Wesentlichen eine Aufbewahrungsanstalt für Pubertierende aus guter Familie war, allerdings nicht unbedingt nur auf intellektuelle Leistungen schließen ließ. Bacon aber war für das Leben eines Wissenschaftlers geboren – schon mehrere Jahrzehnte, bevor Wissenschaft (auch durch ihn) als Methode und als akademische Disziplin erfunden wurde. Als er achtzehn war, wurde er von dem berühmten Miniaturmaler Nicholas Hilliard porträtiert. Der junge Mann blickt mit unerschütterlichem Selbstvertrauen direkt ins Auge des Malers. Sein Mund ist geschlossen, die Augen wachsam und ein wenig arrogant, das Haar ein wenig wild, wie es sich für einen Jugendlichen gehört, zumal einen, um dessen Hals sich eine weiße Halskrause schließt. Dies ist ein entschlossener Geist, einer, der es weit bringen wird. In goldenen Buchstaben zieht sich eine Inschrift um den Kopf: *Si tabula daretur digna animum mallem* – Wenn ich nur seinen Geist hätte malen können. Es ist nicht bekannt, ob der Satz vom Maler oder vom Gemalten stammte.

Bacons Karriere als Rechtsanwalt, Parlamentsabgeordneter, Höfling und professioneller Politiker ist Stoff für historische Dramen. Sie beinhaltete Mordkomplotte, spektakuläre Gerichtsprozesse und höchste politische Ämter und kulminierte in seiner Verurteilung wegen Korruption und seinem Rückzug aus dem politischen Leben, der ihm endlich die Zeit gab, sich wieder seinen wissenschaftlichen und schriftstellerischen Interessen zuzuwenden.

Bacons Schriften zeigen ihn als einen Mann, der zwischen zwei intellektuellen Kulturen und zwei Zeiten stand. Als Junge in Cambridge war er nach dem mittelalterlichen Curriculum erzogen worden und als Erwachsener nahm er an Hexenprozessen teil. Er war aber auch einer der weitsichtigsten Kritiker seiner eigenen Zeit und formulierte Prinzipien des wissenschaftlichen Denkens und Handelns, die über Jahrhunderte kritisiert und weitergedacht, nie aber ersetzt wurden.

Der Jurist und Politiker Bacon dachte produktiv im Gespräch oder in Korrespondenzen mit anderen, unter ihnen der italienische Denker Bernardino Telesio (1509–1588), der in seinem Werk *De rerum natura iuxta propria principia* (Vom Wesen der Natur nach ihren eigenen Prinzipien,

1565) eine revolutionäre Theorie über die Natur vorgeschlagen hatte, deren Titel nicht von ungefähr an *De rerum natura*, das Meisterwerk des römischen Dichters Lukrez, angelehnt war. Telesio behauptete, dass die natürliche Welt nicht nach der Bibel oder nach aristotelischen Theorien verstanden werden konnte, sondern dass alles Geschehen in der Natur nur aus sich selbst heraus verständlich wird, aus der vorurteilslosen Beobachtung. Die Welt habe genug unter grundlosen philosophischen Spekulationen gelitten.

Diese Beobachtung, schrieb der Italiener, hatte ihn davon überzeugt, dass nur zwei Prinzipien in der Natur wirkten: Wärme und Materie. Die aktive, lebendige Wärme kam von der Sonne, die Materie von der kalten und leblosen Erde und alle Veränderung entstand aus Ausdehnung und Kontraktion, Erwärmung und Abkühlung, Erregung und Beruhigung. Nicht nur die Lebewesen, alle Dinge in der Natur spüren, ob sie Kälte oder Wärme brauchen, um sich zu entfalten, alle Teile der Natur sind zu Wahrnehmungen fähig und handeln nach ihren spezifischen Gesetzen. Diese Gesetze zu verstehen heißt, die Natur selbst zu entschlüsseln. Diese Natur aber offenbart sich als eine Art lebendes Wesen, das im Spiel zwischen Hitze und Kälte, Erde und Sonne atmet, wächst und stirbt und sich nach seinen eigenen Gesetzen immer weiter anpasst und verändert.

Telesios recht einfach gestrickte Theorie der Natur zwischen Materie und Wärme enthält deutliche Anleihen an die antike Zwei-Substanzen-Lehre und die theologische Idee einer passiven, kalten Erde. In dieser Hinsicht ist sie nicht besonders originell. Seine Methode aber war so riskant wie revolutionär: Sie erklärte die Natur ausschließlich aus sich selbst heraus und brauchte keinen Gottesbezug. Die Natur selbst war mehr als ein leerer Ort, der darauf wartete, von Menschen mit Sinn und Aktivität gefüllt zu werden. Sie war ein Organismus, von einer Art Bewusstsein durchdrungen, voller kreativer Veränderung und gehorchte nur sich selbst. Auch den Menschen holte der Italiener von seinem Sockel – wieder aufgrund seiner (sehr männlichen) Anschauung:

> Wir sehen, dass Menschen aus denselben Dingen geformt sind, wie andere Tiere, und dass sie dieselben Fähigkeiten und Organe für Ernährung und Fortpflanzung haben und dass sie sehr ähnliches

Sperma produzieren und es auf dieselbe Wiese und mit demselben Genuss ejakulieren ... und danach müde werden und dass dieselben Dinge in beiden Fällen aus dem Samen geformt werden, nämlich dasselbe System von Nerven und Membranen. Und es ist derselbe Geist, durch den alle belebten Wesen wahrnehmen und sich auf dieselbe Weise bewegen können, nach derselben Veranlagung.⁵⁰

Heute können wir uns nur noch schwer vorstellen, was für ein Paukenschlag in den Ohren der Leser gedröhnt haben muss, als sie solche Zeilen lasen. Sie bedeuteten nichts weniger als das Ende der Welt, oder zumindest einer Welt. Die neue Ordnung, die Telesio da erträumte, enthielt keinen Gott – auch wenn der Philosoph ihn halbherzig gegen Ende des Werkes noch hinzugefügt hatte, wie einen ungeliebten Verwandten, der zu einer Familienfeier eingeladen wird. Eine solche Geste wurde sofort als das verstanden, was sie war, nämlich als Wunsch des Autors, nicht ins Gefängnis zu kommen. Wissende Leser lasen zu dieser Zeit grundsätzlich zwischen den Zeilen. In dieser materiellen Welt gab es eigentlich keinen Platz für Gott, für Mythen, für Wunder und okkulte Kräfte, wenn auch die Welt selbst ein Wunder war, das der Mensch als kleiner Teil von ihr und als Tier unter Tieren noch nicht einmal im Ansatz verstanden und ergründet hatte.

Auch Francis Bacon war fasziniert von der intellektuellen Waghalsigkeit des italienischen Gelehrten, der die Erde als eine Art Organismus beschrieb, der sich aus eigener Kraft schöpferisch entwickelte. Die gegenwärtigen Naturkundigen, »der Mechaniker, der Mathematiker, der Arzt, der Alchymist und der Zauberer«, arbeiteten nur »mit schwachen Mitteln und geringem Erfolge«, denn, schrieb der Brite ganz im Geiste Telesios: »Die Feinheit der Natur übersteigt vielfach die Feinheit der Sinne und des Verstandes. Jene schönen Erwägungen, Spekulationen und Begründungen der Menschen sind nichts als ungesundes Zeug; aber Niemand ist da, der es bemerkt.«

Die Situation des eigentlichen, belastbaren Wissens über die Welt war dramatisch, schrieb der Lord Chancellor, denn auch in den großen Bibliotheken wird ein neugieriger Besucher finden, »dass die Wiederholungen kein Ende nehmen, und die Menschen immer dasselbe reden und treiben, so wird seine Bewunderung dieser Mannigfaltigkeit sich umwandeln in ein Verwundern über die Dürftigkeit und Geringfügigkeit dessen, was den Verstand der Menschen bis jetzt gefesselt und beschäftigt hat«.

Das Problem der Forschung war einfach zu verstehen: zu viel spekulative Philosophie, zu viel Abschreiben von irgendwelchen alten Autoritäten und zu wenig experimentell abgesichertes Wissen. Dabei kam auch die Sprache mit ihren Ungenauigkeiten der Wahrnehmung in den Weg und machte es unmöglich, die Dinge vorurteilslos zu sehen:

> Der Syllogismus besteht aus Sätzen; die Sätze bestehen aus Worten; die Worte sind die Zeichen der Begriffe. Sind daher die Begriffe, welche die Grundlage der Sache bilden, verworren und voreilig von den Dingen abgenommen, so kann das darauf Errichtete keine Festigkeit haben. Alle Hoffnung ruht deshalb auf der wahren Induktion.

Bacon entwickelte eine frühe Kultursoziologie, als er über die Götzenbilder des Stammes, der Höhle, des Marktes und des Theaters schrieb, die das menschliche Denken verzerren:

> Die Götzenbilder und falschen Begriffe, die von dem menschlichen Geist schon Besitz ergriffen haben und fest in ihm wurzeln, halten den Geist nicht bloß so besetzt, dass die Wahrheit nur schwer einen Zutritt findet, sondern dass, selbst wenn dieser Zutritt gewährt und bewilligt worden ist, sie bei der Erneuerung der Wissenschaften immer wiederkehren und belästigen, so lange man nicht sich gegen sie vorsieht und nach Möglichkeit verwahrt.

Diese Götzenbilder des Geistes kommen nahe an das heran, was hier als kollektive Erzählung oder kollektiver Wahn beschrieben wird: eine geteilte und tätlich umgesetzte Vorstellung von der Welt und unserem Platz darin, die so stark wird, dass die Tendenz steigt, die Realität nach der Geschichte zu schneidern. Das liegt auch daran, dass die Wahrnehmung des Menschen selbst nicht objektiv ist: »Vielmehr geschehen alle Auffassungen der Sinne und des Verstandes nach der Natur des Menschen, nicht nach der Natur des Weltalls. Der menschliche Verstand gleicht einem

Spiegel mit unebener Fläche für die Strahlen der Gegenstände, welcher seine Natur mit der Letzteren vermengt, sie entstellt und verunreinigt.«

Was heute in der Psychologie als kognitive Verzerrungen ein nobelpreiswürdiges Forschungsgebiet geworden ist, wurde schon von Bacon mit großer Schärfe beschrieben:

> Der menschliche Verstand zieht in das, was er einmal als wahr angenommen hat, weil es von alters her gilt und geglaubt wird, oder weil es gefällt, auch alles Andere hinein, um Jenes zu stützen und mit ihm übereinstimmend zu machen. Und wenn auch die Bedeutung und Anzahl der entgegengesetzten Fälle grösser ist, so bemerkt oder beachtet der Geist sie nicht oder beseitigt und verwirft sie mittelst Unterscheidungen zu seinem großen Schaden und Verderben, nur damit das Ansehen jener alten fehlerhaften Verbindungen aufrecht erhalten bleibe.

Bacons seismografische Intelligenz registrierte, dass eine neue Zeit anbrach, in der sich vieles grundsätzlich ändern würde, dass seine Zeitgenossen aber die größten Schwierigkeiten hatten, sich etwas wirklich Neues vorzustellen, das »nicht in den bekannten Bächen fließt«.

Hätte ein findiger Kopf eine Kanone vor der Erfindung des Schwarzpulvers nur nach ihrer Wirkung beschrieben, als eine Waffe nämlich, die über große Entfernungen hinweg Mauern zerstören kann, so hätten die Experten aus ihrer Erfahrung heraus an längere Rammböcke und stärkere Steinschleudern gedacht und wären an ihnen gescheitert, »aber niemand würde auf einen feurigen Dampf, der sich plötzlich und gewaltsam ausdehnt und aufbläht, in seiner Phantasie geraten sein, vielmehr würde man dergleichen gänzlich verworfen haben, weil man nie ein Beispiel davon gesehen habe, und weil Erdbeben und Blitze wegen der Größe dieser Naturvorgänge von den Menschen nicht nachgemacht werden können«.

Die Subtilität von Bacons Denken über die Natur lässt sich nicht auf die Formel »scientia potestas est« reduzieren, auch wenn er sie prägte. Er verstand, dass er in einer Periode der radikalen Veränderung lebte und dass das Rüstzeug in den Köpfen seiner Zeitgenossen dafür ungenügend war. Menschen sind träge im Denken, legen sich ihre Wahrheiten gerne zurecht, halten an absurden Überlieferungen fest und arbeiten mit falschen und viel zu groben Begriffen. Bacons eigene Ambition ging weiter, denn er wollte nicht nur ein Diener der Natur sein, er wollte sie auch beherrschen lernen, indem er sie, ganz wie Telesio, von innen heraus verstehen lernte.

Um der Natur ihre Geheimnisse zu entreißen, forderte Bacon zwar nie, sie auf die Streckbank zu legen, aber zumindest kam er dem nahe, als er postulierte, die Interpretation der Natur sollte von einer *inquisitio legitima*[51] ausgehen, einer legitimen Inquisition. Als Beisitzer und Richter in Prozessen gegen Beschuldigte, die der Hexerei, des heimlichen Katholizismus und des Hochverrats angeklagt wurden, wusste der Jurist genau, wovon er sprach. Dieser Prozess war offensichtlich antagonistisch, von Zwang und der Androhung von Qualen geprägt. Der Geist müsse »in die Natur eindringen«, schrieb Bacon, um ihr automatengleiches Funktionieren zu verstehen.

Im Gegensatz zu Telesio sah Bacon in der Natur keinen Organismus, der mit einer Art Bewusstsein ausgestattet ist und dessen einzelne Elemente (Menschen inklusive) ständig fühlend miteinander agieren. Auch Bacons Natur war dynamisch und voller geheimnisvoller Mechanismen, einschließlich des »Kampfes verschiedener Arten und ... [der] Umwandlung der einen in die andere« – er dachte also bereits an eine Form von Evolution –, aber in seinen Schriften gibt es doch eine erhebliche gedachte Distanz zwischen dem Menschen und seinem Objekt, dessen Geheimnisse er mit Entschlossenheit und notfalls mit Gewalt durchdringen wird.

Trotzdem ist es bemerkenswert, wie unterschiedlich europäische Autoren noch um 1600 über die Natur nachdachten. Telesio und Montaigne beschrieben mit atemberaubender Selbstverständlichkeit die Natur als ein Netz von Veränderung, gegenseitiger Abhängigkeit, verschiedenen gleichwertigen Perspektiven und sogar verschiedenen Arten von Bewusstsein, in dem der Mensch sich zu Unrecht einen Sonderplatz anmaßt. Francis Bacon nannte sich Diener der Natur, wie er sich vielleicht auch als Diener des Gesetzes sah, nämlich als ein aktiver Ermittler unaufgeklärter Fragen, dessen Bewunderung ihn nicht davon abhielt, rabiate Methoden anzuwenden. Descartes schließlich gab zwar in privaten Briefen zu, dass sein Bild von der Natur auch die Meinung und die Interessen der großen Menge stützte, aber er verteidigte es in seinen Büchern bis zum letzten Tropfen Tinte: Nur der Mensch hat eine Seele, der Rest der Natur besteht aus gefühllosen Automaten, aus Materie, die dem Menschen dazu dienen soll, dank seiner Vernunft seinen göttlichen Auftrag zu erfüllen, indem er sie beherrscht. *Kusch!, Monsieur Grat.*

Der Kanon und der Antichrist

Innerhalb dieser Bandbreite von Perspektiven (es gab noch weitere) wurden alle vier Autoren im Laufe des 17. Jahrhunderts weithin gelesen, häufig wieder aufgelegt und in mehrere Sprachen übersetzt. Zwei von ihnen aber – Montaigne und Telesio – wurden irgendwann als Literatur oder wissenschaftliche Eigenbrötelei eher von Liebhabern und Historikern konsultiert. Die beiden anderen aber rückten ins Zentrum der Debatte, beeinflussten Generationen von Wissenschaftlern und Philosophen und wurden dementsprechend auch als intellektuelle Gründerväter eines neuen Zeitalters gefeiert, in den Kanon der wichtigen Werke aufgenommen, von Historikern hervorgehoben und an Schulen und Universitäten gelehrt.

Bis ins 19. Jahrhundert hinein hatte dieser Kanon eine Leerstelle, eine klaffende Lücke in der Geschichte des Denkens, einen Namen aus der nachfolgenden Generation, der nicht oder nur mit Bannflüchen genannt werden durfte: Baruch de Spinoza (1632–1677). Das Werk des jüdisch-niederländischen Autors und Linsenschleifers galt lange als zu skandalös, zu subversiv, um offen zitiert und diskutiert zu werden, und während seine Verehrer ihn als eine Art philosophischen Messias feierten, warfen seine vielen Feinde ihm vor, unschuldige Geister unversehens in den flammenden Schlund des Atheismus zu stürzen. Manche Kommentatoren behaupteten sogar, er sei der Antichrist selbst.

Diese Anschuldigung entbehrt nicht einer gewissen Ironie, denn Spinoza selbst behauptete von sich, dass er nichts anderes tat, als Gottes Existenz, seine Allmacht und Güte und Vollkommenheit mit mathematischer Exaktheit zu beweisen und so nach strikt logischen Kriterien gültige Prinzipien für ein Leben nach der göttlichen Vernunft zu formulieren. Der Teufel lag wie immer im Detail.

Spinoza war in einer portugiesisch-jüdischen Händlerfamilie in Amsterdam aufgewachsen und hatte dort eine Jeschiwa besucht, in der die

Schüler in Talmud und Bibelauslegung unterwiesen wurden. Sein wacher Geist aber strebte nach weiteren Horizonten. Er lernte Latein, geriet in die Zirkel der Freigeister und Dissidenten und wurde schließlich wegen seiner häretischen Ansichten aus der jüdischen Gemeinde ausgestoßen und mit einem Bann belegt: Kein Mitglied der Gemeinde und seiner Familie durfte fortan mit ihm Kontakt haben oder mit ihm sprechen.

Spinoza verließ seine Heimatstadt und verdiente seinen Lebensunterhalt mit der Konstruktion optischer Instrumente und dem Schleifen von Linsen. Den Berichten seiner wenigen, aber ergebenen Freunde zufolge lebte er einfach und fast wie ein Mönch und arbeitete an philosophischen Texten. Als einer der raren Teilnehmer an der Diskussion in einem Europa, dessen geografische und intellektuelle Perspektiven sich radikal erweiterten, war Baruch de Spinoza sowohl in der diskursiven Methodik der jüdischen wie auch der lateinisch-christlichen Tradition bewandert. Das gab ihm die Möglichkeit, jede Tradition aus der Sicht der anderen zu sehen und argumentativ von einer ungewohnten Warte aus zu hinterfragen.

Um über Gott zu sprechen, musste Spinoza zuerst über die Natur sprechen, denn Gott war allgegenwärtig, vollkommen und allmächtig, die Welt war ohne ihn nicht denkbar, er war der unbegründete Grund und die Substanz alles Bestehenden. Also ist Gott in allem und es gibt nichts außer ihm. Was bis hierher den orthodoxesten Theologen oder Zensor überzeugen konnte, führte zu einem gefährlichen Umkehrschluss. Wenn Gott in allem ist, wenn sein perfekter Wille die Welt so geschaffen hat, wie sie ist, und selbst nicht ändern kann, dann ist er selbst nicht nur immanent in allen Dingen, er ist auch als Idee nicht mehr notwendig. Gott ist die Materie und die Naturgesetze, die Welt besteht in Spinozas eigener, legendärer Formulierung aus *deus sive natura*, Gott, oder die Natur, zwei austauschbare Worte.

Längst schon krachte es im theologischen Gebälk, mit den folgenden Schritten aber stürzte alles zu Boden, umwölkt vom Staub der Jahrhunderte. Gott ist vollkommen und gut und die Welt ist göttliche Substanz, das heißt, die Welt ist vollkommen und gut und läuft nach ihren unwandelbaren Gesetzen, ohne einen Zweck oder ein anderes Ziel zu verfolgen, als seiner eigenen Ordnung zu gehorchen. Das heißt aber auch, dass weder die Geschichte noch das menschliche Leben noch die Natur selbst über sich selbst hinausweist. Das, schreibt Spinoza mit der Resignation der Erfahrung, ist zu viel für viele Geister. Sie ziehen es vor, sich in bequemen Vorurteilen zu verschanzen, die ihr Leben erträglich machen, auch wenn sie aus Täuschung bestehen, zum Beispiel,

> dass nämlich die Menschen gemeiniglich annehmen, alle Dinge in der Natur handelten, wie sie selber, um eines Zweckes willen, und sogar als gewiss behaupten, dass Gott selbst alles auf einen bestimmten Zweck anleite – sagen sie doch, Gott habe alles um des Menschen willen gemacht, den Menschen aber, damit dieser ihn verehre – [52]

Menschen projizieren beharrlich ihre eigenen Ambitionen und ihre eigene soziale Ordnung in den Himmel, wie Spinoza in wenigen Sätzen darlegt. Aus diesen Sätzen spricht vielleicht eigenes Leid, sicherlich aber leidvolle Erkenntnis der menschlichen Schwäche, immer wieder die bequeme Illusion über die unbequeme Wahrheit zu wählen. Selten ist Religionskritik in so wenigen Worten so klar gewesen.

Menschen leben ohne Kenntnis der wahren Ursachen der Dinge und glauben frei zu sein, »da sie sich ihrer Wollungen und ihres Triebes bewußt sind und an die Ursachen, von denen sie veranlasst werden, etwas zu erstreben und zu wollen, weil sie ihrer unkundig sind, nicht im Traum denken«. Menschen handeln zweckorientiert, um ihre Triebe zu befriedigen, und sie sehen deswegen ausschließlich Zweck und Nutzen in der Natur. Da sie aber selbst in diese Natur hineingeboren wurden und sie als etwas außerhalb von sich selbst erleben, gehen sie davon aus, dass irgendein anderer, ein Gott die Natur zu ihrem Nutzen geschaffen haben muss, als spirituelle Verhandlungsmasse, denn der Mensch schuldet seinen Göttern im Gegenzug Verehrung:

> Daher ist es gekommen, dass jeder sich eine besondere Art der Gottesverehrung nach seinem Sinne ausgedacht hat, damit Gott ihn vor allen anderen liebe und die ganze Natur zum Nutzen für seine blinde Begierde und unersättliche Habsucht lenke. Und so hat sich dies Vorurteil in Aberglauben verwandelt und in den Seelen tiefe Wurzeln geschlagen; dies war die Ursache, dass jeder das größte Streben

darein setzte, von allen Dingen die Zweckursachen zu erkennen und diese zu erklären. Aber indem sie zu zeigen suchten, dass die Natur nichts vergebens tue (das heißt nichts, was nicht zum Nutzen der Menschen diene), haben sie, wie mir scheint, damit bloß gezeigt, dass die Natur und die Götter ebenso wahnsinnig sind wie die Menschen.

Der sanftmütige Gelehrte kritisierte mit keinem Wort den Schöpfer (oder die Natur), sehr wohl aber die menschliche Dummheit, die in ihrem Narzissmus nichts anderes als Spiegel um sich herum sehen konnte. Natürlich war es eine Illusion zu glauben, die Welt sei zum Nutzen der Menschen geschaffen, und dass ein Gott sich bestechen ließ, um ihren Willen durchzusetzen, aber die Menschen selbst zogen diese Illusion der Wahrheit vor, weil sie sich darin wiedererkannten und damit gut fühlten und weil auch ihre Nachbarn so dachten. Es war ihnen einfach zu anstrengend, »jenes ganze Gebäude niederzureißen und ein neues zu erdenken«.

Die Debatten um die eine und unteilbare Wahrheit Gottes und seinen Segen über die Waffen verschiedener Heere, den Gott der Sklavenhalter und der Kolonialherren, der Wissenschaft und der Armen wurde von dieser Kritik bis ins Mark getroffen. Theologen und Philosophen erkannten, dass sie sich mit dieser Argumentation auf eine schiefe Ebene begaben, die sie unweigerlich ins Verderben führen musste, und erklärten, Spinozas Denken sei »die Ausgeburt der Hölle, vom Teufel selbst geschrieben«.

Im Zusammenhang unserer Geschichte aber ist das Naturbild Spinozas wichtiger – und mindestens so revolutionär wie sein Gottesbegriff. Als aufmerksamer Leser von Montaigne und Bacon, Telesio und Descartes kannte er die Naturmodelle seiner Vorgänger und konstruierte ein Argument, das an Eleganz nicht zu überbieten war, als hätte Montaigne Descartes die Feder geführt. Die Natur ist ein unendlich komplexes System, dessen Gesetze aus Unwissenheit und Gier ignoriert und verdreht werden. Das resultiert nicht nur in einer Degradierung der Natur, die nur als Mittel zum Zweck gesehen wird, sondern auch einer Verwirrung der Menschen selbst, die sich derselben Logik unterwerfen und Zielen hinterherlaufen, die sich nicht verwirklichen lassen, anstatt Ursachen und Folgen zu analysieren und das gewonnene Verständnis der unausweichlichen Kausalität zur Grundlage des eigenen Glücks und der eigenen Tugend zu machen.

Spinoza riss zu viel vom Gebäude der Theologie ein, um es wiederaufzubauen. Seine Kritiker fürchteten, dass nach der Lektüre seiner Werke nur Ruinen übrig bleiben würden, und sie saßen an mächtigen Stellen, mit der Konsequenz, dass seine Bücher einerseits von der Kirche auf den Index der verbotenen Bücher gesetzt und in mehreren Ländern verboten wurden, sie aber andererseits auf einem intellektuellen Schwarzmarkt als Manuskripte, Raubdrucke und Übersetzungen hoch gehandelt oder von Hand zu Hand weitergereicht wurden.[53]

Diese heimliche Verbreitung schuf und ernährte eine kleine, aber sehr lebendige Strömung von Denkern, die nach Perspektiven abseits von der Logik von Herren und Sklaven suchten. Wir werden einigen von ihnen noch begegnen. Ihre Anstrengungen aber gingen unter in der allgemeinen Bewegung hin zum neuen Evangelium der wissenschaftlichen und rationalen Naturbeherrschung, das zur Motivation von Propheten wurde, die alle glaubten, einem himmlischen oder nicht so himmlischen Jerusalem entgegenzustreben, auch wenn sie dabei Knochen unter ihren Füßen knirschen hörten.

*

Descartes' Feststellung, die Menschen seien »Herrscher und Besitzer der Natur« (*maîtres et possesseurs de la nature*)[54], wurde von theologischen wie aufgeklärt denkenden Autoren in unzählbaren Modulationen wiederholt. Die beeindruckendsten Zeugnisse dieser Mentalität aber finden sich nicht zwischen Buchdeckeln, sondern zwischen hohen Hecken. Der Park von Versailles (hier in einem Kupferstich von 1661) war eine perfekte Umsetzung von Descartes' Naturphilosophie: Alles, was hier sichtbar ist, besteht, um die Macht des Königs auszudrücken, zu symbolisieren, zu feiern und in Szene zu setzen. Im Zentrum steht der Gott Apollo, den Louis XIV., ein ausgezeichneter Tänzer, gerne bei Ballettabenden auf der Bühne des Schlosses darstellte.

Die Sichtachse ist streng vertikal und zeigt hinter dem Brunnen des Apollo das große Bassin, auf dem neben Venezianischen Gondeln (die von aus Venedig importierten Gondolieres gesteuert wurden) auch mehrere

Der Kanon und der Antichrist | 179

9 Adam Perelle: *Brunnen des Apollo* im Park von Versailles, Kupferstich von 1661

Kriegsschiffe, die sich zur Belustigung des Hofstaats auch Schlachten liefern konnten, zu sehen sind. Die Bäume um sie herum stehen in Reih und Glied wie eine Armee aus Blättern und Stämmen, stets bereit, dem Monarchen zu huldigen. Keine natürliche Äußerung der Natur ist zugelassen. Alles ist beschnitten, abgezirkelt, über Leitungen und Kanäle gepumpt und von einem Heer von Gärtnern geharkt, gepflanzt, gezupft, ausgerissen. Die Bäume, die den Park zierten, wurden anderswo im Land ausgegraben und nach Versailles gebracht (Zehntausende starben auf dem Weg), die Pflanzen wurden in Gewächshäusern gezüchtet, die Blumen gerade rechtzeitig zur Blüte in geometrischen Mustern ausgepflanzt, denn die rationale Ordnung des menschlichen Geistes musste über jedes Detail herrschen. Die königliche Macht reicht bis an den Horizont – allerdings nicht weiter. Auch die Grenze der absoluten Herrlichkeit bleibt in Sicht.

Paradoxerweise zeigte diese propagandistische Intensität, dass die Idee eines Königs, der seine Macht direkt von Gott erhalten hat, im 17. Jahrhundert längst erklärungsbedürftig geworden war und so aufwändig inszeniert werden musste wie die Löwenjagden der neoassyrischen Könige, die ebenfalls enorme Ressourcen in die Darstellung ihrer Herrschaft investierten und vielleicht auch investieren mussten.

Die Parallele zwischen der Architektur europäischer Parks und den Herrschern Mesopotamiens ist nicht aus der Luft gegriffen. Auch im Zweistromland wurden Gärten und Parks sehr geschätzt, um die Macht des Herrschers darzustellen, angefangen von den hängenden Gärten von Babylon (vielleicht der berühmte Garten des Ashurbanipal in Nineveh) bis hin zu dem Garten, in dem Inanna unter einem Baum auf Liebhaber wartete, und der Idee des Pardes, des zivilisierten Raumes, der die Wildnis durch eine Mauer auf Distanz hält, der in der mesopotamischen Kultur eine wichtige Rolle spielte und von dem auch das biblische Paradies abgeleitet ist.

Parks und Gärten definierten das Innen und Außen, dramatisierten die Kluft, aber auch die Verbindungen zwischen Natur und Kultur. Der *hortus conclusus* der mittelalterlichen Klöster und Adeligen war ein Ort, an dem die allegorische Ordnung der Schöpfung realisiert wurde, der Wille des Schöpfers selbst, während draußen die Wildnis mit ihren Gefahren drohte.

Und noch etwas war immer da, wo Macht und Unterwerfung in Szene gesetzt wurden; eine Stimme, die leise, aber unüberhörbar flüsterte gegen das Geschnatter der Höflinge und die schmetternden Fanfaren, eine Serie von Warnungen, die nicht verstummte: Noch bist du König hier, aber die Grenze deiner Macht ist dort, der Saum von Baumwipfeln am Horizont, das ist der Wald, die Wildnis, das Ende der Inszenierung. Der Wald negiert die Ewigkeit und wenn du ihn rodest, und dann noch einen, so wird sie doch immer irgendwo enden, an einem Wald, wo die Wildnis beginnt. *Memento mori.*

An Experiment on a Bird in an Air Pump

10 Joseph Wright of Derby: *Das Experiment mit dem Vogel in der Luftpumpe*, 1768. Öl auf Leinwand, 183 × 244 cm. National Gallery, London

Der Experimentator sieht mich direkt an. Lange Haare fallen um sein hageres Gesicht und er scheint mich dazu aufzufordern, irgendwie zu reagieren. Alles hängt von mir, dem Betrachter, ab. Ich muss mich schnell entscheiden. Der Vogel in dem Glas hat nur noch Augenblicke zu leben, wenn niemand das rettende Wort spricht und die herausgepumpte Luft wieder ins Glas einströmen lässt.

Aber wer wird es sagen? Die Anwesenden sind seltsam unbeteiligt. Die beiden jungen Männer links unten sehen interessiert zu, wie das Tier um sein Leben kämpft. Die jungen Liebhaber hinter ihnen – er mit auffällig gemusterter Weste und sie mit Hermelinkragen – haben nur Augen füreinander. Der Mann rechts davon tröstet eine junge Frau, vielleicht seine Tochter, die sich die Hand vor die Augen hält, um nichts zu sehen, gegen das Schaben der Federn und das Kratzen der Klauen gegen das Glas ist kein Kraut gewachsen. Der Mann neben ihr starrt stumm und wie in Meditation versunken vor sich hin, ein anderer Mann sieht auf die Uhr, als wolle er feststellen, wie lange der Todeskampf dauern wird. Ein Junge im Hintergrund trägt eine Voliere an einem langen Haken, es ist nicht deutlich, ob er sie herunterholt, um den Vogel nach dem Experiment gesund wieder hineinzusetzen, oder ob er den Käfig zurück hängt, weil er nicht mehr gebraucht werden wird. Nur das kleine Mädchen in der Mitte sieht voller Angst zu dem Tier in seiner Agonie hinauf. Wer aber spricht das rettende Wort? Wer sagt: Genug!?

Auf den ersten Blick ist es das Drama des Augenblicks, das so unwiderstehlich in dieses Bild hineinzieht, dann sind es die sich kreuzenden Blicke und Geschichten; erst in einem dritten Schritt kommen die versteckten Botschaften. Aber langsam. Fangen wir am Anfang an.

Joseph Wright (1734–1797), der sich klangvoller nach seinem Geburtsort »Joseph Wright of Derby« nannte, war ein respektierter Porträtmaler, der die fruchtbarsten Jahre seiner Karriere im Norden Englands verbrachte, wo er unter anderem mit dem Keramikpionier Josiah Wedgwood, dem Textilunternehmer und Erfinder des pneumatischen Webstuhls Richard Arkwright, dem Chemiker und Theologen Joseph Priestley und dem Arzt Erasmus Darwin, dem Großvater von Charles Darwin, verkehrte. Der Maler hatte unter seinen Freunden und Auftraggebern einige der führenden Köpfe der beginnenden industriellen Revolution und auch der sozialen Bewegungen seiner Zeit. Wedgwood produzierte nicht nur klassizistische Teekannen für die Mittelklasse, sondern war auch ein wichtiges Mitglied der Anti-Sklaverei-Bewegung. Auch Priestley, der es schaffte, gleichzeitig materialistischer Philosoph und Pfarrer der protestantischen Dissenters zu sein, hatte nie eine Kontroverse gescheut. 1791 brannte ein Mob sein Haus und Labor nieder, weil er ein feierliches Abendessen aus Anlass der Französischen Revolution angekündigt hatte.

Wright war mitten im Zentrum einer neu entstehenden Welt, in der ungeheure Gedanken gedacht wurden und deren Horizonte unbegrenzt schienen; hier war der Maschinenraum einer neuen Wirtschaft, einer neuen Gesellschaft, Wissenschaft und Weltordnung. Im Nordengland der 1760er Jahre wurde die Zukunft entworfen. Josiah Wedgwood verdankte sein Vermögen einer methodischen, jahrelangen Suche nach neuen Produktionsprozessen für Keramik und der Textilbaron Richard Arkwright verkörperte wie kein Zweiter die Zukunft der industrialisierten Welt. Er war ein energischer und jähzorniger *self-made man*, der aus kleinen Verhältnissen kam und sich vom Friseur und Perückenmacher zum Maschinenbauer und Erfinder durchgebissen und hochgearbeitet hatte, bis ihm schließlich mehrere Fabriken gehörten, in denen zu zwei Dritteln Kinder in Dreizehn-Stunden-Schichten arbeiteten, weil ihre kleinen Hände besser mit den Webstühlen zurechtkamen.

In dieser Revolution wurde niemandem etwas geschenkt. Die Baumwolle, die hier verarbeitet wurde, kam aus Indien, wo es den Produzenten unter hohen Strafen verboten war, ihre Baumwolle selbst zu spinnen und zu weben. Stattdessen waren sie gezwungen, das rohe Produkt an die englischen Kolonialherren zu verkaufen und den fertigen Stoff zu viel höheren Preisen wieder zu importieren. Durch diese und ähnliche Maßnahmen entwickelte sich Indien, noch um 1700 der zweitgrößte Wirtschaftsraum der Welt, zu einem Armenhaus Asiens, während im Norden Englands neue Fabriken aus dem Boden schossen. Englands industrielles Wunder war nicht nur der Tüchtigkeit der Engländer zu verdanken.

Der Maler war mehr als nur ein Illustrator dieses Milieus. Mit wacher Aufmerksamkeit registrierte er die Ambitionen und die Träume, von denen die Protagonisten dieser neuen Wirklichkeit getragen wurden. In seinem groß angelegten Gemälde zeigt Wright einen Experimentator am dramatischen Höhepunkt seines Experiments. Das Vakuum war zwar schon seit einem Jahrhundert bekannt, aber lange waren Vakuumpumpen unerschwinglich teuer gewesen und Wissenschaftsinteressierte kannten es nur aus Büchern. Jetzt, endlich, war es auch in einer häuslichen Umgebung zugänglich, eine Unterhaltung für die ganze Familie. Weil es unmöglich ist, ein Vakuum zu sehen, wurde sein Effekt auf lebende Wesen illustriert. Der weiße Papagei in dem Glasgefäß ist schon am

Ende seiner Kräfte. Am Anfang des Experiments, als die Luft aus seinem Gefängnis herausgesogen wurde, wird er panisch geflattert haben, jetzt aber hat er die Kraft nicht mehr dazu. Das Vakuum zeigt Wirkung, die wissenschaftliche Demonstration ist gelungen. Schauexperimente dieser Art waren so beliebt, dass öffentliche Vorstellungen gegen Eintritt geboten wurden. Manchmal, nachdem der Tod es schon fast in seinen Klauen hatte, wurde das Versuchstier noch rechtzeitig gerettet.

Der starke Kontrast zwischen den hell beleuchteten Gesichtern und der Schwärze um sie herum lenkt die Aufmerksamkeit ab von der Wissenschaft und leuchtet ihre Emotionen aus. Zwischen Selbstvergessenheit und Verliebtheit, dem eigenen Leid und der vollkommenen Gleichgültigkeit scheinen die Anwesenden hauptsächlich mit sich selbst beschäftigt zu sein. Ihre vielfältigen Emotionen zeugen von einer bisher nicht dagewesenen Betonung der Individualität und der Seelenzustände, aber sie verbinden sich nicht mit der eigentlichen Situation, mit dem Leiden eines lebendigen Geschöpfes, das Todesängste leidet.

Der Experimentator sucht als einziger Kontakt und richtet sein Auge nach außen. Auch er beachtet den Vogel nicht. Er scheint gespannt, wartend, vielleicht auf das erlösende Wort. Aber wird diese Erlösung kommen? Der Experimentator mit seinem weißen Haar, der Mann neben ihm mit der Hand, die wie die eines barocken Christus nach oben weist, und der Vogel selbst formen ein Dreieck, eine ironische Dreifaltigkeit von Vater, Sohn und Heiligem Papagei.

Wollte Joseph Wright die Neugier und den Unternehmergeist seiner Zeitgenossen feiern, oder spricht aus seinem Bild Kritik an ihrer menschen- und naturverachtenden Fortschrittsverliebtheit?

Die Idee der Naturbeherrschung machte vor allem Karriere in Gesellschaften wie Frankreich, den Niederlanden und Großbritannien, die tatsächlich im Laufe des 17. und 18. Jahrhunderts eine gewisse Selbstermächtigung erlebten. Nicht nur wachsende Kolonialreiche und florierende Massenproduktion von Konsumgütern wie Textilien und Keramik, sondern auch die spektakulären Erfolge wissenschaftlicher Experimente und Demonstrationen und das zunehmend selbstbewusste Auftreten einer bürgerlichen Kultur vermittelten den Eindruck, dass ein wirklicher Wandel eingesetzt hatte, dass die Vernunft endlich ihren Siegeszug begann und eines schönen Tages Hunger, Krankheit und Krieg und alle Übel dieser Welt unter ihr hehres Knie zwingen würde. Was über lange Jahrhunderte höchstens als Allegorie für menschliche Selbstkontrolle und die Unterdrückung des Begehrens interpretiert worden war, schien plötzlich in Reichweite gerückt zu sein.

Neue Technologien vergrößerten den menschlichen Zugriff auf die Natur und machten es zum ersten Mal möglich, ihre geheimen Gesetze zum Nutzen der Menschheit offenzulegen und zu manipulieren. Die Vakuumpumpe konnte die unsichtbare Luft verschwinden lassen und einem Tier das Leben rauben, während das Experiment des Signore Galvani, der Froschschenkel unter Strom setzte und nach Belieben zucken ließ, das Geheimnis des Lebens selbst berührte. Von hier war es nicht mehr weit zu Mary Shelleys Frankenstein.

Die öffentliche Neugier auf wissenschaftliche Entdeckungen und die Abenteuer des Neuen war immens. Zeitungen und Pamphlete, Bücher und öffentliche Vorträge berichteten über elektrische Phänomene und waghalsige Fahrten im Heißluftballon, verbreiteten Theorien und Anleitungen zum Experimentieren, vermischt mit anderen populären Geschichten über Hexen und rätselhafte Morde. Gelehrte Gesellschaften sprossen aus dem Boden, Gentlemen investierten das Geld, das sie aus ihren Investitionen in koloniale Unternehmungen bezogen, in wissenschaftliche Apparate und eigene Untersuchungen, denn es gab noch so viel zu entdecken.

Joseph Wrights Freund Joseph Priestley allein (der nie besonders viel Geld hatte und immer auch seinem Amt als Gemeindepfarrer nachkommen musste und Hunderte von Predigten sowie Aufsätze und Bücher über theologische Themen schrieb) war gleichzeitig und gewissermaßen nebenbei nicht nur Autor eines einflussreichen Werkes über Elektrizität, sondern auch der Entdecker des Sauerstoffs und seiner Funktion für den Bluthaushalt. Es bedurfte noch keiner großen Labore oder besonderer Ausrüstung, um einen Platz in der Geschichte der Wissenschaft zu finden, plötzlich schien es denkbar, die Natur durch die Vernunft allein zu verstehen, zu verändern und zu zähmen.

Nie zuvor schien die Unterwerfung der Natur so in Reichweite. Zu den wunderbaren Entdeckungen, die ein völlig neues Licht auf die Natur warfen und ihre geheimen Mechanismen offenzulegen schienen, kam für die europäische Mittelklasse auch die Verfügbarkeit von Konsumartikeln wie Zucker von den Westindischen Inseln (von Sklaven angebaut), billiger und mit neuen Pigmenten bunt gefärbter Baumwolle aus den nordenglischen Mühlen, Porzellan und Opium aus China, Tabak, Tee und Kaffee, Gewürzen aus sagenhaften Inselreichen, Mahagoni-Möbeln, Spazierstöcken aus Elfenbein und Ebenholz und anderen Luxusgegenständen, mit denen die Reichtümer der Welt direkt in die Hände der Bourgeoisie wanderten, alltägliche Symbole der Herrschaft des Westens über den Rest der Welt.

Getragen von einer Welle von Optimismus, wirtschaftlichem Aufschwung und dem Glauben an eine bessere Zukunft, hatten Visionäre wie der Experimentator im Bild schon andere Ziele anvisiert, während gleich neben ihm ein Lebewesen um seine Existenz kämpfte. Seine Hand liegt auf dem Ventil, bewegt sich aber nicht. Für das Leiden des Tieres hat er keinen Blick.

Auch niemand sonst ist da, um dieser sterbenden Parodie des Heiligen Geistes zu helfen. Joseph Wright of Derby mag für seine dramatische Szene den Papagei gewählt haben, weil solche Vögel in den 1760er Jahren in England noch recht teuer waren, ein möglicher, tröstender Hinweis darauf, dass man einen solch kostbaren Besitz nicht umbringen wird – aber auch diese Kalkulation rettet die Anwesenden nicht vor ihrem moralischen Versagen, denn nur ein Kind zeigt Mitleid, während die Zuschauerinnen die Agonie entweder objektiv protokollieren oder zu sehr mit sich selbst beschäftigt sind, um dem Tier zu helfen. Aber sie wissen auch, dass sie ihren weiblichen, emotionalen Regungen nicht folgen sollen.

Das ist es vielleicht, was der Mann dem älteren Mädchen mit Hinweis auf den Nutzen des Vogels sagt. Es ist kein Zufall, dass ausgerechnet zwei Mädchen emotional reagieren, während die Jungen fasziniert auf die Glassphäre mit ihrem erstickenden Gefangenen starren. Gefühl ist weiblich, Vernunft männlich, Grausamkeit auch, oder die hohe Kunst der emotionalen Dissoziation, der zweite Schritt nach der Heuchelei der gottgewollten Herrschaft. Der Fortschritt verlangt Opfer, das Leiden dient einer höheren Sache, da ist Emotion fehl am Platz, die Augen sind immer schon auf den Horizont gerichtet.

Dieses Bild der Aufklärung – rationalistisch, mitleidlos, abstrakt und grausam – entspricht der Karikatur, die ihre Gegner gegen das neue Denken in Stellung brachten. Sie hatten allerdings noch ganz andere Adjektive in ihrem Arsenal: gotteslästerlich, hochmütig, gefährlich, unmoralisch, diabolisch.

Tatsächlich entspricht die Aufklärung weder ihrer Karikatur noch der säkularen Ikone, denn obwohl sie im Kontext ihrer Zeit einen ungeheuren Freiheitsschub auslöste, waren ihre eigenen Denkstrukturen nicht immer so revolutionär, wie ihre Anhänger proklamierten und ihre Gegner befürchteten.

»Die Aufklärung« war nie eine Denkschule mit verbindlichen Dogmen, abgesehen von einer Betonung der menschlichen Vernunft, einem Grundoptimismus und einer gewissen egalitären Tendenz, die allerdings bereits sehr unterschiedliche Ausprägungen hatte. Nationale Debatten konnten oft ganz unterschiedliche Themen betonen und auch durch äußere Umstände wie Zensur und Repression sehr unterschiedliche Formen annehmen. Man nahm einander über Sprach- und territoriale Grenzen hinweg wahr, aber trotzdem diskutierte man in Süditalien über ganz andere Dinge als in Schottland, in London oder in Paris, ganz zu schweigen von der deutschen Provinz oder dem russischen Zarenhof. Einige Gelehrte unterhielten lange Korrespondenzen miteinander, andere reisten und besuchten wichtige Salons wie beispielsweise den des Baron d'Holbach in Paris, aber trotz dieser vielschichtigen Verbindungen waren die Akzente in verschiedenen Ländern und Sprachen doch ganz unterschiedlich gesetzt.

Hinzu kam noch, dass nicht nur das *Enlightenment* andere Interessen hatte als die Aufklärung, die Denker der *Lumières* andere als jene des *Illuminismo* oder der *Illuminación*, sondern dass ihre Debatten auch eine enorme Bandbreite entwickelten, von einem liberalen und rationalen Konservatismus mit wissenschaftlichen Interessen bis hin zum wildesten Proto-Kommunismus, von der theologischen Apologie bis hin zum radikalsten Materialismus, von hohen moralischen Idealen bis zum blanken Nihilismus. In all diesen Debatten waren die intellektuell waghalsigeren und gefährlicheren Positionen dadurch behindert, dass die Autoren ihre Werke oft nicht oder nur unter großen Risiken und Schwierigkeiten verbreiten konnten. Trotzdem aber entstand über mehrere Generationen hinweg eine vielfältige und komplexe Geografie von Gedanken und Gesprächen, die sich nicht wirklich unter einen Hut bringen lässt. Die rationalistische, gemäßigte Aufklärung eines Immanuel Kant oder Voltaire, eines Thomas Hobbes oder Gottfried Wilhelm Leibniz wurde von ihren zahlreichen Gegnern als Angriff gegen die traditionelle Weltordnung wahrgenommen. Tatsächlich aber erfüllte sie auch die entgegengesetzte Funktion, denn sie gab vielen Kernideen der christlich-theologischen Tradition ein neues Leben in einer säkularen Welt.

Dies ist ein wichtiger, häufig übersehener Aspekt der Geschichte und der historischen Wirkung der Aufklärung. Sie fegte nicht nur alte Strukturen hinweg; sie ermöglichte ihnen auch ein neues Leben in einer bislang unbekannten und deswegen auch kaum erkennbaren Form. Eine mächtige Traditionslinie des Denkens wird durch die Aufklärung zwar offiziell angegriffen, gleichzeitig in wichtigen Strukturen aber auch fortgesetzt und mit neuer Energie geladen. Die Unterwerfung, der Drang, sich die Erde untertan zu machen, fand hier ihr säkulares Kleid.

Die Altäre der Vernunft und der Kult des Höchsten Wesens, die in den späten Jahren der Französischen Revolution nostalgische Katholikinnen und schwärmerische Aufklärer zusammenbringen sollten, waren nur die Karikatur einer theologischen Ader im aufklärerischen Denken, von der sich nur wenige Autoren wirklich lösen konnten.

Viel wichtiger aber waren die subtileren Ideen, die Grundannahmen, auf denen ihre ethischen, epistemologischen und historischen Positionen fußten. Wenige Autoren bezweifelten die Stellung des Menschen außerhalb und über der Natur und seine Rolle als ihr Bezwinger; die meisten sahen die Geschichte als eine Fortschrittsbewegung mit Unterbrechungen und Rückschritten, ein Streben nach Vollkommenheit und Freiheit, die durch die Privilegierung der Vernunft erreicht werden konnten.

Es ist frappierend, wie christlich-theologisch diese Konzepte aufgeladen sind, wie stark sie theologische Kernideen in sich aufnehmen, vom Fortschritt (der Heilsgeschichte) über die Stellung des Menschen außerhalb und über der Natur und deren Unterwerfung (siehe Genesis), bis hin zur Erlösung durch die Vernunft, die im religiösen Kontext die Seele gewesen war. Diese Motive blieben stabil im europäischen Denken und konnten es bleiben, weil sie von aufklärerischen Philosophen mit neuen Etiketten versehen wurden, die ihre theologischen Ursprünge vergessen ließen. Im Wortschatz der Aufklärung klangen sie wie rationale, sogar wissenschaftliche Ideen, die von Gelehrten bewiesen und mit endlosen historischen Parallelen und literarischen Zitaten belegt werden konnten.

Das Denken der Aufklärung in seinen Strukturen so auf eine christliche Linie zu bürsten lag nahe – die meisten Aufklärer waren christlich erzogen, diese Ideen waren ihnen und ihren Gesellschaften so tief vertraut, dass sie ihnen als die einzig mögliche Struktur des Denkens erschien. Obwohl aufgeklärte Autoren also christliche Dogmen angriffen, verwendeten sie dabei auch Argumente und Denkbilder, die sie aus der christlichen Tradition entnommen hatten, um sie auf ihre Weise fortzuschreiben.

Weil die gemäßigte Aufklärung aber theologische Konzepte wie die menschliche Ausnahmerolle, den historischen Fortschritt und die erlösende Vernunft für sich selbst umgedeutet und damit fortgesetzt hatten schien sie an die theologischen und philosophischen Anstrengungen anzuknüpfen, die gewaltsame Unterwerfung im Namen des Herrn zu rechtfertigen.

Die Rechtfertigungsindustrie, ursprünglich aus der Notwendigkeit entstanden, die Brutalität einer Gesellschaft mit der kompromisslosen Botschaft Jesu in Einklang zu bringen, bediente sich auch der Aufklärung als einer zeitgemäßen sozialen und philosophischen Bewegung, deren Argumente sich als immens nützlich erwiesen. Von nun an arbeiteten die emsigsten Rechtfertiger im Lager von Vernunft und Wissenschaft. Im Laufe der Jahrhunderte wurde ihre Expertise genutzt, um sehr unterschiedliche und oft auch widersprüchliche Positionen mit Theorien und Daten zu untermauern, wobei sich die treibenden Kräfte hinter diesen Thesen oft aus dem historischen Kontext und nicht aus der wissenschaftlichen Notwendigkeit erschließen. Die Argumente wechselten, aber die Grundannahmen blieben die gleichen – und mit ihnen auch die Pfade der Macht. Ob Frauen durch das Erbe Evas verflucht waren oder, im Vokabular der Wissenschaft, als emotionale, hysterische, minderwertige Version des Mannes zu verstehen seien, führt zur gleichen Schlussfolgerung: dass Macht und Entscheidungsbefugnisse besser bei Männern aufgehoben sind.

Egal, ob Menschen anderer Hautfarben oder Religionen keine Seele haben beziehungsweise zu ewigen Höllenqualen verurteilt sind, oder ob ebendiese Menschen aufgrund anderer Kriterien als »näher an der Natur« oder »dem Affen näher als dem zivilisierten Menschen« konstruiert wurden – die Konsequenz konnte nur ihre Unterwerfung sein, um ihres eigenen Seelenheiles willen, denn schon die Rechtfertigungsindustrie der spätantiken Theologen hatte dafür gesorgt, dass jede Form von Gewaltanwendung als Gottes Wille und menschliche Aufgabe umgedeutet werden konnte.

Die Aufklärung überführte diese Machtstrukturen und ihre Rechtfertigung in das neue Vokabular der Wissenschaft und der empirischen Erkenntnis. In dieser Hinsicht war sie auch ein zutiefst konservatives Projekt, das religiösen Konzepten, die gerade im Begriff waren, als Erkenntnismittel diskreditiert zu werden und aus der philosophischen Debatte herauszufallen, ein neues Leben gab, das ihnen bis in die Gegenwart einen Platz in der gesellschaftlichen Diskussion sicherte.

Obwohl die Idee des Fortschritts immer mehr Zweifel weckt, unterstellen doch immer noch viele Menschen im Westen der Geschichte eine Richtung und ein Ziel, ein Telos, und dass sie auf diesem Weg höchstens vorübergehend aus der Bahn geworfen werden könne. Solche genuin theologischen Vorstellungen wurden durch einen dominanten Teil der Aufklärer im neuen Kostüm als wissenschaftliche, vernunftgemäße Ideen weitergedacht.

Der Mensch außerhalb und über der Natur, dazu ausersehen, über sie zu herrschen: Mit dieser zutiefst biblischen, theologischen Konstruktion, die aller Anschauung und aller Erfahrung spottete, konnten sich viele Aufklärer, die der Historiker Jonathan Israel zum »moderate mainstream« zählt, identifizieren. Mehr noch: Dieser Blick auf die Welt inspirierte und beflügelte sie zu einer ganzen Flut von gelehrten Werken, aber auch zu politischem Aktivismus, wissenschaftlichen und sozialen Experimenten.

Der moderate Mainstream der Aufklärung zeichnet sich durch seine Kompromisse aus. Er polemisierte gegen Aberglauben, hielt aber, wie Voltaire, Religion für nützlich, um die Massen unter Kontrolle zu halten. Er machte sich lustig über Heiligenkult und Wunderglauben, aber hielt daran fest, dass hinter dem großen Uhrwerk des Universums ein genialer

Uhrmacher stehen müsse. Er heroisierte die Vernunft, aber dämonisierte Spinoza, den vernünftigsten aller Denker. Er suchte die kompromisslose Anwendung der Vernunft überall, wo es nützlich war, und bremste jede allzu große philosophische Konsequenz, zur Not mit harten Sanktionen.

Der an der Universität Halle lehrende Jurist, Mathematiker und Philosoph Christian Wolff (1679–1754) bekam diese Sanktionen zu spüren, als er 1721 den schrecklichen Fehler machte, in einer öffentlichen Vorlesung seine Meinung kundzutun, die chinesische Philosophie und Zivilisation würden beweisen, dass es auch ohne Christentum möglich ist, ein moralisches Leben zu führen. Innerhalb von zwei Jahren hatten seine pietistischen Gegner erreicht, dass er vom König als Gotteslästerer verbannt und unter Todesstrafe gezwungen wurde, die Stadt innerhalb von 48 Stunden zu verlassen.

Wolffs karriereschädigende Faszination für die chinesische Philosophie, die er, soweit es ihm Übersetzungen erlaubten, intensiv studierte, war ein Berührungspunkt zweier wichtiger philosophischer Traditionen, der auch von anderen Philosophen gesucht wurde. Seit der jesuitischen Mission am chinesischen Kaiserhof war das Reich der Mitte als eine Zivilisation bekannt, die der westlichen höchstens in einigen wissenschaftlichen Entdeckungen nachstand, die aber in ihrer Verwaltung, ihrem Wohlstand, ihrer tiefen Tradition, ihrer mächtigen Industrie, ihrem Handel und ihrem kulturellen Reichtum der europäischen absolut ebenbürtig war, was natürlich die Frage nach sich zog, wie Menschen, die noch nicht Gottes Gnade teilhaftig geworden waren, zu solchen kulturellen und moralischen Leistungen fähig waren. Wenige Denker machten sich die Mühe, chinesische Texte intensiv zu studieren; für die meisten von ihnen war der Präzedenzfall erstaunlich und gewichtig genug, dass nämlich, wie Wolff behauptet hatte, ein zivilisiertes, sogar lobenswertes Leben nicht unbedingt christlich sein musste.

Die Theologie der Fische

Das Risiko des aufgeklärten Denkens lag darin, dass es immer wieder zu derartigen Schlüssen führte. Seine Argumente entwickelten ihren eigenen Sog und einen Geist, der unvorsichtig die ersten Schritte gemacht hatte, schnell in den Abgrund von Materialismus, Atheismus und Republikanismus stürzen lassen konnte. Wenn es möglich war, ohne Christentum moralisch zu leben und die Natur zu erklären, ohne sich auf Gott oder die Bibel zu beziehen – wofür war Gott dann notwendig?

Solche Gedanken führten direkt in den Abgrund und so wendete die »Moderate mainstream«-Aufklärung enorm viel Tinte auf, um sich vor ihren eigenen Konsequenzen zu schützen, denn letztendlich hatte die Philosophie im Verständnis vieler Zeitgenossen die Aufgabe, die Welt nicht nur zu erklären, sondern auch in ihren gegenwärtigen Strukturen zu rechtfertigen, was häufig auch mit wirtschaftlichen Abhängigkeiten verbunden war, siehe Christian Wolff. Er verlor seinen Lebensunterhalt. Viele andere verloren ihre gesamte Existenz oder sogar ihr Leben; wir wissen von ihnen nur aus Verhören und Gerichtsakten, weil ihnen der Prozess gemacht wurde, bevor sie ihre Positionen zur Diskussion stellen konnten.[55]

Die Rechtfertigungsindustrie der Aufklärung hatte ihren erfolgreichsten Zweig in der »Physico-Theologie«, die im 18. Jahrhundert zu einer intellektuellen Modeerscheinung wurde. Es ging um nichts weniger, als die Bibel im Lichte der neuesten wissenschaftlichen Ergebnisse zu rechtfertigen und zu beweisen, dass alles, was entdeckt wurde, bereits in der Bibel enthalten war oder von ihr intendiert wurde. Die erfolgreichsten Autoren dieser Gattung lebten in erheblichem Wohlstand.

Schon 1713 hatte William Derham, ein Freund Isaac Newtons und Edmond Halleys, sein Buch *Physico-Theology* veröffentlicht, in dem er Gottes weise Hand in allen Phänomenen der Natur zu erkennen glaubte. Wie aber ließ sich Leid in der Natur mit der Existenz eines guten Gottes verein-

Die Theologie der Fische | 193

baren? Der besonders in England und Frankreich äußerst einflussreiche Earl of Shaftesbury (der seinen Erfolg nicht nötig hatte), argumentierte mit Spinoza, dass die Natur immer gut ist, auch wenn der göttliche Plan individuelles Leid verursachen kann: »Wenn das Unglück eines privaten Systems gut für andere ist, wenn es zum Guten des allgemeinen Systems beiträgt, ... dann ist das Unglück dieses privaten Systems kein Unglück an sich, oder nicht mehr, als die Schmerzen beim Durchbruch der Milchzähne in einer Kreatur, die so konstituiert ist.«[56]

Der englische Parlamentarier und Schriftsteller Soame Jenyns fand eine noch einfachere Antwort auf das Problem des Leidens und der Ungerechtigkeit. Das Universum besteht aus einem System der Subordination, schrieb er, und in so einem System ist es natürlich, dass jene, die unten in der Hierarchie stehen, weniger glücklich sind als jene, die oben ihren Platz gefunden haben. Genau wie Tiere die Launen und Grausamkeiten von Menschen ertragen müssen, weil sie unter dem Menschen stehen, so müssen auch Menschen das ihnen zugedachte Unglück ertragen:

> Wenn wir nach unten blicken, sehen wir unendlich viele Arten von minderwertigen Kreaturen, deren Glück und Leben vom Willen des Menschen abhängt. Wir sehen ihn gekleidet in das, was er von ihnen geraubt hat und ernährt durch ihr Elend und ihre Zerstörung, die einige versklavt, andere foltert, und Millionen für seinen Luxus und seine Unterhaltung mordet; ist es deswegen nicht analog und sehr wahrscheinlich, dass das Glück und das Leben eines Menschen vom Willen seiner Vorgesetzten abhängen sollte?[57]

Die Welt war von einer höheren Intelligenz so eingerichtet, wie sie sein musste, schrieb auch der deutsche Universalgelehrte Georg Wilhelm Leibniz, der nicht nur seine berüchtigte Theorie von der besten aller Welten beisteuerte (denn ein guter und weiser Gott hätte keine andere schaffen können), sondern auch eine weitere Betrachtung. Die Bestrafung von Sündern in der Hölle musste ewig dauern, argumentierte er, denn die Verdammten in der Hölle fluchen in ihren Schmerzen auf Gott und sündigen so weiter.

Der französische Gelehrte Noël-Antoine Pluche (1688–1761), ein Bäckerssohn, wurde unverhofft zu einem der erfolgreichsten Autoren Europas, als er seine verzweifelte persönliche Situation zu seinem Vorteil wendete. Durch politische Intrigen von einem Posten als Schuldirektor in Reims vertrieben, fristete er sein Leben als Hauslehrer und begann, seinen fantasievollen Unterricht über alles, was die Natur betraf, in einer Serie von Büchern niederzuschreiben und zu veröffentlichen. Das neunbändige *Spectacle de la nature* (1732–1750) wurde zu einer verlegerischen Sensation, denn es traf genau den Nerv einer Zeit, die auf neue wissenschaftliche Erkenntnisse und Entdeckungen gleichermaßen fasziniert und misstrauisch reagierte, denn zusammen mit neuen Möglichkeiten kamen immer auch neue Zweifel.

Der Lehrer Pluche schrieb für eine Mittelklasse, die Einbettung und Absicherung der neuen Wissenschaften wollte, besonders für ihre Kinder. Alle natürlichen Phänomene, schreibt er, haben einen Zweck, eine Rolle zu spielen, geben Anlass zu moralischer Reflexion und tiefer Erkenntnis: »Sie haben alle eine Sprache, die an uns gerichtet ist, und nicht nur an uns. Ihre besondere Struktur sagt uns etwas. Ihre Eigenschaften haben ein Ziel und zeigen uns den Willen des Schöpfers.«[58] Die Natur ist »das gelehrteste und vollkommenste aller Bücher, um unsere Vernunft zu kultivieren«.

Es folgen neun Bände mit lebendigen Gesprächen zwischen fiktiven Charakteren, die sich über die Natur in all ihren faszinierenden Details und Lebensformen unterhalten, alles auf dem neuesten Wissensstand und mit großzügigen, bemerkenswert naturalistischen Illustrationen versehen. Für überneugierige Kinder und tollkühne erwachsene Leser hat der Autor aber auch noch eine Warnung: »Aber es reicht nicht, den Geist neugierig zu machen, indem man ihn an die schönen Dinge heranführt. Man muss ihn auch warnen und in seiner Neugierde einschränken und so schließen wir den ersten Teil mit einer kurzen Meditation über die Angemessenheit und die notwendigen Grenzen der menschlichen Vernunft.«[59]

Pluche war enzyklopädisch in seinem Ehrgeiz, alle Naturerscheinungen zu erfassen, zu erklären und theologisch einzuordnen. Andere Gelehrte zogen es schon damals vor, sich auf ein Spezialgebiet zu konzentrieren. Der Historiker Ritchie Robertson beschreibt einige Auswüchse dieser Disziplin: »In Deutschland führte die Physico-Theologie zur Entstehung von einer großen Anzahl von Spezialisierungen, wie Ichtyotheologie (Fische), Petinotheologie (Gras), Brontotheologie (Donner) und Sismotheologie (Erdbeben), von denen jede mindestens ein Buch hervorbrachte. In den Niederlanden gab es auch Theologien von Schnee, Blitzen und Grashüpfern.«[60]

Die theologische Durchdringung der Natur war ein großer Publikumserfolg, aber Autoren, die sich in intellektueller Redlichkeit übten, waren immer wieder mit exakt den Problemen konfrontiert, vor denen Pluche gewarnt hatte. Der Lehrer Hermann Samuel Reimarus arbeitete und schrieb in Hamburg, wo er ganz im Geiste der Zeit eine Apologie oder Schutzschrift für die vernünftigen Verehrer Gottes verfasste. Das Christentum sei eine praktische, moralische, vernünftige Religion, die gutes Handeln motivieren wolle, argumentierte er, kein Gebäude aus absurden und korrupten Fantasien, falschen Geschichten und fantastischer Theologie.[61] Diese Haltung veranlasste Reimarus auch, einige biblische Mythen kritisch zu betrachten. Er war offensichtlich ein Mensch, der es gewohnt war, genau nachzudenken. In der Bibel steht geschrieben, dass die Israeliten durch ein Wunder das Rote Meer durchqueren konnten, 600 000 Männer mit ihren Familien, innerhalb einer Nacht. Der Hamburger Gymnasialprofessor berechnete, dass folglich mindestens vier Millionen Menschen beteiligt gewesen sein müssen, aufgehalten durch Mütter mit kleinen Kindern, Schwache und Alte, störrisches Vieh und langsame, mit allen Habseligkeiten vollgepackte Wagen, alles auf dem steinigen, glitschigen Meeresgrund. – Unmöglich, das alles in einer Nacht zu bewältigen.

Lissabon

Am 1. November 1755, dem Allerheiligentag, drängten sich Tausende von Gläubigen in den Kirchen von Lissabon, um der Heiligen Messe beizuwohnen. Gegen 9:40 Uhr wurde die Stadt von einem starken Erdbeben erschüttert. Kirchendächer und ganze Gebäude stürzten ein, begruben zahllose Opfer unter ihren Trümmern, fünf Meter weite Risse taten sich im Boden auf, Kerzen, die zu Ehren der Heiligen angezündet waren, fielen zu Boden und setzten Häuser in Brand, bald standen ganze Stadtteile in Flammen. Innerhalb von etwa dreißig Minuten hatten sich die Straßen in ein Inferno verwandelt.

Die Überlebenden flüchteten aus den kollabierenden Häusern, zum Hafen. Zu ihrer Überraschung sahen sie dort, dass das Meer sich zurückgezogen hatte und mehrere Wracks im Hafenbecken bloßlegte. Dann kam der Tsunami auf die Stadt zugerast und verschlang Tausende weiterer Opfer. Es wird geschätzt, dass zwischen 30 000 und 60 000 Menschen bei dieser Katastrophe ums Leben kamen.

Einen Monat später berichteten die ersten internationalen Zeitungen über die Katastrophe. Die »Hamburgische unpartheyische Correspondenten« und die »Berlinische Nachrichten von Staats- und Gelehrten Sachen« waren unter den Ersten, die darüber schrieben, im Laufe des Jahres erscheinen mehr als dreitausend Artikel. Mehr aber noch als das Geschehen selbst beschäftigte die Autoren eine Frage: Wie konnte ein guter, allwissender, allmächtiger und vernünftiger Gott ausgerechnet am Allerheiligentag seine eigenen Gläubigen wahllos und grausam zu Tode kommen lassen?

Mit bewundernswertem Einfallsreichtum machten sich die Denker Europas daran, das verheerende Naturereignis in Gottes Plan hineinzuerklären. Jean-Jacques Rousseau zeigte sich entsetzt, dass Menschen in ihrer Dummheit Gott beschuldigen, anstatt sich selbst, da sie darauf bestehen, sich in Städten zusammenzurotten. Fromme Kommentatoren glaubten darauf hinweisen zu müssen, dass das Rotlichtviertel von Lissabon direkt am Hafen lag und Gott offensichtlich die Sünder bestrafen wollte, andere sahen das Erdbeben in einem noch größeren historischen Kontext als eine Strafe für die Verderbtheit des Christentums, wieder andere zitierten den Engländer Thomas Burnet, der schon 1684 beschrieben hatte, dass Katastrophen notwendig sind, um den Menschen an die »Emblems and Passages of Hell« zu erinnern und gleichzeitig das brodelnde Innere der Erde zu entlasten und so größere Katastrophen zu verhindern.

Viele ihrer Zeitgenossen aber konnten und wollten ihnen nicht folgen. Wenn kleine Kinder und fromme Christen buchstäblich vom Erdboden verschluckt und vom Kirchendach erschlagen wurden, dann war es Zeit für ein fundamentales Umdenken. Dabei schieden sich die Geister besonders an der Rolle Gottes im neuen, vernunftzentrierten Universum des aufgeklärten Denkens – eine Debatte, die nie nur theologisch geführt wurde, sondern immer auch politische Implikationen hatte, weil sich die Macht auf Gottes Gnade berief.

Immanuel Kant, damals ein junger Mann, der nach einem Job an der Universität angelte, vertrat in seinem ersten längeren Werk, *Allgemeine Naturgeschichte und Theorie des Himmels* (1755), die Position, dass gelegentliche Katastrophen der Preis eines schöpferischen Universums sind, kaum mehr als kosmische Betriebsunfälle, wie die zahllosen Insekten und Blumen, die durch einen einzigen Nachtfrost vernichtet werden, ohne die Natur ärmer zu machen:

> Die schädlichen Wirkungen der angesteckten Luft, die Erdbeben, die Ueberschwemmungen vertilgen ganze Völker von dem Erdboden; allein es scheinet nicht, daß die Natur dadurch einigen Nachteil erlitten habe. Auf gleiche Weise verlassen ganze Welten und Systemen den Schauplatz, nachdem sie ihre Rolle ausgespielet haben. ... Indessen, daß die Natur mit veränderlichen Auftritten die Ewigkeit auszieret, bleibt Gott in einer unaufhörlichen Schöpfung geschäftig, den Zeug zur Bildung noch größerer Welten zu formen.[62]

Kant hatte sich ein argumentatives Wagnis vorgenommen. Es ist leicht, aus der Harmonie und Schönheit der Natur auf einen Schöpfer zu schließen, aber wie ist es mit Katastrophen wie einem Erdbeben? Widerlegen sie die Idee eines guten Gottes, oder können auch sie in den großen Plan integriert werden? Ja, lautete seine Antwort, für die er alle nur erdenklichen modernen und antiken Autoritäten zitierte. Die Schöpfung ist unendlich und ihr Zweck unergründlich aus der Perspektive kleiner menschlicher Sorgen und Bedürfnisse. Welten und Galaxien formen sich, Schöpfung und Zerstörung wachsen zu immer größerer Vollkommenheit. Daraus zog der junge Gelehrte, der aus einem streng pietistischen Hause stammte, den Schluss:

> Laßt uns also unser Auge, an diese erschreckliche Umstürzungen als an die gewöhnlichen Wege der Vorsehung gewöhnen, und sie sogar mit einer Art von Wohlgefallen ansehen.[63]

Die einzige Dissonanz in diesem Chor der akrobatischen Rechtfertigungen kam von Voltaire, der in seinem großen *Poème sur le désastre de Lisbonne* (Gedicht über die Katastrophe von Lissabon) nicht nur mit den Apologeten abrechnete, sondern auch mit der von Leibniz vertretenen Theorie, dass diese Welt notwendigerweise die beste aller Welten sei und daher alles menschliche Leid nur daher rühre, dass Menschen die tatsächlichen, inneren Zusammenhänge der Schöpfung nicht verstehen können, ein Thema, das der zynische Moralist Voltaire in seinem Roman *Candide* wieder aufnehmen sollte.

Aus Voltaires wütender Reaktion auf die Diskussion über Lissabon ließ sich allerdings weder Zynismus noch sein normaler, amüsierter Abstand wahrnehmen. In seinen Versen greift er Frömmler aller Couleurs an, die es wagen, zu rufen »Tout est bien«:

> Sagt ihr zu den halb erstickten Schreien ihrer sterbenden Stimmen,
> Zum schrecklichen Anblick ihrer rauchenden Asche:
> »Dies ist die Konsequenz eines ewigen Gesetzes,
> das ein freier und guter Gott geschaffen hat?«
> Sagt ihr zu dieser Menge von Opfern:
> »Gott hat sich gerächt, ihr Tod ist der Preis ihrer Sünde«?[64]

Es ist bemerkenswert, wie stark diese Kontroverse den Dichter persönlich aufwühlte. Sie inspirierte ihn zu seinen dunkelsten Momenten, die sich lesen, als wäre er ein direkter Vorgänger von Sartre oder Camus:

> Der Mensch ist sich selbst ein Fremder und bleibt dem Menschen unbekannt
> Wer bin ich, wo bin ich, wohin gehe ich, und woher komme ich?
> Gequälte Atome im Schlamm der Welt,
> Die vom Tod geschluckt werden, deren Schicksal sich entscheidet ...

In seinen *Ideen zur Philosophie der Geschichte der Menschheit* (1781) resümierte Johann Gottfried Herder die Debatte mit etwas Abstand. Als christlicher Dichter und Prediger war er selbst ein Mann Gottes, sah ihn aber als eine rein ethische Größe, die nicht eingreift in den blinden Lauf der Natur:

> Es war ein unphilosophisches Geschrei, das Voltaire bei Lissabons Sturz anhub, da er beinah lästernd die Gottheit deswegen anklagte. Sind wir uns selbst nicht und alle das Unsere, selbst unsern Wohnplatz, die Erde, den Elementen schuldig? Wenn diese, nach immer fortwirkenden Naturgesetzen, periodisch aufwachen und das Ihre zurücke fordern; wenn Feuer und Wasser, Luft und Wind, die unsere Erde bewohnbar und fruchtbar gemacht haben, in ihrem Lauf fortgehn und sie zerstören ... was geschähe anders, als was nach ewigen Gesetzen der Weisheit und Ordnung geschehen mußte? Sobald in einer Natur voll veränderlicher Dinge Gang sein muß, so bald muß auch Untergang sein, scheinbarer Untergang nämlich, eine Abwechselung von Gestalten und Formen. Nie aber trifft dieser das Innere der Natur, die, über allen Ruin erhaben, immer als Phönix aus ihrer Asche ersteht und mit jungen Kräften blüht. Schon die Bildung unseres Wohnhauses und aller Stoffe, die es hergeben konnte, muß uns also auf die Hinfälligkeit und Abwechselung aller Menschengeschichte bereiten; mit jeder nähern Ansicht erblicken wir diese mehr und mehr.[65]

*

Lissabon wurde zum Synonym für die analytische Schwäche der rationalen Religion. Zumindest für die gebildete Elite wurde das Erdbeben von 1755 zu einem Geistesbeben. Die Konsequenzen dieser mentalen Erschütterung reichten von den politischen Reformen, die der aufklärerische Marquis de Pombal in Lissabon durchsetzte, bis hin zu einer intellektuellen Verunsicherung, die denkende und lesende Menschen überall dazu herausforderte, das Verhältnis zwischen Natur und Religion neu zu überdenken. Das Erdbeben von Lissabon polarisierte die öffentliche Debatte um das Verhältnis zwischen Mensch und Natur, das im Zuge neuer und spektakulärer wissenschaftlicher Erfolge ins Wanken geraten war.

Die Mehrzahl der Autoren, die über dieses Verhältnis schrieben, taten es mehr oder minder explizit, um Religion und Wissenschaft miteinander zu versöhnen, auch wenn dafür ein immer weiterer theologischer Spagat nötig war. Hier ist das theologische Denken innerhalb der Aufklärung offensichtlich. Wesentlich wichtiger aber war der tiefere Einfluss der Theologie auf das aufgeklärte Projekt selbst.

Praktisch alle Aufklärer (mit Ausnahme von wenigen Juden) waren durch christliche Institutionen und durch Priester oder Mönche erzogen worden und hatten zum Teil intensive theologische Ausbildungen genossen, weil Schulen wie die der Jesuiten für begabte Jungen der einzige Pfad zu einer höheren Bildung war. Für Mädchen bestanden solche Möglichkeiten kaum, die wenigen Frauen, die sich in der Aufklärung einen Namen machten, von Madame d'Épinay bis hin zu Mary Wollstonecraft, kamen aus wohlhabendem Hause und wurden privat erzogen. Es ist daher auch nicht überraschend, dass auch Argumente und Denkmuster der Aufklärer von solchen theologischen Strukturen durchzogen sind.

Trotzdem waren Forderungen und Folgerungen auch der moderaten Aufklärer für ihre Zeit gewagt, weil sie mit ihren philosophischen, historischen und wissenschaftlichen Argumenten immer auch politische Macht in Frage stellten. Schließlich leitete sowohl die Aristokratie als auch die Kirche ihre Legitimität von einem göttlichen Mandat und der göttlichen Gnade her (auch die calvinistischen Reichen hatten gelernt, ihren Reichtum als Beweis der Gnade Gottes anzusehen, was ihnen gleichzeitig auch erlaubte, sich nicht für die Armen verantwortlich zu fühlen). Jedes Argument also, das Gottes Ordnung in Frage stellte und die Autorität des Wissens und der Moral von Thron und Kirche entfernte, war an sich schon ein Akt der Revolution.

Während die etablierten Mächte die Energie des aufgeklärten Denkens mit großem Misstrauen beäugten, sprachen die Argumente der Aufklärer umso mächtiger zum Bürgertum, den Akteuren der industriellen Revolution, der gelehrten Debatte, der Wissenschaft, des Handels, der politischen und sozialen Zirkel. Das Bürgertum konnte seinen Anspruch auf Mitsprache und politische Macht nicht auf Herkunft oder Bibel gründen, dafür aber auf sehr alte philosophische Argumente, die im Laufe dieser sozialen Revolution wieder an Brisanz gewonnen hatten, nämlich das Recht auf Freiheit und der menschlichen Gleichheit.

Diese Prinzipien sind so stark im Denken moderner Menschen verankert, dass sie als selbstverständlich angesehen werden. Im 17. Jahrhundert waren sie ein moralischer Skandal. Jeder anständige Mensch wusste, dass es eine natürliche Hierarchie gab zwischen Christen und Heiden, Aristokraten und Bauern, Männern und Frauen, »zivilisierten« und »primitiven« Völkern. Die Behauptung der menschlichen Gleichheit war ein Anschlag auf die natürliche Ordnung der Gesellschaft. Die göttliche Ordnung wurde als strikte Hierarchie abgebildet.

Sogar der junge Immanuel Kant war sich seiner theologischen Sache so sicher, dass er in der Vorrede seines ersten längeren Aufsatzes, *Allgemeine Naturgeschichte*, zugab, nichts könne seine Meinung ändern, sogar wenn ihm jemand beweisen würde, dass das Universum nichts als »ihren allgemeinen Bewegungen überlassene Materie« und »blinde Mechanik der Naturkräfte« enthält und so zu ihrer Form kommen konnte. »Wenn ich diesen Vorwurf gegründet fände«, schrieb er, »so ist die Ueberzeugung, die ich von der Unfehlbarkeit göttlicher Wahrheiten habe, bey mir so vermögend, daß ich alles, was ihnen widerspricht durch sie vor gnugsam widerlegt halten und verwerfen würde.«[66]

Kein Beweis sollte genug sein, um Kant umzustimmen, wenn es um die göttliche Vorsehung ging. Kant selbst wandelte seine Position im Laufe seines Denkerlebens erheblich, aber der Schatten der Theologie sollte auch aus seinen gewagtesten Gedanken nie ganz verschwinden. Seine Erkenntnistheorie besagte, dass wir von der physischen Welt nur wissen können, was sie uns mitzuteilen bereit ist und wofür wir Sinne haben, nämlich die Phänomene. Hinter diesen, so orakelte der Königsberger Gelehrte, verbargen sich die »Dinge an sich«.

Dies ist die Ambivalenz der Aufklärung. Einerseits brachte Kant seine Zeitgenossen zur Verzweiflung, weil seine Philosophie erklärte, dass es unmöglich war, jemals mittels der sinnlichen Erfahrung etwas von der »Essenz« der Welt wahrzunehmen und also auch von einer erhofften spirituellen Wahrheit, von Gott. Andererseits aber schuf Kant, ähnlich wie Descartes vor ihm mit seiner »res cogitans«, einen Raum, in dem das Mysterium und der Schöpfer Platz hatten, und der sich niemals mit der Wissenschaft berühren würde.

Obwohl Kant selbst zugab, dass sein Modell der Welt atomistisch war wie das von Lukrez und deshalb eigentlich in seiner Materie keinen Platz für Gott übrigließ, hatte er ihm in den »Dingen an sich« eine letzte Zuflucht geschaffen und gleichzeitig auf einem technisch und analytisch virtuosen Niveau ein Spiegelbild der platonischen Idee geschaffen, dass hinter der Welt der Phänomene noch eine zweite und eigentlich wahre zu finden sei. Der kompromisslose Schotte David Hume, in diesen Fragen Kants großes Vorbild, hatte den »wahren« Bereich hinter den Phänomenen einfach weggelassen und daraus geschlossen, dass wir nie mit etwas anderem umgehen können als mit Erscheinungen und keinen berechtigten, logischen oder empirischen Grund zu der Annahme haben, dass hinter ihnen etwas anderes besteht – aber bei diesem Gedanken fröstelte es den Königsberger.

In gewisser Weise konnten Kant und andere Denker der Aufklärung der Falle nicht entkommen, die er selbst in seinem populären Aufsatz »Was ist Aufklärung?« so beschrieben hatte:

> Es ist also für jeden einzelnen Menschen schwer, sich aus der ihm beinahe zur Natur gewordenen Unmündigkeit herauszuarbeiten. Er hat sie sogar lieb gewonnen und ist vor der Hand wirklich unfähig, sich seines eigenen Verstandes zu bedienen, weil man ihn niemals den Versuch davon machen ließ. Satzungen und Formeln, diese mechanischen Werkzeuge eines vernünftigen Gebrauchs oder vielmehr Mißbrauchs seiner Naturgaben, sind die Fußschellen

einer immerwährenden Unmündigkeit. Wer sie auch abwürfe, würde dennoch auch über den schmalsten Graben einen nur unsicheren Sprung tun, weil er zu dergleichen freier Bewegung nicht gewöhnt ist.[67]

Die »beinahe zur Natur gewordene Unmündigkeit«, die Fesseln, an die der Geist so gewöhnt ist, dass er ohne sie weniger weite Sprünge machen kann als mit ihnen – Kant schrieb wohl auch aus eigener Erfahrung. Er selbst hatte sich losgemacht vom strikten Glauben seiner Eltern, ein persönlich und intellektuell revolutionärer, vor allem aber ein moralischer Akt der persönlichen Selbstermächtigung. Und doch war seine Bindung mit der Religion noch in seiner berühmten Definition enthalten, mit der dieser schöne Text beginnt: Aufklärung ist der Ausgang des Menschen aus der selbstverschuldeten Unmündigkeit.

Kant selbst stellt sofort die Frage, warum die Unmündigkeit selbstverschuldet sei, aber seine Antwort, dass Menschen sich eben ihres Verstandes nicht bedienen und ihre konventionelle Denkwelt vorziehen, kann nicht wirklich überzeugen. Viel eher spielt hier seine religiöse Erziehung eine Rolle, denn er kam aus einer pietistischen Familie, also einer protestantischen Bewegung. Die Pietisten praktizierten auch die Erwachsenentaufe, weil erst sie den göttlichen Auftrag erfüllen konnten, aus ihrer Unwissenheit zu treten und Gott anzuerkennen. Wer das versäumte, lud Schuld auf sich und konnte nicht erlöst werden.

Mit einem wachen Auge auf die Theologie (die zwischen den Konfessionen keineswegs einheitlich war und ihre Kinder unterschiedlich prägte) erscheint auch die aufgeklärte Vernunft in einem neuen Licht – oder vielmehr in einem alten. Die Vernunft wurde zwar dem Glauben und besonders dem Aberglauben entgegengesetzt, ähnelte aber selbst einem zentralen theologischen Konzept wie ein Ei dem anderen. Die Vernunft war für Aufklärer wie Kant der edle, immaterielle Teil des Menschen, die es zu emanzipieren und der es zu folgen galt, um irrationale körperliche Lüste und Bedürfnisse in Individuen und ganzen Gesellschaften zu kontrollieren und zu überwinden.

Ganz offensichtlich ähnelt dieser Mechanismus der christlichen Seele, die auch nur dann befreit werden kann, wenn Lust und Instinkt in klassisch neoplatonischer Geste unterdrückt oder sublimiert und ihrer Rettung untergeordnet werden – die Herrschaft über die eigene, inakzeptable und daher schuldhafte innere Natur. Wenn aber die gute alte Seele hinter den aufwändig gemalten Kulissen des aufgeklärten, rein rationalen Denkens wieder ihre Nase hervorstreckt, dann stellt sich die Frage, wie viel vom Körper des theologischen Denkens und längst vergessen geglaubter Diskussionen sich noch hinter diesem Bühnenbild verbirgt.

Getragen vom Optimismus der neuen Wissenschaften, ritten die Aufklärer auf der Welle des Fortschritts und der unendlichen Verbesserbarkeit der Welt. Für ein lesendes Publikum – sogar für Professor Kant – war die Vision einer Geschichte, die ihrer Vollkommenheit entgegenging, nicht nur angenehm und schmeichelhaft, sie entsprach auch den religiösen und philosophischen Ideen und Narrativen, mit denen sie aufgewachsen waren. Fortschritt als Heilsgeschichte: Es war einfacher, einer alten Idee einen ungewohnten Namen zu geben, als eine ungewohnte Idee zu Ende zu denken. »All men of the Enlightenment were cuckoos in the Christian nest«, beobachtete Peter Gay.[68] Aber vielleicht waren sie gar keine Kuckuckseier, die der Kirche untergeschoben wurden, vielleicht sahen sie sich selbst als viel fremder, viel andersartiger, als sie im Rückblick scheinen.

Immer mehr Theologie purzelt aus den Kulissen der moderaten Aufklärung. Eines der am intensivsten debattierten Konzepte in der christlichen Theologie ist die Willensfreiheit, denn einerseits kann es keine Sünde und daher keine Vergebung geben, wenn der Mensch nicht frei ist, zu sündigen, andererseits aber ist es schwer, diese Freiheit mit der Allmacht Gottes zu vereinbaren. Auch in der Aufklärung gibt es eine solche Diskussion, bei der auf der einen Seite die Materialisten stehen, die das ganze Universum als Uhrwerk begriffen und Willensfreiheit in einer mechanistischen Welt für sinnlos hielten, auf der anderen die Verfechter der ethischen Freiheit, die an ihr festhielten, weil es anders keinen Ausgang aus der selbstverschuldeten Unmündigkeit geben konnte.

Die Dualität von Körper und Seele, die Dinge an sich, die Vernunft, der Fortschritt, die Willensfreiheit – immer wieder finden sich in der Aufklärung Motive, die auf eine lange christliche Tradition verweisen und die, wie bei Kant, oft scheinbar unreflektiert als Grundannahmen für das eigene Denken übernommen wurden. Das letzte wichtige Motiv in dieser Reihe ist die Stellung des Menschen außerhalb der Natur, als deren Herrscher. Bacon und Descartes hatten den argumentativen Boden dafür bereitet. Im 18. Jahrhundert wurde die wissenschaftliche Naturbeherrschung nicht nur zur Straße, die zu einem neuen Jerusalem führen würde, sondern auch zur Frohen Botschaft ganzer Gesellschaften.

Ein Werk der Natur

Die Idee des Menschen als Unterwerfer der Natur im göttlichen Auftrag, des tugendhaften Menschen, der sich zur Not mit Gewalt Raum und Ressourcen verschaffte, um den Willen Gottes oder der Vorsehung zu erfüllen, war auch bei Gründung der Vereinigten Staaten von Amerika und der damit einhergehenden Landnahme von entscheidender Bedeutung. Schon John Winthrop (1587/88–1649), der erste Gouverneur der Massachusetts Bay Colony, hatte den theologischen Rahmen dafür geschaffen. Das Land »liegt ohne Besitzer und wurde nie gedüngt oder unterworfen und gehört jedem, der es besitzen und verbessern will«.[69] Auch der Pfarrer John Cotton argumentierte, dass erst die Kultivierung des Landes es wirklich zum Besitz mache. Ohne Landwirtschaft seien die Prärien und Gebirge des Kontinents nichts als »leere Erde«.

Mehr als ein Jahrhundert später reflektierte Thomas Jefferson über das Schicksal der indigenen Völker. Die »melancholische Fortsetzung« ihrer Geschichte, so notierte er, sei der Zusammenbruch ihrer Bevölkerung auf ein Drittel, verglichen mit der Zeit, als die Europäer angekommen waren. »Spirituosen, die Pocken, Krieg und eine Verkleinerung des Territoriums, hat unter einem Volk, das hauptsächlich von den spontanen Produkten der Natur lebte, schreckliche Verwüstungen angerichtet.«[70]

Jefferson fügte an, dass die Landkäufe nicht durch Eroberung, sondern ganz legal zustande gekommen waren. Trotzdem bestehe ein Stamm jetzt nur noch aus »drei oder vier Männern, und sie haben mehr afrikanisches als indianisches Blut in sich«. Ihre Ländereien zählten nicht mehr als zwanzig Hektar. Jefferson wusste auch, wer für diesen traurigen Zustand verantwortlich war: Die indigenen Ureinwohner hatten sich selbst zu freiwilligen Sklaven gemacht.

Solche offiziellen Positionen machten aus der Verdrängung und Ausrottung anderer Kulturen einen moralischen Auftrag und verbanden auf glückliche Weise das ethisch Gute mit dem wirtschaftlich und politisch Nützlichen. Natürlich gab es auch Zeitgenossen, die das westliche, kirchlich gesegnete Projekt der Landnahme und der Unterwerfung anderer, »weniger zivilisierter« und »im Naturzustand verharrender« Gesellschaften von Anfang an ablehnten und kritisierten und die ihre eigene Gegenwart mit bemerkenswerter moralischer Klarsicht beschrieben.

Der satirische Romancier Jonathan Swift malte ein Bild von kolonialen Eroberungen, das er selbst vielleicht für überzeichnet hielt, das aber tatsächlich eine Wahrheit schildert, die aus vielen historischen Zeugnissen spricht. Ein Piratenschiff wird von seinem Kurs abgetrieben und entdeckt zufällig eine Insel:

> Sie landen, um zu rauben und zu plündern. Sie finden ein gutes unschuldiges Dorf, welches sie freundlich behandelt. Sie geben dem Lande einen neuen Namen; nehmen es für ihren König förmlich in Besitz; richten ein wurmstichiges Brett, oder einen Stein zum Denkmal auf; ermorden zwei oder drei Duzend von den Einwohnern; bringen einige zum Muster mit Gewalt auf das Schiff; segeln wieder nach Hause, und erhalten ihren Pardon. Hier nun fängt sich eine neue Herrschaft an, die man *sub titulo juris divini* erworben hat. Man sendet bei erster Gelegenheit Schiffe dahin; die Eingeborenen des Landes werden verjagt oder vertrieben; ihre Fürsten gefoltert, damit sie ihre Schätze hergeben; man erteilt volle und ungehinderte Freiheit, alle Arten von Grausamkeit und Mutwillen zu verüben; das Land überfließt von dem Blute der Einwohner. Und dann heißt diese, zu einer so heiligen Expedition gebrauchte verfluchte Hetzerbande heut zu Tage, eine zu Bekehrung und Zivilisierung einer abgöttlichen und wilden Nation abgeschickte Kolonie.[71]

Swifts beißende Ironie ist ein Beispiel unter vielen, dass Herrschaftsdenken und Rechtfertigungen für brutale Unterdrückung schon im 18. Jahrhundert (und davor) auch einige Zeitgenossen gegen sich aufbrachte. In Frankreich argumentierte und polemisierte Denis Diderot leidenschaftlich gegen Kolonialismus, musste das aber anonym im Buch eines anderen, weniger berühmten Kollegen tun, um der Zensur zu entgehen, denn

Stimmen gegen das Staatsinteresse in den immer umkämpften Kolonien wurden nicht geduldet.

Andere Positionen waren öffentlichkeitswirksam, aber zutiefst verlogen. Der im Schweizer Exil lebende Voltaire schrieb bewegend darüber, dass an jedem Sack Zucker Sklavenblut klebte, was ihn als Investor allerdings nicht davon abhielt, inebendiese Zuckerplantagen zu investieren. Trotzdem aber ließ sich die öffentliche Meinung, die in immer mehr billigen Publikationen und Zeitungen Niederschlag fand, kaum noch effizient kontrollieren. Die Cafés und Tavernen von Paris, London und Neapel waren voller mehr oder weniger zwielichtiger Gestalten, Hauslehrer, Journalisten, Polemiker, Materialisten und hungriger Abbés, deren klarsichtiger Zynismus im Hinblick auf Macht oft aus eigener, leidvoller Erfahrung mit Polizei und Zensur geboren war. Diese Figuren bildeten die gärende Masse der Debatte und der Opposition, die ein Teil europäischer Gesellschaften wurde und aus deren lichtlosen Winkeln einige der wichtigsten *lumières* getreten waren. Dieser anarchische Hintergrund ist auch reflektiert in einer Anarchie der Meinungen, die erst in der öffentlichen Debatte durch die Formierung von Lagern und die Gestaltung von Karrieren wieder in gewisse Bahnen geleitet wurden.

Bei der Auseinandersetzung mit diesen philosophischen Debatten sollte man immer daran denken, dass in Gesellschaften, die von Zensur und Inquisition überwacht wurden, öffentlich geäußerte Meinungen ein persönliches Risiko darstellten, dass sie im schlimmsten Fall eine Existenz vernichten konnten. Die Vielfalt der Positionen reduzierte sich notwendigerweise drastisch, wenn sie mit Namen und gepudertem Gesicht und königlichem Druckprivileg an die Öffentlichkeit treten wollte.

Trotzdem bestand eine erstaunliche Bandbreite an Möglichkeiten, das Verhältnis zwischen Menschen und ihrer natürlichen Umgebung, zwischen »Kultur« und »Natur« neu zu denken. Solche Positionen hatten oft keine Funktion in Debatten, die stark auf die Rechtfertigung bestehender Strukturen und religiöser Dogmen angelegt waren, aber sie formten eine eigene, klandestine Landschaft, deren wichtigste Gipfel sich nicht in offiziell verlegten philosophischen Werken fanden, sondern in Romanen, Geschichten und Theaterstücken, in persönlichen Briefen und hinter den verschlossenen Türen der Salons.

Die Aufklärung war nie eine philosophische Schule mit eigenem Katechismus, auch wenn sie im 19. und 20. Jahrhundert häufig so beschrieben wurde. Sie war überhaupt nie einheitlich in ihrem Denken, oder den Themen ihrer leidenschaftlichsten Debatten, die sich oft von Land zu Land und Sprache zu Sprache unterschieden. Sie war immer ein Programm, auf dessen Inhalt sich niemand wirklich einigen konnte, eine Ambition mit unbestimmtem Ziel. Vor allem aber war sie von zahllosen Widersprüchen durchzogen, oft sogar im Werk eines einzigen Denkers. Es war eine lebendige Debatte, die mitten im Wachstum begriffen war und ihre Energien nicht immer kontrollieren konnte.

Die moderate Aufklärung, die an einer Form von Schöpfer oder einem höchsten Wesen festhielt, bot den Autoritäten wenige Angriffsflächen. Sie kam aus dem Bürgertum (mit Ausnahme von Aristokraten wie Montesquieu oder dem Comte de Buffon) und dachte in Figuren und Bildern, die für liberale Bürger nicht nur akzeptabel waren, sondern auch Argumente für ihre eigenen Ambitionen und Haltungen lieferte. Druckereien in ganz Europa und Amerika belieferten einen florierenden Markt mit physico-theologischen Traktaten, kurzen Büchlein für Damen, erbaulichen Gedichten und mehrbändigen wissenschaftlichen Abhandlungen, die keinen Aufwand scheuten, um immer aufs Neue zu beweisen, dass es keinen Widerspruch zwischen Wissenschaft und Religion gab, dass die Religion alle Wissenschaft bereits enthielt und prophezeit hatte, dass die Religion ein Produkt der Vernunft selbst ist, etc. Diese Aufklärung suchte den Frieden mit dem religiösen Dogma und konstruierte die abenteuerlichsten Brücken, um eine Koexistenz möglich zu machen, so wie es Descartes vorgedacht hatte: Die Wissenschaft kümmert sich um die *res extensa*, die Religion (und, wenn sie brav ist, die Philosophie) behält die beseelte *res cogitans* für sich, aller Konflikt ist ausgeschlossen.

Natürlich verliefen diese Debatten über die Beziehung zwischen Menschen und Natur und das Wesen der Natur selbst nie so sauber, so reibungslos. Natürlich war es nicht möglich, die Wissenschaft von der Religion zu trennen. Schon die Flut der archäologischen Funde und wissenschaftlichen Arbeiten verbat das. Gegen 1770 waren so viele Fossilien entdeckt worden, so viele gut erhaltene fossile Meeresböden, die jetzt in Gebirgen weit im Inland lagen und darauf hindeuteten, dass Landmassen einmal von Ozeanen bedeckt gewesen und von unbekannten, ausgestorbenen Tieren und Pflanzen bewohnt waren, dass allein die Gesteinsschichten über diesen fossilen Meeresböden es unmöglich machten, von einem Erdalter von sechstausend Jahren auszugehen, und gleichzeitig nahelegten, dass die Schöpfung nicht, wie in der Bibel beschrieben, nach sechs Tagen abgeschlossen war, sondern ein sich noch immer vollziehender, offener Prozess ist.

Trotz aller Versuche, das Gegenteil zu beweisen, waren diese wissenschaftlichen Resultate eine direkte Bedrohung der religiösen Wahrheit, und andere Ergebnisse aus Forschungsfeldern wie der vergleichenden Anatomie, der Zoologie, der Beschreibung von bislang unbekannten Völkern, Tieren, Pflanzen und ganzen Kontinenten, stellten die offizielle Wahrheit der Fakultäten und Kanzeln in Frage.

Während die Autoren, die Jonathan Israel etwas verächtlich, aber nicht unrichtig zum »moderaten Mainstream« zählt, mehr oder weniger extreme Verrenkungen vollführen mussten, um ihre Bibeltreue mit den neuesten wissenschaftlichen Erkenntnissen (oder andersherum) in Einklang zu bringen, gab es immer auch andere, die viel radikalere Schlüsse zogen. Die Wiederentdeckung des römischen materialistischen Philosophen Lukrez in der Renaissance trug dazu ebenso bei wie die unideologische Klarsicht eines Michel de Montaigne, die Ethik eines Baruch de Spinoza und der *Dictionnaire* des französischen Freigeistes Pierre Bayle, der Ende des 17. Jahrhunderts erstmals (und vorgeblich, um sie zu verdammen) mehrere »ketzerische« Denker und ihre Argumente einer kleinen Öffentlichkeit zugänglich machte.

Es gab Anknüpfungspunkte für andere Arten, über das Verhältnis von Mensch und Natur nachzudenken, und im 18. Jahrhundert wagte eine neue Generation den intellektuellen Aufbruch in eine Terra incognita, die mit keinem Schiff erreicht und von keiner Armee kolonisiert werden konnte: die unbekannte Landschaft einer Welt aus Materie und Bewegung, ohne Schöpfer, ohne Hierarchie und ohne Ziel. Diese Gedanken hatten genug Sprengkraft, um ganze Welten einstürzen zu lassen – sie haben es noch.

Der etwa neunzehnjährige David Hume erlitt einen Nervenzusammenbruch, als er sich der Tragweite seiner eigenen Ideen bewusst wurde, und glaubte, von nun an »wie ein Aussätziger« leben zu müssen. Der berüchtigte Autor des materialistischen Traktats *L'homme machine*, Julien Offray de la Mettrie, hatte jahrelang Theologie studiert, um Priester zu werden, ein Vorhaben, das auch Denis Diderot als Jungen aus der Provinz nach Paris gebracht hatte. Jean-Jacques Rousseau konvertierte vom Calvinismus zum Katholizismus und zurück, mehrere Autoren subversiver Werke wie Guillaume Raynal oder Ferdinando Galiani hatten die niederen Weihen der Kirche empfangen, nannten sich Abbé, und die bitterste aller atheistischen Zertrümmerungen der Kirche und der Religion überhaupt stammte aus der Feder des Priesters Jean Meslier. Sein *Testament des Jean Meslier* konnte nicht gedruckt werden, zirkulierte aber in Manuskriptform unter Intellektuellen wie Samistad-Literatur in der Sowjetunion.

Nur wenige brachten einerseits den Mut auf, zu solchen, von der Gesellschaft geächteten Überzeugungen zu stehen und mit den gelegentlich drastischen Konsequenzen zu leben, und die andererseits ihre Argumente auch publik machen konnten, denn über viele Jahrhunderte hinweg kennen wir abweichende Meinungen in der Gesellschaft hauptsächlich aus den Gerichtsakten von Ketzerprozessen. Diese Aussagen, nicht selten unter Folter entstanden, gehören zu den wenigen Quellen unterschiedlicher Denkweisen in der Geschichte vom christlichen Europa. Es sind oft isolierte und nicht philosophisch ausgearbeitete Weltsichten, die da von den Angeklagten artikuliert wurden, viele von ihnen waren einfache Menschen oder hatten Zugang zu klandestiner Literatur, aber auch das Denken der Europäerinnen war breiter gefächert, als es die Bibliotheken voller theologischer und vom Zensor zum Druck freigegebene Bände glauben machen wollen.

Das radikale Denken, das in der zweiten Hälfte des 18. Jahrhunderts besonders in Paris entstand, entwarf ein Weltbild, das als so gefährlich und subversiv angesehen wurde, dass der bloße Besitz eines Buches ein Todesurteil sein konnte; man denke an den armen Chevalier de la Barre, der 1766 im Alter von 21 Jahren grausam hingerichtet wurde, weil die Polizei in seinem Zimmer Voltaires *Dictionnaire philosophique* gefunden hatte. Der zweifellos wichtigste dieser Autoren, der deutschstämmige Franzose Paul Henry Thiry d'Holbach (1723–1789), konnte seine großen und mit einer gewissen Sturheit geschriebenen philosophischen Bulldozer überhaupt nur publizieren, weil er seine Manuskripte durch einen Kopisten anonymisiert von Paris nach Amsterdam schmuggeln ließ, wo sie in einem wesentlich liberaleren Klima unter falschem Namen gedruckt und in Heuballen und Heringsfässern versteckt nach Frankreich zurückimportiert wurden.

Es ist nicht schwer zu sehen, warum Holbachs Denken eine solche Bedrohung darstellte. In seinem Hauptwerk *Système de la nature* lässt er keinen Raum, in dem sich ein noch so sehr ins Metaphorische verblasster Gott verstecken kann. In der deutschen Übersetzung von 1791 heißt es ganz zu Anfang: »Der Mensch ist nur darum unglücklich, weil er die Natur verkennt. Sein Geist ist so sehr von Vorurteilen angesteckt, dass man glauben sollte, er sei für immer zum Irrtum verdammt.«[72] Den Menschen seien von Kindheit an die Augen verbunden worden. Holbach macht es zu seiner Aufgabe, diese Augenbinde abzureißen.

> Der Mensch ist das Werk der Natur; er existiert in der Natur; er ist ihren Gesetzen unterworfen, er kann sich davon nicht befreien; sogar in seinen Gedanken kann er sich nicht über sie hinaus erheben; vergeblich versucht sein Geist sich über die Grenzen der sichtbaren Welt hinaus zu schwingen, er ist immer gezwungen, zu ihr wieder zurückzukehren. Für ein, von der Natur gebildetes und von ihr umschränktes Wesen existiert außer dem großen Ganzen, wovon es einen Teil ausmacht und dessen Einfluss es wahrnimmt, nichts. Diejenigen Wesen, von welchen man glaubt, dass sie über die Natur erhaben, und von ihr selbst verschieden sind, werden immer Chimären sein, von welchen richtige Begriffe uns zu machen, uns immer eben so unmöglich fallen wird, als von dem Orte, welchen sie einnehmen, und von der Art, auf welche sie wirken. Außer dem Kreise, der alle Wesen einschließt, gibt es nichts, und kann es nichts geben.[73]

Holbachs etwas hämmernde Diktion wird auf über 700 Seiten zur Herausforderung, aber die immens hohen Auflagen, die seine Werke trotz oder wegen der strengen Zensur schon im 18. Jahrhundert erreichten, machen ihn zu einem der einflussreichsten Denker seiner Zeit. Von einem

Onkel hatte er ein Vermögen geerbt und hatte deswegen seinen erlernten Beruf als Anwalt nie ausgeübt. Stattdessen schrieb er verbotene Bücher, half diskret Künstlern und Autoren in Not, ließ Werke, die er für interessant hielt, auf eigene Kosten übersetzen und hielt einen der wichtigsten Salons seiner Zeit.

Die brillantesten Köpfe der Epoche gingen hier ein und aus, vom literarischen Fixstern Denis Diderot über den Schotten David Hume bis zu dem Neapolitaner Ferdinando Galiani. Jean-Jacques Rousseau war ein regelmäßiger Gast, bevor er sich mit seinen alten Freunden überwarf, der Zoologe Georges-Louis Leclerc de Buffon, die intellektuelle Salonière Madame de Geoffrin und eine starke Deputation von jenseits des Ärmelkanals, unter ihnen der Moralphilosoph Adam Smith, der Schauspieler, Wiederentdecker von Shakespeare und Weinhändler David Garrick und der Schriftsteller Lawrence Sterne.

Der Gastgeber versammelte eine erstaunliche Galaxie von Geistern in seinem eleganten, aber simplen Stadthaus unweit des Louvre und bot ihnen einen Ort für Debatten ohne die Polizeispitzel, die draußen lauerten, eine Gesellschaft, in der über alles diskutiert werden durfte, und wurde. Unter den Anwesenden waren Gelehrte und Wissenschaftler, von denen einige auch Autoren der von Diderot herausgegebenen *Encyclopédie* waren, die den Ehrgeiz hatte, das gesamte nützliche Wissen ihrer Zeit zu versammeln. Dies Unterfangen war zum Scheitern verurteilt, wie Diderot sehr wohl wusste, aber es hatte nicht nur eine enorme Symbolwirkung – es zahlte auch seine Miete.

Holbachs Wohlstand erlaubte ihm, ganz seine intellektuelle Leidenschaft auszuleben und Werke zu verfassen und Ideen in Umlauf zu bringen, die weniger privilegierte Zeitgenossen kaum hätten verwirklichen können. Seine philosophische Kompromisslosigkeit war legendär. Sein persönliches Geheimnis war, dass er, wie Max Weber später bemerken würde, religiös unmusikalisch war. Er sah eine physische Welt, die aus nichts als Materie und Bewegung bestand. Aus ihnen ließen sich alle Phänomene erklären, auch wenn das auf dem gegenwärtigen Stand der Wissenschaft noch nicht möglich war. Im Gegensatz zu Diderot, der ein Leben lang den verlorenen Glauben seiner Kindheit noch im hohen Alter betrauerte und deswegen auch empathisch über die Konflikte eines zweifelnden Menschen schreiben konnte, scheinen Holbach keine solchen Zweifel beschlichen zu haben.

Das materialistische Denken wurde von seinen vielen Gegnern als Welt ohne Moral und als menschlicher Größenwahn dargestellt, tatsächlich aber versuchte es exakt das Gegenteil. In einer Philosophie, die nichts außerhalb oder über der Natur anerkannte, konnte auch die Idee der Naturbeherrschung nicht bestehen. Als »Werk der Natur« blieb den Menschen nichts anderes, als ihren Gesetzen zu folgen und sie durch Wissenschaft besser zu verstehen, um daraus Nutzen zu ziehen.

Die moralische Dimension dieses Denkens entwickelte sich ganz von selbst: Begehren (*désir*) und Empathie sind Teil der menschlichen Natur, und so wie der Eros Menschen die Nähe anderer Menschen suchen und brauchen lässt, so lässt Empathie das Leid anderer mitempfinden. Um selbst glücklich zu werden, braucht man glückliche Menschen um sich herum, und dafür muss Leid vermindert werden. So wird der christliche Tugendbegriff neu gefasst: »Tugend ist also das, was wirklich und auf die Dauer den in der Gesellschaft lebenden Wesen der menschlichen Gattung nutzt, Laster ist das, was ihnen Schaden bringt ... ein Mensch, der anderen schadet, ist böse; ein Mensch, der sich selbst schadet, ist unklug und kennt weder die Vernunft noch seine eigenen Interessen.«[74]

Diese natürliche Gesellschaftsordnung aber wird durch eine perverse Lehre unmöglich gemacht, die Menschen zwingt, gegen ihre eigene Natur zu leben, und sie dadurch moralisch und intellektuell verkrüppelt. Baron Holbach zeigte sich mit seinen Argumenten auf der Höhe seiner Zeit und ihrer Reiseberichte: »Man sagt, daß die Wilden den Kopf ihrer Kinder, um ihn abzuflachen, zwischen zwei Bretter einklemmen; auf diese Weise hindern sie ihn, die Form anzunehmen, die ihm von Natur aus bestimmt ist.

Fast ebenso verhält es sich mit allen unseren Einrichtungen; sie wirken gewöhnlich der Natur entgegen und hemmen, verändern und töten die Antriebe, die sie uns gibt; sie setzen andere Antriebe, die die Ursache unseres Unglücks sind, an ihre Stelle.«[75] Diese Lügen infantilisieren Menschen und halten sie mit Trugbildern unter Kontrolle. Die Bretter vorm Kopf mögen metaphorisch sein, aber das macht sie noch schwerer zu erkennen und zu beseitigen.

Aber ein Denken innerhalb der Natur und durch sie konnte auch subtiler sein als Holbachs etwas holzschnittartige Sicherheiten. Auch für seinen Freund und Gesprächspartner Diderot waren Menschen natürliche Wesen in einer natürlichen Welt, aber sie waren auch ohne gesellschaftliche Verformungen von Widersprüchen und Konflikten durchzogen. Hirn, Herz und Hoden wollen oft in unterschiedliche Richtungen und es ist eine ständige Herausforderung, Ausgleich unter ihnen zu schaffen.

Diderot artikulierte seine besten philosophischen Gedanken oft in Briefen oder literarischen Werken. Seine Novelle *Le rêve de d'Alembert* (D'Alemberts Traum) ist ein (deswegen auch erst 1830, also 43 Jahre nach seinem Tod veröffentlichtes) materialistisches Manifest, in dem einer der Protagonisten eine faszinierende Theorie entwickelt. Der Mensch, sagt er, ist nur »ein Gebilde, das über unendlich viele Entwicklungsstufen bis zu seiner Vollendung gelangt; ein Gebilde, dessen regelmäßige oder unregelmäßige Gestalt abhängt von einem Knäuel dünner, feiner und geschmeidiger Fäden, von einer Art Strang, in dem die kleinste Keimfaser weder geknickt noch zerrissen, noch verschoben sein, noch fehlen darf, wenn keine schlimmen Folgen für das Ganze eintreten sollen«.[76] Ein dünnes Fädchen (*brin*) wird beim Koitus vom Mann zur Frau weitergegeben und verbindet sich mit einem dünnen Fädchen der Frau. In diesem Prozess entstehen Fehler, wenn sie »geknickt ... zerrissen ... verschoben« werden, sagt er auf die Frage, warum Kinder ihren Eltern ähnlich sind, aber nicht identisch mit ihnen.

Zu dieser spekulativen Genetik, die Diderot 1769 zu Papier brachte, gesellte sich noch ein weiterer, nicht minder gewagter Gedanke. Der Mensch sei nichts als denkende, fühlende Materie, die aus kleineren Einheiten besteht, die selbst denken und fühlen können, so wie ein Schwarm wilder Bienen an einem Ast eine Art Körper bildet, der sich bewegt und verändert, aber aus Millionen von Individuen besteht, die miteinander koordiniert sind. Alle Materie hängt zusammen wie in einem immensen Spinnennetz, nichts existiert für sich allein. Leben und Tod sind nichts als Aggregatzustände einer dauernd sich wandelnden Materie. Marmor kann zu Fleisch werden, wenn Marmorstaub Pflanzen nährt, die dann gegessen werden. Nichts hat Bestand, alles ist Teil der endlosen Kette des Seins. Diderot aber wäre nicht Diderot gewesen, wenn er mit dieser unerbittlichen Idee im Frieden gelebt hätte. An seine langjährige Geliebte Sophie Volland schrieb er:

> Oh, meine Sophie, es gibt noch eine Hoffnung, dich zu berühren, zu fühlen, zu lieben, zu suchen und mich mit dir zu vereinen, wenn wir nicht mehr sind! Wenn es doch nur ein Gesetz der Verwandtschaft zwischen unseren konstituierenden Prinzipien gäbe, wenn wir gemeinsam zu einem Wesen werden könnten ... wenn die Moleküle deines zerfallenen Liebhabers angeregt werden könnten um deine Moleküle zu suchen, die durch die ganze Natur verteilt sind! Lasse mir diese Chimäre, es ist so ein süßer Gedanke, es versichert mich einer Ewigkeit in dir und mit dir.[77]

Die radikalen Denker, die sich in Holbachs Salon versammelten, bezogen sich auf eine Denktradition, die sie bis in die klassische Antike zurückverfolgten und die einen anderen Zugang zur Beziehung zwischen Mensch und Natur eröffnete. Diese Tradition war immer an der Peripherie des europäischen Denkens gewesen, denn sie hatte einen gravierenden Nachteil. Das Denken aus der Natur heraus, das sich auf keinen transzendentalen Fixpunkt, keine Heilige Schrift und keine Offenbarung und das Heer ihrer Interpreten bezog, war völlig ungeeignet dafür, die Herrschaft der Herrschenden zu legitimieren.

Das drückte sich auch in den politischen Ideen dieser Denker aus. Diderot begann sein Leben als konstitutioneller Monarchist und tendierte gegen sein Lebensende zu einem Anarchismus, der alle Formen der Macht als problematisch sah. Holbach und Mitstreiter wie Claude Adrien Helvétius und Nicolas de Condorcet suchten nach Formen einer Republik der Tugend, die sich kaum als realistische politische Vision anbot, aber doch ein konsequentes Nachdenken über soziale und politische Ziele bedeutet. Ihre Gesprächspartner in früheren Generationen – Sokrates und Lukrez, Seneca, Niccolò Machiavelli, der Thomas Hobbes des *Leviathan*, Hugo Grotius – hatten unterschiedliche Ideen über die Gerechtigkeit, die Legitimität der Macht, die Tugend und die menschliche Natur, aber ihnen war gemeinsam, dass sie die Antworten auf diese Fragen innerhalb der Natur und der Gesellschaft suchten. Gerade ein Machiavelli machte sich keine Gedanken über eine Legitimation aus dem Jenseits und offensichtlich taten es auch viele seiner Zeitgenossen nicht. Deswegen war es nützlicher, gefürchtet als geliebt zu werden. Die Macht ist eine Maschine und Maschinen brauchen Kontrolle, sonst müssen sie auseinandergenommen und neu zusammengesetzt werden.

Ein Name fehlt in dieser kleinen Hommage an Holbachs Salon, obwohl er dort ein häufiger und wichtiger Gast gewesen war: Jean-Jacques Rousseau, der sich nach einer großen anfänglichen Nähe und einer tiefen persönlichen Freundschaft mit Diderot im Laufe weniger Jahre mit all seinen alten Freunden nicht nur persönlich, sondern auch philosophisch überwarf. Aufgewachsen im streng calvinistischen Genf als Sohn eines tyrannischen Vaters, war Rousseau schon als Teenager aus seiner Vaterstadt geflohen, ein immenser persönlicher Befreiungsschlag und das Vorspiel zu einem unsteten und letztendlich einsamen Leben.

Vielleicht hatte diese biografische Dimension Rousseau zu einem besonders scharfsichtigen Kritiker der politischen Macht werden lassen. Als er seinen *Diskurs über die Ungleichheit* schrieb, war er noch ein junger Mann, die paranoiden Zustände, die ihn später überkamen, waren noch nicht aufgetreten und sein Geist war noch hin- und hergerissen zwischen seiner persönlichen und seiner intellektuellen Rebellion, den neuen wissenschaftlichen Entdeckungen seiner Zeit und einer tiefen Sehnsucht nach spiritueller Sicherheit und dem religiösen Empfinden seiner Kindheit. Sein Ehrgeiz war, die Grundlagen der Ungleichheit zu verstehen, die er überall beobachtete.

Rousseau begann seine Suche auf eine erstaunlich empirische Art. Wenn man die Kultur und die »erworbenen Geschicklichkeiten« einmal wegnimmt, dann sieht man, wie es die schöne Übersetzung von Moses Mendelssohn formuliert: »Indem ich es, mit einem Worte, so betrachte, wie es vermutlich aus den Händen der Natur hervorgekommen ist: So sehe ich ein Thier vor mir, das von einigen Thieren an Stärke, von anderen an Hurtigkeit übertroffen wird, alles durch einander gerechnet aber am vorteilhaftesten unter allen organisieret ist.«[78]

Der Mensch, ein »Thier«, das anatomisches Glück hatte? Rousseau stellt »ihn« sich vor, wie er aus einer Quelle trinkt und dann unter einer Eiche einschläft, ein ländliches Idyll, eine Art Enkidu der aufklärerischen

Fantasie, hinter dem eine materialistische Natur verborgen ist: »Ein jedes Thier hat Begriffe, denn ein jedes Thier hat Sinne. Ja es kann noch gewissermaßen einige Begriffe mit einander verknüpfen, und ein Unterschied zwischen Thiere [sic] und Menschen, besteht bloß in dem *mehr* und *weniger*.«[79]

Dieser »Naturzustand« des Menschen war von einfachen Bedürfnissen geprägt; sie lebten in losen, polyamoren Gruppen und waren weder gut noch böse, sondern folgten einfach den Gesetzen der Natur. Er wurde aber beendet, als ein Mensch endlich auf die Idee kam, Gottes Auftrag an Adam und Eva ernst zu nehmen – und damit gleich alle Laster der Bourgeoisie erfand: »Der Erste, welcher ein Stück Landes umzäunte, sich in den Sinn kommen ließ zu sagen *dieses ist mein*, und einfältige Leute antraf, die es ihm glaubten, der war der wahre Stifter der bürgerlichen Gesellschafft.«[80]

Auch Karl Marx sollte diese Vision eines ursprünglichen, primitiven Kommunismus übernehmen, den Rousseau (und übrigens auch Adam Smith) am Anfang der menschlichen Geschichte postulierte, das idyllische Gegenbild zur unheilvollen Dynamik der industriellen Revolution. Tatsächlich gibt es übrigens keinerlei anthropologische Belege dafür, dass auch tribale Gesellschaften von Jägern und Sammlern jemals so gelebt haben. Auch in tribalen Gesellschaften (wie auch unter anderen Primaten und Säugetieren) haben beispielsweise Jäger privilegierten Zugang zu dem von ihnen erlegten Wild und dessen Verteilung, zu bestimmten Territorien und Orten. Auch essenzielles Werkzeug wie Waffen sind oft persönliches Eigentum. Solche Strukturen wurden unabhängig voneinander bei Stämmen in Südamerika, Alaska, dem südlichen Afrika und auf den Philippinen dokumentiert.

Autoren des 18. Jahrhunderts wurden in ihrem Geschichtsbild noch nicht durch solche unbequemen Daten irritiert und konnten sich daher ganz einer spekulativen Geschichte widmen, die ihre Ideen über die Gegenwart bestätigte. So beschreibt Rousseau auch die Konsequenzen dieser vorausblickenden Entscheidung, sich Land zu eigen zu machen – und des Mangels an Widerstand: »Wie viel Laster, wie viel Krieg, wie viel Mord, Elend und Greuel, hätte einer nicht verhüten können, der die Pfähle ausgerissen, den Graben verschüttet und seinen Nebenmenschen zugerufen hätte, ›Glaubet diesem Betrüger nicht; ihr seyd verlohren, wenn daran vergesset, dass die Früchte euch allen, der Boden aber niemandem, zugehöre‹.«

Es war zu spät; das Eigentum war erfunden und mit ihm die Habgier und die Unterdrückung und die Dekadenz. Die einzige Lösung für diese fürchterliche Spirale der Degeneration und Verrohung ist eine Rückkehr zu den Gesetzen der Natur. Hier war Rousseau ein zu guter Denker, als dass er seinen eigenen Argumenten selbst Glauben schenken konnte. Ist eine Rückkehr zu einem Naturzustand jemals möglich? Und wer definiert, was der Naturzustand war? Und wer soll die Macht haben, diese tiefen Einsichten politisch durchzusetzen?

Rousseaus frühe Schriften machen deutlich, dass der göttliche Auftrag an Adam und Eva schon unter den Denkern des 18. Jahrhunderts als eine fadenscheinige Bemäntelung politischer Ambitionen verstanden wurde. Die Unterwerfer brauchen immer einfältige Leute, die sich unterwerfen lassen – eine Beobachtung, die auch der früh verstorbene Étienne de la Boétie (der tief betrauerte Liebhaber Montaignes) in seiner Polemik *La servitude volontaire* gemacht hatte.

Inmitten all der Hymnen auf die Vernunft, die Kultur, die Wissenschaft und den Fortschritt stach Rousseaus trotzige Stimme heraus. Was andere Kultur nannten, war nach ihm nichts anderes als die Perversion natürlicher Instinkte und die Großstadt als Inkarnation der neuen Gesellschaft war ein Hort der Laster, der Dekadenz und der Zerstörung echter Gefühle. Diese Polemik bildete den Anfang einer intensiven und oft politisch ambivalenten Tradition von romantischem, gegenaufklärerischem Denken. Das von der Kultur pervertierte Naturwesen Mensch, das nur in der Stille des Waldes, auf der dampfenden Scholle oder in den Weiten unberührter Landschaften inneren Frieden und seine wahre Bestimmung finden kann, beschäftigte Dichter von Novalis bis Rainer Maria Rilke, vom amerikanischen Autor Ralph Waldo Emerson bis hin zu Samuel Taylor Coleridge in England.

Fast unendlich flexibel in seiner Ausrichtung, wurde es zur Kritik des aufgeklärten Bürgertums verwendet und später als Motivation für den Ersten Weltkrieg – die Wiedergeburt des durch das Stadtleben verweichlichten Mannes – und als Grundlage faschistischer Ideologien von den

Nazis bis zu Wladimir Putins Fantasie von einem ursprünglichen, reinen, unverfälschten mittelalterlichen Rus. Aber auch Bewegungen wie die Lebensreformer um 1900 und die Hippies, die den triumphierenden Konsumgesellschaften der Nachkriegszeit und ihren Stellvertreterkriegen eine andere Vision des Lebens entgegensetzten, oder die Umweltbewegung gegen Ende des 20. Jahrhunderts wären ohne Rousseau kaum denkbar gewesen.

Dem Denken der Romantiker zufolge war und blieb der Mensch ein Teil der Natur, der nur durch seine eigenen Wahnideen von seinen Ursprüngen entfremdet wurde und daran selbst krankte. Die Heilung dieser Krankheit lag in der Rückbesinnung auf die Reinheit des Anfangs und in der (auch bei Rousseau durchaus gewaltsamen) Unterdrückung aller falschen und fremden und verlogenen Tendenzen und ihrer Agenten. Hinter dem Traum von der reinen Gemeinschaft lauerte allzu oft die Wirklichkeit der Diktatur.

Tugendterror

Vielleicht ist die Gefahr einer Diktatur Teil der aufklärerischen Eigendynamik, die Herrschaft der Vernunft und die Unterwerfung der Natur und des Natürlichen scheinen einen direkten Weg zur Schreckensherrschaft eines Maximilien Robespierre zu zeichnen, der im Namen von Vernunft und Tugend seine Gegner auf die Guillotine schickte.

So viel unmittelbare Brutalität war selten unter den Aufklärern, die sich vor allem als geistige, intellektuelle Vorhut einer neuen Welt begriffen. Auch in aufgeklärten Gesellschaftsutopien aber sind die Tendenzen zur Unterwerfung des Natürlichen unübersehbar, am deutlichsten am Beispiel des von Jeremy Bentham (1748–1832) erfundenen Panoptikums.

Bei dem wohlhabenden Privatgelehrten Bentham wäre heute wahrscheinlich Autismus diagnostiziert worden. Zeit seines langen Lebens fiel es ihm schwer, die Emotionen anderer zu verstehen, lebte er sein Leben nach einem strikt regulierten Tagesablauf und galt als intellektuell extrem, aber sehr spezifisch begabt. Schon als Dreijähriger begann er mit dem Lateinstudium und wurde mit zwölf Jahren von seinem Vater nach Oxford geschickt. Bentham hörte nie auf, darüber zu staunen, wie irrational Menschen handeln. Seine eigene Moralphilosophie war einfach, logisch und kohärent: »It is the greatest happiness of the greatest number that is the measure of right and wrong.«[81]

Was die meisten Menschen in einer Gesellschaft glücklicher macht, ist per Definition richtig. Kritiker warfen ihm vor, dass nach diesem Kriterium nichts verwerflich daran gewesen war, im alten Rom Christen den Löwen vorzuwerfen, da die größere Zahl der Menschen daran Vergnügen hatte, aber Bentham ließ sich nicht beirren. Es gab nur zwei Prinzipien in der Natur:

Die Natur hat die Menschheit dem Regiment zweier oberster Gebieter unterstellt: Leid und Freude. Sie alleine legen uns nahe, was wir tun sollen, und sie alleine bestimmen, was wir dann wirklich tun. An ihrem Thron sind die Normen für Recht und Unrecht ebenso festgemacht wie die Kette von Ursache und Wirkung. Sie beherrschen in umfassender Weise unser Tun, unser Reden und Denken.[82]

Um eine gute Gesellschaft zu entwickeln, muss man das Prinzip von Vergnügen und Leid an nützliche soziale Prinzipien anpassen und so ein rationales, tugendhaftes und nützliches Verhalten fördern. Das hatte wichtige Konsequenzen. Die Idee des »Naturrechts«, das in den philosophischen Diskussionen so wichtig gewesen war und das davon ausging, dass gewisse Rechte schon von Natur – oder der Schöpfung – aus bestehen, bezeichnete er als »Unsinn auf Stelzen«. Rechte bestehen nicht, sie werden geschaffen, wenn Menschen sie einander verleihen. Deswegen haben sie auch kein Recht über andere Kreaturen, zumal die Menschen ähnlicher sind, als den Menschen lieb sein mag:

> Vielleicht kommt eines Tages der Tag, an dem der Rest der Tierwelt die Rechte erhält, die seinen Angehörigen ohne ein tyrannisches Regime nie hätte[n] vorenthalten werden können. ... Nun ist allerdings ein ausgewachsenes Pferd, oder auch ein Hund, als bei weitem vernunftbegabter und auch kommunikationsfreudiger einzustufen als ein Neugeborenes, das einen Tag alt ist oder eine Woche, oder sogar einen Monat. Aber selbst wenn dem nicht so wäre, würde das an der Sachlage nicht das Geringste ändern. Die Frage ist ja nicht, ob sie denken können, und auch nicht ob sie reden können. Die Frage ist: können sie leiden?[83]

Benthams aufrichtiges Mitgefühl mit anderen Tieren schloss auf eine sehr englische Weise Zweibeiner aus, denn während er die Leiden der Tiere als moralisches Problem erkannte, waren seine Projekte für menschliche Gesellschaften eisern vom Nutzen für die größte Anzahl bestimmt, und nicht von Mitgefühl mit Individuen.

Das berühmteste Projekt, das mit Benthams Namen verbunden ist, wurde zu seinen Lebzeiten nie realisiert und geistert hauptsächlich als Metapher durch die Welt. Eine Reise nach Russland brachte Bentham auf die Idee für sein ehrgeizigstes Projekt, das er über Jahre mit großer Verbissenheit verfolgen sollte. Diese Idee kam ihm in Kritschew, wo er 1787 seinen Bruder Samuel besuchte, der dort ausgerechnet für Fürst Potemkin arbeitete, den berühmten Günstling der Zarin Katharina der Großen und Erfinder der Potemkinschen Dörfer, die nur aus Kulissen bestanden, durch die der Fürst seine Zarin mit dem Schlitten fahren konnte, um Fortschritt vorzutäuschen. Sie sind wahrscheinlich nie errichtet worden. Aber, *si non è vero è ben trovato*.

Vielleicht waren es die reformerischen Ideen, die in Russland gerade Mode waren und für die Potemkin sich so energisch einsetzte, dazu der Einfluss der französischen Aufklärer am Zarenhof, vielleicht war es auch die Langeweile fern der Heimat, die Bentham auf seine neue Idee brachte – jedenfalls glaubte er bald, auf eine geniale Eingebung gestoßen zu sein, eine einfache und sichere Methode, allen möglichen Missständen in der Gesellschaft nicht nur zu begegnen, sondern sie völlig zu beseitigen: »Die Sitte reformiert – der Gesundheit einen Dienst erwiesen – das Gewerbe gestärkt – die Methoden der Unterweisung verbessert – die öffentlichen Ausgaben gesenkt – die Wirtschaft gleichsam auf ein festes Fundament gestellt – der Gordische Knoten der Armengesetze nicht durchschlagen, sondern gelöst – all das durch eine einfache architektonische Idee!« Er nannte diese Idee das Panoptikum.

Das Panoptikum schien sich allen Zwecken anzupassen:

> Mag es darum gehen, die Unverbesserlichen zu bestrafen, die Verrückten zu beaufsichtigen, die Gemeingefährlichen zu bessern, die Verdächtigen unter Aufsicht zu stellen, die Müßigen zu beschäftigen, die Hilflosen zu betreuen, die Kranken zu behandeln, die Bereitwilligen anzuleiten zu jeder beliebigen Arbeit oder die zukünftige Generation auf den Pfad der Bildung zu führen: Kurzum, mögen es dauerhafte Gefängnisse auf Lebenszeit oder Untersuchungsgefängnisse zur Unterbringung derer, die auf ihr Gerichtsverfahren warten, Straf- oder Besserungsanstalten, Arbeitshäuser, Manufakturen oder Irrenhäuser oder Hospitäler oder Schulen sein.[84]

Die geniale Idee war ergreifend einfach: ein großes, kreisförmiges Gebäude mit Zellen entlang der Außenwand und einem Wachturm in der Mitte, der von den Zellen durch eine ringförmige, leere Zone getrennt war. Wichtig war, dass alle Zellen nach innen hin nur vergittert und so vom Wachturm aus jederzeit einsehbar waren, der Wächter im Turm aber von den Insassen nicht gesehen werden konnte. So konnte kein Insasse jemals sicher sein, ob er beobachtet wurde oder nicht.

Bentham hatte alles genau durchkalkuliert, vom Umfang des Gebäudes (etwa dreißig Meter), der Dicke der Mauern, bis hin zur Größe der Zellen und ihrer Fenster, von der Beleuchtung und Kommunikation bis hin zu Verpflegung, Tagesplan, Bestrafungen, Beschäftigung und natürlich der Wirtschaftlichkeit des Gesamtprojekts, denn das Panoptikum sollte sich selbst tragen und sogar profitabel sein, um ehrlichen Bürgern nicht auf der Tasche zu liegen. Um seine Pläne zu verdeutlichen, beauftragte er einen Architekten damit, das von ihm so sorgfältig durchdachte Gebäude zu zeichnen.

Das Panoptikum war eine Maschine der sozialen Transformation. Die Häftlinge des 18. Jahrhunderts vegetierten oft unter fürchterlichen Bedingungen, in dunklen und feuchten Zellen, ohne ausreichende Ernährung, sie waren Hitze und Kälte, Krankheiten und der Brutalität ihrer Wächter ausgesetzt. Für sie wäre das Panoptikum sicher ein enormer Fortschritt gewesen – ein rationales Regime ohne Willkür, in dem sie für ihren Lebensunterhalt arbeiten hätten können.

Wer nicht arbeitswillig war, würde mit harten Sanktionen belegt werden. Hier hatte Benthams moralischer Enthusiasmus einen wichtigen Vorläufer, auch wenn der Philosoph sich dessen wohl selbst nicht bewusst war: noch eine architektonische Legende, die es vielleicht so nie gegeben hat, die aber ebenso sehr ein Ausdruck der Kultur ist, der sie entstammt, wie Potemkins nie gebaute Dörfer. Das Rasphuis in Amsterdam war im 17. Jahrhundert ein spezielles Gefängnis für Arbeitsunwillige und »asoziale Elemente«, das Häftlinge durch Arbeit wieder in die Gesellschaft integrieren wollte. Wer sich weigerte, wurde mit Stockhieben umgestimmt. Für ganz Verstockte gab es, lokalen Legenden zufolge, einen speziellen Ort, die Ertränkungszelle. Der Häftling befand sich allein in einem fensterlosen Raum, der langsam mit Wasser volllief. Er selbst hatte nichts als

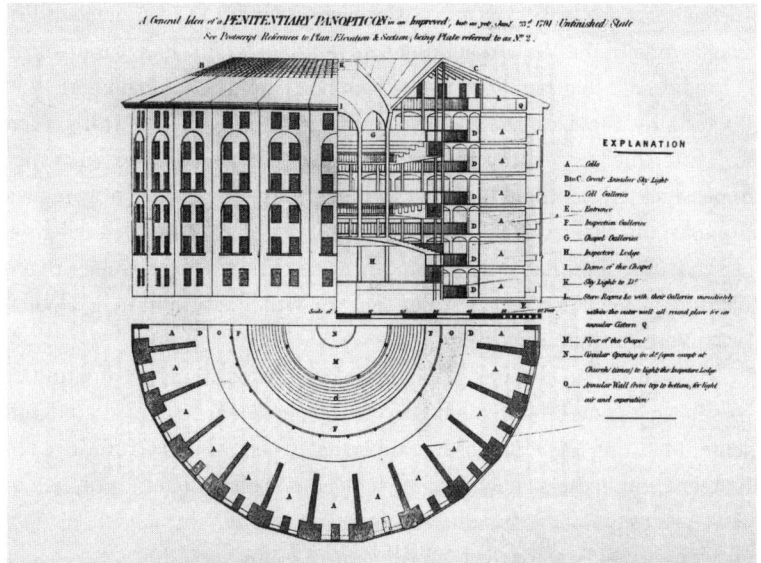

11 Jeremy Benthams *Panoptikum*, 2017 (Adrian Mann, digitale Illustration)

eine Pumpe, um sich vor dem Tod zu retten. Er pumpte ohne Unterlass, um nicht zu ertrinken.

Bentham glaubte ebenfalls an den heilenden Wert der Arbeit, aber er hatte auch noch andere Ideen zur Verwendung der Häftlinge. Man könnte nicht nur Arbeitsmethoden, sondern auch Medikamente und neue Arten von Bestrafung an ihnen ausprobieren. Kinder könnten in unterschiedlichen Panoptiken unterschiedlich erzogen werden, um pädagogische Theorien oder psychologische Hypothesen zu testen – alles zum Wohle der Allgemeinheit.

Gleichzeitig führte das Glückskalkül, das seiner Philosophie zugrunde lag, den Vater des Panoptikums auch zu Positionen, die für seine Zeit zutiefst untypisch und in unseren Augen erstaunlich liberal sind: Er setzte sich nicht nur für Tierrechte ein, sondern forderte die Legalisierung der Homosexualität, die Gleichheit von Männern und Frauen und die Abschaffung der Todesstrafe, die, wie er meinte, unverhältnismäßig häufig die Armen treffe und im Übrigen in ihrer Anwendung teurer sei als die wirtschaftlich produktive, lebenslange Zwangsarbeit.

Nach London zurückgekehrt, warf sich Bentham mit immensem Enthusiasmus in die Verwirklichung seines Projekts. Ein Baugrund wurde gefunden, die Regierung war nicht abgeneigt, aber schon bald geriet die Planung ins Stocken. Die Nachbarn protestierten, politische Intrigen erschwerten die Umsetzung, und der König, der sich von dem sozial immer ungeschickten Bentham beleidigt fühlte, verlangsamte den Fortgang des Projekts, bis alles zum Stillstand kam und die Idee schließlich fallengelassen wurde. Bentham, der große Summen seines eigenen Geldes in die Planung gesteckt hatte, war außer sich vor Wut, die bald in tiefe, lebenslange Verbitterung umschlug.

Zu Benthams Lebzeiten also wurde kein Panoptikum gebaut, und er wandte sich anderen Vorhaben zu. Als Gegengewicht zu den elitären und seiner Meinung nach nutzlosen Universitäten Oxford und Cambridge (an Erstgenannte hatte er noch immer schlechte Erinnerungen) gründete er das University College in London, einen Ort, mit dem er sich zutiefst verbunden fühlte. Er starb 1832, im Alter von 84 Jahren.

In seinem Testament verfügte Jeremy Bentham, dass sein Körper nicht nur in Anwesenheit seiner Freunde obduziert werden solle – so konnten die Herren auch noch aus seinem Tod etwas lernen –, sondern dass er mumifiziert und in seine Alltagsgewänder gekleidet für immer in der Universität anwesend sein sollte. Noch heute ist er dort zu sehen, wenn auch der Kopf (der immer wieder abfiel und mehrmals von Studenten anderer Universitäten gestohlen wurde) inzwischen durch ein Wachsmodell ersetzt wurde. 2013, zum 150. Geburtstag der Universität, wurde seine Auto-Ikone, wie er das Präparat seines Körpers im Testament genannt hatte, zur festlichen Ratssitzung gebracht. Im Protokoll ist vermerkt, der Philosoph sei *present, but not voting*.

Das Panoptikum ist längst zu einer Metapher einer alles durchdringenden, alles ausspähenden Moderne geworden. Michel Foucault schrieb darüber in seinem bahnbrechenden Buch *Überwachen und Strafen*, und inzwischen könnte man einen kleinen Bücherschrank mit Werken über Benthams Erfindung füllen. Das Entsetzen, das seine Idee auslöste, hätte ihn zutiefst befremdet. So hatte er in einem Gesetzesentwurf von 1794, der Panopticon Bill, vorgeschlagen, allen Gefangenen Namen, Geburtsort und Geburtsdatum auf den linken Arm zu tätowieren. Auf Kritik und

Entrüstung reagierte er mit der verwunderten Feststellung, er hätte sich bereitwillig selbst eine solche Tätowierung stechen lassen, um mit gutem Beispiel voranzugehen. Die Niederungen und Widersprüchlichkeiten menschlicher Emotionen blieben dem ewigen Junggesellen, dessen einziger ständiger Begleiter eine Katze war, dauerhaft verborgen und rätselhaft.

Erst im 20. Jahrhundert wurde Benthams Idee an mehreren Orten umgesetzt, meistens mehr oder weniger stark abgewandelt. Das Presidio Modelo auf der kubanischen Isla de la Juventud ist eine der getreuesten Realisierungen von Benthams Plan, eine andere ist das F-House No. 2 im Stateville Correctional Center, Crest Hill in Illinois – eine riesige, antiseptische Halle mit einem Boden aus poliertem Beton, Stahlgittern, Scheinwerfern und der Ästhetik einer Todeszelle.[85]

*

Was heute allgemein »die Aufklärung« genannt wird, ist ein komplexes, geografisch stark unterschiedliches und in sich häufig widersprüchliches Phänomen der intellektuellen Neuaneignung der Welt, die sich mit religiösen Ideen allein nicht mehr ausreichend erklären ließ.

Diese Neuaneignung geschah nicht so sehr freiwillig, sondern aus einer klaren Notwendigkeit heraus, denn die Welt des 17. Jahrhunderts war unglaublich viel größer, komplexer und erklärungsbedürftiger, als sie es zweihundert Jahre zuvor gewesen war. Diese Welt bot viel mehr Handlungsmöglichkeiten, besonders für das städtische Bürgertum, die eigentlichen Agenten der sozialen und politischen Veränderung, die mit ihrer Betonung von Gleichheit und allgemeinen (wenn auch nicht zu allgemeinen) Menschenrechten nicht zuletzt auch ihren eigenen Interessen philosophisch Nachdruck verleihen wollten.

Weil dieser Prozess von Anfang an durch starke soziale Interessen geprägt war, löste er immer auch Machtkämpfe aus, bis in die scheinbar abstraktesten Verästelungen der Argumente hinein. Die sozialen Interessen und der Hintergrund der Teilnehmer unterschieden sich aber erheblich voneinander. Manche Autoren waren von Anfang an revolutionär, andere strebten Reformen an, wieder andere bemühten sich, den theologischen und politischen Status quo zu retten, indem sie philosophische Zugeständnisse an einen rationalen, abstrakten Schöpfer machten, um Kompromisse in praktischen Belangen umso entschiedener zurückzuweisen. Viele versuchten, Gott einen Platz im System der Vernunft zu sichern, und scheiterten daran, andere ließen einander widersprechende Ideen unkommentiert nebeneinanderstehen – alle wechselten ihre Meinungen im Laufe der Debatten je nachdem, wie viel Unabhängigkeit sie sich leisten konnten, aber fast niemand konnte schreiben, was er wirklich dachte.

War die Aufklärung also ein Triumph der Vernunft oder ein zynisches Machtspiel, ein Ruf nach Revolution und universellen Rechten oder ein zutiefst konservatives Projekt, um alte Machtstrukturen und theologische Ideen in einem neuen Vokabular zu zementieren? Hat sie neue Horizonte eröffnet oder neue Ausbeutung ermöglicht?

Alles davon, und viel mehr. Ihr Erbe bleibt ambivalent; nicht nur aus Gründen, die Kritiker wie Michel Foucault oder Max Horkheimer und Theodor W. Adorno im 20. Jahrhundert vorbringen sollten, sondern weil sich die moderate Aufklärung von Descartes über Voltaire bis hin zu Kant weder ganz vom Gott ihrer Kindheit noch von den mit ihm verbundenen theologischen Ideen frei machen konnte, oder aus politischen Überlegungen heraus wollte.

Viele Methoden des theologischen Denkens, die besonders an von Jesuiten geleiteten Schulen gelehrt wurden, finden sich in aufgeklärten Polemiken wieder: das Zitieren antiker Quellen etwa, nur dass anstatt des Evangeliums ein römischer Autor bemüht wurde, oder das Argumentieren mit einer natürlichen Ordnung, die einer göttlichen Ordnung täuschend ähnlich sehen kann. Aber auch zentrale Motive einer Weltsicht wurden wenig hinterfragt in die Diskussionen geworfen und in viel verkauften und gelesenen Texten der Zeit übernommen. Viele Pfeiler des aufgeklärten Denkens haben direkte Parallelen in der Theologie, mit der seine Exponenten aufgewachsen waren und in deren Rhetorik sie noch immer dachten.

Nur die radikalen Materialisten wagen es zu hinterfragen, ob der Mensch wirklich grundsätzlich von Tieren verschieden ist, ob er tatsächlich eine Sonderstellung in der Natur einnimmt und wo genau in seinem Körper der Sitz der Seele sein sollte. Für kaum einen stand in Frage, dass die Geschichte einem Ziel entgegenstrebt.

Die Argumente und Autoren, aus denen bürgerliche Historiker des

19. Jahrhunderts dann »die Aufklärung« auswählten, edierten, in Lehrbücher verpackten und in den Schulen unterrichten ließen, repräsentieren einen bestimmten Arm innerhalb des immensen intellektuellen Fluss-Deltas der Debatten zweier Jahrhunderte. Dieser Arm des breiten Flusses erlaubte der Vernunft, die Welt zu erkunden und zu unterwerfen und nach einem rationalistischen Modell zu erklären, ohne dabei dem Mysterium des Glaubens und der Existenz eines letzten Bürgen für Wahrheit, Moral und eigenes Selbstverständnis in Frage zu stellen.

Diese moderate und auf Linie gebürstete Aufklärung, die von ihren Gegenläufigkeiten und Verwerfungen bereinigt war, hatte immer noch genug Sprengkraft in sich, um die Herrschaft von Kirche und Adel und damit die Strukturen der Gesellschaften zutiefst zu erschüttern. Die neuen, bürgerlichen und mehr oder minder republikanischen Herren pochten darauf, dass die Macht nun anders, nämlich nach demokratischen und rationalen Kriterien verteilt sei und keiner göttlichen Gnade mehr bedurfte, um sich vor dem Tribunal der Menschheit zu rechtfertigen. Tatsächlich aber sorgten gerade die moderaten Aufklärer auch für eine starke Kontinuität der Macht, die jetzt zwar nicht mehr theologisch, sondern wissenschaftlich begründet wurde, die aber den Platz des Menschen (und spezifisch des männlichen, europäischen) an der Spitze der Schöpfung und aller natürlichen Hierarchien bestätigte und ihm eine besondere Mission zusprach, seine eigene Befreiung zu betreiben, indem er die Natur ausspionierte, austrickste, überwältigte, ausbeutete.

Der entscheidende Schalter, der zwischen legitimer und illegitimer Unterwerfung unterschied, war, wie schon Descartes gezeigt hatte, die Gegenwart einer Seele – oder, im Vokabular der Aufklärung, einer vollgültigen Vernunft. Sie entschied zwischen Kultur und Natur, zwischen Subjekt und Objekt, zwischen Recht und Rechtlosigkeit. Was oder wer als Teil der Natur beschrieben werden konnte, wurde zu einem der effektivsten und perfidesten Machtinstrumente der Geschichte.

Der Freibrief

So ist die Landnahme für uns nach Außen (gegenüber anderen Völkern) und nach Innen (für die Boden- und Eigentumsordnung innerhalb eines Landes) der Ur-Typus eines konstituierenden Rechtsvorganges.

Carl Schmitt

La nature a fait une race d'ouvrier, c'est la race chinoise (...) une race de travailleur de la terre, c'est le nègre (...) une race de maîtres et de soldats, c'est la race européenne.

Ernest Renan (1823–1892), Le Discours sur la nation

Durch das berühmte Tor des Tierparks Hagenbeck strömten Generationen von Hamburger Kindern (darunter auch der Autor). 1907 wurde die Anlage eingeweiht, das Tor verströmt den Charme von stuckverzierten Bürgerbauten und Kapitänsvillen in Altona, Emblem einer selbstbewussten Epoche. Gleichzeitig ist das Tor ein Versprechen, der Eingang in eine andere, exotische Welt, symbolisiert durch die wilden Tiere, durch Eisbär und Löwe, Elefanten – und die anderen »Wilden«: den orientalischen Krieger mit Schild und Speer und den Indianer mit Tomahawk und Gewehr, der einen markerschütternden Kriegsschrei auszustoßen scheint.

Hagenbecks Tierpark war innovativ zu seiner Zeit. Die Gehege waren nicht von schweren, eisernen Gittern umgeben, sondern geschickt so gestaltet, dass die hier eingesperrten Kreaturen in einer Simulation ihrer natürlichen Umgebung zu sehen waren. Die Eisbären und Pinguine hatten einen Eisberg aus Gips und Drahtgeflecht, die Gämsen kletterten auf einem künstlichen Gebirge, die indischen Elefanten streunten durch einen Hindu-Tempel mit Altären. Auf 19 Hektar wurden unterschiedlichste Tierarten in einer möglichst naturgetreuen Umgebung gezeigt, eine Reise durch die Kontinente, die, wie auch der Araber und der In-

12 Hagenbecks Tierpark in Hamburg, Haupteingang; Postkarte 1919

dianer auf dem Tor, vieles mit den Romanen von Karl May gemein hatte, ein fast magisches Erlebnis in einer Zeit vor Fernsehen und Fernreisen.

Dabei hatte alles ganz einfach angefangen, mit einem kleinen Fischhändler, der 1848 auf die glorreiche Idee gekommen war, den Fischern von St. Pauli einige Robben abzukaufen und sie für einige Pfennige Eintritt in Holzbottichen auf dem Markt zur Schau zu stellen. Später kamen ein Eisbär und eine Hyäne dazu. Daraus entwickelte sich ein Schaugeschäft, das der Sohn des Fischhändlers, Carl, zu einem Tierpark ausweitete, der ganze Expeditionen finanzierte, um seltene Tiere aus aller Welt nach Europa zu bringen. Hagenbeck selbst arbeitete als Kind im Fischgeschäft und ging kaum in die Schule. Trotzdem verehrte er seinen Vater:

> Er war ein Mann von unerschütterlichen Grundsätzen und großen Gesichtspunkten. Dankerfüllt muß ich sagen, daß zu allem, was erreicht worden ist, er den Grundstein gelegt hat. In seinem Charakter paarte sich großer Lebensernst mit einer freundlichen Umgangsform. Hinter äußerer Strenge, die mein Vater in der Erziehung seiner Kinder beobachtete, verbarg sich eine große Herzensgüte. Der Stock

spielte in der Erziehung keine Rolle, schon durch das Vorbild des
Vaters, der ganz aus Tätigkeit, Pünktlichkeit und Sparsamkeit zusammengesetzt war, lernten wir Kinder, in seinem Geiste zu leben.[86]

Carl Hagenbecks Erinnerungen sind voller jovialem Humor und zeigen mit beachtlicher Ehrlichkeit, wie sich ein bescheidener Schaustellerbetrieb zum größten Tierhandel Europas und Zoo entwickelt hatte, die ihn reich und berühmt gemacht hatten. Für diesen Beruf müsse man eine Leidenschaft für Tiere haben, versichert er, auch wenn seine Beziehungen zu seinen Kreaturen eher von einem gesunden Geschäftssinn getragen waren. Als einer seiner Elefanten einen Wärter angriff, entschloss er sich, das Tier »hinrichten« zu lassen, und verkaufte dieses Privileg an einen Jäger aus England, der mit einem ganzen Waffenarsenal nach Hamburg gereist kam, im entscheidenden Moment – der Elefant war draußen vor einer Holzwand angepflockt worden – aber zu nervös war, um abzudrücken. Weil er aber gezahlt hatte, wollte er auch nicht, dass jemand anders den Elefantenbullen erschoss. Also kam Hagenbeck auf eine Idee:

> Endlich schlug ich ihm vor, das Tier erdrosseln zu lassen. Dagegen
> hatte er nichts mehr einzuwenden. Der Verurteilte wurde jetzt gefesselt in den Stall geführt, bekam eine Schlinge um den Hals, dessen
> Tau über eine Winde lief und an dessen Ende sechs meiner Leute zur
> Exekution antraten. Eins, zwei, drei! kommandierte ich, und beim
> dritten Zug schwebte der Elefant mit den Vorderfüßen oberhalb des
> Bodens. Fast unmittelbar darauf schlug der Kopf zur Seite, der Riese
> verlor den Boden unter den Füßen und brach zusammen. Kaum
> eine Minute dauerte es, bis das Tier verendet war. So beendete dieser
> Goliath sein Leben, um ausgestopft im Hamburger Museum seine
> Auferstehung zu feiern.[87]

Tatsächlich musste Hagenbeck immer wieder nach neuen Erwerbsquellen suchen, denn das Geschäft mit exotischen Tieren war weniger einträglich als erhofft, weil die Expeditionen Unsummen kosteten und die meisten Tiere verendeten, bevor sie überhaupt Europa erreicht hatten. Hagenbeck aber hatte noch ein Ass im Ärmel, eine wesentlich lukrativere Erfindung, die er für sich selbst in Anspruch nahm: Völkerschauen zur Belehrung und Unterhaltung eines großen Publikums. Hier schwelgte der Zoodirektor in stolzen Erinnerungen. Seine Spektakel waren nach London, Berlin und 1886 auch nach Frankreich gereist: »Diese Völkerschau war die Sensation von Paris gewesen. Sie hatte dem Garten nicht nur bedeutende Einnahmen, sondern einem unabsehbaren Publikum Unterhaltung, Anregung und Belehrung gebracht. Sonntags hatte die Schaustellung bis über eine halbe Million Besucher angezogen.«[88]

Zu Anfang hatte Hagenbeck einige Familien aus Lappland importiert, um sie gemeinsam mit Rentieren bei ihrem ganz normalen Alltag zu präsentieren. Die kleingewachsenen Sami in ihren Kostümen aus Rentierfell und mit ihren Waffen, Zelten und Gerätschaften waren eine Sensation in Hamburg und der Unternehmer witterte ein fettes Geschäft. Er schickte seine menschlichen Schaustücke auf Tour durch das ganze Land und begann, ehrgeizigere Pläne zu schmieden. Diesmal sollte ein komplettes afrikanisches Dorf gezeigt werden, mit Tieren und Menschen aus Afrika, die Tänze und Rituale aufführten. Immer weiter warf er seine Netze aus, um dem zahlenden Publikum immer sensationellere Spektakel zu bieten:

> Über meiner Singhalesentruppe lag es wie ein Hauch aus dem alten Wunderland Indien. Nicht nur seine malerische Außenseite hatten wir eingefangen, sondern auch einen Schimmer seiner Mystik. Das bunte, fesselnde Bild des Lagers, die majestätischen Elefanten, teils mit goldstrotzenden Schabracken behangen, teils mit Arbeitsgeschirr gigantische Lasten schleppend; die indischen Magier und Gaukler, die Teufelstänzer mit ihren grotesken Masken, die schönen, schlanken, rehäugigen Bajaderen mit ihren die Sinne erregenden Tänzen und schließlich der große religiöse Perra-Harra-Festzug – alles das übte einen geradezu bestrickenden Zauber aus, dem die Zuschauer überall erlagen.[89]

Die exotische Sinnlichkeit und ein Hauch orientalischen Zaubers erregten so viel Neugier, dass die Polizei eingreifen musste, um Menschen wie Tiere zu schützen. Bei seinen afrikanischen Darstellungen hatte Hagenbeck sich noch etwas Raffinierteres einfallen lassen:

So »überfielen« plötzlich zu Beginn des Spiels Sklavenhändler dieses friedliche Dorf. Araber hoch zu Dromedar umritten mit Geschrei und Gewehrgeknatter die eben noch schmausenden Dorfbewohner. Erschrocken stob die Ziegenherde auseinander, Hühner flüchteten gackernd, und nach kurzem Handgemenge wurden die armen Gefangenen, sehr realistisch in Ketten und Holzgabeln gelegt, als lebende Beute abgeführt. Dann erschienen europäische Tierfänger, verjagten in einem Feuergefecht die räuberischen Beduinen, und anschließend gab es ein großes Friedensfest, bei dem unter heimischer Musikbegleitung getanzt und alle Riten eines echt sudanesischen Stammesfestes beobachtet wurden. Dann folgten Straußentreibjagden auf Renndromedaren.[90]

Carl Hagenbeck schreibt freundlich und mit einer gewissen Sentimentalität über die Menschen aus anderen Kontinenten, die bei seinen Völkerschauen auftraten, lässt dabei allerdings einiges unerwähnt. Viele von denen, die einen Vertrag mit ihm unterschrieben hatten, wurden unter falschen Versprechungen von Arbeit und Wohlstand auf die Reise gelockt und kehrten nie wieder in ihre Heimat zurück. Sie starben an Pocken und Tuberkulose. Die Feuerländer, die Hagenbeck 1879 präsentierte, brachten diese Krankheit mit auf ihre Insel zurück. Dreißig Jahre später war die gesamte dortige Bevölkerung ausgestorben. Geimpft wurden die verschleppten Menschen nicht. Diejenigen, die schon während der Seereise starben, wurden einfach über Bord geworfen, die Überlebenden nach der Ankunft in Europa in Viehwaggons transportiert und an den Grenzen ordnungsgemäß verzollt. Wer all dies überstanden hatte, musste sich täglich begaffen lassen und das Programm der Vorführungen absolvieren, bis sie zu krank waren, um weiter ausgestellt zu werden. Der Tod eines Familienangehörigen in der Gruppe war kein Grund für Abwesenheit von den Vorführungen.

Die Völkerschauen waren nicht erst Hagenbecks Erfindung. Schon der Jardin d'Acclimatisation in Paris hatte die Vorführungen »exotischer« Menschen eingeführt und in Jahrmarktsbuden hatte man schon seit mehr als einem Jahrhundert »Freaks« und »Wilde« gezeigt, aber die Völkerschauen wurden doch zu einem besonderen Phänomen. Sie fanden bald in Hunderten von Städten Europas und der USA statt, besonders bei Weltausstellungen wie 1872 in Wien, 1893 in Chicago und 1900 in Paris, aber auch bei Kolonialausstellungen. Sie gaben den Besuchern einen Geschmack davon, was sie jenseits der Zivilisation erwartete, bei den »Wilden«, deren scheinbar primitive und gewalttätige Existenz erst durch die Segnungen der Kolonialherrschaft in geordnete Bahnen gebracht wurde. Es spielte dabei keine Rolle, dass die Szenen und Kostüme, in denen sie sich zeigen mussten, häufig nichts mit dem Leben in ihren Herkunftsländern zu tun hatten, dass die Tänze und Rituale für die Bühne erfunden worden waren. Die Inszenierung stand schon lange fest, bevor sie die Reise antraten: »primitive«, aber sinnliche Afrikaner, stolze und grausame Araber, »Indianer« in vollem Federschmuck beim Regentanz, mysteriöse Inder, urzeitliche Feuerländer, Kannibalen, wild und fast wie Tiere, ideal für Zoo und Zirkus.

Wie war es einem Mann, der sich seiner vom Vater geerbten unerschütterlichen Grundsätze rühmte, möglich, Menschen für Profit auszustellen und ihren Tod mit demselben Lächeln hinzunehmen wie die »Hinrichtung« eines Elefanten?

Die Antwort auf diese Frage ist zwei Jahrhunderte vor den Völkerschauen zu finden, in der strahlenden Sonne der Karibik, im Tagebuch von Thomas Phillips, Kapitän der *Hannibal* von der African Company. Phillips war Waliser und kein junger Mann mehr. Er wollte sich in seiner Heimat zur Ruhe setzen und das Kommando auf einem Schiff der African Company war eine große Gelegenheit für ihn, sich einen bequemen Lebensabend zu finanzieren. Er sollte 1693 von Bristol aus die Westküste Afrikas anfahren, um dort eine Ladung aufzunehmen: Menschen, die er für Massenwaren wie Messer, Eisenbarren und Zinntöpfe auf dem dortigen Sklavenmarkt kaufen und an die Besitzer der Zuckerplantagen auf den Westindischen Inseln weiterverkaufen würde.

Der sogenannte Dreieckshandel war ein hartes Geschäft. Schon auf dem Weg nach Afrika wurde die *Hannibal* angegriffen und konnte sich trotz ihrer 36 Kanonen nur mit größter Not verteidigen. Die *Hannibal* musste Zuflucht im nächsten Hafen suchen, um das zerschossene, halb entmastete und leck geschlagene Schiff zu reparieren, kurz danach wurden Schiff und Besatzung beinahe Opfer eines Orkans. Auch das Leben an Bord war schwer. Vor Liberia wurde Phillips' offensichtlich wesentlich jüngerer Bruder (wohl ein Halbbruder) von einem Fieber erfasst, das unter der Mannschaft grassierte, und starb innerhalb eines Tages. Der Kapitän notierte, er wäre »voller Schmerzen über seinen Verlust« zurückgelassen und er gab ihm ein Ehrenbegräbnis, mit Trompeten, Trommeln, Flaggen auf Halbmast und sechzehn Schüssen von den Bordkanonen, »denn das war die Anzahl von Jahren, die er auf dieser unsicheren Welt lebte«.[91]

Phillips notierte nichts weiter über seine Gefühle. Er war ein praktischer Mann, abgehärtet von Jahren auf See. Sein Tagebuch ist voller nützlicher Details: Windrichtung und Geschwindigkeit, Liegeplätze, Inselreliefs, bevorzugte Handelsgüter und Preise auf verschiedenen Märkten, wo es möglich ist, beim Handeln falsche Gewichte zu benutzen und wo nicht, auf welchem Markt gesunde Männer und Frauen wie viel kosten und welche Tricks die Händler anwenden, um ihre Sklaven jung und gesund aussehen zu lassen.

In Whidaw, im heutigen Benin, kauften Phillips und seine Geschäftspartner über einen Zeitraum von neun Wochen 1300 Sklaven, die auf zwei Schiffe verteilt wurden. Die *Hannibal* stach mit 700 angeketteten Menschen in See, die auf den niedrigen, lichtlosen und ungelüfteten Sklavendecks nicht aufrecht stehen konnten und so dicht nebeneinanderlagen, dass es unmöglich war, sich zu bewegen, ohne auf Körper zu treten.

Phillips war neu im Sklavengeschäft und er bekam gute Ratschläge von erfahreneren Kollegen, die er allerdings nicht alle annahm:

> Mir wurde gesagt, dass einige Kommandeure die Beine oder Arme der Aufsässigsten abhacken, um den Rest in Schrecken zu versetzen, denn sie glauben, dass sie nicht nach Hause zurückkehren können, wenn sie eine Gliedmaße verlieren. Einige Offiziere rieten mir, dasselbe zu tun, aber sie konnten mich nicht davon überzeugen, auch nur daran zu denken, geschweige denn so eine Barbarei und Grausamkeit tatsächlich an diesen armen Geschöpfen anzuwenden, die, abgesehen von dem fehlenden Christentum und der wahren Religion (ihr Unglück mehr als ihr Fehler), genau so sehr Werke von Gottes Hand sind und ihm so teuer wie wir selbst. Ich kann mir nicht vorstel-

len, warum sie um ihrer Farbe wegen verachtet würden, denn sie können nichts dafür, es ist die Auswirkung des Klimas, das durch Gottes Willen herrscht. Ich kann nicht glauben, dass es in einer Farbe einen größeren ihr einwohnenden Wert gibt, als in einer anderen, oder dass weiß besser sei als schwarz, was wir nur denken, weil wir so sind und dazu neigen, unsere eigene Kondition besser zu beurteilen, weswegen der Teufel für die Schwarzen auch weiß ist und so dargestellt wird.[92]

Dies ist der Widerspruch des Kapitäns Phillips. Er wusste, was er tat. Er hielt Afrikaner nicht für minderwertig, glaubte nicht, Mitglied einer überlegenen Rasse zu sein. Der Teufel der Schwarzen ist weiß.

Die Reise der *Hannibal* geriet den Investoren zu einem finanziellen Desaster. Mehr als die Hälfte der Sklaven starb während der Überfahrt an Pocken oder Fieber, weil sie sich zu Tode hungerten, von Ketten und Peitschen Wundbrand bekamen, ins Meer sprangen, oder ohne Angabe von Gründen, aus Hoffnungslosigkeit, was Phillips oft frustrierte: »Die Schwarzen sind so aufsässig und so unwillig, ihr Land zu verlassen, dass sie oft aus Kanus, Booten oder Schiffen in die See springen und unter Wasser bleiben, bis sie ertrunken sind«[93], schrieb er.

Für den Kapitän war der Verlust von 370 Sklaven bitter, wie er selbst erklärte: »Es gab so viel Krankheit und Tod unter meiner armen Mannschaft und den Schwarzen, dass wir zuerst 14, dann aber 320 begruben, was unserer Reise sehr schadete, denn die Royal African Company verliert 10 Pfund für jeden gestorbenen Sklaven und die Eigentümer des Schiffes 10 Pfund 10 Schillinge ... wodurch sich der Verlust auf fast 6500 Pfund Sterling beläuft.«[94]

Phillips hatte das Pech, seinen fürchterlichen Beruf auszuüben, bevor die Kaste der Erklärer und Rechtfertiger in seinem Land sich der Sklaverei angenommen hatten. Er hielt seine Gefangenen zwar für »Sklaven des Teufels«, weil sie ihre Kinder nicht dem Missionsunterricht an Bord übergeben wollten, aber seine Frömmigkeit und seine Gewalt gegenüber Menschen, die er (bis auf die Taufe) als gleichwertig begriff, lebten in unterschiedlichen Winkeln seines Geistes nebeneinander. Trotzdem unternahm der Kapitän nur diese einzige Reise. Vom Verkauf der verbleibenden Hälfte der ursprünglich verladenen Sklaven konnte er sich nach seiner Rückkehr einen bescheidenen, aber bequemen Ruhestand in seiner walisischen Heimatstadt finanzieren.

Die Profite aus dem Sklavenhandel waren phänomenal. Investoren konnten ihr Geld mit einer einzigen Reise verdoppeln oder verdreifachen, denn Europas Hunger nach Rohrzucker, Kaffee, Tabak, Tee und anderen exotischen Produkten war unersättlich. Zuerst waren es weiße Strafgefangene gewesen, die auf den Plantagen geschuftet hatten. Allein zwischen 1654 und 1685 wurden zehntausend dieser verurteilten weißen Zwangsarbeiter von Bristol aus zu den Westindischen Inseln verschickt. Bald aber reichte ihre Arbeit nicht mehr aus, weil sie nur für die Zeit ihrer gesetzlichen Strafe genutzt werden konnten und danach wieder frei waren. Afrikaner aber, die keine Christen waren, unterlagen diesen Beschränkungen nicht. Christliche und nichtchristliche Gefangene arbeiteten nebeneinander auf den Plantagen.

Dann aber kamen die Missionare, besonders die englischen Quäker, die leidenschaftlich darauf bestanden, dass die unsterblichen Seelen aller Menschen gerettet werden mussten, auch derer, denen der Herr eine dunkle Hautfarbe gegeben hatte. Die Plantagenbesitzer sahen darin sofort und vollkommen zu Recht eine Bedrohung ihres Geschäftsmodells und erließen Gesetze, um die Freilassung bekehrter afrikanischer Sklaven zu verhindern. Gleichzeitig aber störten die Missionare auch die soziale Struktur der Plantagen. Bis jetzt waren die Christen bevorzugte Arbeiter und die Heiden Sklaven auf Lebenszeit gewesen. Jetzt aber musste eine neue Trennlinie gezogen werden, um die Unterscheidung zwischen den Europäern, die lediglich eine Strafe auf Zeit abarbeiten mussten, und den Sklaven zu bewahren.

Von nun an unterschieden die Gesetze der Plantageninseln zwischen Weißen und Schwarzen. Aus einer religiösen Trennlinie, die aus der europäischen Perspektive der Religionskriege und der konfessionellen Staaten Sinn ergab, wurde eine Trennung nach Hautfarbe. Natürlich hatte man auch schon vorher unterschiedliche Hautfarben wahrgenommen und sozial diskriminiert, aber die Linien der Diskriminierung waren andere gewesen. »Wilde« konnten durchaus weiße Europäer sein, die in primitiven Umständen lebten, während auch schwarze Herrscher oder Heerführer mit großem Respekt beschrieben wurden und auch Reiseberichte die Betonung auf die kulturelle Entwicklung, nicht die Hautfarbe anderer Zivilisationen legten.

Die Versklavung von schwarzen Menschen stellte ein moralisches Problem dar, war aber gleichzeitig wirtschaftlich fast unwiderstehlich. Der englische Dichter William Cowper (1731–1800) fasste das Dilemma zusammen:

> Ich gesteh' dass mich der Handel mit Sklaven betrübt,
> ein Schurke, wer solch dunkle Taten verübt,
> Ich höre von Leid, von Qualen und Stöhnen
> die fast schon Steine erweichen können.
> Ich fühl' tiefes Mitleid, doch bleibe ich stumm
> Denn wo wären wir ohne Zucker und Rum?[95]

Auch wenn Sklaverei eine Schande war, so waren ihre Produkte und andere nützliche Effekte bald nicht mehr vom europäischen Markt wegzudenken. Sklavenschiffe mussten gebaut, ausgerüstet, bemannt und versichert werden, industriell gefertigte Tauschwaren und andere wichtige Utensilien wie Ketten, Fußfesseln und Feuerwaffen wurden im Akkord gefertigt und kurbelten die Wirtschaft an, der Verkauf der Sklaven machte die Händler reich und die Produkte aus den Plantagen wurden von der europäischen Mittelklasse als Statussymbole und Genussmittel enthusiastisch angenommen.

Der Historiker Eric Williams publizierte 1944 eine Studie zur wirtschaftlichen Bedeutung der Sklaverei für Englands Industrialisierung, die genauso auf starke Unterstützung wie entrüstete Ablehnung stieß, weil sie zwei Thesen aufstellte, nämlich dass erstens der Sklavenhandel und seine Profite die industrielle Revolution maßgeblich ermöglichten und gerade England ohne diese Einkünfte seine Textilindustrie nicht so schnell hätte aufbauen können, und zweitens, wesentlich gravierender, dass der Rassismus nicht eine Voraussetzung, sondern eine Konsequenz der Sklaverei war.

Auch wenn die erste dieser Thesen umstritten war und zum Teil noch ist (nachträgliche ökonomische Berechnungen sind oft komplex, gelegentlich widersprüchlich und fast immer unvollständig): Das Tagebuch von Kapitän Phillips aus dem Jahr 1693 unterstützt die zweite These. Phillips kannte die Afrikaner als »Sklaven des Teufels«, nicht aber als an sich minderwertige Menschen.

In den Tagebüchern späterer Kapitäne stellte sich das schon ganz anders dar. Die Grausamkeit des Sklavenhandels und der Sadismus von Kapitänen, Seeleuten, Soldaten und Plantagenbesitzern übersteigen jede Vorstellungskraft. Die Sklaven, die oft wochenlang ohne frische Luft und mit nur einer Stunde Bewegung am Tag zusammengepfercht waren, lagen in ihren eigenen Exkrementen und fielen Krankheiten zum Opfer, die sich unter Deck wie Lauffeuer verbreiteten. Viele starben an Durchfall. Immer wieder bemerkten Seefahrer, dass jeden Morgen Tote hinaufgebracht wurden, um sofort über Bord geworfen zu werden »wie alte Flaschen«, wie ein Schiffsarzt angewidert schrieb. Manche der Transportierten begingen Suizid, andere wurden in ihrer Gefangenschaft wahnsinnig oder verfielen in eine tiefe Depression, die meist tödlich endete.

Brandmarkungen, Auspeitschungen, Verstümmelungen, Hinrichtungen und demonstrativ grausame Strafen zur Abschreckung der anderen Sklaven, etwa nach Meutereien, waren normal, wenn auch Gott und seine Gnade nie fern waren, wie das folgende Schiffsmanifest zeigt: »Verladen, durch Gottes Gnade, in guter Ordnung und Verfassung ... auf dem Schiff MARY BOROUGH, deren Master, unter Gott, für diese Reise Kapitän David Morton ist, jetzt vor Anker am Barr von Senegal und durch Gottes Gnade auf dem Wege nach George, in South Carolina, mit vierundzwanzig erstklassigen Sklaven, sechs erstklassigen weiblichen Sklaven, gebrandmarkt und nummeriert wie in der Marge beschrieben, und bereit für die Lieferung.«[96]

Die Sklavenhändler lernten bald, ihren Wohlstand im Lichte der Evangelien und der Aufklärung zu begründen. Ein gewisser Kapitän William Snelgrave hatte sich schon in der ersten Hälfte des 18. Jahrhunderts eine ganze Liste von guten Gründen zurechtgelegt. Die Schwarzen würden das Leben überhaupt nicht schätzen und würden auch untereinander ohne Zögern töten, versicherte er. Darüber hinaus waren die Sklaven nicht von Weißen, sondern von anderen Afrikanern versklavt worden, und zwar ganz rechtmäßig, denn sie waren nach den Gesetzen ihres Landes entweder Kriegsgefangene oder hatten ihre Schulden nicht zahlen können.

Andere wiederum würden absichtlich viele Kinder bekommen, um sie als Sklaven zu verkaufen, obwohl sie nicht arm seien. Und überhaupt würden die Europäer ihnen einen Gefallen tun, denn sonst würden die Kriegsgefangenen einfach ermordet oder barbarischen Göttern geopfert werden und »Wenn sie auf die Plantagen gebracht werden, leben sie hier viel besser, als jemals in ihrem eigenen Land, denn die Besitzer zahlen einen guten Preis für sie und es ist in ihrem Interesse, sich gut um sie zu kümmern«. Zugegeben, nicht alles war schön in diesem Geschäft, aber »das Schlimmste, was man darüber sagen kann, wird sich bei näherer Betrachtung, wie alle irdischen Güter, als eine Mischung von gut und böse erweisen«.[97]

Der amerikanische Arzt George Pinckard besuchte 1795 ein Sklavenschiff, um sich selbst ein Bild von dem umstrittenen Handel zu machen. Wie er später einem Freund schrieb, fand er ein heiteres, freundliches und sauberes Schiff, auf dem die jungen Sklaven ihm Kunststücke vorführten, während die jungen Frauen mit »signifikanten Gesten« mit ihm flirteten (Sklavinnen wurden während der Reise von Offizieren häufig routinemäßig vergewaltigt). Der junge Mediziner fand allerdings auch Gelegenheit, sich von der grundlegenden Andersheit der Sklaven zu überzeugen: »Beim Tanzen bewegten sie kaum ihre Füße, aber warfen ihre Arme umher und wanden sich mit ihren Körpern in einer Vielzahl von widerlichen und unanständigen Posen. Ihr Gesang war ein wilder Schrei, bar aller Weichheit und Harmonie.«[98] So konnte er zu dem Schluss kommen: »Unsere Seelen litten bei der Kontemplation der entwürdigenden Praktiken, die zivilisierte auf weniger zivilisierte Heiden ihrer Art anwenden, aber das Auge war nicht erschreckt von Tyrannei oder Unmenschlichkeit.«

Der junge Doktor war nicht der Einzige unter seinen gebildeten Landsleuten, der über die Institution der Sklaverei nachdachte und offensichtlich nicht völlig mit seinem Gewissen im Reinen war. Thomas Jefferson, amerikanischer Gründervater und Besitzer von sechshundert Sklaven, fand sich in der seltsamen Situation, die Institution mit dem Hinweis zu verteidigen, die Römer und Griechen seien zu ihren weißen Sklaven weitaus grausamer gewesen, gleichzeitig aber zu betonen, dass Schwarze ebenso intelligent und moralisch seien wie auch Weiße, die allerdings aufgrund ihrer Position viel besser von ihrer Vernunft und ihrer Ethik

Gebrauch machen konnten. Er warnte eindringlich davor, von wenigen Beobachtungen auf den Charakter und die Qualitäten ganzer Völker zu schließen, denn »Unsere Schlussfolgerung würde eine ganze Rasse von Menschen degradieren«.[99] Für Jefferson ist es letztendlich eine Frage der guten Wissenschaft. Er hat nicht genug Informationen und kann deswegen seine Meinung nur als Hypothese formulieren: »Ich argumentiere deswegen nur aus einem Verdacht heraus, dass die Schwarzen, ob sie ursprünglich eine eigene Rasse waren oder durch die Umstände dazu gemacht wurden, den Weißen unterlegen sind, was sowohl ihren Körper, als auch ihren Geist betrifft.« Ein philosophischer Geist bei der Arbeit.

Ausgestopft und ausgestellt

Das Umschlagen eines öffentlichen Bildes und einer kulturellen Wahrnehmung zeigt sich auch weit weg von den Plantagen und Sklavenschiffen des Atlantiks, in Wien, wohin es einen jungen Afrikaner namens Angelo Soliman (1721–1796) verschlagen hatte. Dort war die Diskussion über den Status von Afrikanern nicht so weit fortgeschritten und wohl auch nicht so dringend wie in den Ländern, die direkt am transatlantischen Sklavenhandel beteiligt waren. Trotzdem hatte auch das Habsburgerreich über seine Besitzungen in Italien Berührungspunkte mit dem Sklavenhandel im Mittelmeer und so kam es, dass ein junger Afrikaner, der wahrscheinlich im heutigen Niger geboren und von dort von Menschenhändlern entführt wurde, über Sizilien nach Wien gelangte, wo er als Hauslehrer am Hof des Fürsten Liechtenstein arbeitete.

Angelo Solimans Geschichte ist oft erzählt worden, weil sie so typisch ist für den Umgang einer Kultur mit einer Art von Anderssein, das in deutschsprachigen Ländern nur selten vorkam, denn die Menschen bekamen nur wenige Afrikaner zu sehen. Gleichzeitig aber war die Idee des Afrikaners, verbunden mit einer relativ kleinen Bandbreite von Klischees und Erwartungen, weit verbreitet.

Als Mitglied am Hof eines wichtigen Fürsten und mit direktem Zugang zum aufklärerischen Kaiser Josef II. – dessen Freimaurer-Bruder er auch war – war Soliman eine Respektsperson in Wien, heiratete eine Wienerin und hatte ein Kind mit ihr. Seine Hautfarbe führte nicht zu seiner Ausgrenzung, wenn er auch bei Hof gelegentlich in einem osmanisch inspirierten Kostüm mit Turban auftrat, einem imaginären Nationalkostüm, wie man es auch bei Serben, Ungarn oder Türken fand.

Nach seinem Tod aber erfuhr seine Geschichte eine brutale Wendung. Franz I., der Nachfolger des von ihm ungeliebten Onkels Josef, ließ die Leiche des afrikanischen Günstlings einiger Wiener Adeligen beschlagnahmen, ausstopfen und als »Wilden«, nur mit Straußenfedern und

13 *Angelo Soliman* (1721–1796), ab 1734 Hauslehrer am Hof des Fürsten Liechtenstein in Wien. Porträt, Schabkunstblatt, 1796. Österreichische Nationalbibliothek, Wien

Glasperlen bekleidet, in seiner naturkundlichen Sammlung aufstellen, wo das Exponat noch mehrere Jahrzehnte lang von wohlig schaudernden Bürgern besichtigt werden konnte, bis es mit poetischer Gerechtigkeit 1848 durch einen Brand in der Hofburg vernichtet wurde. Aus einem kultivierten Mann und getauften Christen von einem anderen Kontinent war ein gefährlicher »Wilder« geworden, der als solcher alle Rechte auf seinen Körper, ein anständiges Begräbnis und damit auf seine Seele verwirkt zu haben schien. Der Wechsel der Kategorien war vollzogen.

Hier war die Rechtfertigungsindustrie der westlichen Gesellschaften von entscheidender Bedeutung. John Lockes Unterstützung der Sklaverei in den USA war noch von nackten wirtschaftlichen Interessen getragen gewesen, aber im 18. und besonders im 19. Jahrhundert brummte diese Industrie wie nie zuvor. Die Unterwerfung anderer Menschen konnte moralisch nur verteidigt werden, wenn diese Menschen nicht nur verächtlich, sondern objektiv minderwertig waren, näher an der Natur, an den Tieren als an zivilisierten Menschen, von grundsätzlich anderer Art. Schon Descartes hatte gegen jede Empirie behauptet, dass Tiere keine Seele hätten und deswegen auch keine Gefühle, kein Bewusstsein, keine wirkliche Persönlichkeit.

Im Zuge des immens lukrativen Dreieckshandels, der Zucker, Baumwolle, Tabak und Kaffee nach Europa brachte, und angesichts der märchenhaften Profite, die in England palastähnliche Landhäuser, elegante Stadtpalais und in Frankreich Châteaux und in vielen anderen Ländern schmucke Villen finanzierten, wurde diese Technik jetzt auch auf die Menschen angewendet, von deren unbezahlter Arbeit das System in wichtigen Teilen abhing.

Noch im 18. Jahrhundert war die Debatte über die Einteilung von Menschen in Rassen völlig offen. Es war die Zeit der *Encyclopédie* und der großen Klassifizierungen, der Pflanzensystematik des Carl von Linné und der Einteilung der Tiere durch den Comte de Buffon und andere, der Schematisierung von Erdschichten und chemischen Elementen; bei diesen Versuchen ging es zwar um ein System, nicht aber um eine Hierarchie der Natur. Linné fand keine Klasse von Pflanzen »wertvoller« als eine andere, auch wenn die Systematisierung selbst auch ein Element der Unterwerfung und Versachlichung natürlicher Zusammenhänge war.

Diderots und d'Alemberts große *Encyclopédie* (publiziert 1751–1772) galt als skandalös, weil sie bestehende Hierarchien des Wissens und der Gesellschaft durch ihre alphabetische Ordnung unterlief und in Frage stellte. Sie kannte zwar »*Sauvages*« unterschiedlicher Hautfarbe, aber keine Hierarchie der Rassen. Diderot selbst stellte die »Buschmänner« in Südwestafrika und die Ureinwohner Tahitis als den Europäern in moralischer Hinsicht und praktischer Weisheit sogar überlegen dar. Auch er und seine radikalen Freunde hatten ihre kollektiven Vorurteile und dachten gelegentlich in Stereotypen, aber sie folgten keiner rassistischen Weltordnung, im Gegenteil: Ihre größte Verachtung galt der Kirche, die sie bekämpften, wo immer möglich. Diderot schrieb leidenschaftlich gegen Sklaverei und gegen kolonialistische Unterwerfung – aber die Zensur zwang ihn dazu, es anonym zu tun.

Trotzdem wurde auch und vielleicht gerade bei führenden philosophischen Köpfen der Aufklärung und des frühen 19. Jahrhunderts die Einteilung der Menschen nach Rassen immer stärker zu einem Glaubenssatz, der unzählige Male wiederholt wurde, offensichtlich ohne weiterer Belege zu bedürfen.

Georg Wilhelm Friedrich Hegel (1770–1831) hatte in seiner *Philoso-*

phie der Geschichte viel zu sagen über Afrikaner und andere Menschen außerhalb Europas: »Aus allen diesen verschiedentlich angeführten Zügen geht hervor, daß es die Unbändigkeit ist, welche den Charakter der Neger bezeichnet. Dieser Zustand ist keiner Entwicklung und Bildung fähig, und wie wir sie heute sehen, so sind sie immer gewesen.«[100] Pedantische Zeitgenossen mochten schon damals einwenden, dass eine Reduktion aller auf dem afrikanischen Kontinent lebenden Menschengruppen und Kulturen mit einem einzigen Wort, das sie nicht nur hinsichtlich ihrer Erscheinung, sondern auch ihres Charakters und ihrer Fähigkeiten beschreibt, ein wenig pauschal scheinen konnte, aber der Philosoph kannte keine solchen Skrupel und seine Anhänger wiederholten seine Worte wie Bibelverse.

Hegel, der Deutschland bis auf einen kurzen Aufenthalt als Hauslehrer in Bern nie verlassen hatte, wollte mit seinem Denken die Welt umfassen. Geschichte war ihm zufolge das Fortschreiten des Weltgeistes zur Verwirklichung der Freiheit, und wer sich diesem Fortschritt zu verweigern schien oder nach seinem Dafürhalten dazu gar nicht fähig war, hatte jedes Bürgerrecht verloren. Die Stimme des Sklavenkapitäns William Snelgrave klingt durch die Argumente des Deutschen: Die Afrikaner kennen es nicht anders, haben es nicht anders verdient, können gar nichts anderes, ihre neuen Besitzer tun diesen armen Wilden einen Gefallen. Bei Hegel klingt das so:

> Die Neger werden von den Europäern in die Sklaverei geführt und nach Amerika hin verkauft. Trotzdem ist ihr Los im eignen Lande fast noch schlimmer, wo ebenso absolute Sklaverei vorhanden ist; denn es ist die Grundlage der Sklaverei überhaupt, daß der Mensch das Bewußtsein seiner Freiheit noch nicht hat und somit zu einer Sache, zu einem Wertlosen herabsinkt. Bei den Negern sind aber die sittlichen Empfindungen vollkommen schwach, oder besser gesagt, gar nicht vorhanden. Die Eltern verkaufen ihre Kinder und umgekehrt ebenso diese jene, je nachdem man einander habhaft werden kann. Durch das Durchgreifende der Sklaverei sind alle Bande sittlicher Achtung, die wir voreinander haben, geschwunden, und es fällt den Negern nicht ein, sich zuzumuten, was wir voneinander fordern

dürfen ... In der Menschenverachtung der Neger ist es nicht sowohl die Verachtung des Todes als die Nichtachtung des Lebens, die das Charakteristische ausmacht.[101]

Kein Klischee ist dem großen Mann zu jämmerlich, um nicht mit der ganzen Autorität eines königlich preußischen Professors wiederholt zu werden:

> Die Neger besitzen daher diese vollkommene Verachtung der Menschen, welche eigentlich nach der Seite des Rechts und der Sittlichkeit hin die Grundbestimmung bildet. Es ist auch kein Wissen von Unsterblichkeit der Seele vorhanden, obwohl Totengespenster vorkommen. Die Wertlosigkeit der Menschen geht ins Unglaubliche; die Tyrannei gilt für kein Unrecht, und es ist als etwas ganz Verbreitetes und Erlaubtes betrachtet, Menschenfleisch zu essen. Bei uns hält der Instinkt davon ab, wenn man überhaupt beim Menschen vom Instinkte sprechen kann. Aber bei dem Neger ist dies nicht der Fall, und den Menschen zu verzehren hängt mit dem afrikanischen Prinzip überhaupt zusammen; für den sinnlichen Neger ist das Menschenfleisch nur Sinnliches, Fleisch überhaupt.

Angesichts solch minderwertiger Kreaturen, die offensichtlich des rationalen Denkens und des moralischen Verhaltens gar nicht fähig waren, ist es nur logisch, dass die Sklaverei für Hegel eher ein Instrument des Weltgeistes war als ein moralischer Skandal. Kapitäne hatten einhellig berichtet, ihre Gefangenen seien so ängstlich vor der Überfahrt, weil sei überzeugt waren, die Europäer würden sie töten und essen, oder ihre Körper zu Kohle verbrennen. »Wer ist der Barbar?«, hätte Montaigne gefragt.

Auch über die Besiedlung der Amerikas machte sich Hegel seine Gedanken: Amerika sei »das Land der Zukunft«, erkannte er, »ein Land der Sehnsucht für alle die, welche die historische Rüstkammer des alten Europa langweilt«[102]; diese mutigen Geister, die aus einem staubig gewordenen Kontinent in ein herrliches neues Morgen aufbrechen wollten, zumal der Kontinent eine »geographische Unreife« zeige und noch fast völlig unerschlossen war, denn das Recht lag immer bei denen, die den Willen des voranstrebenden Weltgeistes vollzogen. Vor der »Entdeckung« Amerikas gab es dort kaum nennenswerte Kultur, schreibt Hegel, denn die »Eingeborenen« zeichneten sich durch »Sanftheit und Trieblosigkeit, Demut und kriechende Unterwürfigkeit« aus, »bis die Europäer dahin kommen, einiges Selbstgefühl in sie zu bringen. Die Inferiorität dieser Individuen in jeder Rücksicht, selbst in Hinsicht der Größe gibt sich in allem zu erkennen.«[103]

Es war daher klar, dass solche inferioren Individuen keinen Anspruch auf dieses majestätische Land der Zukunft haben konnten, denn: »Es waren industriöse Europäer, die sich des Ackerbaues, des Tabak- und Baumwollenbaues usw. befleißigten.« Die »Eingeborenen« waren nicht nur unfähig, zivilisiert zu leben: In Südamerika waren sie sogar so faul, dass eine große Glocke sie mitternachts »an ihre ehelichen Pflichten erinnern« musste. Trotzdem gab es dort Großes zu tun, und daher bot sich eine logische Maßnahme an: »Die Schwäche des amerikanischen Naturells war ein Hauptgrund dazu, die Neger nach Amerika zu bringen, um durch deren Kräfte die Arbeiten verrichten zu lassen.«

Die »Hoheit des Menschen über die Natur« liegt Hegel zufolge nur in seinen überlegenen geistigen Kräften, die sich bei den Europäern am vollkommensten zeigen und auch in Asien nicht voll ausgebildet oder vielleicht schon verkümmert sind. Nur sein Geist erlaubt ihm zu sehen, »daß der zufällige Wille des Menschen höher steht als das Natürliche, daß er dieses als das Mittel ansieht, dem er nicht die Ehre antut, es nach seiner Weise zu behandeln, sondern dem er befiehlt«.[104]

Von Hegels Kathederrhetorik zieht sich eine gerade Linie zu dem Staatsrechtler Carl Schmitt (1888–1985), der nicht nur ein überzeugter Nationalsozialist war, sondern auch einer der einflussreichsten Rechtsphilosophen und klarsichtigsten Theoretiker der Macht seiner Generation. Die »Landnahme« auf anderen Kontinenten, schreibt Schmitt, war völlig legitim und änderte auch europäisches Recht nicht. Schon Diderot hatte gefragt, was wohl passieren würde, wenn ein Tahitianer an einem französischen Strand seinen Besitzanspruch auf das ganze Land kundtun würde, denn wenn Landnahme rechtens ist, müsste sie es in jedem Fall sein, aber Schmitt lässt dieses Argument nicht gelten:

Dieser Boden war frei okkupierbar, soweit er noch nicht einem Staat im Sinne des europäischen zwischenstaatlichen Binnenrechts gehörte. Bei völlig unzivilisierten Völkern war die Macht der eingeborenen Häuptlinge kein Imperium, die Nutzung des Bodens durch die Eingeborenen kein Eigentum. [...] Ob die Beziehungen der Eingeborenen zum Boden, in Ackerbau, Weide oder Jagd, ... als Eigentum anzusehen waren oder nicht, war eine Frage für sich und unterlag ausschließlich der Entscheidung des landnehmenden Staates ... Der landnehmende Staat kann das genommene koloniale Land hinsichtlich des Privateigentums ... als herrenlos behandeln.[105]

Zwischen Hegel und Schmitt lagen ein Jahrhundert und zwei Weltkriege, aber die Argumente blieben festgezurrt. Generationen von Denkern hatten dazu beigetragen. Immanuel Kant, der moralische Schutzheilige der Aufklärung und des deutschen Idealismus, dessen Welt sich auf Königsberg beschränkte und der über seine Freundschaft mit englischen Händlern in der Stadt zumindest eine indirekte Verbindung zum Sklavenhandel hatte, pflegte sehr deutliche Ansichten über Afrikaner. Einer Notiz zufolge ist es möglich, dass er selbst einmal einen Menschen dunkler Hautfarbe getroffen hatte, aber die Begegnung war offensichtlich nicht von gegenseitiger Hochachtung gekennzeichnet. Kant notierte 1764 nach einer Diskussion über Kunst als junger Mann: »Dieser Kerl war vom Kopf bis zum Fuss ganz schwarz, ein deutlicher Beweis, dass das, was er sagte, dumm war.« Jahrzehnte später schreibt er: »Der Neger kann disciplinirt und cultivirt, niemals aber ächt civilisiert werden. Er verfällt von selbst in die Wildheit. Amerikaner und Neger können sich nicht selbstregiren. Dienen also nur zu Sclaven.« Allerdings war mit den Afrikanern noch nicht der Nadir des Menschlichen erreicht, wie Kant argumentierte. Die Ureinwohner Amerikas waren, wie auch Hegel befand, zu faul und zu wertlos, um von sich aus auch nur zu überleben: »Diese Race, zu schwach für schwere Arbeit, zu gleichgültig für emsige und unfähig zu aller Cultur, wozu sich doch in der Naheit Beispiel und Aufmunterung genug findet, noch tief unter dem Neger selbst steht, welcher doch die niedrigste unter allen übrigen Stufen einnimmt, die wir als Racenverschiedenheiten genannt haben.«[106]

Wenn hier nur deutsche Autoren zitiert wurden, dann auch, weil daran zu erkennen ist, wie tief die Einteilung von Menschen in Rassen, die sich aus der Rechtfertigung der transatlantischen Versklavung von Afrikanern entwickelte, in Gesellschaften eingedrungen war, die nur zu einem geringeren Ausmaß oder indirekt am Dreieckshandel und an der Sklaverei überhaupt beteiligt waren. Aber allein unter den Denkern der Aufklärung taten sich ein Montesquieu und ein David Hume durch sehr ähnliche Äußerungen hervor, während Voltaire, der Apostel der Toleranz und der Vernunft, gerne und immer wieder auf das Thema zurückkam: »Schließlich sehe ich Menschen, die mir diesen Negern gegenüber so überlegen scheinen, wie sie es den Affen gegenüber sind, und die Affen gegenüber den Austern und anderen Tieren dieser Art.«[107]

Das stille Sterben
der Saartjie Baartman

Die Unterwerfung der Natur erreichte durch die moderate Aufklärung, die Industrialisierung, die systematische Ausbeutung der Kolonien und die beginnenden Naturwissenschaften neue Dimensionen, aber sie trug noch immer die alte, moralisch-theologische Bürde. Sie musste beweisen, warum die Unterwerfung nicht nur möglich und für die Unterwerfer nützlich war, sondern warum sie gut und richtig war, Gottes Wille, oder der Wille der Vorsehung, des Weltgeistes, des Fortschritts, nicht willkürliche Macht und Grausamkeit.

So wie die Unterwerfung in früheren Jahrhunderten theologisch untermauert worden war, wurde sie im Laufe der Jahrzehnte immer mehr auch von wissenschaftlichen und Methoden und modernen Technologien unterstützt. Carl Hagenbecks üble Völkerschauen warben mit ihrem Wert für die Bildung der Bevölkerung, transportierten aber mit ihren spektakulären Inszenierungen die sorgfältig konstruierten Geschichten, die sogenannte »Wilde« zu einem Teil der zu unterwerfenden Natur erklärten. Für diese schöne Kulisse, die im Falle der Völkerschauen buchstäblich zusammengezimmert wurden, waren Fakten nur hinderlich, rationales Denken völlig entbehrlich. Welche Tatsachen zitierten die Philosophen als Begründung ihrer Thesen? Wie plausibel war es, dass auf den enormen Landmassen von Afrika und den Amerikas jeweils nur eine einzige und einförmige »Rasse« lebte, die keiner echten Kultur fähig war? Hatten sie nie die Reiseberichte eines Georg Forster oder Alexander von Humboldt oder die vielfach übersetzten von Bougainville oder die Berichte der Jesuiten aus Südamerika zur Hand genommen? Jede dieser weithin bekannten und zitierten Quellen zeichnete ein differenzierteres, häufig von großem Respekt getragenes Bild der Gesellschaften, denen die Europäer begegneten. Trotzdem konnten die Vordenker der Unterwerfung im Brustton tiefster Überzeugung und *ex cathedra* ihre aus den Diskursen der Sklavenhalter entlehnten Wahrheiten verkünden, und trotzdem wurden sie von ihren Lesern ernst genommen. Neben Nietzsches Sklavenmoral, der wir später noch begegnen werden, gab es immer auch eine Sklavenhaltermoral.

Im 19. Jahrhundert war die Idee der Unterwerfung, der natürlichen Hierarchien mit weißen Europäern als Gipfel und Kulmination aller bekannten Lebensformen und der Existenz von Menschenrassen zur wissenschaftlichen Wahrheit geronnen. Der deutsche Naturforscher Ernst Haeckel beschäftigte sich nicht nur mit seiner ästhetisch immer noch erstaunlichen, fast pantheistischen Idee der Kunstformen der Natur, sondern auch mit Schädelreihen, die die Abstammung der Europäer von den Affen über andere Ethnien darstellten. In Italien arbeitete der Kriminologe Cesare Lombroso an einer streng wissenschaftlichen Erfassung aller physiologischen Merkmale, um kriminelle Neigungen, ethnische Unterschiede und menschlichen Wert quantitativ messen zu können.

Der eminente französische Anatom und Paläontologe Georges Cuvier vermaß Schädel und Hirnvolumen, um seine Theorie zu bestätigen, dass unterschiedliche Menschenrassen alle von einem weißen Adam geschaffen wurden und die dunkleren Degenerationsformen der ursprünglichen hellhäutigen Vollkommenheit darstellten. Den Afrikanern bescheinigte auch er aufgrund ihres Aussehens die Verwandtschaft mit Affenhorden, die in der »vollkommensten Barbarei«[108] verharrt waren.

Diese Einstellung machte es Cuvier auch einfacher, eine seiner berühmtesten Studien auszuführen. Das Objekt seiner streng wissenschaftlichen Neugier war eine gewisse Saartjie Baartman, eine junge Frau, die in Südafrika geboren und gegen ihren Willen nach Frankreich gebracht wurde, wo sie aufgrund ihres großen Gesäßes zuerst in England und dann in den Niederlanden und Frankreich für Geld auf Jahrmärkten zur Schau gestellt und als exotische Prostituierte zuerst an wohlhabende Klienten und schließlich an gewöhnlichere Klienten vermietet wurde.

Cuvier interessierte sich nicht für das traurige Schicksal der jungen Frau, die inzwischen von Syphilis, Einsamkeit und Alkoholismus zerstört und völlig verarmt war. Er sah in ihr die Bestätigung seiner Ideen über menschliche Rassen. Er vermaß sie sorgfältig, ließ sie nackt malen, kurz bevor sie im Alter von 25 Jahren starb, und sezierte dann ihren Körper unter besonderer Beachtung des Hirns und der Geschlechtsteile im Dienste der Wissenschaft. Ihr Skelett war noch bis ins späte 20. Jahrhundert hinein im *Musée de l'homme* in Paris zu sehen.

Die Erwähnung von Affenhorden bringt uns unweigerlich zu Charles Darwin (1809–1882, noch einem Forscher, der überzeugt war, die Afrikaner seien den Affen näher als den Menschen), dessen unfreiwillige intellektuelle Revolution durch die Veröffentlichung von *On the Origin of Species* (1859) eine der entscheidenden narzisstischen Kränkungen in der Geschichte der westlichen Unterwerfung der Natur verursachte. Von den Neoplatonisten bis zur moderaten Aufklärung hatten Generationen von Predigern verschiedenster Couleurs die Ausnahmestellung zuerst des Menschen und dann des weißen Menschen in den Hirnen derer eingeschliffen, die dieser Geschichte folgten. Darwins Evolutionstheorie hatte eine unleugbare Erklärungsmacht, aber sie ließ diese Ausnahmestellung nicht zu.

Noch Cuvier hatte als führender Wissenschaftler versucht, die Schöpfungsgeschichte mit paläontologischen Funden in Einklang zu bringen und alle jemals lebenden Menschen von einem physisch existierenden, von Gott geschaffenen Adam herzuleiten. Die Logik der Evolution aber machte es endgültig unmöglich, einen Menschen zu denken, der buchstäblich seit der Schöpfung vor etwa sechstausend Jahren unverändert geblieben war. Das Gesetz der Entwicklung der Arten durch Anpassung an wechselnde Bedingungen kannte keine Ausnahme und es sah vor, dass Menschen und andere Primaten gemeinsame Vorfahren gehabt haben mussten und dass der Unterschied zwischen ihnen nur ein gradueller sein konnte. »Dass der Mensch mit allen seinen edlen Eigenschaften«, schrieb er, »mit der Sympathie, welche er für die Niedrigsten empfindet, mit dem Wohlwollen, welches er nicht bloss auf andere Menschen, sondern auch auf die niedrigsten lebenden Wesen ausdehnt, mit seinem gottähnlichen Intellect, welcher in die Bewegungen und die Constitution des Sonnensystems eingedrungen ist, mit allen diesen hohen Kräften noch in seinem Körper den unauslöschlichen Stempel eines niederen Ursprungs trägt.«[109]

Darwin stieß den Menschen von dem Thron, auf den die Bibel ihn gesetzt hatte. Ihm selbst war das eigentlich nicht recht, denn er war bei schlechter Gesundheit und fürchtete schrecklichen Ärger von Freunden und Bekannten, ganz zu schweigen von kirchlichen Meinungsführern, und er hatte die Situation richtig eingeschätzt, denn nach der von ihm selbst mehrmals hinausgeschobenen Veröffentlichung seiner Theorie geriet er tatsächlich in einen Sturm der Entrüstung, der ihn enorm viel Zeit und Energie kostete, die er lieber in seine lebenslange Passion für Insekten oder andere Experimente wie das Verhalten von Saatgut in Salzwasser oder den Hörsinn von Regenwürmern gesteckt hätte.

Der Gedanke der Unterwerfung aber war nicht durch eine einzige Theorie aus der Welt zu bekommen; im Gegenteil, sie adaptierte sich. Natürlich gab (und gibt es immer noch) einen Chor von Stimmen, die sich nicht mit der Stellung des Menschen als natürliches Wesen abfinden wollten und weiterhin auf seinen göttlichen Ursprung und seine Unvergleichbarkeit und Einzigartigkeit pochten, aber sie kämpften wissenschaftlich auf verlorenem Posten.

Obwohl sie sich nicht mehr auf eine biologische Sonderstellung des Menschen berufen konnte, wurde die Unterwerfung der Natur trotzdem zu einem Teil des evolutionären Denkens, besonders dank eines entfernten Cousins von Darwin, Sir Francis Galton (1822–1911), einem Wissenschaftler, dessen weitreichende intellektuelle Interessen, enorme Energie und hervorragende Vernetzung ihn zu einer führenden Autorität in so unterschiedlichen Disziplinen wie der Erforschung von Fingerabdrücken, Meteorologie, Statistik und Afrikanistik machten. Er setzte die sich für die Zuchtauswahl (weißer) Menschen und zur Verbesserung der Zukunft ein.

Galton war ein erstaunlicher Mann, dem eine gewisse moralische Schizophrenie in die Wiege gelegt worden war. Seine Familie hatte ihr Geld mit Waffenhandel gemacht und gehörte auch der pazifistischen protestantischen Gemeinschaft der Quäker an. Sein Geburtshaus war übrigens für Joseph Priestley gebaut worden, das wissenschaftliche Genie, dem wir bei der Betrachtung der Vakuumpumpe im Gemälde von Joseph Wright of Derby begegnet sind. Das wissenschaftliche England war klein. Galton studierte Jura und Mathematik, bereiste Südafrika, schrieb über die verschiedensten Themen, die sich auf Daten und statistische Methoden stützten, und dachte über die Zukunft der Menschheit nach. In einem Brief an die *Times* vertrat er die Ansicht, dass Chinesen dazu angehalten werden sollten, nach Afrika einzuwandern, um das dortige Land mit ihrem sprichwörtlichen Fleiß endlich urbar zu machen und systematisch auszubeuten und die offensichtlich minderwertigen Schwarzen zu ersetzen.

Erst als Galton *The Origin of Species* las, hatte der wissenschaftliche Universalist seine wahre Berufung gefunden. Von jetzt an weihte er sich ganz der Eugenik, der Erschaffung einer Rasse von verbesserten Menschen durch Zuchtwahl. Es war ein ebenso politisches wie biologisches Programm, mit dem Galton Bewunderer wie Winston Churchill oder George Bernard Shaw gewann. Seine eigenen Ideen von der Art der Überlegenheit waren von einer Mischung aus Rassenlehre und Sozialdarwinismus geprägt. Schon auf seiner afrikanischen Forschungsreise hatte er notiert: »Der Großteil der Hottentotten um mich herum hatten besondere Gesichtszüge, die in England einen schlechten Charakter anzeigen und besonders unter Strafgefangenen verbreitet sind, ich glaube, man nennt es ›Verbrechergesicht‹; ich meine, dass sie hervorstechende Wangenknochen haben, einen geschossförmigen Kopf, niedergeschlagene, aber rastlose Augen, sinnliche Lippen und zusätzlich schockierende Kleider und Manieren.«[110]

Die Gesichter der afrikanischen Ureinwohner erinnerten Galton an Cesare Lombrosos fotografische Galerien von Kriminellen, Schwachsinnigen und Gewaltverbrechern. Sowohl der ethnische als auch der charakterliche oder intellektuelle Mangel sollten durch Zuchtwahl beseitigt werden.

Galton war zweifellos ein brillanter Kopf, aber hohe Intelligenz schützt weder vor Vorurteilen noch vor extremer Dummheit in anderen Belangen. Als seine Untersuchungen zu ethnischen Typen ihn zu den Kindern in einer jüdischen Schule in London führten, schrieb er in seinem Bericht über seine Experimente: »Was mich am meisten beeindruckte, als ich durch das angrenzende jüdische Viertel zu der Schule fuhr, war der kalte, kalkulierende Blick der Männer, Frauen und Kinder, der auch bei den Schuljungen zu bemerken war.« Eine solche kalkulierende Kälte konnte für den Herrn aus einem vornehmeren Viertel der Stadt nur eines bedeuten: »Ich fühlte, ob zu Recht oder nicht, das jeder von ihnen mich kalt auf meinen Marktwert taxierte, ohne das geringste Interesse anderer Art.«[111]

Galton wollte durch komposite Fotografien (also die Überblendung vieler Porträts zu einem »Geisterporträt«) ethnische Idealtypen konstruieren und war besonders begeistert von den Porträts der jüdischen Kinder, die für ihn einen idealen jüdischen Typ repräsentierten. Jüdische Kollegen, die mit Galton gemeinsam an der Studie arbeiteten, hatten eine ganz andere Interpretation, wie sie der Anthropological Society in London darlegten. Einerseits seien die Juden Europas nicht als eine Rasse zu betrachten, weil sie selbst im Laufe ihrer Geschichte so stark ethnisch durchmischt waren, dass sie nicht von anderen Europäern zu unterscheiden seien, argumentierten sie, andererseits ließ sich ihr »kalter« Gesichtsausdruck auch damit erklären, dass sie arm, hungrig und unterdrückt waren. Was Galton als biologische Tatsache sah, wurde von ihnen als ein soziales Phänomen analysiert.

Sir Francis Galtons Eugenik versuchte besonders, positive geistige Eigenschaften weiterzuvererben. Er stellte Studien über Genies und Künstler an und quantifizierte seine Ergebnisse mit größter Akribie, konnte aber nur schwache statistische Korrelationen in Familien feststellen. Letztendlich waren seine Ideen wenig mehr als die Vorurteile eines typischen Engländers seiner Klasse und Generation in Zahlen gegossen. Er glaubte die größere »Einfachheit« von Schwarzen sogar an ihren, wie es ihn anmutete, simpler strukturierten Fingerabdrücken ablesen zu können, sah die Anatomie von Verbrechern in Schwarzen und andersherum und hielt Juden für kalt und geldgierig. Trotz dieser offensichtlichen Mängel hatte seine Lehre einen enormen Einfluss, mit eugenischen Gesellschaften in ganz Europa und den Vereinigten Staaten, mit Vortragsreihen, internationalen Konferenzen und verbreitet über Bücher, die zu Bestsellern wurden, und über Artikel in der Presse.

Vielleicht lag die verborgene Macht von Galtons Ideen in der Tatsache, dass er die sonst so schwer verdauliche Lehre Darwins mit einer neu begründeten biologischen Überlegenheit der weißen Europäer zusammenbrachte und so die gewohnte Ordnung der Welt wiederherstellte. Auch wenn der Mensch in Darwins Formulierung seine bescheidenen Ursprünge nicht leugnen konnte, konnte gerade der biologische Mechanismus der Zuchtwahl dazu verwendet werden, ihn über die gesamte Natur erhaben zu machen und sogar die Körper von Menschen nach seinen eigenen, scheinbar rationalen Kriterien neu zu formen.

Die Hierarchie der Rassen und der Lebewesen überhaupt wurde zur erfolgreichsten Form der Unterwerfung der Natur, weil sie es möglich machte, politische und ökonomische Macht als Gesetz der Natur, der Vorsehung oder des Fortschritts neu zu erfinden und moralisch aufzuwerten. Was Teil der wilden Natur war, musste von den zivilisierten Menschen beherrscht und verbessert werden – und die Zivilisierten definierten selbst die Kriterien dafür, was wild war und was nicht. Es war ein argumentativ wasserdichtes System, das sich sogar mit Ideen wie »Freiheit-Gleichheit-Brüderlichkeit« vereinbaren ließ, solange es möglich war, zu entscheiden, wer und was überhaupt dafür in Betracht kam, frei, gleich und solidarisch behandelt zu werden. Wer dessen nicht für würdig erachtet wurde, war ein Sklave, ein Objekt unter der Kontrolle einer selbsternannten tugendhaften Macht.

Die Gleichheit wurde entschärft, indem sie zur Gleichheit der Gleichartigen umgemünzt wurde und diese Gleichartigkeit immer wieder neu postuliert und filetiert werden konnte. Nein, abgesehen von anderen »Rassen« und von Frauen konnten auch Arbeiter und »gemeines Volk« nicht als wirklich gleich angesehen werden, denn sie waren erblich degeneriert und kaum noch menschlich, schienen geradezu auf der Leiter der Evolution zurückzugleiten, befanden die Wissenschaftler des 19. Jahrhunderts, als sie mit gerümpfter Nase das Industrieproletariat beäugten, über das sie mit genauso viel Abscheu schrieben wie über die Ureinwohner anderer Kontinente.

Viktorianische Sozialpioniere beschrieben die Einwohner des East End von London wie eine minderwertige, kaum noch menschliche Rasse, die auf der Leiter der Evolution zurückrutscht und bald wieder zum Tier wird. Die meisten dieser unglücklichen Menschen waren Engländer und Iren. Es war im besten Interesse aller, die Macht in den Händen derer zu halten, die das Ideal der Gleichheit im athenischen Sinn verwalten und verteidigen konnten – als Gleichheit freier, wohlhabender, europäischer Männer. So war es möglich, dass eine völlige Travestie aller christlichen und aufgeklärten Kernideen von christlichen und aufgeklärten Menschen im Vollbewusstsein ihrer Rechtschaffenheit betrieben und offiziell gefeiert werden konnte.

Die Rechtfertigungswissenschaften des westlichen Beherrschungszwanges deckten ein weites Spektrum ab. Es reichte von der Theologie und der Philosophie bis hin zu neuen Wissenschaften wie Anthropologie und Zoologie, von gummierten Bildchen von furchtlosen Entdeckern und Kinderbüchern über Abenteuer unter Wilden bis zu atemlosen Berichten über glorreiche Schlachten in den Kolonien, die Fortschritte der Wissenschaft und das dankbare Lächeln afrikanischer Waisenkinder in der Presse.

Im 18. und 19. Jahrhundert in Europa zu denken hieß, in einer Welt zu leben, die ihre Fixpunkte verloren hatte: zuerst im Streit zwischen Philosophie und Theologie, dann mit immer neuen Entdeckungen und Erfindungen, die zunehmend die alte Ordnung in Frage stellten. Maschinen und Manufakturbetriebe waren politische Ereignisse, die Entscheidungen motivierten, Infrastruktur schufen, eine Arbeiterklasse und die Mechanismen zu ihrer Überwachung, Streiks und Revolutionen, radikale Traktate und sentimentale Groschenromane.

Nicht alle Zeitgenossen waren glücklich über so viel Umbruch und Aufbruch. Rousseau führte die bunte Armee derer an, für die die Zivilisation selbst das Problem war, und besonders nach der Französischen Revolution formierte sich in Europa eine solide Phalanx von nostalgischen, royalistischen und häufig reaktionären Denkern, aber sie blieben in der Minderheit. Das Rampenlicht gehörte den Propagandisten des Neuen. Der Optimismus mancher Autoren war grenzenlos, denn endlich schien ein Weg entdeckt, wie sich die Menschheit von den Fesseln der Natur und den Geißeln des Schicksals frei machen und die Kontrolle über das eigene Schicksal ergreifen könnte.

Die Idee der Unterwerfung schillerte in all ihren Facetten so verführerisch, dass viele Intellektuelle und noch mehr einfache Bürgerinnen und Bürger ihr erlagen wie einer willkommenen Infektion. Von Hegel bis Haeckel, vom Sklavenschiff *Hannibal* bis zu Hagenbecks Völkerschauen, von Naturwissenschaft bis Anthroposophie, von Spielzeug bis Sonntagsreden, Geschichtswissenschaft und Geologie, Theologie und Groschenromanen zelebrierten die verschiedensten Genres den Traum von der absoluten Unterwerfung und ihrem optimistischen Zwilling, dem Fortschritt. Gott war auf ihrer Seite.

Der britische *Pulpit Commentary*, das 48-bändige Kompendium für

Predigten im viktorianischen England, führte die Apotheose der menschlichen Herrschaft auf die Bibel zurück und ermutigte zu mehr Landnahme. Ein Vorschlag zu einer Predigt über Genesis 1:28, »macht sie [die Erde] euch untertan«, lautete:

> Am heutigen Tag ist der Mensch bis an die Enden der Erde gewandelt. Trotzdem liegen noch riesige Gebiete unerforscht, warten auf seine Ankunft. Diese Klausel kann als die Lizenz des Kolonialisten [*the colonialist's charter*] beschrieben werden. Und mache sie dir untertan. Der so erfolgte Auftrag war, die immensen Ressourcen der Erde für seine Bedürfnisse zu gebrauchen, durch Landwirtschaft und Bergbauunternehmen, durch geographische Forschung, wissenschaftliche Entdeckung und mechanische Erfindung. Und herrsche über die Fische des Meeres & c. d. h. über die Bewohner aller Elemente. Der göttliche Wille mit Hinblick auf seine Schöpfung wurde deshalb bis ins Detail erfüllt durch Übermacht, die er ihnen über alle anderen Werke von seiner göttlichen Hand gegeben hatte.[112]

»Man«, der Mensch, der dort wanderte, war nicht nur implizit männlich, sondern auch implizit weiß, er fand den Rest der Erde unberührt und gewissermaßen jungfräulich vor, denn die unproduktiven Wilden, die darauf wohnten, hatten ihr Recht auf Eigentum verwirkt, weil sie nichts anzufangen wussten mit den Gaben des Herrn. Daher ist es ein direkter Auftrag des Herrn, Wälder zu roden, Felder anzulegen, Minen in den Boden zu treiben, zu vermessen und zu erfinden, um die Herrschaft über die Natur vollkommen zu machen.

Die göttliche Hand führte so jedes lukrative Unternehmen, jeder Raub geschah in allerhöchstem Auftrag. Die Skrupel eines Captain Phillips, der noch zwei Jahrhunderte vorher keinen Unterschied zwischen sich und den »armen Elenden« sehen konnte, die er (trotzdem) transportierte, waren längst wegthoretisiert. Die Menschen in den Kolonien waren in Rudyard Kiplings unsterblichen Worten nicht mehr als »new-caught, sullen peoples, / Half-devil and half-child«. Wer dem Fortschritt im Weg stand, stand auch dem Willen des Herrn oder, für säkulare Gemüter, dem Weltgeist im Weg.

Der indisch-britische Historiker Pankaj Mishra seziert mit erfrischender Klarheit den Fortschritt aus westlicher Sicht und die selektive Blindheit, die mit ihm einhergeht, denn dieser Fortschritt schiebt immer eine Bugwelle von Zerstörung vor sich her. Die Perspektive derer aber, deren Leben zerstört wurden, ist nur selten Teil der Erinnerung. Ob abgeholzte Wälder, ausgelaugte Böden, überfischte Meere, ausgerottete Tiere, zerstörte Lebensräume und besonders im Zuge der industriellen Revolution vernichtete menschliche Lebensweisen und Identitäten und daraus resultierende Verarmung oder die Angst davor und die Reaktionen darauf bis hin zu Pogromen oder Kriegen – die segensreiche Macht, die immer mehr Güter, Dienstleistungen und wissenschaftliche Entdeckungen hervorbringt, fordert immer ihren Preis. »Die Verschleierung der Kosten, die der ›Fortschritt‹ des Westens verursacht hat, untergräbt, wie sich zeigt, ganz erheblich die Möglichkeit, die in aller Welt gegenwärtig ausfernde Politik der Gewalt und der Hysterie zu erklären oder sie gar einzudämmen.«[113]

*

Der Fortschritt forderte Opfer. Mit seiner immensen Dynamik verheerte er traditionelle Lebensweisen, ökonomische Praktiken und politische Strukturen, denen er unbarmherzig seinen Stempel aufdrückte, und er formulierte dann ein ganzes Bouquet an Gründen, warum dies der einzige, der richtige, der moralische Weg war. Die alten Strukturen aber, die dieser Abrisswelle des Geistes zum Opfer fielen, hinterließen hässliche und schmerzhaft klaffende Lücken und eine Geschichte der Traumatisierung und der Demütigung, deren Auswirkungen die Geschichte des Fortschritts und des wachsenden Wohlstands noch immer überflügeln und zunichtemachen könnten.

Die alten Strukturen von Arbeit und Gesellschaft, die alten Hierarchien und Sicherheiten schwankten unter dem Angriff der industriellen Revolution und einer neuen Unterwerfung unter die Logik der imperialistischen Herrschaft, der Macht nationalistischer Ideen und der wirtschaftlichen Notwendigkeit. Die Transzendenz dieser neuen Herrschaft war der Fortschritt selbst, die Ausweitung des Machtbereichs und die Erfüllung einer historischen Mission.

Eine Idee besonders schien im Kontext der Wissenschaft immer weniger zentral zu sein, wie der charismatische General Napoleon Bonaparte erfuhr. Der französische Mathematiker und Astronom Pierre-Simon Laplace (1749–1827) war ein brillanter wissenschaftlicher Vordenker, der sein Brot als Examinator der französischen Artillerieschulen verdiente und dabei auch einmal einen kurzgewachsenen, sechzehnjährigen Kadetten namens Napoleon Bonaparte geprüft hatte. Jahre später, als Napoleon erfolgreicher General und Erster Konsul Frankreichs war und sein damaliger Prüfer ein eminenter Astronom, überreichte Laplace seinem ehemaligen Prüfling sein neuestes Buch *Traité de Mécanique Céleste* (Abhandlung über die Himmelsmechanik).

Der junge und noch immer kleingewachsene General genoss es offensichtlich, seinen Lehrer seine neu gewonnene Macht fühlen zu lassen, und maßregelte ihn vor versammelter Gesellschaft. Newton habe in seinem großen Werk über Gott gesprochen, kritisierte Bonaparte, aber er habe Gott in diesem Buch nicht ein einziges Mal gefunden.

»Bürger Erster Konsul«, kam die eisig freundliche Antwort, »ich habe dieser Hypothese nicht bedurft.«[114]

Die Hasenjagd

Gott ist tot! Gott bleibt tot! Und wir haben ihn getötet! Wie trösten wir uns, die Mörder aller Mörder? Das Heiligste und Mächtigste, was die Welt bisher besaß, es ist unter unsern Messern verblutet – wer wischt dies Blut von uns ab? Mit welchem Wasser könnten wir uns reinigen? Welche Sühnefeiern, welche heiligen Spiele werden wir erfinden müssen? Ist nicht die Größe dieser Tat zu groß für uns? Müssen wir nicht selber zu Göttern werden, um nur ihrer würdig zu erscheinen? Es gab nie eine größere Tat – und wer nur immer nach uns geboren wird, gehört um dieser Tat willen in eine höhere Geschichte, als alle Geschichte bisher war![115]
Friedrich Nietzsche, Die fröhliche Wissenschaft

Es war der Fortschritt selbst, der dieses letzte Opfer gefordert hatte. In einem Universum, das sich anhand mathematisch ausgedrückter Gesetze beschreiben ließ, blieb einfach immer weniger Platz für eine transzendentale Beziehung, für eine immanente Göttlichkeit. Hier, auf dem Zenit ihrer Flugbahn, war die Idee der Unterwerfung mit ihrem eigenen Widerspruch konfrontiert. Der Mensch, der in Gottes Auftrag die Natur unter sein Knie zwang, brauchte den Alten irgendwann nicht mehr. In dem Maße aber, in dem Gott zum großen Uhrmacher verblasste, fiel die Schuld für ihr eigenes Handeln auf die Schultern der befreiten Menschen.

Wenn sich die Welt aus sich selbst heraus erklären ließ und die Menschen darauf nicht mit einem historischen Auftrag handelten – wer waren sie dann? Und wer konnte ihnen das beantworten? Wohin konnten sie vor dieser Leere fliehen? Und wer konnte sie von der Schuld des Mächtigen erlösen?

Auf der offiziellen und institutionellen Ebene führten solch gefährliche Fragen nicht zu einem Zusammenbruch des religiösen Denkens, sondern zu einer noch intensiveren und dogmatischeren Kampagne der

Rechtfertigung in Predigten, Leitartikeln, Vorlesungen und erbaulichen Dramen. Das viktorianische Bürgertum brauchte seinen göttlichen Auftrag so dringend, wie es die Zinsen aus seinen Aktien an der Indischen Eisenbahn brauchte, und beide hingen auf fatale Weise zusammen. Ohne moralischen Unterbau, ohne die *white man's burden*, ohne *mission civilisatrice* kein Kolonialreich und kein Einkommen. Die Debatte über den Sklavenhandel und seine Überhöhung zur edlen Opfertat weißer Wohltäter hatte gezeigt, dass Jahrhunderte der Bibelexegese Früchte getragen hatten und sich jede offensichtliche Tatsache von geschickten und gut ausgebildeten Interpreten in ihr Gegenteil verkehren ließ.

In den Debatten der Aufklärung wurde immer wieder das offensichtliche Bedürfnis, sogar die persönliche Not einiger Teilnehmer deutlich, an der intimen transzendentalen Beziehung zu einem Grund aller Moral und aller Wahrheit festzuhalten, ohne gleichzeitig die offensichtlichen Fortschritte der Wissenschaft und ihre problematischen Erklärungen zurückweisen zu müssen. Gott musste dem System in irgendeiner Form erhalten bleiben, sei es auch nur als Uhrmacher, als Prinzip, als höchste Vernunft.

Schon der Kampf um Gott kam einem geistigen Erdrutsch gleich. Es ist schwer, sich heute einen Begriff davon zu machen, wie intim und existenziell das vormoderne Verhältnis vieler (wenn auch nicht aller) europäischer Christen zu ihrem Gott gewesen war. Allein schon die physische Welt war von Geheimnissen und Wundern durchzogen. Was nicht mit bloßem Auge gesehen werden konnte, blieb unerkannt, und der Himmel war ein Zelt, das um die Erde gespannt war, bevor um 1600 die ersten Mikroskope und Teleskope neue Welten eröffneten. Aber auch sie und ihre Erkenntnisse waren nur wenigen Menschen zugänglich und die wissenschaftliche Methode erst in der Entstehung begriffen. Gottes Wahrheit lieferte eine Erklärung, die nicht weniger plausibel war als andere auch. Das Leben schien voller unlösbarer Rätsel, die nur durch die Religion eine Bildsprache bekamen, vorstellbar wurden und in ihr aufgelöst werden konnten. Gleichzeitig sprach die Bibel von einer Welt, die der Landbevölkerung vertraut war, denn sie handelte von Bauern und ihrem Leben.

Diese Erklärung und die Auflösung aller Widersprüche in der wunderbar paradoxen Dreieinigkeit erlahmten aber in dem Maße, in dem die

Welt außerhalb des religiösen Verständnisses, die Welt der Naturgesetze, der Länder und Zivilisationen auf bislang unbekannten Kontinenten, das Wissen der vergleichenden Anatomie und der zeitgenössischen Kulturanthropologie, der Archäologie und der Geologie ein Gegenbild schufen, das den entscheidenden Vorteil hatte, dass man mit ihm um den Globus navigieren, lukrativen Handel treiben und Vakuumpumpen bauen konnte. Ein solch wissenschaftliches Gegenbild aber hatte einen entscheidenden psychologischen Nachteil. Im Gegensatz zur offenbarten Wahrheit der Religion war das Wissen der Experimente und Theorien immer nur ein bloßes Modell, dazu verurteilt, irgendwann falsifiziert und ersetzt zu werden. Es hatte nicht die Würde einer zeitlosen Offenbarung oder die Herrlichkeit einer Vision, aber seine prosaische Korrektheit half mehr als jeder Bibelvers beim Berechnen von Brückenbögen und Abschusswinkeln.

Der aufgeklärte Kampf um Gott und seine säkularen Äquivalente wie Fortschritt und Vorsehung flammte im Laufe des 19. Jahrhunderts mit großer Intensität auf, denn die Energien der rasenden Entwicklung von Industrien, Kolonialreichen, Großstädten und Massenkultur, Technologien und Theorien über die natürliche Welt waren nicht mehr zu kontrollieren und zerfetzten jede tradierte Sicherheit. Kolonisierte Völker und europäische Tagelöhner, Kinder in Fabriken, landlose Bauern und Menschen auf der Flucht vor Hunger und Elend mussten sich an die neuen Verhältnisse anpassen – oder verhungern. Die Kompensationsleistung, diese Prozesse als notwendig und sogar tugendhaft und richtig darzustellen, war gewaltig, aber es fanden sich willige Geister genug, die diese Aufgabe übernahmen. Die Gewalt, die Pankaj Mishra in diesem Prozess verortet, wurde von immer kunstvoller dekorierten Fassaden kaschiert.

Diese Fassaden aber forderten auch von innen Widerspruch heraus und sie weckten Neugier. Sigmund Freud arbeitete sich ab an den psychologischen Fassaden vom bürgerlichen Wien und fand dahinter ein Chaos widerstreitender Emotionen, die zu zerstörerisch wirkten, um ihre Existenz überhaupt nur anzuerkennen. In *Das Unbehagen in der Kultur* dachte der Begründer der Psychoanalyse darüber nach, wie derart aggressive und destruktive Impulse gezähmt werden könnten, nämlich, indem sie nach innen gewendet werden:

Die Aggression wird introjiziert, verinnerlicht, eigentlich aber dorthin zurückgeschickt, woher sie gekommen ist, also gegen das eigene Ich gewendet. Dort wird sie von einem Anteil des Ichs übernommen, das sich als Über-Ich dem Übrigen entgegenstellt und nun als »Gewissen« gegen das Ich dieselbe strenge Aggressionsbereitschaft ausübt, die das Ich gerne an anderen, fremden Individuen befriedigt hätte. Die Spannung zwischen dem gestrengen Über-Ich und dem ihm unterworfenen Ich heißen wir Schuldbewußtsein; sie äußert sich als Strafbedürfnis.[116]

Dieses Über-Ich, so Freud, funktioniert wie »eine Besatzung in der eroberten Stadt« und regiert durch das Gewissen. Wenig später kommt er auf das Schuldgefühl zu sprechen, das schon durch eine bloße Absicht oder ein Begehren erwachen kann, seiner Ansicht nach als Verinnerlichung einer tatsächlichen, weit zurückliegenden Schuld, nämlich der des Sohnes, der seinen geliebten und gehassten Vater umbringt, um an seine Stelle zu treten. »Nachdem der Haß durch die Aggression befriedigt war, kam in der Reue über die Tat die Liebe zum Vorschein, richtete durch Identifizierung mit dem Vater das Über-Ich auf, gab ihm die Macht des Vaters wie zur Bestrafung für die gegen ihn verübte Tat der Aggression, schuf die Einschränkungen, die eine Wiederholung der Tat verhüten sollten.«

Eine Besatzung in einer eroberten Stadt – das war auch eine Antwort, über die Jahrhunderte hinweg, auf das Denken des Kirchenlehrers Augustinus, der diese Besatzung in die eroberte Stadt der menschlichen Psyche hineingeführt und ihr gewissermaßen dort eine Garnison gebaut hatte. Für Augustinus waren Begehren und Instinkte Hindernisse auf dem Weg zur Erlösung, die zur Not mit Gewalt kontrolliert und beseitigt werden mussten, um der Hölle zu entgehen. Freud setzte dem entgegen, dass die Gewaltherrschaft des Über-Ichs selbst schon eine Art Hölle darstellen konnte, denn das Begehren verschwand nicht, wenn es unterdrückt und geleugnet wurde, es begann lediglich, unter der Oberfläche zu gären und zu wuchern, bis die gesamte Psyche vergiftet war.

Freuds Lesart ist erwartungsgemäß auf den von ihm postulierten Ödipuskomplex zugeschnitten und von ambivalenten Emotionen besetzt, aber mit Laplace, der keine Gotteshypothese mehr brauchte, und mit

Friedrich Nietzsche, der bestürzt feststellte, dass die Mörder Gottes ungetröstet bleiben müssen, entstehen die Umrisse einer kollektiven Befindlichkeit unter der Gruppe von Menschen, die am meisten und am dramatischsten von der Unterwerfung der Welt und der Natur profitiert hatte: die Bourgeoisie, das Bürgertum, die *middle class*, die Kleinbürger und die neuen Städter, die Emigranten und Immigranten – die mehr oder weniger erfolgreichen und hoffnungsvollen Bewohner einer Welt der Dominanz, die selbst noch im Entstehen begriffen war.

Die Schuld des neuen, säkularen Individuums geisterte durch die Kultur des 19. Jahrhunderts, ein Schatten der alten christlichen Schuld. Sie trieb die Heldinnen und Helden in Verdis Opern und den Romanen von Fjodor Dostojewski, inspirierte Victor Hugo und Charles Dickens, Goethes *Faust* und Mary Shelleys *Frankensteins Monster*, hielt Søren Kierkegaard über lange Nächte wach und zermalmte den armen Woyzeck in Georg Büchners gleichnamigem Drama.

Friedrich Nietzsche (1844–1900), Spross eines strikt protestantischen Pfarrhauses, kannte sich aus mit der Schuld und mit der Heuchelei der christlichen Moralvorstellungen, die ihn erst in die Arme der wesentlich sinnlicheren Antike und dann in den Taumel der denkerischen Uferlosigkeit getrieben hatten. In seinen poetischen, polemischen, provokativen, paradoxen und im eigentlichsten Sinn philosophischen Texten schrieb er gegen die gesamte westliche Kultur und ihre Sklavenmentalität an und gegen die moralische Verzwergung des Menschen, die er dem Christentum vorwarf. Die Moral des Christentums und Deutschland bildeten die beiden Pole seiner Ambivalenz, die ihn niemals losließen.

Auch ein so experimenteller Denker wie Nietzsche aber war sich bewusst, »daß auch wir Erkennenden von heute, wir Gottlosen und Antimetaphysiker, auch unser Feuer noch von dem Brande nehmen, den ein jahrtausendealter Glaube entzündet hat, jener Christen-Glaube, der auch der Glaube Platos war, daß Gott die Wahrheit ist, daß die Wahrheit göttlich ist«.[117] Ein wichtiger Teil dieses ungebrochenen, wenn auch oft unerkannten Glaubens ist die Moral, die immer wieder Bestätigung bietet: »Moral putzt den Europäer auf – gestehen wir es ein! – ins Vornehmere, Bedeutendere, Ansehnlichere, ins ›Göttliche‹.«[118] So viel schöner Schein aber konnte nicht lange bestehen: »Wir Europäer befinden uns im Anblick einer ungeheuren Trümmerwelt, wo einiges noch hoch ragt, wo vieles morsch und unheimlich dasteht, das meiste aber schon am Boden liegt ... der Glaube an Gott ist umgestürzt, der Glaube an das christlich-asketische Ideal kämpft eben noch seinen letzten Kampf.«[119]

Die Gegenwart des späten 19. Jahrhunderts empfand Nietzsche als einen unerträglichen Kompromiss zwischen dem Gewesenen und dem Kommenden, seine Bewohner als Heimatlose in mehr als einem Sinn: »Wir Kinder der Zukunft, wie vermöchten wir in diesem Heute zu Hause zu sein! Wir sind allen Idealen abgünstig, auf welche hin einer sich sogar in dieser zerbrechlichen, zerbrochenen Übergangszeit noch heimisch fühlen könnte; was aber deren ›Realitäten‹ betrifft, so glauben wir nicht daran, daß sie Dauer haben. Das Eis, das heute noch trägt, ist schon sehr dünn geworden: der Tauwind weht, wir selbst, wir Heimatlosen, sind etwas, das Eis und andre allzudünne ›Realitäten‹ aufbricht.«[120]

Das glatte Eis der Realitäten brach überall auf in einer Zeit, in der die Revolution der Maschinen Millionen von Menschenleben in sich aufsog. Besonders in England und seinen Kolonien ergriff die eiserne Faust der Industrialisierung die Gesellschaft mit ungeheurer Wucht. Indische Baumwolle wurde in Nordengland gesponnen und gewoben, um dann exportiert zu werden, auch zurück nach Indien, diesmal am Ende der Wertschöpfungskette. Durch die Mechanisierung von Spinnrädern und Webstühlen und die Nutzung von mit Koks befeuerten Dampfmaschinen war diese Industrie zusammen mit dem transatlantischen Dreieckshandel mit Sklaven, Zucker und anderen Produkten eine entscheidende Triebfeder der industriellen, gesellschaftlichen und politischen Entwicklung.

Die Weltmacht Großbritannien, noch zweihundert Jahre früher nichts als ein rastloses Inselreich am nördlichen Ende der bewohnbaren Welt, schien vorzuleben, wie Unterwerfung im Namen des Herrn und des Fortschritts möglich war. Nirgendwo gab es einen so immensen, so obszönen, so unerhörten Zuwachs an Vermögen, an Wissen, Chancen, Theorien, Nippes, Vorstädten, Eisenbahnlinien, Romanen, Luxusgeschäften, Erfindungen, erbaulichen Predigten und kathedralengleichen Bahnhöfen, Stahlbrücken und Berichten aus fernen Ländern, eine Fahrt auf einer schnellen Maschine, die, wie Kirchenlieder und Geschichtsbücher betonten, von Gott gewollt und gesegnet war.

Diese allzu große Einhelligkeit der öffentlichen Meinung inmitten der ungekannten Verelendung der Menschen, die diesen Wohlstand erwirtschafteten und für die das Wort Lumpenproletariat erfunden wurde, rief Widerstand auf den Plan. Politisch war dies die Stunde der verschiedenen, von der Zusammenarbeit der deutschen Exilanten Karl Marx und Friedrich Engels inspirierten Bewegungen. Marx und Engels fanden genug Anschauungsmaterial für ihre Untersuchungen inmitten des industriellen Elends und Wohlstands zwischen London und Newcastle. Kulturell aber kam die Reaktion auf so viel apokalyptische Transformation und die Auseinandersetzung mit ihrer Schattenseite vor allem aus dem Milieu der aufstrebenden Mittelklasse – Menschen, die genug hatten, um Lesen und Schreiben zu lernen und um die Muße zum Lesen zu haben, aber trotzdem nicht für die Verwerfungen der Gesellschaft blind geworden waren.

Einer der zentralen Texte der englischen Literatur, der schon zu Anfang des Jahrhunderts den im buchstäblichen Sinne unheimlichen Preis einer rein instrumentalen Beziehung zur Natur thematisierte, war *The Rime of the Ancient Mariner* von Samuel Taylor Coleridge (1772–1834), ein im volkstümlichen Ton gehaltenes, aber hochraffiniertes Gedicht, das man als Geistergeschichte lesen konnte, das aber für viele Leserinnen trotz seiner scheinbaren Naivität beinahe prophetische Qualitäten hat.

Ein alter Seemann erzählt auf einer dörflichen Hochzeit die Geschichte einer Seereise, über der ein Fluch hing. Er selbst hatte das böse Schicksal mit auf das Schiff gebracht, als er aus reiner Langeweile und Niedertracht einen Albatros erschoss, der die Seefahrer vertrauensvoll begleitet hatte. Sofort änderte sich das Wetter und seine Kameraden hängten ihm zur Strafe den toten Vogel um den Hals.

Erst nachdem alle an Bord gestorben sind, wird der Seemann erleuchtet und erlöst, woraufhin die Mannschaft wieder zum Leben erwacht, ein gnädiger Wind sie nach Hause trägt und er selbst begreift: »*He prayeth best, who loveth best / All things both great and small; / For the dear God who loveth us / He made and loveth all.*«[121] (Er betet am besten, der am besten liebt / Alle Kreaturen, groß und klein; / Denn der liebe Gott, der uns liebt / Er schuf und liebte alle.)

Vielleicht war es der harmlose Gestus dieser Zeilen, der sie so mächtig machte. Der Albatros um den Hals ist als Symbol eines Fluches und einer moralischen Altlast im englischen Wortschatz geblieben. Das Bild des Mannes, der unter unmenschlichen Umständen selbst unmenschlich wird und einen Teil der Natur und eine Beziehung zu einer anderen Kreatur willkürlich zerstört, brannte sich ein, ebenso sehr wie der mitleidlose Demiurg Dr. Frankenstein, der die Natur monströs machte, oder der todesbesessene Kapitän Ahab, den Herman Melville in *Moby-Dick* auf seine epische letzte Reise schickte, bis hin zu dem dämonischen Kurtz in Joseph Conrads *Herz der Finsternis*.

Im Verhältnis zwischen Natur und Mensch war nun der Moment gekommen, da nicht mehr die Natur, sondern der Mensch als Bedrohung wahrgenommen wurde. Sogar der angekettete Prometheus wurde in einem Gedicht von Percy Bysshe Shelley (dem Mann von Mary Shelley) von seinem Felsen befreit. Die Mythologie und der Olymp selbst waren nicht mehr sicher vor der menschlichen Hybris.

Zwei Künstler schufen starke Gegenbilder zu der allesbeherrschenden Mentalität ihrer Epoche. William Blake (1757–1827) war ein Kupferstecher und Maler, Dichter und Illustrator, der schon früh auch nonkonformistische Positionen zu Religion und Politik vertrat. In seinem grafischen Werk setzte er sich gegen Sklaverei ein und schuf Bilder des menschlichen Leids, die in ihrer fast naiven Intensität unvergesslich sind. In einem anderen Werk stellte er Newton dar, den verehrten Gründervater der wissenschaftlichen Revolution. Es ist wohl eher Newtons heroischer Geist, der hier den Zirkel benutzt, denn der Körper zeigt keinen Gelehrten mit langem Haar, sondern einen muskulösen Halbgott, dessen Aufmerksamkeit völlig auf seine Berechnungen konzentriert ist.

Es liegt nahe, in dieser Darstellung des wissenschaftlichen Denkens auch eine Kritik zu erkennen. Der Felsen, auf dem die Figur des Gelehrten sitzt, ist mit Korallen und Muscheln bewachsen und die gesamte Szene scheint sich unter Wasser abzuspielen. Der Mathematiker aber ist zu sehr in seine Ideen vertieft, um die verschwenderisch reiche Natur um sich herum, die er beschreiben und ergründen will, überhaupt wahrzunehmen.

Blake selbst, dessen Traumgemälde und mythologische Meditationen häufig auf visionäre Erlebnisse zurückgingen, hatte eine ganz andere Hoffnung im Hinblick auf die materielle Welt, die Einheit aller Dinge:

14 William Blake: *Newton*, 1795. Farbmonotypie, Aquarell, 46 × 60 cm. Tate Britain, London

»Die Welt in einem Sandkorn zu sehen / Und einen Himmel in einer wilden Blume / Halte die Unendlichkeit in deiner Handfläche / Und die Ewigkeit in einer Stunde.«[122]

Eine zweite künstlerische Umsetzung dieser Zeitenwende finden wir bei Joseph Mallord William Turner (1775–1851), dessen Farbstürme und quasi ins Abstrakte gewachsene Landschaften einen ganz eigenwilligen künstlerischen Weg einschlugen, der seinem eigenen Jahrhundert um vieles voraus war. Auch Turner hatte eine eindeutige politische Position, die er etwa in seinem Gemälde *The Slave Ship – Slavers Throwing overboard the Dead and Dying – Tyophoon coming on* in einer Szene darstellte, über die er in der Zeitung gelesen hatte. Ein Sklavenschiff hatte fast verdurstete Sklaven über Bord geworfen, um die Versicherungsprämie für sie kassieren zu können. Das Verbrechen wurde bekannt und resultierte in einem sensationellen Prozess gegen den Kapitän. In seiner stürmischen See zeigt Turner die Körper der todgeweihten Sklaven, während das Schiff schon von den Wellen des Taifuns erfasst wird. Über allem droht eine verhängnisvoll gleißende Sonne, die von blutroten Sturmwolken umgeben ist.

Auch in der *Fighting Temeraire* wählte Turner eine Szene zu Wasser, auch wenn diesmal die Meeresoberfläche fast spiegelglatt ist. Das einstmals mächtige Kriegsschiff, das half, das britische Imperium zu schaffen und zu verteidigen, ist unterwegs auf seiner letzten Reise zum Abbruch. Seine Macht ist verblichen, seine Kanonen und seetaugliche Belastung ist entschwunden, es wird von einem gedrungenen, schwarzen Dampfschiff gezogen; all dies spiegelt eine alte Zeit, die wehrlos der neuen Kraft folgen muss und fast so etwas wie ein Abgesang auf die große Zeit von Nelsons Marine und dem Höhepunkt der globalen Macht darstellt.

Das im Rückblick vielleicht prophetischste Bild Turners zeigt den Geist eines Hasen, der um sein Leben rennt. Die erste Dimension ist im doppelten Sinne oberflächlich. Turner fügte das Tier erst kurz vor der öffentlichen Präsentation der Leinwand hinzu und die dünne Schicht Farbe ist über fast zwei Jahrhunderte verblasst. Aber er war da und sein Geist hetzt immer noch vor dem Zug her, auf etwa halber Strecke der Brücke. *Rain, Steam, and Speed – The Great Western Railway* wurde der Öffentlichkeit 1844 vorgestellt und war eine Sensation.

Schon der Titel des Bildes zeigt seine Ambivalenz. Der Great Western Railway war das Geschöpf des legendären Industriebarons und Erfinders Isambard Kingdom Brunel, Verkörperung aller viktorianischen Ambitionen, Ingenieur, Mann der Tat, Unternehmer, Kapitalist und Genie. Turners Hommage an den großen Mann ist zweischneidig, denn die Lokomotive, die auf den Betrachter zurast kommt, das einzige Stück konkreter Materie, das unter einer Wolke aus den Regenböen und Lichtreflexen des Sommersturms hervorhastet, wirkt wie verloren in dem Naturspektakel. Das Zentrum des Bildes ist leer. Der existenzielle Kampf aber findet zwischen der Lokomotive und dem fast unsichtbar gewordenen Hasen statt, den der Maler den Berichten seiner Zeitgenossen zufolge als die eigentliche Inkarnation der Geschwindigkeit darstellte. Regen, Dampf und Geschwindigkeit, die dem Gemälde seinen Titel geben, machen die Lokomotive zum Fremdkörper.

Am Anfang der Epoche der Eisenbahn trugen Lokomotiven noch große Namen aus der griechischen Mythologie: Actaeon, der Jäger, der Son-

15 William Turner, *Regen, Dampf und Geschwindigkeit – Die Great Western Railway*, 1844. Öl auf Leinwand, 91 x 121,8 cm. National Gallery, London

nengott Phaedon, Cyclops, der einäugige Gigant; sie alle waren feuerspeiende Ungetüme auf Schienen. Auch Orion, der sagenhafte Hasenjäger, der im Nachthimmel seine Beute nie erreicht, hatte seinen Namen einer Lokomotive geliehen. Den Mythen nach hatte er drei Väter: Neptun, Zeus und Apollo, also den Wassergott, den Gott der Luft und den des Feuers, die Elemente, die eine Dampfmaschine bewegen, die in der Natur Regen bilden und technologisch manipuliert Dampf und Geschwindigkeit, unerbittlich in ihrer Landnahme, ihrem Streben nach technologischen Lösungen, ihrem künstlich befeuerten Wettlauf gegen die Geschichte, aus der sie sich herauskatapultiert.

Nun steht die Jagd der Dampfmaschine auf den Hasen für eine Auseinandersetzung mit der Tiefe der Zeit sowie der schockierenden Macht der alles unterwerfenden Gegenwart. Buchstäblich mit leichter Hand fügte Turner weitere, spielerische Bedeutungsmöglichkeiten hinzu. Links neben der Brücke sieht man ein kleines Boot, das vom Betrachter wegrudert, und einige Figuren, die am Ufer stehen, als wären sie Badende oder klassizistische Idealfiguren in den Landschaftsbildern Claude Lorrains. Dies ist auch eine Auseinandersetzung mit dem klassischen Erbe, mit der idealen Landschaft und was der Fortschritt aus ihr macht.

Und der pflügende Bauer am rechten Rand des Bildes? Ist er noch ein Spiel im Spiel? Kannte Turner Bruegels *Landschaft mit dem Sturz des Ikarus* mit dem Bauern im Vordergrund, der die Erde seinem Pflug unterwirft, das angespannte Pferd beherrscht und selbst ein Unterjochter ist? Hatte er Drucke nach dem Original gesehen, oder eine der Kopien, die danach gemacht wurden? Sah er während seines Aufenthalts in Brüssel 1839 sogar das Original? Ist dies die Umkehr der Verhältnisse, die Bruegel beschrieb, der Moment, als ein technischer Sonnengott dem feurigen Stern auf seinem triumphalen Weg nahekommt, während, bedeutungslos geworden, der Bauer nur aus der Ferne zusehen kann? Oder hat dieser Ikarus noch einen langen Aufstieg vor sich, bevor auch er in die Fluten stürzen wird?

Dies ist ein Landschaftsbild über Landschaftsbilder; beide Kompositionen zeigen eine starke Diagonale, einen ähnlich tumulthaft verrätselten Himmel, eine große Wasseroberfläche mit Booten darauf, eine fast geahnte Stadt am Horizont. Der Unterschied zu früheren Werken dieses Genres liegt aber darin, dass der Held dieser neuen Mythologie noch immer auf die Sonne zurast, denn er hat das Feuer in seinem Inneren gebändigt und fliegt auf Schienen aus Stahl. Turner scheint diese Unterhaltung mit einem Kollegen und ähnlich wachen Geist über die Jahrhunderte hinweg weiterzuführen.

Die Welt der Pflugscharen und Ruderboote ist längst von der brutalen Majestät der Brücke und der rasenden Veränderung auf Schienen verdrängt worden, aber die Warnung schwingt immer mit. Gerade die Pionierzeit der Eisenbahn kannte schreckliche Zugunglücke und der Traum von der gottgleichen Geschwindigkeit barg nicht nur für den Hasen fatale Risiken. Der Maler, der noch im 18. Jahrhundert erwachsen geworden war, zeigte, dass seine Intuition und sein künstlerischer Horizont ihn zwar in der Antike verankerten, er die Herausforderung der technologischen Moderne und die tödliche Kehrseite jedes scheinbaren Triumphs über die Natur aber bereits erkannt hatte.

Modern Times

Die selbstvergessen in die Zukunft stürmende Moderne, die Blake und Turner als Visionen festhielten, schuf ihre eigenen Antworten auf diese Bilder der Unterwerfung der Natur – beunruhigende, bestürzende Antworten.

In Europa markierte das Erlebnis des Ersten Weltkriegs einen Wendepunkt. Bislang hatten Menschen die Natur beherrscht und zu ihrer Unterwerfung mechanische Hilfsmittel benutzt. In den mechanisierten Schlachten an der Westfront wurde einer ganzen Generation deutlich, dass Mut, Muskeln und Männlichkeit, Begriffe wie Ehre und Tapferkeit, Prinzipien, Bildung oder Überzeugung keine Chance hatten gegen die Armada der Maschinen, die geschickt wurde, um sie zu töten. Anarchisten und Monarchisten, Juden und Antisemiten, Akademiker und Arbeiter, Kommunisten und Börsenmakler konnten in demselben Schützengraben kauern, bis dieselbe Granate, die aus vielen Kilometern Entfernung abgeschossen wurde, sie alle zerriss und in dem vielfach zerbombten und längst flüssig gewordenen Schlamm des Schlachtfelds versickern ließ.

Artillerie und Panzer, Kampfflugzeuge und Giftgas, Maschinengewehre und Stacheldraht: Dieser erste (zumindest an der Westfront) vollindustrialisierte Krieg machte brutal deutlich, wie wenig die Krone der Schöpfung ihre eigenen technologischen Geschöpfe noch kontrollieren konnte; die Maschinen waren ihren Erbauern längst überlegen. Seit dem frühen Christentum und noch einmal verstärkt durch die Aufklärung war es das Ziel eines zivilisierten Lebens gewesen, die Natur zu unterwerfen und zu kontrollieren und zu zivilisieren und damit auch alles, was am Menschen selbst »natürlich«, also niedrig und triebhaft war, zu unterdrücken oder in legitime Bahnen zu lenken, um so das ganze Leben zu Kultur zu machen und der Kultur zu widmen, der Anstrengung der menschlichen Zivilisation.

Die Logik dieses Narrativs ist so offensichtlich, dass schon das Gilgamesch-Epos die Frage stellte, wie ein Held, der zu zwei Dritteln Gott ist und zu einem Drittel sterblicher Mensch, seine Sterblichkeit überwinden kann. Auch in anderen mythischen Erzählungen und in der Bibel gehört der Mensch halb zu den Tieren und halb zu den Engeln oder den Göttern, gefangen zwischen beiden und gefährdet durch seine irrationalen Impulse.

Mit der Entwicklung immer stärkerer Maschinen, die menschliche Fertigkeiten nachahmen können, stellt sich die Frage noch einmal dringend neu, denn der Mensch wird nun endgültig ein bedauerliches Zwitterwesen. Seine tierische Hälfte und damit seine Anfälligkeit für vernunftwidriges Handeln kann er freilich trotz Fasten und Kasteiungen, Sublimierung und Verdrängung nie ganz abschütteln und beherrschen. Theologisch wie technologisch bleibt der Mensch fehleranfällig. Maschinen aber haben diese tierische Hälfte nicht, sie sind ganz automatische Engel, ganz ihrem Zweck gewidmet und versprechen reibungsloses Funktionieren. In einem mechanistischen Weltbild waren sie der logische nächste Schritt hin zu einer vollkommenen Beherrschung der Natur, vollkommener, als es bloßen Menschen je gelungen wäre.

Die Erfahrung des Krieges machte einer breiten Masse von Menschen in Europa und seinen Kolonien klar, dass die Maschinen dem Menschen die Herrschaft über die Natur aus der Hand reißen könnten, um sich selbst zu Herrschern aufzuschwingen, völlig rational und perfekt konstruiert, frei von Begehren, von Gier und sogar von Hass, willige Instrumente, die in den Händen sinistrer Mächte zu tödlichen Waffen werden konnten und die potenziell die Menschen völlig überflügeln könnten.

Eine ganze Welle der Populärkultur in den 1920er und 1930er Jahren beschäftigte sich fast obsessiv mit der alten Beziehung zwischen Mensch und Maschine, einem Wettbewerb, den der Mensch langsam, aber sicher zu verlieren schien. In Fritz Langs monumentalem *Metropolis* (1927), heute ein Klassiker, damals ein Flop, verführt eine Roboter-Frau die Massen, um sie ins Unglück zu stürzen. Der tschechische Dramatiker Karel Čapek erzählte in seinem Theaterstück *Rossum's Universal Robots* (1920), wie eine Produktserie von zu Sklavenarbeiten entworfenen Robotern die Menschheit eliminiert, um selbst Herren des Planeten zu werden, und Charlie Chaplin zeigte in seinem mit unheimlicher Präzision choregrafierten Meisterwerk *Modern Times* (1936), wie der Mensch, den Gott einst eingesetzt hatte, um sich die Erde untertan zu machen, als gejagter und hungriger Fabrikarbeiter buchstäblich selbst von der großen Maschine verschluckt wurde.

Das Verhältnis zwischen Mensch und Maschine wurde schon vor einem Jahrhundert als ein Kampf um die endgültige Unterwerfung der Natur beschrieben, wobei Homo sapiens als natürlicher Organismus zwar einen evolutionären Vorteil hat, die Maschinen aber durch rapide Entwicklung aufholten und diese Lücke zu schließen schienen. Dann hätten Menschen endgültig ihre eigene Entbehrlichkeit durchgesetzt, der Kompromiss Mensch wäre technologisch überholt.

Die Erfindung des Transistors, das Internet und der Siegeszug des Smartphones haben diese Entwicklung sprunghaft vorangetrieben und stellen die Frage nach der Unterwerfung neu. Sie versetzen ihre Benutzer oft für viele Stunden am Tag in eine Welt, die von Algorithmen nach kommerziellen Interessen gesteuert und nach psychologischen Erkenntnissen so strukturiert wird, und sie finden dort Anerkennung, Bestätigung, Befriedigung, Ablenkung, Unterhaltung.

Die alte Fantasie vom Menschen als Cyborg, der über eingepflanzte Module neue Fähigkeiten entwickelt, ist damit Wirklichkeit geworden, auch wenn das Modul meist mit der Hand verschweißt ist und nicht im Kopf. Auch das wird noch kommen, aber der grundsätzliche Unterschied ist bereits damit gemacht worden, dass menschliche Kontakte und soziale Verbindungen aller Art über Plattformen laufen, die offen auf der Manipulation ihrer Benutzer aufbauen und den Zugang zur Welt nicht nur in Konsumentscheidungen verwandelt, sondern ihn auch danach gewichtet, welche Aspekte der Realität, welche Verhaltensmuster und welche Schwachstellen der menschlichen Psychologie und Kognition sich am besten dazu nutzen lassen, die ständigen Interaktionen in verwertbare Daten oder Transaktionen zu verwandeln. Wenn der Mensch nach einer älteren Diktion halb Engel und halb Tier ist, so muss klar sein, dass dieser dominante Aspekt der digitalen Kommunikation sich fast ausschließlich und sehr gezielt an das manipulierbare Tier richtet, an Emotionen und Impulse, Unsicherheiten und Bedürfnisse – die ideale Grundlage für die Monetarisierung des Homo sapiens.

Die Selbstunterwerfung des Menschen hat einen unerwarteten Weg eingeschlagen. Für Augustinus war es die Unterwerfung der sündigen, triebhaften Natur und damit auch eine immens potente Art, die Gläubigen selbst zu kontrollieren. Da aber die triebhafte Natur eine Einkommensquelle sondergleichen ist, wird sie in einem kapitalistischen Kontext folgerichtig als Ressource ähnlich systematisch bewirtschaftet, wie die Kirche es mit Beichten, Bußgebeten, Ablässen und der Kontrolle der Sexualität vorexerziert hat.

Die Unterwerfung ist nicht mehr ein Kampf zwischen Trieb und ewiger Seele. Sie ist zum freiwilligen Akt geworden, aber nicht im Sinne Hegels, dem zufolge freie Individuen aus freier Entscheidung Teile ihrer Freiheit aufgeben, um eine Gemeinschaft mit Gesetzen zu formen und sie mit einer Macht auszustatten, die viele Freiheiten erst ermöglicht (ein schönes, hegelianisches Knäuel an Paradoxen). Die Selbstunterwerfung von vergleichsweise wohlhabenden Menschen unter die Gesetze der digitalen Vernetztheit ist effektiv die Anschaffung eines neuen Organs, eines mächtigen Filters aus bunten Farben und kommerziell erschlossenen Optionen, der sich zwischen Individuen und ihre Umwelt legt, ein Filter, der so konstruiert ist, dass er dauernd zu neuen Interaktionen auffordert, einlädt, sie fordert und mit kleinen Belohnungen versüßt.

In der rationalen, rationalisierten Welt der Moderne befiehlt kein Gott mehr, sich die Erde untertan zu machen. Gott ist eliminiert, nicht aber die menschliche Sehnsucht nach ihm, nach einem Sinn jenseits der eigenen, trivialen Existenz. Nietzsches Gottesmörder, die unter der Schuld ihres Verbrechens straucheln, und Freuds neurotische Unterdrücker des inakzeptablen eigenen Begehrens haben sich mit ihrer Niederlage anscheinend arrangiert. Die Herrschaft der Maschinen vollendet diese historische Logik, die durch künstliche Intelligenz noch einmal an Dynamik und Penetration gewinnen und in einem posthumanen Zeitalter münden wird. Immer mehr verlieren Menschen nicht nur die Mittel zur Herrschaft an die Notwendigkeiten der digitalen Vernetzung, sie verlieren auch die Möglichkeit, die Entscheidungsstrukturen und Prozesse dieser digitalen Welt zu verstehen, und sie sind der Logik der Dinge dadurch tendenziell ausgeliefert. Das aber wird nicht unbedingt als existenzielles Problem wahrgenommen. Goethes Zauberlehrling hat zwar Chaos geschaffen und wird die Geister, die er rief, nicht mehr los, aber er hat auch Tinder entdeckt und hat gerade anderes zu tun, als sich mit wild gewordenen Besen herumzuschlagen.

Am Ende des Sieges steht eine Niederlage, die schon J. M. W. Turner kommen sah, während die Welt der Dampflokomotiven und der Ingenieure noch ihre überschäumenden Erfolge feierte. Nie war die Unterwerfung so vollkommen, so unanfechtbar gewesen, nie waren die Fortschritte epischer. Gleichzeitig aber hatte diese rasende Achse kein Lager mehr, in dem sie ruhig laufen konnte. Jeder metaphysische Bezugspunkt für das menschliche Streben war morsch und anfechtbar geworden, furchtsame, schuldgejagte Vatermörder standen ohnmächtig vor der Aufgabe, der Welt eine objektive Moral zurückzugeben. Der Fortschritt war ein brutales Geschäft, aber die eminentesten Wissenschaftler und die populärsten Autoren der Zeit versprachen ein himmlisches Jerusalem, eine Zeit des vollkommenen Friedens, in der dank der Wissenschaft Hunger, Armut und Krieg der Vergangenheit angehören würden.

III
KOSMOS

Agonie

Nie wurde die Unterwerfung der Natur so konsequent gefeiert wie in der Nachkriegszeit, zwischen Atombombe, Mondlandung und Erdölboom. Der kapitalistische Westen und die kommunistischen Staaten wetteiferten miteinander um die größten und spektakulärsten Erfolge in einem Stellvertreterkrieg der Staudämme und Fördertürme, der Fabriklandschaften und toten Flüsse, Hochöfen und abgrundtiefen Bergwerke.

Die Umweltbilanz des Wirtschaftswunders war von Anfang an alarmierend, hat sich aber in der Gegenwart zu einem System des organisierten, tödlichen Wahnsinns verzerrt, in dem ein Primat ausgezogen ist, die eigenen Lebensgrundlagen zu zerstören. Gleichzeitig wurden die Gesellschaften, die diese destruktive Transformation antrieben, Meister darin, sich aus der verblassten religiösen Bilderwelt eine neue Scheinrealität aufzubauen, die religiöse Bilder in kommerziellen Kontexten zu einer neuen, beruhigenden rituellen Praxis zu neuem Leben erweckte.

Nach den Apologeten der Religion kamen die Apologeten des Marktes, Erben der Theologen und Historiker und Professoren, die sich schon lange darin geübt hatten, manifeste Widersprüche kunstvoll in schöne Bilder zu verwandeln. In dem Maße, wie die steigenden ökonomischen Bedürfnisse und Möglichkeiten auch mehr Zerstörung verursachten, wurden die betreffenden Gesellschaften auch effizienter darin, den Konsumenten – sich selbst – ein professionell auf Hochglanz poliertes Spiegelbild mit geringer Tiefenschärfe zu präsentieren: die Welt als Produktpalette und Projektion.

Die reale Welt hinter den Kulissen aber bestand weiter, und sie war ruhelos, in ständiger, oft nur mikroskopischer und milliardenfacher Umwälzung begriffen, einer Kaskade komplexer Transformationen, die wissenschaftlich nicht ausreichend abgebildet werden konnten, wirtschaftlich nicht als relevante Faktoren galten und politisch keinen Hund hinter dem Ofen hervorlockten.

Die Moderne schritt voran mit der von Friedrich Hayek so bewunderten »kreativen Zerstörung« bestehender Zusammenhänge, seien sie sozial, historisch oder natürlich. Systematische Kampagnen zur Unterwerfung der Natur wurden schon um die Mitte des 20. Jahrhunderts mit einer beeindruckenden Selbstsicherheit begonnen. »Es ist das Los des Menschen, die gesamte Erde zu besitzen«, schrieb John Widtsoe, Direktor des US Federal Bureau of Reclamation, 1928, und »das Los der Erde ist es, dem Menschen unterworfen zu werden. Es kann keine völlige Eroberung der Erde geben und keine wirkliche Befriedigung des Menschen, solange große Teile der Erde außerhalb seiner Kontrolle bleiben.«[123]

Das Streben nach der absoluten Herrschaft des Menschen aber war kein Monopol des Kapitalismus. Der Sieg des Proletariats gegen seine bourgeoisen und kapitalistischen Unterdrücker war nur ein historisches Vorspiel zum entscheidenden Kampf gegen die Natur als letzte Grenze der menschlichen Entwicklung. »Wir können keine Gnade von der Natur erwarten, wir müssen sie niederreißen!«, schrie ein Slogan der Partei und Leo Trotzki, vorübergehend Stalins großer Rivale, proklamierte eine sozialistische Zukunft der totalen Macht: »Die gegenwärtige Verteilung von Bergen und Flüssen, von Weiden, Steppen, Wäldern und Küsten, kann nicht als endgültig angesehen werden. Durch die Maschine wird der Mensch in der sozialistischen Gesellschaft die Natur in ihrer Gesamtheit kommandieren ... Er wird die Plätze für Berge und Pässe anweisen. Er wird den Lauf von Flüssen ändern und den Ozeanen seine Regeln aufzwingen.«[124]

Stalin selbst konnte hinter so viel utopischer Energie nicht zurückstehen und verordnete der Sowjetunion ein buchstäblich mörderisches Programm von Bauprojekten, das vor keiner Kraft der Natur und keiner landschaftlichen Struktur Halt machen sollte. In seinem 1948 verkündeten »Plan zur Transformation der Natur« dekretierte der Erste Parteisekretär die Verwandlung der Wolga in eine Serie von Stauseen. Sechs Millionen Hektar Land und ungezählte Leben von Zwangsarbeitern verschwanden unter den künstlich aufgestauten Fluten. Zwei andere Flüsse, der Ob und der Jenissei, sollten von ihrer Flussrichtung nach Norden umgelenkt werden, um südlichere Gebiete zu bewässern.

Wie schon in den hydraulischen Gesellschaften der Bronzezeit war Bewässerung die Voraussetzung für das Wachstum von Bevölkerung und

Wirtschaft, nun auch verbunden mit Energieerzeugung. Vom Assuan-Staudamm in Ägypten über den Hoover Dam in den USA und zur chinesischen Drei-Schluchten-Talsperre dominierten gigantische Wasserkraftprojekte Landschaften und Lebensbedingungen auf allen Kontinenten. »Der Mensch muss die Natur erobern!«[125], wie Parteisekretär Jiang Zemin bei der Einweihung der Talsperre verlauten ließ.

In den großen kommunistischen Diktaturen folgte man propagandistischen Ideen wie religiösen Gesetzen, oft aus der Angst heraus, Vorgesetzte zu kritisieren. Auf Entscheidung des Zentralbüros wurden in der UdSSR Flüsse, die in den Aralsee flossen, umgeleitet, um die Baumwollproduktion in Tadschikistan, Turkmenistan und Usbekistan anzukurbeln. Die Industrie war durstig und 2012 war der Aralsee, ursprünglich der viertgrößte Süßwassersee der Welt, auf ein Zehntel seiner ursprünglichen Größe geschrumpft.

Der messianische Traum von der Diktatur des Proletariats hinterließ in der Natur nichts als Zerstörung, Verseuchung und absterbende Landschaften. China erlebte sein größtes humanitäres Desaster nach dem 1958 von Mao Zedong angeordneten »Großen Sprung nach vorn«, inspiriert von Parolen wie: »Die Gedanken des Vorsitzenden sind unseres Führers Beitrag zu Siegen im Kampf gegen die Natur«, ein Kampf, der in einer bitteren Lektion über die systemischen Reaktionen natürlicher Kreisläufe endete. Um die Felder vor räuberischen Vögeln zu bewahren, wurden Milliarden Tiere gejagt und getötet. Im folgenden Jahr kamen die Insekten, allen voran die Heuschrecken, die kaum noch natürliche Feinde hatten und die Ernten völlig vernichteten, wodurch Millionen von Bauern verhungerten.[126]

Die Unterwerfung der Natur hat keine ideologische Farbe, keine religiöse Quelle, keine politische Überzeugung. Sie ist in Asien geboren, in Europa aufgewachsen und längst zur Weltbürgerin geworden. Der Kolonialismus hat sie in die Welt getragen und nach ihren unbarmherzigen Spielregeln war die maximale Ausbeutung natürlicher Ressourcen auch für postkoloniale Regierungen und Befreiungsbewegungen die einzige Möglichkeit, zu überleben und den eigenen Erfolg zu messen. Kommunisten und Kapitalisten, Religionen aller Richtungen, Schmuggler und Investoren, korrupte Politiker und Warlords, und sogar demokratisch gewählte Menschen mit den besten Absichten tragen zur Zerstörung bei.

Sie ist eine Funktion einer enorm angeschwollenen Bevölkerung von Homo sapiens mit noch stärker gestiegenen Bedürfnissen und technologischen Möglichkeiten.

Erst die Vernichtung von Hiroshima und Nagasaki durch Atombomben weckte Zweifel. Eines der wichtigsten Bücher zu diesem Thema, Robert Jungks *Heller als tausend Sonnen* (1956), evoziert schon im Titel den *horror vacui* des Menschen, der endgültig die innere Ordnung der Natur angetastet, das Allerheiligste entweiht hat. Zusammengelesen mit dem Holocaust als einer bösen Apotheose der Industrialisierung und der instrumentalen Vernunft, wie Theodor W. Adorno und Max Horkheimer sie in ihrer *Dialektik der Aufklärung* (1944) zeichneten, wurden beide Ereignisse zu Emblemen des Grauens vor den Konsequenzen der absoluten Selbstermächtigung des modernen Menschen.

Diese Selbstermächtigung galoppierte voran. Trotz der Bedenken von kleinen Gruppen von Experten und Aktivisten wie dem Club of Rome, der 1972 mit dem Bericht *The Limits of Growth* ein theoretisches, noch immer gültiges Rahmenwerk für die öffentliche Diskussion vorstellte, genoss grenzenloses Wirtschaftswachstum durch maximale Ausbeutung der Natur erste Priorität. Die Entscheidung für Wohlstand und Wachstum war nur zu verständlich in einer Welt, die gerade zwei globale Kriege und lange Perioden der kolonialen Besatzung hinter sich gelassen hatte und in der neue Nationen entstanden. Dieses Streben nach Macht und Wohlstand war so alt wie die Geschichte selbst. Völlig neu aber war die Möglichkeit, diese Ambitionen durchzusetzen. Diese Möglichkeit sprudelte aus dem Boden.

Die Steinkohle hatte die industrielle Revolution angetrieben und zu einer ungeheuren Steigerung von Produktion, Bevölkerungen, Wohlstand und Machtprojektionen der Nationen geführt, die diese Revolution explodieren ließen. Der Rohstoff, der von Bergleuten aus dem Innern der Erde geholt wurde, trieb die Transformation ganzer Gesellschaften voran und schuf innerhalb von wenigen Generationen eine neue Welt, eine neue soziale Ordnung, neue Möglichkeiten und neue politische Träume. Gleichzeitig entwickelte sich ein unbequemes, aber relativ stabiles Gleichgewicht zwischen Arbeitern und ihren Bossen. Der Kohlebergbau war arbeitsintensiv und lange Zeit hindurch schwer zu automatisieren. Die Bergleute und andere Arbeiter mussten lange unter fürchterlichen Bedingungen schuften, aber sie konnten streiken, um sich mehr Rechte zu erstreiten, denn wenn ihr starker Arm es nicht wollte, standen tatsächlich alle Räder still.

Dann verteilte ein anderer Rohstoff die Karten völlig neu. Die Förderung von Erdöl bedurfte keiner Heere von Bergleuten, ihr genügten viel weniger Arbeiter, und das weit entfernt von westlichen Gesellschaften und ihren Streitereien um Menschenrechte und Naturschutz. Erdöl war billig, einfach zu transportieren, unendlich vielseitig einsetzbar als Basis von Produkten von Kaugummi bis Kerosin und es konzentrierte Produktion und Vermarktung bei immer weniger Konzernen. Erdöl trieb die globalisierte Welt an und stellte sie gleichzeitig auf den Kopf. Fabriken mussten nicht länger dort gebaut werden, wo auch Steinkohle lagerte, denn das Öl gelangte überallhin. Schweröl trieb enorme Containerschiffe so billig an, dass von nun an Rohstoffe und Produktionsschritte auf beliebige Orte verteilt werden konnten, je nach Arbeitspreisen, Arbeitsrecht, Naturschutz, Steuerregimes und Bestechlichkeit der unterschiedlichen Bewerber. Die fortschreitende Unterwerfung und Ausbeutung der Natur eskalierte, doch diese schmutzige Dimension des Fortschritts wurde von den Ländern verdrängt, die davon profitierten, aber Tausende von Kilometern entfernt lagen.

Die Welt als Projektion und Produktpalette: Heizöl und Diesel, Benzin und Kerosin, PVC und Nylon, Erdgas und Steinkohle erlaubten es wenigen Generationen, die über Jahrmillionen konservierte fossile Energie aus den Körpern unzähliger Organismen zu emittieren und aus diesem Prozess ein Festbankett des Konsums zu zaubern. Gleichzeitig verschoben diese Innovationen die globalen Machtverhältnisse, nicht nur im Hinblick auf den Erdölreichtum des Mittleren Ostens und die russischen Erdgasquellen, sondern auch durch das Tempo des Kapitals, das sich schneller bewegt, als Menschen es können. Das Regime der globalen Produktion machte die Arbeitenden der regionalen Ökonomien wehrlos. Kapital konnte in einem Augenblick transferiert, Fabriken schnell woanders gebaut, Produktionen verlegt werden; irgendjemand war immer billiger, und dieselben Menschen, die ihre Jobs in der Fabrik verloren, trafen selbst als Konsumenten notgedrungen Entscheidungen, die ihre ökonomische Entmachtung und Marginalisierung beschleunigten. Niemand brauchte mehr die teure europäische Kohle und die Produktion war anderswo billiger. Pragmatisch gesehen war es vernünftig, sich der Zentrifugalkraft des Wirtschaftswunders und den technologischen Mirakeln des 20. Jahrhunderts zu fügen. Es wäre schwer vorstellbar und wahrscheinlich für alle politischen Ambitionen suizidal gewesen, sich inmitten dieser euphorischen Aufbruchsstimmung dem technologischen Fortschritt zu verweigern. So wurde im Rausch einer Nachkriegszeit, die gerade ungekannte Schrecken hinter sich gelassen und historische Triumphe gefeiert hatte, mit einem ungeheuren Enthusiasmus eine neue, finale Vision der Naturbeherrschung eingeläutet, die ewige Herrschaft der Märkte, des Proletariats, der Freiheit – und auch des Erlösers.

Im Schwange dieser Dynamik wurden einige ursprünglich theologische Annahmen in die Wirtschaftslehre übernommen. Der Mensch vieler christlicher Überlieferungen gehört nicht wirklich zur Natur. Er ist von Gott eingesetzt, um seine unsterbliche Seele von ihren körperlichen Fesseln zu emanzipieren, sein Handeln wird gegen die Begrenzungen der Natur und unabhängig von ihr durchgesetzt. Dabei kann der Mensch frei zwischen Tugend und Sünde wählen und handelt im Lichte seiner göttlichen Vernunft, letztendlich als Werkzeug eines göttlichen Plans, der Erlösung aus dem irdischen Jammertal.

Die besonders in der zweiten Hälfte des 20. Jahrhunderts in den Staaten des Westens dominante und in Chicago beheimatete neoklassische Ökonomie ging ebenfalls davon aus, dass wirtschaftliches Handeln großteils unabhängig von natürlichen Systemen stattfindet, Menschen rationale Individuen, im Besitz der vollständigen und relevanten Informationen sind und Entscheidungen treffen, um Nutzen zu maximieren. Keine psychologische, anthropologische oder soziologische Schule oder Studie der letzten hundert Jahre unterstützt in irgendeiner Weise diese außerordentliche Annahme. Im Gegenteil. Wenn Menschen sich rational und frei entscheiden würden, gäbe es keine Werbeindustrie.

Diese irrationale Dimension des menschlichen Agierens wurde schon zu Beginn des 20. Jahrhunderts ein integraler Bestandteil von neuen Disziplinen wie der Anthropologie, der Soziologie oder der Psychologie, die alle auf ihre Art wussten und erforschten, dass Menschen nur als Teile von Gemeinschaften mit spezifischen kulturellen und sozialen Prägungen verstanden werden können, dass sie weder völlig individuell noch völlig rational handeln, dass sie kaum jemals im Besitz der relevanten und vollständigen Informationen sind, dass persönliche und historische Traumata auf sie wirken und sie beeinflussbar und manipulierbar sind. Mehr noch: Wie der Ukraine-Krieg in aller Brutalität zeigt, handeln selbst Menschen, die über reichlich Geld und Macht verfügen, gelegentlich und mit schwerwiegenden Folgen aus Motivationen wie Schuld, Demütigung, Rache oder Eitelkeit heraus – Faktoren, die in einem rationalen Markt keine Rolle spielen dürften.

Die wichtigste ökonomische Schule des Westens hielt an einem Menschenbild fest, das direkt aus den theologischen Traktaten des Mittelalters oder der Frühen Neuzeit zu stammen scheint und wissenschaftliche Erkenntnisse ihrer eigenen Gegenwart völlig ignorierte. Wie Descartes' Annahme, dass Tiere keine Seele und keine Gefühle hätten, widerspricht das Menschenbild dieser Denkschule aller Evidenz und aller Erfahrung, aber es hat den enormen Vorteil, menschliches Verhalten auf so wenige Variablen zu reduzieren, dass es in mathematischen Modellen gut abzubilden ist. Es ist, *nota bene*, ein Modell, das kaum einen Bezug zur Wirklichkeit und zu empirisch untersuchten Mustern menschlichen Verhaltens hat, aber es macht zumindest die Projektionen berechenbar. »Das mag zwar in der Praxis klappen«, wie ein alter Ökonomen-Witz es formuliert, »aber funktioniert das auch in der Theorie?«

Der Mensch der neoklassischen Ökonomie ist ein durchaus theologisches Konzept. Aber auch die Welt, in der er agiert, erweist sich als eine Konstruktion, die aus der Theologie stammt, nämlich ein totes Territorium, das er systematisch und profitbringend ausbeuten und als endlose wirtschaftliche Ressource nutzen kann, ohne Konsequenzen oder Rückkopplungseffekte zu befürchten. Bis lange ins 20. Jahrhundert hinein wurden Umweltfaktoren wie sauberes Wasser oder saubere Luft theoretisch schlicht als Externalitäten betrachtet, als Faktoren, die in der Modellierung ökonomischer Kreisläufe und der Planung von Geschäftsmodellen oder Volkswirtschaften nicht einbezogen werden mussten, weil sie im Prinzip immer und überall zur Verfügung stehen. Der Mensch agiert außerhalb und über der Natur.

Schließlich hat das historische Denken dieser Schule nicht nur in den Werken von Francis Fukuyama einen dezidiert messianischen oder doch teleologischen Charakter, der im Verlauf der Geschichte die Orientierung auf ein Ziel hin erkennt, ein Ziel, das ganz zufällig mit der Wahrheit und Tugendhaftigkeit der eigenen Prinzipien zusammenfällt, weil es darin besteht, alle Gesellschaften unweigerlich im Sog der Geschichte als liberale Demokratien in liberalen Märkten zu organisieren. Das ist die Theologie der Globalisierung.

Der Weg zu diesem neuen Jerusalem wurde von etwa 1960 an in großen Sprüngen zurückgelegt. Von diesem Zeitpunkt an manipulierten Menschen mithilfe von Mathematik und Maschinen natürliche Systeme mit einer Effizienz und Geschwindigkeit, die alles in den Schatten stellte, was vorher geschehen war: Die Förderung von fossilen Brennstoffen, der Ausstoß von CO_2, die Weltbevölkerung, die Fleischproduktion, Wissenschaft und Innovation, Plastikmüll, globale Temperaturen, Waffenproduktion und Drogenhandel, Privatvermögen und Großkonzerne, Antibiotika und *fast fashion*, Tourismus und Energieverbrauch sind bis zur Pandemie explosiv gewachsen und nichts weist darauf hin, dass sie sich in Zukunft anders entwickeln werde.

Aber auch andere Aspekte industrieller und postindustrieller Gesellschaften wären undenkbar ohne den immensen wirtschaftlichen und technologischen Schub des 20. Jahrhunderts. Der erfolgreiche Kampf um Gleichberechtigung von Frauen und von Minderheiten, 1968, die sexuelle Revolution und die Stärkung von individuellen Rechten gegen Kollektivrechte wären ohne den Erdölboom wohl undenkbar gewesen, denn die Liberalisierung von moralischen Prinzipien, die Lockerung patriarchaler Strukturen und sogar die Toleranz gegenüber Andersartigkeit entwickelten sich mit steigendem Wohlstand und sozialer Sicherheit. Menschenrechte, so scheint es, muss man sich leisten können, zumal sie wertlos sind, solange sie nicht einklagbar und institutionell abgesichert sind.

Dies ist das entscheidende Dilemma, das sich in einer berühmt gewordenen Grafik niederschlägt, dem sogenannten Hockey Stick, der anzeigt, wie sich globale Temperaturen innerhalb des vergangenen Jahrhunderts entwickelt haben, nämlich in Form eines an die Wand gelehnt stehenden Hockeyschlägers, mit einer zuerst leichten und dann immer steile-

Agonie | 289

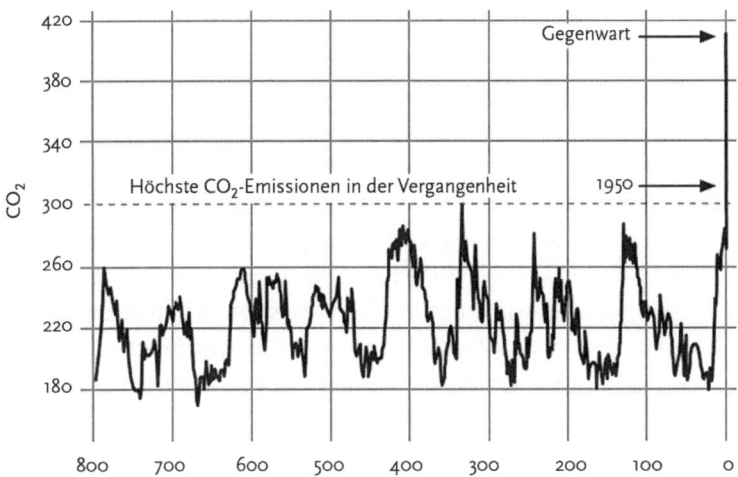

16 CO_2-Gehalt der Atmosphäre während der letzten 800000 Jahre bis 1950.
Grafik der NASA. Quelle: https://climate.nasa.gov/vital-signs/carbon-dioxide/

ren Kurve, die schließlich gen Himmel schießt. Der Klimawissenschaftler Michael Mann, der seine Berechnungen für eine Publikation durch das IPCC im Jahr 2001 zur Verfügung stellte, wurde daraufhin von Kollegen scharf angegriffen. Ihm wurde vorgeworfen, veraltete Daten nach statistisch zweifelhaften Verfahren verwendet zu haben und seine unwissenschaftlichen Resultate jetzt propagandistisch einzusetzen. Bald aber wurde deutlich, dass mehrere seiner schärfsten Kritiker an Institutionen arbeiteten, die direkt oder indirekt durch die fossile Brennstoffindustrie finanziert wurden. Unabhängige Untersuchungen haben Manns Resultate später mehrmals bestätigt.

In einer Grafik der Weltraumbehörde NASA wird Manns Hockey Stick noch einmal reproduziert, allerdings in einem wesentlich größeren Kontext. Aufgrund von Analysen von Eisbohrkernen wurde der CO_2-Gehalt der Atmosphäre während der letzten 800000 Jahre rekonstruiert, viermal so lange also, wie die Existenz von Homo sapiens. Das Resultat ist ein dauerndes Schwanken von Eiszeiten und Wärmeperioden – bis 1950. Ab dann beginnt ein anderes Spiel.

Der letzte, dramatische Anstieg des CO_2-Gehalts in der Atmosphäre überlappt sich exakt mit den ansteigenden Temperaturen wie auch mit anderen Indikatoren wie der Weltbevölkerung, der Wirtschaftsleistung, der Fleischproduktion, dem Müll etc. Dies ist die Kurve des menschlichen Erfolgs, der geglückten Unterwerfung. Sie zeigt in Richtung Zerstörung.

Die Prozessdynamik einer globalen Ökonomie, deren Wohlstand und Stabilität von dauerndem und unendlichem Wachstum abhängt, lässt sich in wenige Zahlen fassen. Noch vor der Pandemie wurden pro Minute weltweit dreißig Fußballfelder Regenwald gerodet (seitdem hat sich die Zerstörung intensiviert) und im selben Zeitraum schmilzt momentan eine Million Tonnen Grönlandeis ab und der Bedarf an fossilen Energien steigt zusätzlich zur rasanten Entwicklung der nachhaltigen Energieproduktion weiter an. Dies ist die Ökonomie des Wahnsinns.

Die Fleischproduktion liefert einen weiteren Indikator. Seit 1960 hat sich die Weltbevölkerung mehr als verdoppelt; der Fleischkonsum hat sich verfünffacht. Jährlich werden 88 Milliarden Landtiere geschlachtet, um das menschliche Grundrecht auf das tägliche Schnitzel zu bedienen, und diese Tiere fressen nicht nur das Soja aus den zerstörten Regenwäldern, sondern auch drei Viertel der landwirtschaftlichen Produktion in Europa, übrigens auch drei Viertel aller hergestellten Antibiotika. So werden Tierfabriken eine ideale Brutstätte nicht nur für Frühstückseier, sondern auch für multiresistente Keime.

Der einarmige Holzfäller

Das plötzliche und explosive Wachstum innerhalb von zwei Generationen hat wenig Zeit zur Reflexion gelassen, aber es zeichnet sich ab, dass die Antworten der Nachkriegszeit heute keine Antworten mehr sein können. Das Wirtschaftswachstum war die traditionelle Antwort der Nachkriegszeit auf alle nur möglichen Herausforderungen. Allerdings bedeutet drei Prozent Wirtschaftswachstum, dass die betreffende Wirtschaftsleistung sich alle 24 Jahre verdoppelt. Innerhalb von einer knappen Generation resultiert daraus ein verdoppelter Rohstoffbedarf, doppelt so viele Produkte, eine Verdoppelung der Verschmutzung – oder, mit einem Wunder an nachhaltigen Technologien, ein geringerer, aber immer noch katastrophaler Anstieg von Werten, die bereits jetzt schwindelerregend sind. Wirtschaftswachstum kann keine Antwort mehr auf die Katastrophe sein. Diese Notwendigkeit des Wachstums lässt sich nicht mit den Realitäten einer sich beschleunigenden Klimakatastrophe in Einklang bringen.

Damit ist ein Schlüsselbegriff gefallen. Es fällt schwer, die Beschleunigung der Geschichte nachzuvollziehen und zu verstehen, was sie für den Primaten Homo sapiens psychologisch bedeutet. Vor dreihundert Generationen entstanden die ersten Stadtkulturen Mesopotamiens. Von einem Spaziergang in den Straßen des alten Rom (wahrscheinlich als Sklave aus einer anderen Provinz) trennen uns hundert Generationen, von der Französischen Revolution zehn. Die immensen Transformationen des 20. Jahrhunderts aber – Elektrifizierung und Massenkultur, Auschwitz und Atombombe, Urbanisierung und Erdölboom, Transistor und Tourismus, Internet und Quantenphysik, künstliche Intelligenz und schwarze Löcher – erscheinen im Zeitraum eines einzigen gestressten, verunsicherten Menschenlebens.

Diese Zeit der rasenden Veränderung hat einen geologischen Namen: das Anthropozän, die Erdepoche des Menschen. Der Begriff, seine Datierung und seine Definition sind umstritten, aber vielleicht ist es auch hauptsächlich für Geologinnen wichtig, ob das Anfangsdatum der Trinity-Test 1945 war, in dem eine erste Atombombe gezündet wurde und die ersten von Menschen hinterlassenen radioaktiven Spuren in der Geologie des Planeten deponierten, oder ob ein anderes Datum gewählt werden sollte. Tatsache ist, dass Homo sapiens in seiner lächerlich kurzen Geschichte als zivilisiertes Wesen erhebliche Spuren hinterlassen hat, einen geologischen Beweis für den Fortschritt.

Angesichts dieser immensen Akzeleration ist es umso verständlicher, dass zumindest ein Element dieser dauernd mit dem Nie-Dagewesenen konfrontierten Epoche der Unterwerfung ein gewisses Maß an Stabilität gewährt. Wie schon in der Aufklärung fiel diese Rolle dem theologischen Denken in säkularem Gewand zu.

Es ist eine bittere historische Ironie, dass Kernideen einer aggressiv missionierenden Christenheit über Kolonialismus und Kapitalismus, Sozialismus und antikoloniale Befreiungsbewegungen gewissermaßen zum Betriebssystem einer globalen Welt wurden, die sich damit brüstete, durch wissenschaftliche Erkenntnis von religiösen und überlieferten Ideen Abschied genommen zu haben, denn ihr theologisches Erbe ist unverkennbar. »Der Mensch« steht außerhalb und über »der Natur«, die er zur Verwirklichung seiner Ziele unterwerfen und ausbeuten kann und auch soll, weil das seine Mission auf Erden ist, sein Beitrag zum universellen Fortschritt, zur Vollendung der Geschichte, die Verwirklichung seines Potenzials.

Die jüngsten identifizierbaren Erben dieser messianisch-theologischen Tradition sind die Propheten des Silicon Valley, die ihre eigene Kulmination der Geschichte in verschiedenen digitalen Paralleluniversen oder auf anderen Planeten suchen. Auch die Utopien des Transhumanismus gehen davon aus, dass Menschen letztendlich außerhalb und über der Natur stehen und dass es ihr Ziel sein kann und soll, sich immer mehr von natürlichen Zusammenhängen zu emanzipieren. Wenn sich ein Individuum aufgrund von als relevant erachteten und übertragbaren Daten in die Cloud hochladen lässt, scheint die Emanzipation vollendet, der vollkommene Rückzug in ein optimiertes Simulacrum der Erfahrung eines sterblichen Lebens, die finale Flucht des Menschen in die Maschine. Endlich befreit von seinem alternden, kränkelnden, lüsternen, reflexhaften

Körper, kann er sich als reiner Geist erfahren und leben. Der heilige Augustinus wäre in Verzückung geraten, wären ihm diese Möglichkeiten zur Verfügung gestanden, und auch Origenes hätte sich seine Kastration ersparen können, wenn diese digitale Erlösung sein brennendes Verlangen nach Entleibung befriedigt hätte.

Wenn man einmal zur Unterwerfung erzogen wurde, erscheint es übermenschlich schwierig, die Welt auf eine andere Weise wahrzunehmen als durch die alles verzerrende Linse des inzwischen verfremdeten und kaum noch erkennbaren theologischen Erbes – und so versteht man die Welt hierarchisch, in der Struktur von Herr und Knecht. Fügt sich die Realität nicht mehr diesem Schema, entsteht aus dieser gedanklichen Starre so etwas wie die namenlose Frustration des deutschen Kaisers Wilhelm II., der in seinem niederländischen Exil wie ein Besessener Bäume umhackte und zersägte, mehr als 40 000, als Rache für einen verlorenen Thron – und das alles nur mit der rechten Hand, denn die linke war von Geburt an verkümmert. Unfähig, die Welt und seine Rolle darin auf eine andere Weise zu betrachten, wurde er zu Wilhelm dem Holzfäller. Das sauber geschlichtete Brennholz gab der ehemalige Herrscher der deutschen Schicksalsgemeinschaft und Nation von Waldliebhabern an Bedürftige weiter.

Eine Geschichte versagt, ein Narrativ versinkt in der Agonie der Konsequenzen, die es nicht länger voraussehen oder ändern kann. Die große Erzählung der Unterwerfung der Natur zerbricht an ihren Nebenwirkungen. Diese Feststellung ist keine Einladung, sich in westlicher, postchristlicher, progressiver Schuld zu suhlen. Die Bewohner der reichen nördlichen Hemisphäre sind im Großen und Ganzen nicht dümmer in ihrer Annäherung an die Welt als die letzten noch nicht kontaktierten Stämme am Amazonas. Das Problem ist vielmehr, dass sie mit so viel angehäuftem Wissen und technologischem Vermögen nicht so klug oder sogar weise sind als ihre in anderen Kategorien denkenden Cousins.

Es ist ein sentimentales und faules Klischee zu behaupten, »Naturvölker« seien im Besitz von tiefer Weisheit, die der arrogante, moderne, westliche Mensch verloren hat. Zweifellos können und müssen postindustrielle Gesellschaften viel von indigenem Wissen und indigenen Weltsichten lernen und sollten ihm mit aller gebotenen Neugier und Demut begegnen, aber auch »Naturvölker« haben Tiere ausgerottet und Ressourcen verschwendet, Böden ausgelaugt und Wälder zerstört, Kriege geführt und Ökonomien des Leidens und der Zerstörung unterhalten, die – aus einer modernen Perspektive – schwer oder gar nicht nachzuvollziehen sind. Auch sie sind zerstörerisch, kurzsichtig und gelegentlich auch gierig gewesen – aber ihre technologische Reichweite war so gering, dass auch die Konsequenzen lokal begrenzt und überschaubar blieben, und ihre direkte Abhängigkeit von natürlichen Zusammenhängen so groß, dass nur detailliertes Wissen darüber ihr Überleben sicherte. Ihr Leben und Sterben war an einen spezifischen Ort, eine Landschaft gebunden und das Wissen um sie war überlebenswichtig.

Durch die Globalisierung hat sich diese Situation verkehrt. Handlungen sind immer noch individuell und lokal, aber ihre kollektiven Auswirkungen erreichen eine globale, systemische und sogar interplanetare Dimension. Wirtschaftliche Zusammenhänge sind längst von globalen Produktionsketten und Kapitalflüssen abhängig, die oft jede Verbindung zu einem bestimmten Ort kappen.

Es gibt keine lokalen Probleme, kein lokales Handeln mehr. Jedes T-Shirt verbindet Menschen auf unterschiedlichen Weltteilen und an unterschiedlichen Orten der Produktionskette mit der Landnahme und der Vernichtung von Regenwald, der Macht der Agrargiganten und den Auswirkungen von Düngemitteln, Pestiziden und anderen Chemikalien auf Flüsse und Grundwasser, dem Kollaps der Insektenpopulationen, mit globalen Transportnetzwerken und Sweatshops, endlos wuchernden Slums, Kindern und Teenagern, die sich mit Akkordarbeit in gefährlichen Fabriken die Gesundheit ruinieren, mit Büros mit Panoramablick in Shanghai oder Huston oder Lagos und Schweizer Bankkonten von nützlichen Partnern in autoritären Regierungen, mit Containerschiffen, die mit Schweröl angetrieben werden, Shoppingmalls mit gigantischen Parkplätzen und eigenem, künstlichem Klima (das zumindest ist stabil, solange es Elektrizität gibt) und mit den unendlichen Müllhalden, auf denen achtzig Prozent der Fast Fashion landet, und auf denen wiederum Kinder sich mit wilden Hunden und Möwen um eine Mahlzeit streiten. Jeder Stofffetzen ist Teil von Dutzenden globaler Netzwerke des Profits und der Hoffnung, der Ausbeutung und der Abholzung. An jedem Kleidungsstück bleibt der Abdruck von Dutzenden von Händen.

Diese vernetzte Sichtweise führt zu einer weiteren Verunsicherung einer bereits aus allen Nähten platzenden Welt, denn es ist unmöglich, jede alltägliche Entscheidung als ein durch zehntausend subtile Spinnweben mit unbekannten Realitäten verbundenes Weltereignis zu sehen. Die Welt als Produktpalette und Projektion schafft Abhilfe gegen das autoaggressive und lähmende Gefühl der unendlichen Verstricktheit. Ein Blick in den Spiegel reicht, und schon überwältigen uns die eigenen Unzulänglichkeiten in einem in sich geschlossenen und ewig kompetitiven System aus Konsum, Selbstoptimierung, Social Media und Arbeit so sehr, dass jeder Gedanke an die Welt hinter dem Spiegel auf unbestimmte Zeit verschoben wird.

Friedrich Nietzsche schrieb, dass dieses ökonomische Spiegelkabinett eine »Oberflächen- und Zeichenwelt ist, eine verallgemeinerte, eine vergemeinerte Welt«. Die Zeichen schwimmen immer zuoberst, stehen immer vorn und sind so als erste oder einzige Elemente lesbar, sodass »alles, was bewußt wird, eben damit flach, dünn, relativ-dumm, generell, Zeichen, Herden-Merkzeichen wird«.[127] In den USA mit ihren mythischen Cowboys nannte man solche Herden-Merkzeichen *brands*, und beschrieb damit anhand von Vieh den Mechanismus, der vielerorts die Lesbarkeit der Gegenwart ermöglicht.

Die Lesbarkeit durch Branding und durch Konsumentscheidungen ist ihrerseits vielleicht so stark, weil sie zusätzlich zu offensichtlichen Motivationen wie Gier, Eitelkeit und Herdentrieb auf sehr alten Ritualen aufbaut. Die »Verbraucherin«, die von morgens bis abends von Bildern und Botschaften umgeben ist, in denen ihr ihre eigene Unzulänglichkeit und die Existenz einer besseren Welt voller idealer, glücklicher, junger, reicher, zufriedener und attraktiver Menschen suggeriert wird, ist nicht so weit entfernt von der Bäuerin vor fünfhundert Jahren, die eine Variation dieser Botschaften von den Heiligenbildern in der Kirche bekam, die ebenfalls von einer besseren Welt und einer höheren Art von Leben sprachen.

Die Bäuerin und ihre entfernte Enkelin in der Stadt verbindet aber vor allem ein ähnlicher Weg zur Erlösung, zur zeitweiligen Errettung durch Opfer und Teilhabe, durch Gebet und Beichte und Kommunion. Was der Bäuerin die Kirche war, ist nun die Shoppingmeile, in der das Versprechen auf Teilhabe an der idealen Welt eingelöst wird in einem Akt der

Kommunion, der aus dem Austausch von Geld und gebrandeten Waren besteht. Am Ende dieses zutiefst religiösen Prozesses steht die eigene Identität, die aus lesbaren, mit Markenzeichen versehenen und von Marketingkampagnen unterstützten Gesten besteht, die ein Individuum in den Augen anderer definieren.

Im Gegensatz zur Bäuerin freilich braucht die Enkelin für ihre Teilhabe an der transzendenten Welt des Glücks Geld. Ihre so erworbene Identität bleibt ewig instabil, muss immer wieder angefüllt und neu validiert werden, durch neue Akte der Kommunion, neue Käufe von lesbaren Produkten mit gewissermaßen eingebauter semiotischer Obsoleszenz. Toaster und Autoteile gehen irgendwann kaputt und können nicht repariert, sondern nur durch neue Produkte ersetzt werden und die Signalwirkung von Produkten hat ein noch rascheres Verfallsdatum. *You might as well be dead as out of style.*

Es kann wenig verwundern, dass Gesellschaften, die so sehr im Bann der religiösen Praxis und alter, theologisch geschaffener Denkbilder stehen, nur mit größten Schwierigkeiten ihr Denken so weit befreien können, dass sie hinter der zum gesellschaftlichen Ziel erhobenen Unterwerfung oder Zähmung der Natur die Umrisse ihrer eigenen, systematisch bewirtschafteten Unsicherheiten erkennen.

Liberale Lebenslügen

Die psychologische Zumutung einer Neubewertung der eigenen Erfahrung wird besonders in westlichen Ländern noch zusätzlich erschwert. Bis zum Zusammenbruch der Sowjetunion erschien die Welt bipolar und jede Zukunft damit eine klare Entscheidung zwischen Liberalismus und (sowjetischem) Totalitarismus. Zumindest für einen Großteil der Menschen im Westen (und viele im Osten) fiel die Wahl schon deswegen nicht schwer, weil die Lebensumstände und Lebenserwartungen, die Freiheit oder Unfreiheit auf beiden Seiten des Eisernen Vorhangs sehr offensichtlich unterschiedlich waren und ein Bekenntnis zum Modell der Sowjetunion eine Intensität von ideologischer Überzeugung erforderte, die bereit war, zumindest über die Leichen von Fakten und Feinden, nicht selten auch Freunden zu gehen.

Dann kam der Fall des Eisernen Vorhangs und mit ihm die Siegesgewissheit des triumphierenden, liberalen Messianismus. Nach 1989 schien in Francis Fukuyamas schon erwähnter berühmter Formulierung das »Ende der Geschichte« erreicht, und liberale Beobachter waren sich ziemlich sicher, die gesamte Welt würde jetzt, vom unsichtbaren Strom der Weltgeschichte getragen, unweigerlich in den sicheren Hafen der Demokratien und der freien Märkte gespült werden, unwiderstehlich angezogen von der Überlegenheit liberaler Märkte und der liberalen Politik, die ihnen folgen musste.

Das Gegenteil war der Fall. Der Liberalismus setzte sich nur in Form neuer Varianten wie der Kleptokratie und der illiberalen Demokratie weiter durch, während viele Gesellschaften seiner demokratischen Ausdrucksform den Rücken kehrten und alles Geld und alle Macht der Welt weder den Irak noch Afghanistan davon überzeugen konnten, den liberalen Pfad zu wählen. Das Modell des Westens, so schien es, war nur begrenzt exportfähig und war durch den Abbau der Industrie und die Globalisierung auch in westlichen Ländern längst in die Krise geraten.

Zwei weitere Faktoren unterminierten das liberale Evangelium. Der erste ist die wirtschaftliche Leistung, die viel besungene Kernkompetenz liberaler Gesellschaften, die nicht nur mit der Krise von 2008 erheblich ins Stocken geriet, während autoritäre Länder wie China auch ohne Demokratie und ohne freie Märkte und damit völlig entgegen aller westlicher Weisheit Hunderte von Millionen von Menschen aus der Armut geholt hatten und zeigten, dass vielleicht Demokratie nicht ohne Märkte bestehen kann, Märkte aber sehr wohl ohne Demokratie, und das mit relativ breiter Zustimmung. Obwohl in einem Land wie China Meinungsumfragen zu politischen Themen mit Vorsicht zu begegnen ist, beschreiben Beobachter immer wieder, dass eine Mehrheit der Chinesen tatsächlich mit ihrer Regierungsform zufrieden ist und Vorhaltungen über Meinungsfreiheit, Todesstrafen und die Unterdrückung von Minderheiten mit Hinweisen auf niedrige Verbrechensraten, neu gefundene Prosperität, abnehmende Korruption und steigenden Nationalstolz zurückweist. Die liberale Demokratie ist offensichtlich nicht mehr die automatisch beste, weil am besten funktionierende Gesellschaftsform.

Der zweite unterminierende Faktor ist die Lebenslüge des liberalen Projekts selbst. Wer in einem westlichen Land der Nachkriegszeit aufwuchs, lernte aus Schule, Fernsehen und Zeitungen, dass der immense und sichtbare Fortschritt westlicher Gesellschaften, ihr Wohlstand, Frieden und relative soziale Gerechtigkeit ein Resultat von harter Arbeit und Pünktlichkeit, von Demokratie und Transparenz, Aufklärung und Bildung, Gemeinsinn und Gewaltenteilung ist (gerade deswegen war die Shoah so schwer in dieses Bild zu integrieren und konnte letztendlich nur sakralisiert werden, um dem normalen Funktionieren der fortschrittlichen Moral nicht mehr entgegenzustehen).

Die andere Seite dieses Fortschrittsnarrativs – von der Bedeutung der Sklaverei und des Lumpenproletariats für die industrielle Revolution bis zu schmutzigen Stellvertreterkriegen, von der genozidalen Landnahme Amerikas bis zu kolonialen Massenmorden und der Vergiftung und Zerstörung ganzer Landstriche und Gesellschaften – kam in der Geschichte nicht vor. Auch deshalb erschien der Liberalismus als eine so besonders lichtvolle Antwort auf die dunklen Machenschaften der kommunistischen Feinde. Schon aus geringer historischer Distanz aber zeigt sich auch das liberale Projekt durch seine politischen, wirtschaftlichen und intellektuellen Eliten und die Umweltzerstörung durch Massenkonsum kompromittiert.

Orientierungspunkte, die für Generationen stabil waren, sind im Fluss der Gegenwart selbst nicht mehr stabil oder ganz unter der Oberfläche verschwunden und die einstige historische Aufgabe der Menschheit – auch eine narzisstische Aufwertung – durch die Realität negiert. Es fühlt sich gut an, den eigenen Wohlstand als gerechte Belohnung für die eigene harte Arbeit zu betrachten. Wie die Debatten der letzten Jahre gezeigt haben, lässt sich aber sogar aus dem Gegenteil ein moralischer Lustgewinn erzielen: Es kann sich auch gut anfühlen, sich als Mitglied einer privilegierten Minderheit aller nur möglichen historischen und ökonomischen Schuldigkeit zu bezichtigen, und moralisch geläutert und im Besitz der ultimativen Wahrheit aus dieser diskursiven Katharsis hervorzugehen. Das kollektive *mea culpa* der liberalen Eliten kann dazu verleiten, symbolische Restitution mit politischem oder wirtschaftlichem Handeln zu verwechseln.

Angesichts solch massiver Unsicherheiten ist es allerdings verständlich, dass die öffentliche Diskussion sich an Denkweisen und Ideen entlanghangelt, die einigermaßen unreflektiert aus grauer Vorzeit übernommen werden, deren allegorisches Weltverständnis den Herausforderungen des Anthropozäns aber nicht mehr gewachsen ist. Obwohl sie augenscheinlich falsch sind, was die naturwissenschaftliche Sicht auf den Menschen angeht, haben sie dennoch den immensen Vorteil, in einer chaotisch sich entwickelnden Welt vertraut zu sein, gewissermaßen zum kulturellen Blutstrom zu gehören und ein ausgesprochen schmeichelhaftes Bild von der Bedeutung des Menschen vis-à-vis der restlichen Natur zu zeichnen.

Dieses schmeichelhafte Bild verschleiert das grundlegende Paradox des historischen Erfolges der westlichen und später globalen Zivilisation: Der immense technologische und wissenschaftliche Fortschritt wurde nicht nur durch moralische Kompromisse zulasten anderer ermöglicht, sondern auch dadurch, dass die durch ihn verursachte physische und biologische Zerstörung ausgeklammert wurde und dass er effektiv seine Lebensgrundlage zerstörte. So entstand eine Art Heilsgeschichte des Marktes, nach der die gesamte historische Entwicklung ihrer idealen Aufhebung entgegenstrebte – und deren argumentative Untermauerung eine immer größere Industrie der Rechtfertigung, der Unterhaltung und der Projektion finanzierte, die das theologische Denken mit neuem Vokabular und alten Bildern auf die Gegenwart anwendet.

Der Begriff der Agonie scheint angemessen für den dramatischen Moment im Leben des Helden, an dem sein größter Lebenstraum zunichtegemacht wird und er zum tiefsten Punkt seines Weges kommt, wie die Agonie Jesu im Garten Gethsemane und dann am Kreuz. Aber kommt nach der Agonie nicht die Erlösung?

Die Welt als Uhrwerk

Aber indem ich zum Schluß dieses düstere Fragezeichen langsam, langsam hinmale ... begegnet mir's, daß um mich das boshafteste, munterste, koboldigste Lachen laut wird: die Geister meines Buches selber fallen über mich her, ziehn mich an den Ohren und rufen mich zur Ordnung. »Wir halten es nicht mehr aus« – rufen sie mir zu –; fort, fort mit dieser rabenschwarzen Musik. Ist es nicht rings heller Vormittag um uns? Und grüner weicher Grund und Rasen, das Königreich des Tanzes? Gab es je eine bessere Stunde, um fröhlich zu sein?

Friedrich Nietzsche, Die Fröhliche Wissenschaft

Nein, keine Erlösung, kein himmlisches Jerusalem. Stattdessen eine Katastrophe und eine Revolution, größer als die kopernikanische, ein Menschheitsereignis, hier und jetzt. Stattdessen das Ende von dreitausend Jahren Kulturgeschichte und der Anfang von einer Reise in unbekannte Universen – als ein sich selbst fast unbekanntes Wesen.

Aber langsam. Das sind große Worte. Man muss sie so vorsichtig behandeln wie entsicherte Handgranaten. Was also tun, wenn das eingeübte Geschichtsverständnis keinen sinnvollen Zugriff auf die Welt mehr erlaubt, wenn eine ganze Weltsicht blind geworden ist? Geschichten können an der Realität zerbrechen und die Geschichte, die ein Unterwerfer und Autokrat sich erzählt, kann nicht immer völlig kontraproduktiv gewesen sein, sonst wäre er nicht, wo er jetzt ist. Es ist aber möglich und sogar häufig, dass eine Geschichte im Lauf der Zeit den Kontakt zur Wirklichkeit verliert, aus der sie entstanden ist, besonders, wenn die Umstände sich ändern. Manchmal ändert die Geschichte selbst sogar die Umstände, wie der Westen, dessen Doktrin der Unterwerfung so lange zielführend war, bis die Nutzung von Erdöl die Erfolge exponentiell schneller explodieren ließ als die Möglichkeiten zur Reflexion.

Die Periode der krisenhaften und katastrophalen Entwicklungen, die bereits begonnen hat und von der die absehbare Zukunft bestimmt werden wird, lässt sich nicht aus den Strukturen der Unterwerfung, der Herrschaft und des Wachstums heraus überleben, weil diese Perspektive keine sinnvollen Antworten mehr liefern kann. Gleichzeitig ist diese Geschichte jahrhundertelang so erfolgreich gewesen und hat eine so starke transformative Kraft bewiesen, dass es fast unmöglich scheint, das Weltbild der Unterwerfung und das Menschenbild des über die Natur erhabenen Usurpators endgültig zu verwerfen.

Bleiben wir eng an diesem neuralgischen Punkt in dieser Biografie einer ansteckenden Idee, im Moment ihres Todes und der unausweichlichen Frage, was danach kommen wird. Welche Idee, welche Weltsicht, welche große Erzählung hat das Potenzial, die Menschheit aus einer existenziellen Krise hinauszuführen, einer Krise, die sich bereits jetzt in einem dramatischen Zusammenbruch natürlicher Systeme manifestiert? Was kann der Moment des Todes dieser Erzählung über die Zukunft verraten?

Denken wir diese Revolution in Bildern und beginnen wir mit einem immensen, komplexen Automaten aus Stahl und Gold und Messing, mit zahllosen filigranen Zahnrädern und blau glänzenden Federn, mit Hebeln und Wellen und Zeigern und Knöpfen und einer Oberfläche, auf der sich ebenfalls durch verborgene Zahnräder mit dem Inneren der Maschine verbundene Figuren bewegen und das alltägliche Drama des gesellschaftlichen Lebens abspulen. Denken wir dieses Bild in allen Größenordnungen, vom Funktionieren des Genoms über die Konstruktion einzelner Zellen bis zur Mechanik ganzer Galaxien.

Dieses Bild der Welt als Uhrwerk, dem wir schon in früheren Kapiteln begegnet sind, begleitete die Aufklärung und die Moderne und entfaltete eine immense Kraft. Auch diese Metapher allerdings hatte ihre Geschichte und hatte sich erst langsam durchgesetzt, von der Erkenntnis des Nikolaus Kopernikus (1473–1543), dass die Erde sich um die Sonne drehen muss, bis zum Ende des 18. Jahrhunderts, bevor sich eine wissenschaftliche Methode so weit etabliert hatte, dass daraus eine geschlossene Weltsicht entstehen konnte.

Der Schlüssel dieses neuen Verständnisses war ein Perspektivwechsel. Bis weit in die Renaissance hinein wurde die Welt von Gelehrten als Gottes Schöpfung verstanden und daher auch die Theologie als konkurrenzloses Erkenntnisinstrument zu ihrem Verständnis. Empirische Erkenntnisse oder mathematische Kalkulationen konnten hilfreich sein, aber die letzte Instanz der Entscheidung blieben die göttliche Offenbarung und der Schöpfungsbericht der Bibel. Wenn etwa Fossilienfunde dem Schöpfungsbericht widersprachen, dann mussten die Funde so lange anders interpretiert werden, bis sie in die biblische Ordnung passten. Die Welt war in ihrem Innersten so rätselhaft wie die Gedanken Gottes, eine Ordnung, die Menschen nicht verstehen konnten, oder sollten.

In dieser theologischen Welt standen der Mensch und sein moralisches Handeln im Mittelpunkt, denn es war an ihm, Gottes Willen auf Erden und damit den Plan der Geschichte zu erfüllen, als Herrscher und Unterwerfer der Natur, deren verschiedene Bereiche sich gewissermaßen in konzentrischen Kreisen um den Menschen herum gruppierten. So wurde das moralische Handeln von Individuen innerhalb der christlichen Traditionen zum theologischen Mittelpunkt der Welt.

Mit dem immensen Entwicklungsschub, der im 17. Jahrhundert durch europäische Gesellschaften ging, etablierte sich eine neue Metapher. René Descartes' Versuch, die ganze Welt inklusive eines guten, barmherzigen und allmächtigen Gottes nur aus der Vernunft abzuleiten, verleitete dazu, die Welt als eine gigantische Maschine anzusehen, deren Mechanismus zwar unendlich komplex ist, aber im Prinzip durchschaubar. Um die Maschine für die eigenen Zwecke nutzen zu können, reichte es also, die verloren gegangene Gebrauchsanleitung zu rekonstruieren.

Der unzweifelhafte Charme dieser mechanischen Metapher war, dass sie Resultate lieferte und Kausalitäten beschreiben konnte. Newtons Gesetze beschrieben eine beobachtbare Realität, in der alles regelhaft funktioniert. Der zweite große Vorteil dieses Bildes führt zum zweiten Teil von Isaac Newtons Karriere, in dem sich eins der größten mathematischen Genies der Menschheit in die biblische Zahlenmystik versenkte, nach geheimen Botschaften des Schöpfers suchte und das Datum der Apokalypse eruieren wollte. Religion und Naturwissenschaft waren noch nicht so strikt getrennt wie heute – wobei übrigens überraschend viele theoretische Physikerinnen und Physiker auch heute häufig eine Schwäche für mystische Ideen pflegen.

Newtons Gesetze und seine mystischen Untersuchungen waren miteinander vereinbar, weil die Wissenschaft immer noch ein geschaffenes Universum beschrieb, dessen Schöpfer seine Botschaften lediglich in der materiellen Welt verborgen hatte. Dieses mechanische Universum ließ immer die Möglichkeit offen, dass hinter dem Mechanismus jemand stand, der ihn erdacht hatte, Voltaires »großer Uhrmacher«, wenn nicht der allgütige Schöpfer, den Leibniz als Mathematiker zu identifizieren versuchte.

Dieses Bild der Natur als Mechanismus oder als Maschine eignete sich hervorragend, um zu zeigen, warum Gegenstände herunterfallen, warum ein Papagei in einem Vakuum erstickt und warum Froschschenkel zucken, wenn sie an elektrischen Strom angeschlossen werden. Mystisch orientierte Wahrheitssucher kritisierten es als Simplifizierung, weil es höhere Ebenen von Erkenntnis und Realität ignoriere, aber seine Effizienz und Erklärungsmacht erwiesen sich als unwiderstehlich.

Für wissenschaftlich denkende Geister in einer Welt, die noch von religiösen Ansichten unterfüttert und durchdrungen war, hatte die mechanistische Weltsicht noch einen unschätzbaren Vorteil. Immanuel Kant hatte argumentiert, dass man von der Welt der Anschauung keine Schlüsse auf die rätselhafte Sphäre der »Dinge an sich« schließen könne, und dass Wissenschaft und Religion nicht in Widerstreit miteinander geraten konnten. Die Theologen kümmerten sich um das, was hinter den Phänomenen lag, während die Wissenschaftler in aller Ruhe die Mechanik der erkennbaren Welt erforschen konnten. Ein Burgfrieden war geschlossen.

Das Universum als Uhrwerk konnte auch wunderbar nachgebildet werden und seit es mechanische Uhren gab, wurden mit oft stupender Komplexität und Kunstfertigkeit ebenfalls mechanische Modelle der Welt hergestellt. Diese Meisterwerke der mathematischen Planung und des höchsten Handwerks ließen Planeten auf ihren festen Umlaufbahnen um die Sonne schnurren. Wenn aber die Planeten so mit verborgenem Antrieb durch die Luft rauschen konnten, lag der von vielen Aufklärern vertretene Gedanke nahe, dass sich hinter dem Mysterium des Lebens lediglich eine sehr komplexe Maschine verbirgt. Automatenbauer setzten auch diese Idee in Maschinen um, die in ganz Europa herumgezeigt wurden, darunter ein mechanischer Türke, der Schach spielen konnte, die-

Die Welt als Uhrwerk | 305

se kausale Kunst, in Strukturen und Entscheidungsbäumen zu denken. In diesem ersten Schachautomaten war allerdings ein kleinwüchsiger Schachmeister versteckt – so gut waren die Maschinenbauer dann doch nicht. Aber ihre Kunst reichte für eine Vielzahl von Figuren und Schiffen bis zu mechanischen Vögeln in Käfigen, die mithilfe versteckter Blasebälge zwitschern konnten. Eine mechanische Ente konnte sogar Futter essen und scheinbar verdaut wieder ausscheiden.

Die Welt als Uhrwerk ist gut klassifizierbar und visuell attraktiv. Der deutsche Arzt Fritz Kahn entwickelte die Idee unter dem Eindruck der Industrialisierung noch einen Schritt weiter und stellte 1926 den Menschen auf einem Poster als »Industriepalast« dar, mit Planern mit grauen Haaren, Hornbrillen und weißen Kitteln im Kopf und verschiedensten Apparaten, Arbeitern, Leitungen und Produktionsschritten im restlichen Körper. Dieser Mensch ist gewissermaßen der Erbe von Descartes' seelenlosem, mechanischem Hund, eine Funktionseinheit, die effektiv betrieben und gegebenenfalls repariert werden kann.

Das mechanische Weltbild hatte noch eine weitere Eigenschaft, die sich als unendlich wichtig erwies. Schon immer hatten Menschen versucht, die Welt um sich herum zu beschreiben und in Begriffe zu zwingen, aber dank der wissenschaftlichen Methode wurden Hierarchien und Stammbäume unendlich viel einfacher und methodologisch robuster. Carl von Linné konnte alles organische Leben klassifizieren (selbstverständlich mit dem Menschen an der Spitze), andere Wissenschaftler beschäftigten sich mit chemischen Elementen und geologischen Zeitaltern, sozialen Klassen und alten Zivilisationen, mit Menschen-»Rassen« oder Quallenarten, Laubfröschen oder Perioden der Kunstgeschichte. Alles wurde sauber eingeteilt und in aufsteigenden Ordnungen dargestellt, deren Kulmination und Bezugspunkt fast ausnahmslos die eigene, bürgerliche Gegenwart war.

Nur eine klassifizierte, als Hierarchie und Mechanismus verstandene Welt konnte als durchdrungen und erobert gelten. So wurde sie von den Gesellschaften der Unterwerfer auch dargestellt. Museen präsentierten Hierarchie und die Klassifikation eines Universums, in dem jedes Zahnrädchen seinen Platz hat, um die historische Mission der Herrschaft zu erfüllen. In Wien zeigte sich dieses herrschende Verständnis in Reinkultur, als in der zweiten Hälfte des 19. Jahrhunderts die Ringstraße gebaut wurde. Um den Maria-Theresien-Platz herum mit einer großen Statue der Herrscherin stehen in gebührendem Abstand das Kunsthistorische und das Naturhistorische Museum, Kultur und Natur perfekt klassifiziert, allegorisch von klassischen Nackten und großen Geistern umrahmt und in Ordnungen und Genera, Epochen und Materialien, Stockwerke und Räume unterteilt.

Dort begegnen wieder alte Bekannten aus theologischen Debatten vergangener Jahrhunderte: der Mensch als erhaben über die Natur und als Krone der Schöpfung, die Zivilisation als Emanzipation von natürlichen Bedürfnissen, die rationale Struktur des Universums, die Universalität der eigenen Wahrheit, die teleologische Sicht auf die Geschichte, die auf ein Ziel zugeht, das große Projekt der Vollendung der Herrschaft. Auch das schwingt mit im mechanischen Weltbild: Jede Maschine hat einen Zweck, eine Funktion zu erfüllen. Wie könnte dann das Universum ohne Konstrukteur und ohne Ziel existieren?

Bilder leiten oder zwingen das Denken in bestimmte Richtungen, legen bestimmte Schlussfolgerungen nahe. Wer die Welt als Maschine denkt, entkommt der Logik des Mechanischen nicht mehr. Jeder Teil der Maschine und jedes simple Ersatzteil ist eine kleinste Einheit. Sie kann nicht weiter heruntergebrochen werden, ohne seine Identität zu verlieren. Ein Zahnrad oder eine Schraube ist eben ein Zahnrad oder eine Schraube und ein Teil davon ist nur noch ein funktionsloses Fragment. Es besteht aus einem Material und kann geschmolzen oder anders in seine Bestandteile geteilt werden, aber als Zahnrad hat es doch sein kleinstes funktionales Leben. Alles, was man über das Zahnrad als Zahnrad wissen muss, ergibt sich aus seiner Form und seinem Platz und seiner Funktion in der Maschine. Wer sich die Mühe macht, jedes Zahnrad und jede Welle und jede Feder einzeln zu analysieren, hat danach die gesamte Maschine verstanden.

Diese Weltsicht produzierte schöne Modelle und Grafiken, konnte aber nur einen Teil der beobachtbaren Phänomene erklären, die Philosophen schon lange beschäftigt hatten. Wenn die Welt nur aus Atomen bestand – wo und was war dann die Seele? Wie konnte Leben entstehen? Was füllte das Weltall? Wie konnten Menschen ihrer Wahrheit sicher sein und welche Beziehung konnte Gott zu einer rein materiellen Welt haben? Eine Reihe von intellektuellen Hilfskonstruktionen wurde gebildet, um diese Löcher in der projizierten Wahrheit zu stopfen, vom Fluidum und dem Äther des 18. Jahrhunderts bis hin zu Hegels Weltgeist und Kants Dingen an sich.

Bewunderung für Menschenfresser

Der Planet als göttliche Schöpfung und als Himmelszelt, das Universum als Uhrwerk – diese Bilder sind uns vertraut, aber sie konstruieren Verständnishorizonte, die in der gegenwärtigen Krise kein sinnvolles Handeln inspirieren können.

Das Gegenbild zu diesen Modellen ist verständlicherweise weniger vertraut, weil besonders die westliche Menschheit diese Modelle über Generationen erfolgreich bewohnt und angewendet hat, weil jeder Mensch, der in einer westlichen Gesellschaft aufgewachsen ist, bis zu einem gewissen Grad gelernt und verinnerlicht hat, die Welt aus dieser Perspektive und mit diesem Raster zu verstehen. Trotzdem waren Versuche, die Welt aus einem anderen Blickwinkel zu begreifen, schon immer Teil des Nachdenkens über die Natur, auch und sogar in Europa und im sogenannten Westen, wo die Unterwerfung die Köpfe und Herzen der meisten Menschen erobert hatte.

Während eine dominante Meinung innerhalb der westlichen Gesellschaften die geistige Trennung zwischen Kultur und Natur vollzogen hatte und darauf ihr eigenes Selbstverständnis aufbaute, wurden immer auch Versuche unternommen, dieser normativen Trennung mit ihrem Rattenschwanz an philosophischen und politischen Konsequenzen zu entkommen. Ein Beobachter wie Michel de Montaigne versuchte schon Ende des 16. Jahrhunderts gar nicht erst, die Lücken in seinem Weltwissen durch philosophische Gerüste statisch abzusichern, im Gegenteil: Er machte ihre Erkundung zum Fokus seines Interesses.

Warum, fragte er in seinem Essay *Über Menschenfresser*, war die Meinung der Europäer über indigene Südamerikaner, die Frankreich besuchten (und von ihren Gastgebern auch tatsächlich wieder zurückgebracht wurden), interessanter als die Beobachtungen der Indigenen über die französische Gesellschaft? Wer waren angesichts der blutigen Religionskriege, die in Europa im Namen eines barmherzigen Gottes geführt wurden, die eigentlichen Barbaren? Und wenn seine Katze mit ihm spielte, vertrieb er sich die Zeit mit ihr, oder andersrum?

Montaigne war bereit, seine Skepsis allen akzeptierten Wahrheiten gegenüber noch weiter fragen zu lassen, angefangen mit der exklusiven Gottesgabe der Vernunft. Was, wenn diese Vernunft, auf die er die Vorzüge begründet, »die er vor den andern Geschöpfen zu haben denkt«, gar nicht so erstaunlich oder so einzigartig ist? Lässt er sich nicht von schmeichelhaften Märchen den Kopf verdrehen?

Wer hat ihn beredet, dass das bewundernswürdige Herumdrehen des Himmelsgewölbes, das ewige Licht der so kühn über seinem Haupte hinlaufenden Fackeln, die furchtbaren Bewegungen des unermeßlichen Meeres bloß zu seiner Bequemlichkeit, und zu seinem Dienste gemacht sind, und so viele hundert Jahre fort gedauert haben. Kann man sich etwas so lächerliches einbilden, als dieses, dass sich ein so elendes und armseliges Geschöpf, welches nicht einmal über sich selbst Herr ist, und von allen Dingen verletzt werden kann, einen Beherrscher und Regenten der ganzen Welt nennt, von welcher es nicht einmal den geringsten Teil erkennt, geschweige denn regieren kann?[128]

Wie soll man einer Vernunft trauen, die sich von einem so transparenten Spiel überzeugen lässt, »und wer hat denn dem Menschen das Vorrecht gegeben, welches er sich selbst anmasst, dass er in diesem großen Gebäude ganz allein geschickt sei, desselben Schönheit und Teile zu erkennen, ganz allein geschickt, dem Baumeister dafür Dank zu sagen, und von dem Nutzen und Gebrauch der Welt Rechenschaft zu geben?«

Diese instrumentelle Weltsicht ist ganz einfach lächerlich, meint Montaigne. Die Majestät des Universums und seiner Himmelskörper lässt sich nicht vergleichen mit Menschen, die einen bloßen Augenblick auf diesem Planeten verbringen und sich dabei schmeicheln, ihn zu kontrollieren, obwohl sie von Einflüssen angetrieben werden, die sie selbst nicht verstehen. Was sie dabei aber besonders übersehen, ist der offensichtliche, theologisch unterfütterte Narzissmus, nur den Menschen eine komplexe Existenz zuzutrauen. Angesichts der Sterne fragt er sich:

Warum wollen wir ihnen Seele, Leben und Vernunft absprechen? Haben wir irgend eine unbewegliche und unempfindliche Blödsinnigkeit an ihnen bemerkt, da wir weiter nichts mit ihnen zu schaffen haben, als dass wir ihnen gehorchen müssen? Wollen wir sagen, dass wir bei keinem andern Geschöpfe als bei dem Menschen, den Gebrauch einer vernünftigen Seele gesehen haben? Was? Haben wir irgend etwas gesehen, das der Sonne ähnlich ist? Ist sie deswegen nicht, weil wir nichts ähnliches gesehen haben?[129]

Mit solchen Bemerkungen öffnet Montaigne vielleicht nicht die Tore zur Hölle, aber sicherlich die zu parallelen Universen. Da Tiere auf gleiche Reize gleich reagieren wie Menschen, und ihren Willen durchsetzen müssen, meinte er, müsste er »bekennen, dass sich eben die Vernunft, und eben die Art zu verfahren, welche wir beobachten, oder vielleicht eine bessere, auch bei den Tieren findet«.

Menschen sind unverbesserliche Träumer, schreibt Montaigne, ewig der Versuchung unterliegend, alles auf sich zu beziehen und von seiner eigenen Perspektive nicht zu abstrahieren und sich selbst in einem unrealistisch guten Licht darzustellen. Wenn Menschen und Tiere nicht so unterschiedlich sind, wie Menschen sich gerne schmeicheln, wenn sogar das Universum eine eigene Intelligenz, eine Art Leben haben kann, die nicht beweisbar, aber auch nicht widerlegbar ist, wenn Menschen auf den Einfluss von Planeten und ungesehenen Impulsen reagieren und Intelligenz und Bewusstsein viel mehr Akteure miteinander verbinden, als die theologische Weltsicht zulässt, was bedeutet das für den Ort des Menschen in diesem Universum?

Montaigne war intellektuell wagemutig, aber nicht lebensmüde. Er ließ solche Fragen nicht nur unbeantwortet, sondern auch ungestellt, obwohl sie der offensichtliche nächste Schritt sind, auf den seine mit ehrwürdigen klassischen Zitaten dekorierten Argumente hinzielen. Trotzdem war er nicht der Einzige, dessen Denken auf solche radikalen Schlussfolgerungen zuging. Bernardino Telesio hatte im 16. Jahrhundert versucht, die Welt als einen großen Organismus zu beschreiben, aber sein Bild eines lebenden Planeten hatte sich nicht gegen die Metapher von der Natur als Maschine durchgesetzt. Spinoza hatte die Verbundenheit alles Seins aus einer unendlich variierenden und kommunizierenden Substanz argumentiert, war aber als zu gefährlich aus dem Kanon verbannt worden. Die Welt der Aufklärung und der industriellen Revolution war und blieb ein Automat, eine Fabrik, eine Maschine.

Hier werden die ersten Konturen einer Weltsicht erkennbar, nicht in Hierarchien, sondern in Netzwerken zu denken, nicht in Grenzen, sondern in Verbindungen und Kommunikationsräumen, nicht in individuellen Ereignissen, sondern in der Verstricktheit komplexer Symbiosen.

Der erste größere wissenschaftliche Versuch, das gesamte Universum als ein System miteinander verbundener Systeme zu beschreiben, blieb unvollendet und konnte vielleicht auch keinen sinnvollen Abschluss finden. Alexander von Humboldt (1769–1859) war ein wirklich universaler Geist und Gelehrter, der mehrere Jahre lang Lateinamerika, Zentralasien und die USA zu Feldstudien bereist hatte und dessen wache Intelligenz überall Faszination und Anknüpfungspunkte sah. Er forschte und schrieb über Physik und Geologie, über Pflanzen und Mineralien, Tiere und klimatische Bedingungen, Astronomie und Anthropologie, Chemie und Altertumskunde und leistete in jeder dieser Disziplinen wesentliche Beiträge.

Schon seine Reiseberichte zeigten Humboldt als einen Beobachter, der tatsächlich bereit war, sich auf das Beobachtete einzulassen. In einer Zeit und vor einer Leserschaft, die nichts mehr bewunderte als die klassische Antike, beschrieb er die Skulpturen der Maya als denen der Griechen mindestens ebenbürtig, spürte den Geheimnissen der aztekischen Hieroglyphen nach, setzte sich differenziert mit dem aztekischen Kalender auseinander und beobachtete zwischen den Bevölkerungen der verschiedenen Gebiete »ebenso markante Unterschiede ... wie die Araber, die Perser und die Slawen, die alle der kaukasischen Rasse angehören«.[130]

Humboldt tat in seiner Betrachtung anderer Kulturen all das, was Hegel und andere sogenannte große Denker nie für nötig befunden hatten: Er schuf eine empirische Grundlage für seine Ansichten und fand sie dadurch immer wieder verändert und immer weiter von den intellektuellen Horizonten seiner Zeitgenossen entfernt:

> Die Geschichte zeigt uns, wenn sie in die entferntesten Epochen zurückblickt, dass fast alle Teile des Globus von Menschen bewohnt sind, die sich für Ureinwohner halten, weil sie ihre Abstammung nicht kennen. Inmitten einer Vielzahl von Völkern, die einander abgelöst und sich vermischt haben, ist es unmöglich, den Urgrund der ersten Bevölkerung exakt zu bestimmen, jene ursprüngliche Schicht, jenseits derer der Bereich der kosmogonischen Überlieferungen beginnt.[131]

In einem Europa, in dem ein großer Teil der intellektuellen Avantgarde nationalistisch dachte, waren dies kämpferische Worte. Humboldt aber hatte noch eine andere Mitteilung an seine Zeitgenossen und ihr Streben nach nationaler und kolonialer Größe: »Nichts ist schwieriger, als Nationen zu vergleichen, die in ihrer gesellschaftlichen Vervollkommnung verschiedenen Wegen gefolgt sind.«[132]

Der unersättlich neugierige Humboldt hasste nichts mehr als faule Verallgemeinerungen. Seine Beschreibungen von Landschaften, Kunstwerken, Pflanzen, Vulkanen, Menschen, Monumenten und Klimazonen sind immer spezifisch, detailliert, beschreiben physische Merkmale und historische Aspekte, weisen auf unterschiedliche Sprachen und Gebräuche hin, sehen oder suchen den Reichtum jeder Form von Leben und jeder kulturellen Äußerung. Seine wissenschaftliche Methode bestand nicht nur im exakten Messen, Sammeln, Auswerten, Lesen und Publizieren, sondern auch und vor allem in Gesprächen mit Kollegen und Freunden auf langen Spaziergängen, in mehr als 30 000 Briefen und zahllosen Besuchen.

Es war eigentlich nur logisch, dass Humboldt für sein Lebenswerk eine vollkommen unlösbare Aufgabe stellte: die Welt als Gesamtes zu beschreiben, als System von Systemen, vereinigt in wechselseitiger Abhängigkeit und in der atemberaubenden Schönheit allen Lebens. Fast sein gesamtes Gelehrtenleben arbeitete er an seiner Idee für ein großes Werk, in dem er endlich alles zusammendenken konnte, den *Kosmos*. Fast als wolle er an Montaignes lange lateinische Zitate anknüpfen, aber auch mit der klassischen Tradition des deutschen Bürgertums im Kopf zitierte er als Motto seines Buches die Naturgeschichte des römischen Denkers Plinius:

»Aber die Kraft und die Großartigkeit der Dinge der Natur entbehren in all ihren Wechseln der Glaubwürdigkeit, wenn jemand im Geiste nur deren Teile und sie nicht als Ganze erfasst.«

Dies, so meinte Humboldt, war das Problem mit dem Denken in Zahnrädern und Schrauben: Es konzentrierte die Erkenntnis auf Einzelteile, isolierte Kompetenzen und beschrieb diese Einzelteile als auswechselbar, rein funktional, nicht weiter reduzierbar. Humboldts Reisen und Studien hatten ein ganz anderes Bild in ihm entstehen lassen. Statt diese klassische Geschichte noch einmal zu erzählen, wählte Humboldt einen anderen Weg. Er wollte die verschiedenen Aspekte des Planeten in ihrem Zusammenwirken zeigen: Die Auswirkungen des Klimas auf Pflanzenarten und menschliche Kulturen in unterschiedlichen Gegenden und auf verschiedenen Höhen, der Sternenhimmel und der menschliche Wissenserwerb, Gesteinsschichten, Vulkanausbrüche und die ersten Pflanzen, die nach ihnen zurückkehren, die Geschichte der Physik und die astronomischen Ideen seines Kollegen Laplace – alles erregte sein Interesse und seinen Willen, es durch Vergleiche auf Ähnlichkeiten und Eigenheiten abzuklopfen.

Humboldt vollendete seinen großen *Kosmos* nie, aber er hatte bereits gesagt, was er sagen wollte und mit den Mitteln seiner Zeit sagen konnte, und zumindest kommerziell war es ein erheblicher Erfolg. Das Werk verkaufte sich ausgezeichnet. Als Leseerlebnis allerdings war der *Kosmos* eine Enttäuschung. Der große Wissenschaftler war kein Stilist von gleichem Rang. Er verlor sich in komplizierten Sätzen, endlosen Tangenten und Überlegungen und enorm langen Fußnoten. Auch Leser, die mit dem intellektuellen Ansatz des Werkes sympathisierten, fanden es schwierig, dem großen Buch bis zum Ende zu folgen. Es war, berichteten Freunde, wie ein Besuch bei ihm. Der große Gelehrte würde einen wunderbaren, unvergesslichen Monolog beginnen und dabei kaum stillsitzen, immer wieder zu einem Regal oder seinem Schreibtisch eilen, um ein Buch oder ein Objekt zur besseren Anschauung zu ergreifen, und dabei, anscheinend ohne es zu merken, zwischen mehreren Sprachen wechseln, Dispute mit Kollegen führen, historische Begebenheiten zitieren, neue Publikationen vorlesen oder Gedichte von seinem geschätzten Kollegen Goethe rezitieren.

Der große Mann ließ sein Publikum verwirrt und etwas eingeschüchtert zurück und nur die Mutigsten und Neugierigsten setzten ihre Gespräche fort – auch das ein Aspekt der natürlichen Auslese, wie ihn Humboldts Freund und Zeitgenosse Darwin beschrieben hat. Wenn Humboldt aber seine ständig ruhelose Aufmerksamkeit bündelte, konnte er sein Anliegen mit großer Eloquenz vorbringen:

> Die Natur ist für die denkende Betrachtung Einheit in der Vielheit, Verbindung des Mannigfaltigen in Form und Mischung, Inbegriff der Naturdinge und Naturkräfte, als ein lebendiges Ganzes. Das wichtigste Resultat des sinnigen physischen Forschens ist daher dieses: in der Mannigfaltigkeit die Einheit zu erkennen, von dem Individuellen alles zu umfassen ... Auf diesem Wege reicht unser Bestreben über die enge Sinnenwelt hinaus, und es kann uns gelingen, die Natur begreifend, den rohen Stoff empirischer Anschauung gleichsam durch Ideen zu beherrschen.[133]

Auch Humboldt suchte die Beherrschung der empirischen Anschauungen, nicht aber der Natur selbst. Die Natur hatte er als zu riesig, zu veränderlich und vor allem zu untrennbar verquickt wahrgenommen, um sie jemals beherrschen zu können.

Verstricktes Leben

Alexander von Humboldt baute auf eine Tradition, die von den Atomisten vom antiken Griechenland über den römischen Dichter Lukrez und Montaigne bis hin zu Spinoza und Diderot reichte und die sich zum Ziel gesetzt hatte, das wahrnehmbare Universum einerseits empirisch zu beschreiben und andererseits aufgrund dieser Wahrnehmung Theorien darüber zu bilden, die die erkennbare Welt in ihrer Verbundenheit und Seltsamkeit zeigten.

Von der Mitte des 19. Jahrhunderts allerdings führte die Entwicklung der Wissenschaft zu einem Punkt, an dem die Physik den Pakt mit der Wahrnehmung aufkündigte. Auch Humboldts denkende Betrachtung musste vor der Relativitätstheorie und der Quantenphysik kapitulieren, denn einerseits widersprachen sie jeder empirischen Wirklichkeit, andererseits aber hatten sie eine enorme Fähigkeit, Vorhersagen zu machen und Zustände zu beschreiben. Sie funktionierten als wissenschaftliche Theorien, aber sie hatten sich losgesagt von dem, was Menschen sehen und fühlen konnten. Niemand würde jemals ein Objekt bei annähernder Lichtgeschwindigkeit mit eigenem Auge studieren können oder die exakte Verortung eines Massenpartikels. Aber die Möglichkeit, systematisch über diese Phänomene nachzudenken und sie zu berechnen, veränderte trotzdem die Welt und das menschliche Verständnis von ihr.

Relativitätstheorie und Quantenphysik widersprechen einander in bestimmten, theoretisch noch immer nicht aufgelösten Belangen, aber sie haben eine entscheidende Gemeinsamkeit: Was sie besonders auszeichnet, ist ihr Insistieren auf Kontext, auf die Unmöglichkeit und Sinnlosigkeit der Beschreibung eines isolierten Individuums, Objekts oder Ereignisses ohne Umgebung, ohne Bezogenheit. In diesen mathematischen Modellen sind auch physikalische Phänomene nur denkbar in Verbindung zu anderen, erhalten ihre Identität nur aus ihrer Verortung. Raum und Zeit konnten nur als Kontinuum existieren und jedes Nachdenken über den einen oder die andere war an sich unsinnig und nur statthaft, weil das menschliche Leben bei so niedrigen Geschwindigkeiten und auf so kleinem Raum stattfand, dass die entstehenden Ungenauigkeiten nicht ins Gewicht fielen. Auch die Quantenphysik kritisierte nicht nur ihre eigene Disziplin, sondern auch die Sprache selbst. Es ergab keinen Sinn, von Objekten mit einem bestimmten Ort und einem bestimmten Impuls zu sprechen, die als unabhängige Realität existierten. Noch dazu veränderte der bloße Akt der Beobachtung das Geschehen und auch dieses war nicht vollständig messbar, sondern bestand nur als statistische Wahrscheinlichkeit.

Der italienische Physiker Carlo Rovelli bezeichnet die Quantenphysik als eine Theorie mit außerordentlicher Erklärungsmacht und Effektivität (ohne sie keine Computer, kein Internet, kein Laser ...), aber mit einem einzigen Schönheitsfehler: Sie ergibt keinen Sinn, sie zwingt, in Paradoxen zu denken und Widersprüche in Kauf zu nehmen, um zu überprüfbaren Ergebnissen zu kommen; mit anderen Worten: Eine der wichtigsten und am häufigsten nachgewiesenen wissenschaftlichen Theorien hebelt die wissenschaftliche Methode aus.

»Ich würde nur an einen Gott glauben, der zu tanzen verstünde«[134], lässt Nietzsche seinen Zarathustra sagen und wenn dieser Gott der Gott Spinozas ist – Gott oder die Natur –, dann tanzt er tatsächlich, denn man tanzt immer mit jemandem und dieser Tanz ist einer, den nur ein Gott zu tanzen vermag, ein Tanz aller Moleküle mit allen Elementarteilchen, ein wildes, ekstatisches, anarchistisches Wogen der Materie in Formen und Konstellationen, die Wissenschaftlerinnen verschiedener Disziplinen erst seit wenigen Jahren und Jahrzehnten zu entdecken beginnen.

Einerseits liegt dieser Schub an neuen Erkenntnissen an der Entwicklung neuer Technologien und Messgeräte, der Verwendung von Big Data und künstlicher Intelligenz, andererseits aber liegt es auch ganz einfach daran, dass die Konvergenz verschiedener wissenschaftlicher Entwicklungen dazu geführt hat, dass neue Fragen gestellt werden.

Nein, keine Sorge, hier geht es nicht in Richtung Esoterik, Spiritualität, Homöopathie, Feinstofflichkeit. Es geht um Wissenschaft, um Theoriebildung durch Hypothesen und Experimente, um die Erkundung und Erkenntnis der materiellen Welt, auch wenn sich diese bei näherer Betrachtung in Energiezustände auflöst, die aber ihrerseits auch wissenschaftlich erforschbar sind, oder sich in immer komplexeren mathematischen Modellen verliert.

Die wissenschaftlichen Disziplinen, die hier gemeinsame Horizonte entdeckten, waren Biologie und Kybernetik, Komplexitätsforschung und Klimaphysik, Anthropologie und Spieltheorie, Verhaltensbiologie, Mikrobenforschung und Botanik. Die Ergebnisse dieser seltsamen kognitiven Interferenzen über die Disziplinen hinweg waren erstaunlich. Eine natürliche Welt, die seit mehr als einem Jahrhundert vermessen, ausgewertet und unters Mikroskop fixiert worden war, begann plötzlich, in neuen Sprachen zu sprechen, fast so, als hätte sie endlich jemand etwas Intelligentes gefragt.

Ein Beispiel, das auch durch den englischen Biologen und Mykologen (Pilzwissenschaftler) Merlin Sheldrake eine gewisse Bekanntheit erreichte, ist das Leben eines Waldes. Sheldrake interessiert sich nicht primär für Bäume, Pflanzen und Tiere, sondern für die Pilze, die in Wäldern wachsen, oder genauer für deren Wurzeln, das sogenannte Myzel. Pilze sind faszinierende Organismen und es war schon länger bekannt, dass die Pilze, die von Liebhabern im Spätsommer gesucht werden, nur ihre Früchte sind. Der eigentliche Pilz – weder Tier noch Pflanze, sondern eine eigene Lebensform – wuchert unter der Erde in Form eines gigantischen Netzwerks von mikroskopisch feinen Wurzeln, die ohne Zentrum als ein Organismus wachsen und deren einzelne Stränge scheinbar unabhängig voneinander intelligente Entscheidungen darüber treffen, ob sie in eine bestimmte Richtung weiterwachsen, oder ob sie ihre Aktivitäten in eine andere Richtung lenken.

Merlin Sheldrake ist noch ein junger Mann und auch sein Forschungsgebiet hat sich erst in jüngster Zeit etabliert. Was er und seine Kolleginnen und Kollegen herausfanden, revolutioniert das wissenschaftliche Verständnis von natürlichen Systemen. Myzele bilden nicht nur das Wurzelgeflecht und den eigentlichen Körper der Pilze, sondern sie sind verbunden und vernetzt mit den Bäumen des Waldes. Mit seinen Enzymen löst das Myzel Mineralien aus dem Boden und macht sie verfügbar für die Baumwurzeln, während der Baum dem Myzel Zucker spendet. Diese einfache Symbiose aber ist nur der Anfang einer viel komplexeren und nur in Ansätzen verstandenen Beziehung. Das Myzel erlaubt es Bäumen auch, untereinander zu kommunizieren und einander beispielsweise vor Schädlingsbefall zu warnen, sodass andere Individuen Abwehrstoffe bilden können; mehr noch, die Pilzwurzeln erlauben es einzelnen Bäumen auch, andere Individuen wie junge oder beschädigte Schösslinge gezielt mit Nährstoffen zu versorgen.

Das Netzwerk der Pilze hat inzwischen den Spitznamen *Wood Wide Web* bekommen, weil es tatsächlich als ein Kommunikationsnetz innerhalb von und sogar zwischen Wäldern zu funktionieren scheint, und der Wald, der wissenschaftlich gesehen bis dahin nichts weiter war als eine Ansammlung von Bäumen, einen völlig neuen Charakter als kommunizierender, solidarisch (und gelegentlich auch antagonistisch) handelnder und mit einer Art von eigener strategischer Intelligenz begabter Organismus.

Es reicht also rein naturwissenschaftlich nicht, einen Baum nach den verschiedensten Parametern zu analysieren, wie man ein Zahnrad oder eine Schraube analysiert, und dann diese Resultate mit der Anzahl der Bäume in einem Wald zu multiplizieren, um ein Bild vom Leben und Funktionieren des Waldes zu bekommen. Einerseits ist jeder Baum bereits ein Wald: ein Raum der Kommunikation zwischen verschiedenen Organismen, ein Ort des Asyls und des Daseinskampfes für Mikroben und Milben, Viren und Bakterien. Andererseits aber ist der Wald ein Kosmos dieser Mikrokosmen, ein symbiotischer Organismus, der verschiedenste Arten in und um sich sammelt, ein System von stupender Komplexität, in dem sich Bäume über Pilzwurzeln austauschen, mit Informationen und sogar mit Nahrung versorgen, gemeinsam auf Schädlinge reagieren und sich strategisch verhalten, eine andauernde Interaktion zwischen lebenden und nicht lebenden Akteuren, von Mineralien und Mikroben über Myzel bis hin zu der gesamten Flora und Fauna.

Was Menschen, die eng mit natürlichen Lebensräumen verbunden waren, seit jeher tradierten, wird wissenschaftliches Forschungsgebiet, auch wenn noch Theorien und Methoden entwickelt werden müssen, um die Tragweite dieser Entdeckungen wirklich zu verstehen, zumal sich die Ergebnisse der Mykologen auch auf andere Wissensgebiete ausweiten lassen. Flussläufe und Berglandschaften, Ozeane, Wälder und Steppen, Wüsten und Meeresböden formen Systeme, die sich auch für Naturwissenschaftler am besten als Organismen lesen und verstehen lassen, als Akteure in einem kosmischen Geschehen zahlloser Kommunikationswege, Abhängigkeiten, Symbiosen. Jedes dieser Systeme scheint Kaskaden von untergeordneten und immer kleineren Systemen zu einem funktionalen Resonanzfeld zu bündeln und selbst Teil größerer und komplexer Systeme zu sein, ein Fließen und Strudeln auf allen Ebenen, von Elementarteilchen über das Wasser aus dem Wasserhahn zu unermesslichen, fernen Galaxien, ein kosmischer Tanz der Schöpfung und Zerstörung. Dieser Tanz wird nicht für Menschen getanzt und nicht gegen sie, er vollzieht sich einfach, wie ein Sturm.

Ein weiterer neu zu erforschender naturwissenschaftlicher Kontinent, bei dem Kommunikation und Kooperation zu neuen Daseinsformen führen, ist die Entdeckung des (menschlichen) Mikrobioms. Schon seit dem frühen 20. Jahrhundert war bekannt, dass besonders der Verdauungstrakt aller Tiere und daher auch des Menschen Mikroben beherbergt, die wichtig sind, um Nahrung chemisch aufzubrechen und zu verwerten. Das Mikrobiom des Menschen passt vom Volumen etwa in eine Tasse. Forscher hatten einzelne Stämme dieser Mikroben in Labors nachgezüchtet, ihre Stoffwechselprozesse beobachtet und dokumentiert. Bald schien alles Wesentliche über dieses Phänomen gesagt.

Erst in den vergangenen Jahrzehnten ist dank besserer Instrumente, Techniken und genetischer Analysen eine neue Dynamik in dieses Feld gekommen. Das Mikrobiom, also das Ensemble aller im und auf dem Körper lebenden körperfremden Mikroorganismen, ist nicht nur immens viel größer und diverser, als früher angenommen, demografisch-medizinische Studien zeigen auch, dass es eine fundamentale Auswirkung auf jeden Aspekt der menschlichen Existenz hat. Inzwischen erforschen große und gut finanzierte Initiativen wie das Human Microbiome Project (gegründet 2008) die genetische Sequenzierung und die Eigenschaften des menschlichen Mikrobioms.

Wissenschaftlerinnen, die sich früher mit diesem Thema auseinandergesetzt hatten, hatten nach guter wissenschaftlicher Praxis einzelne Organismen isoliert und in Reinkultur gezüchtet. Ihre wissenschaftliche Sozialisierung, ihre Laborprotokolle und vielleicht auch die verwertbare

Datenmenge hielt sie davon ab, sich anzusehen, was passiert, wenn diese Spezies nicht in Reinkultur gehalten werden, sondern miteinander kommunizieren und aufeinander reagieren können, und zwar nicht Dutzende, sondern Zehntausende unterschiedlicher Arten und Organismen, die sich in Abermilliarden von Individuen aufteilen, die alle wachsen und verdauen, Chemikalien umwandeln und andere produzieren, miteinander in Austausch stehen und symbiotische Gemeinschaften bilden, die neue biologische Umgebungen schaffen und selbst eine Art biologische Dokumentation der kollektiven Erfahrungen und Umgebungen sind. Dann nämlich entsteht eine ganz neue Landschaft der biologischen Komplexität, eine Landschaft, in der auch und besonders Menschen einen ganz neuen Platz einnehmen.

Nach dem gegenwärtigen Stand der Forschung (dies ist ein dynamisches Feld) beherbergt ein menschlicher Körper knapp 40 Billionen Bakterien, Fungi und Viren, also deutlich mehr als körpereigene Zellen (etwa 30 Billionen in einem Erwachsenen). Diese Individuen gehören Tausenden von Spezies an und fügen dem Genom des Menschen mit seinen 20 000 Genen ein kollektives Genom von zwei Millionen Genen hinzu; jeder menschliche Körper enthält also hundertmal mehr nichtmenschliches als menschliches Erbgut.

Der menschliche Körper ist rein quantitativ gesehen ein Transportsystem und eine Nahrungsquelle für mikrobielles Leben, aber dies ist keine passive Koexistenz. Die Gesundheit und Diversität der mikrobiotischen Aktivität wird in kürzlich veröffentlichten Studien nicht nur mit der Entwicklung von Karzinomen, Nahrungsintoleranzen, Allergien und Diabetes in Verbindung gebracht, sondern auch mit der Wahrscheinlichkeit, an Autismus, Altersdemenz oder Parkinson zu erkranken, oder an klinischen Depressionen zu leiden. Das Mikrobiom hilft Menschen nicht bei der Verdauung – es konstituiert sie bis in ihr Bewusstsein und ihre Wahrnehmung hinein.

Nach der Entschlüsselung des menschlichen Genoms durch das Human Genom Project (1990 – Mai 2021) haben immer präzisere Analysemethoden auch die Genetik revolutioniert und ein neues Verständnis dafür ermöglicht, wie Leben organisiert ist und wie Informationen weitergegeben werden. Neben dem neuen Kontinent des Genoms hat ein

Umsturz innerhalb der Genetik auch das Verständnis von der Vererbung auf eine Weise verändert, die das Bild vom nach außen abgeschotteten Individuum, das im Lichte seiner Vernunft freie Entscheidungen trifft, völlig kippt: die sogenannte Epigenetik.

Die Epigenetik ist ein Teilgebiet der Genetik, das sich um 1990 formierte und das die Vererbung phänotypischer Merkmale ohne Veränderung der DNA-Sequenz studiert. Weniger akademisch ausgedrückt: Die Funktion einzelner Gene kann durch chemische Marker, die sich auf dem Genom festsetzen, beeinflusst, unterdrückt oder verstärkt werden. Diese chemischen Marker, die sich auf die Gene setzen, korrespondieren mit starken Erfahrungen wie beispielsweise Hungersnöten oder physischen Schmerzen oder historischen Traumata von Individuen und können von einer Generation auf die nächste weitergegeben werden. Noch einfacher ausgedrückt: Ein Echo von historischen Erfahrungen kann vererbt werden, zumindest als chemischer Marker, der auch in einer nächsten Generation die Funktion von Zellen und Botenstoffen, Krankheiten und sogar instinktive Reaktionen beeinflussen kann. In Tieren sind epigenetische Vererbungsmechanismen von Verhaltensmustern experimentell nachgewiesen, und zwar auch dann, wenn zwischen den Elterntieren und ihren Nachkommen keinerlei Kontakt bestand. Auch bei Menschen haben Studien nachgewiesen, dass Traumata in einer Generation die Expression genetischer Merkmale in folgenden Generationen beeinflussen können.

Die Entdeckung der Epigenetik bedeutet, dass das menschliche Genom eben kein starrer, mechanistischer Bauplan ist, nach dem Punkt für Punkt exakt ein Individuum konstruiert wird, sondern dass diese Instruktionen dynamischer und veränderbarer sind, dass sie auf Umwelteinflüsse reagieren und von den Erfahrungen früherer Generationen geformt werden, bis in den Stoffwechsel einzelner Zellen hinein.

Das Bild vom Genom als exakte Konstruktionsanleitung, das sich schön in die Metapher vom Menschen als Maschine einfügte, erweist sich als irreführend. Vielleicht imitiert hier das Leben einmal die Kunst und nicht andersherum, denn das Funktionieren des Genoms entspricht dem, was auch die »kulturelle DNA« einer Gesellschaft demonstriert: Sie besteht aus Informationen – Erzählungen und Erinnerungen, Traumata, Haltungen und Ritualen –, die von einer Generation auf die andere weitergegeben werden. Bei dieser Übertragung kommen Mutationen aber nicht nur durch zufällige Fehler vor, sondern auch durch die Integration von Erfahrungen, Erlebnissen, Migration, neuen Geschichten, die sich um die alten Strukturen ranken und ganz neue und andere Funktionen geben können, ein kulturelles Bild dafür, dass die Traumata längst verschwundener Generationen buchstäblich in den Zellen ihrer Nachkommen weiterleben und dort bis in körperliche Funktionen und hormonelle Störungen hinein weiter präsent sind.

Sowohl die Erforschung des Mikrobioms als auch die der Epigenetik sind noch in der ersten Entwicklung begriffen und ihre Erkenntnisse werden laufend revidiert, aber es ist jetzt schon deutlich, dass die naturwissenschaftliche Erschließung der komplexen mikrobiellen und chemischen Kommunikationsprozesse nicht nur in neuen medizinischen Diagnosemöglichkeiten und Behandlungsmethoden resultieren wird, sondern auch in einem neuen Menschenbild.

All das tut, was gute Wissenschaft tun sollte, denn es sprengt den eigenen Referenzrahmen nicht nur methodologisch, sondern auch metaphysisch und in all seinen nicht zuletzt politischen Implikationen. Wie beeinflussen diese Faktoren die Zurechnungsfähigkeit in Strafprozessen, oder die Verteilungsgleichheit in einer Gesellschaft, die Chancengleichheit, die Möglichkeit der Gerechtigkeit selbst? Ist dies eine Variation der klassischen Geschichte von der harten Kindheit, oder ist es ein Hinwies darauf, dass es eine biologische Grundlage für unterschiedliche Erfahrungshorizonte und Handlungsspielräume gibt?

Argumente dieser Art laufen Gefahr, ins Biologistische abzugleiten, aber sie rühren an eine tiefe Aporie demokratischer Gesellschaften, an die unlösbaren Fragen, die sich allen Modellen und Erklärungen entziehen. In der durchaus theologischen Traditionslinie der Aufklärung bauen sie auf der Annahme auf, dass ihre Staatsbürgerinnen freie, rationale Individuen sind, fähig und willens, sich zumindest durch den Gang an die Urne verantwortlich zu informieren und zu engagieren.

Wissenschaftliche Erkenntnisse skizzieren ein ganz anderes Wesen: in höchstem Maße manipulierbar und von kognitiven Vorurteilen durchzogen, nie wirklich Herr seiner selbst, bewohnt von einem Bewusstsein, dessen Gestimmtheit ein Resultat mikrobieller Aktivitäten ist und dessen körperliches Funktionieren auf einer Reihe unbekannter Faktoren beruht, ein Wesen, das kognitiven Analysen zufolge schwere intellektuelle Mängel und problematische Tendenzen zeigt.

Hier erweisen sich philosophische Fragen als zutiefst politisch und potenziell revolutionär. Wird die idealistische Vision der demokratischen Ordnung auf demselben Wege marginalisiert werden wie die theologische Erklärung der Welt vor ihr? Wie können liberale Gesellschaften umgehen mit einem sich wandelnden wissenschaftlichen Datensatz, der Menschen als irrationaler, verletzlicher und manipulierbarer zeigt, als die Demokratie annimmt, und annehmen muss?

Aber es geht nicht nur um Fragen der politischen Philosophie, die notfalls mit dem Hinweis darauf pariert werden können, dass die Eigenverantwortlichkeit und Willensfreiheit des bürgerlichen Universums auch als notwendige Fiktion noch ihre Funktion erfüllen, die öffentliche Ordnung aufrechtzuerhalten, auch wenn vielleicht nicht jedes individuelle in diesem Kontext entstandene Urteil gerecht ist.

Die wissenschaftliche Neuinterpretation des Menschen bringt eine ganze Denktradition ins Wanken. Der Herr der Schöpfung alten Zuschnitts, so wie ihn die Neoplatonisten, die Bibel und die abrahamitischen Traditionen gedacht hatten, steht über der Natur und unterwirft sie seinem freien Willen. Er ist körperlich nach außen abgeschlossen und geistig souverän, Meister seiner Handlungen (das insistente Maskulinum ist hier kein Zufall), sein Körper ist nach dem Bild Gottes geschaffen.

Entgegen diesem vertrauten Bild ist der Mensch als zutiefst symbiotischer Organismus und als Produkt ungeahnter Kommunikationsprozesse zwischen zahllosen Lebensformen, deren Aktivität bis in die emotionale Gestimmtheit, die Intelligenz und die Wahrnehmung hinein das gesamte Leben und Erleben färbt oder sogar beherrscht, ein Organismus, dessen Erfahrungen sich über Generationen weitergeben und dessen Individualität dementsprechend anders konzipiert werden muss. Das ergibt ein schockierendes und unerwartetes, zugleich aber zutiefst befreiendes Bild des Primaten Homo sapiens, der gerade dabei ist, einen immensen epistemischen Schritt zu tun. Der souveräne Mensch als Träger der Seele verblasst und ein wilderes, verstricktes, weitgehend unbekanntes Wesen zeigt sich unter der Maske der theologischen Tradition.

An die Stelle des altbekannten, zuerst theologisch und um die Jahrtausendwende wirtschaftlich beschriebenen Menschen tritt ein Phänomen, das zu beschreiben es uns nach sechstausend Jahren sprachlicher Formung vielleicht sogar an den geeigneten Worten fehlt: ein Erleben, ein Bewusstsein, ein Horizont von Begehren und Lust und Schmerz, ein Aspekt einer immensen Symbiose vieler Tausender von Spezies, eines unerhörten Geschnatters und Pulsierens von Botenstoffen und elektrischen Impulsen durch die Bahnen eines Körpers, der sich selbst ständig austauscht und erneuert. Moleküle aus der Welt um ihn herum werden dauernd inkorporiert, transformiert und ausgeschieden, nur das erlebende Ich, das über dieses fantastische Geschehen herrscht, bleibt stabil.

Der Mensch als souverän, rational Handelnder entpuppt sich als ein Modell der Vorsaison. Ein symbiotischer biologischer Ereignishorizont mit eigenem inneren Puppentheater ersetzt den alten Adam. Dieser Organismus kann ebenso wie ein einzelner Baum in einem Wald nicht als Individuum voll beschrieben und verstanden werden, sondern nur als ein Teil, ein Knotenpunkt in einem Netzwerk aus Ereignissen und Motivationen, ein momentaner Zustand des Lebens, das durch all diese Zustände hindurch vibriert.

Nichts von alledem macht das Puppentheater, das individuelle Erleben – alles, was wir Menschen haben – weniger wichtig, weniger faszinierend und weniger entscheidend als Kriterien dafür, was ein gutes Leben sein könnte, aber diese Perspektivumkehr aus naturwissenschaftlicher Sicht ruft die Frage von Montaigne in Erinnerung, der sich wunderte, dass sich so ein Geschöpf, »welches nicht einmal über sich selbst Herr ist ... einen Beherrscher und Regenten der ganzen Welt nennt«.

Die wissenschaftlich-kognitive Revolution, die sich gegenwärtig vollzieht, geht von der empirisch immer wieder bestätigten Annahme aus, dass sich natürliche Phänomene nicht adäquat beschreiben lassen, indem ihre Teile oder einzelne Individuen analysiert werden. Statt starre und stabile Objekte zu sehen, denkt sie in kommunikativen Akten, in Ereignissen und Verbindungen, die ihre Identität und ihr Handlungspotenzial aus ihrem Kontext beziehen, die vorübergehend bestimmte Zustände und Funktionen annehmen, deren jede Änderung sich in der Transformation des Ganzen spiegelt.

Als analytischer Ansatz aber scheint diese aus wissenschaftlichen Modellen heraus entwickelte Perspektive auf die sogenannte Natur viel stärker darin, Phänomene und Interaktionen zu beschreiben, als das vorhergehende, mechanische Bild. Nur so ist es möglich, der unendlichen Komplexität natürlicher Systeme näher zu kommen und ihr Funktionieren besser zu verstehen. Die Bedingung dieses besseren Verständnisses aber ist es, die Sonderstellung des Menschen aufzugeben und mit einer gewissen epistemischen Bescheidenheit den möglichen Ort von Homo sapiens innerhalb dieser Zusammenhänge zu definieren. Der Preis dieser Revolution ist das radikale Denken des Menschen als ein Wesen, das unentrinnbar mit der Existenz anderer lebender und nicht lebender Akteure auf diesem Planeten verstrickt ist.

Eine Handvoll Erde

Das Projekt der Unterwerfung der Natur durch den Menschen erweist sich spätestens im beginnenden 21. Jahrhundert als katastrophaler Fehler. Es scheitert an der ökologischen Realität und erstickt an seinen ungewollten Nebeneffekten. Paradoxerweise war das Projekt der Unterwerfung zum Scheitern verurteilt, weil die technologische Reichweite der menschlichen Unersättlichkeit durch fossile Brennstoffe plötzlich immens erweitert wurde und die Eigendynamik der Wachstumsprozesse sich so rasant entwickelte, dass für das Begreifen dieser Transformation und die Reflexion ihrer rasenden Entwicklung keine Zeit mehr blieb und im Schwung des Aufstiegs wohl auch kein Bedürfnis nach Kritik zu spüren war.

Während dieser immensen Transformation, die fast alle Menschen auf dem Planeten irgendwie berührt hat und dank derer die Zahl der Menschen sich in sechs Jahrzehnten mehr als verdoppelt hat, waren brutalere Unterwerfung, effizientere Ausbeutung und steigendes Wachstum erfolgreiche Strategien auf einem globalen Markt. Mit den beginnenden Effekten der Klimakatastrophe aber ist diese Logik zusammengebrochen.

Während der Nachkriegszeit (und letztlich seit dem 16. Jahrhundert) wussten westliche Regierungen nur eine einzige Antwort auf sehr unterschiedliche strukturelle Probleme: Wirtschaftswachstum. Diese Antwort aber ist durch die Klimakatastrophe obsolet geworden. Mehr Wachstum, mehr Ausbeutung und mehr Dominanz menschlicher Interessen führen nicht mehr zu Wohlstand, Freiheit, Sicherheit oder Kontrolle, sondern zunehmend zu unkontrollierbaren Entwicklungen, zum Anstieg der Ozeane und der Veränderung ganzer Wettersysteme, zu Naturkatastrophen wie Orkanen, Hitzewellen, Überflutung, Versteppung und Dürre bis hin zur Migration von Millionen von Menschen und anderen Lebewesen auf der Suche nach Überleben.

Die immer deutlicher zutage tretenden Folgen der Klimakatastrophe widerlegen die Machbarkeit einer Unterwerfung der Natur, auch weil diese auf der bronzezeitlichen Idee beruht, dass der Mensch außerhalb und über »der Natur« steht und sie getrost ausbeuten und verändern kann, ohne selbst von den Effekten betroffen zu sein. Mit den steigenden wirtschaftlichen, menschlichen und ökologischen Kosten der systemischen Veränderungen, die durch menschliche Intervention ins Rollen gekommen sind, steigt auch die Gewissheit, dass die Logik der Unterwerfung keine konstruktiven Strategien mehr anzubieten hat, die in dieser Situation greifen könnten. Jede Wirkung hat ihre ungewollte, unabsehbare Nebenwirkung.

Der systemische Narzissmus der Herren der Schöpfung war in technologisch relativ primitiven Gesellschaften eine harmlose Illusion unter vielen, entwickelte sich aber mit der technologischen Entwicklung des 20. Jahrhunderts zu einer selbstmörderischen Wahnidee, oder vielleicht nicht einmal einer Idee, sondern einem tief sitzenden Gefühl des eigenen konsequenzlosen, kontextfreien Handelns, einer stillschweigenden gesellschaftlichen Vereinbarung, dass man über manche Dinge am besten nicht redet, sie besser nicht zu weit durchdenkt.

Die sprunghaft angestiegene Produktivität und Aktivität der Menschheit hat rein naturwissenschaftlich gesehen eine Reaktion hervorgerufen, die allen menschlichen Fortschritt ins Straucheln bringt und sogar ihre Existenz in Frage stellt, weil alte Rezepte plötzlich nicht mehr greifen, beziehungsweise unannehmbar starke Sekundäreffekte haben. Eine Weltsicht, die über Jahrtausende einen Schlüssel zur Dominanz und zur Lösung von Herausforderungen bereitgehalten hatte, hatte keine sinnvolle Antwort auf diese systemische Dynamik.

Der französische Philosoph Bruno Latour beschreibt die Reaktion einer aufgeklärten Menschheit, deren Geschichte die Wirklichkeit nicht mehr beschreiben kann und ihr Modell sich als untauglich erweist: »Das Eindringen der Erde schockiert sie. Es scheint, als wäre der Globus, den sie auflisten, registrieren, lokalisieren, einzäunen und schlucken wollten, nichts als eine sehr provisorische Projektion dessen, was noch zu entdecken bleibt ... Schließlich erscheint die Erde am Anfang des 21. Jahrhunderts wieder – zum ungläubigen Staunen des reichen und aufgeklärten Teils der menschlichen Art – als *Terra incognita*.«[135]

Wie aber navigieren auf dieser unbekannten Erde? Latour, Sohn einer burgundischen Winzerfamilie, sieht die Antwort auf die Entfremdung der

Aufklärung in einer Rückkehr auf die Erde, nicht in einem nostalgischen oder nationalistischen Sinn, sondern als Relokalisierung des Lebens an einem konkreten Ort, in einer körperlichen Erfahrung der eigenen Verbundenheit. In einer Handvoll Erde, erinnert er, können mehr Mikroben leben als Menschen auf diesem Planeten, ein Mikrobiom, das Teile der Erdkruste durchzieht, ein Universum, auf das andere aufbauen und das mit anderen Systemen verknüpft ist. Als guter Burgunder begreift er sie nicht als die dampfende Scholle des Nationalismus, sondern als *terroir*, den Ausdruck der Unverwechselbarkeit jedes Ortes, jeder Handvoll Erde, die einem Wein seinen individuellen Charakter verleiht, jedes verstrickten Lebens.

Latour setzt sich ausführlich mit der von James Lovelock und Lynn Margulis entwickelten Gaia-Hypothese auseinander. Diese Theorie wurde von einflussreichen Wissenschaftlerinnen lange als esoterisch abgetan und gleichzeitig aus einem ebenso großen Missverständnis heraus von Esoterikern vereinnahmt, ist aber ganz und gar naturwissenschaftlich begründet. Es geht darum, die Erde bzw. ihre Biosphäre als einem Organismus zu verstehen, der versucht, die optimalen Bedingungen für sein Überleben herzustellen.

Lovelock formulierte seine Kernidee wie folgt:

> Wie die Co-Evolution weist Gaia die Apartheid der viktorianischen Biologie und Geologie zurück, aber sie geht noch viel weiter. Gaia behandelt die Evolution eines eng verwobenen Systems, dessen Bestandteile Biota und ihre materielle Umgebung sind, die aus der Atmosphäre, den Ozeanen und den Oberflächenfelsen besteht. Selbstregulierung wichtiger Eigenschaften, wie Klima und chemische Zusammensetzung, wird als Konsequenz dieses evolutionären Prozesses begriffen. Wie bei lebenden Organismen und vielen geschlossenen Systemen kann davon ausgegangen werden, dass es emergente Eigenschaften zeigt, das heißt, dass das Ganze mehr als die Summe seiner Teile ist.[136]

Für Bruno Latour bietet die Gaia-Hypothese eine attaraktive Möglichkeit, die eigene Existenz auf einer vernetzten Erde neu zu denken. In seiner Konzeption ist Gaia gleichzeitig eine Metapher mit ambivalenten, quasireligiösen Resonanzen und eine kognitive Zustandsbeschreibung des unbekannten Kontinents, der sich durch die Perspektivverschiebung der zeitgenössischen Wissenschaft und ihrer Leitbilder ergibt.

Das Bild, das Latour in seinen Schriften, aber auch in öffentlichen Ausstellungen und auf multimedialen Performances entwickelt, fügt sowohl der wissenschaftlichen als auch der politischen Fantasie eine Ikone hinzu. Anstatt darüber zu sprechen, dass Menschen »auf der Erde« leben, also metaphorisch mit den Füßen im Dreck, den Kopf aber hoch erhoben und mit Blick auf ferne Horizonte, wie um seine erhabene Stellung über die Natur zu unterstreichen, schlägt Latour vor, über Menschen als Bewohner der »kritischen Zone« nachzudenken – eben der dünnen, von Lovelock verbildlichten Membran von Gasen zwischen dem toten Gestein unter unseren Füßen und der ewigen Leere über unseren Köpfen, die einzige Umgebung, in der Leben überhaupt möglich ist:

> In der Größenordnung des normalen Planetenbildes ist die dünne Oberfläche der kritischen Zone kaum sichtbar, denn sie umfasst höchstens wenige Kilometer in die Höhe und wenige Kilometer in die Tiefe. Es ist nicht mehr als ein Firniss, eine dünne Matte, ein Film, ein Biofilm. Und trotzdem ist es – bis andere Welten entdeckt und kontaktiert werden – der einzige Ort, den lebende Wesen jemals erfahren haben. Es ist die Totalität unserer begrenzten Welt. Wir müssen es uns als eine Haut vorstellen, die Haut der Erde, empfindlich, komplex, kitzlig, reaktiv. Dies ist, wo wir alle leben – Zellen, Pflanzen, Insekten, Tiere und Menschen.[137]

Für Latour ist der Preis dieses Umdenkens hoch. Die Menschen der modernen Welt beginnen zu realisieren: »Sie können für ihren zukünftigen Wohlstand nicht länger auf diese immense und unerschöpfliche Reserve zählen. Modernisierung, technologische Entwicklung, Globalisierung scheinen eine glückliche und unverdiente Klammer gewesen zu sein, die sich jetzt schließt.«

Die Herausforderung besteht darin, das Konzept der *agency*, des Handlungspotenzials, radikal auszuweiten, denn durch die Klimakatastrophe sind auch nichtmenschliche Akteure Teil eines Prozesses, der aus menschlicher Perspektive essenziell politisch und ökologisch ist, der das philosophische Menschenbild revolutioniert und nach neuen Praktiken und einer neuen Art von Aufmerksamkeit verlangt:

> Es kann nicht länger als eine Sammlung von Menschen definiert werden, die die Ressourcen des Bodens durch ein Produktionssystem ausbeuten, sondern als die widersprüchliche und umkämpfte Assemblage von allen möglichen Arten von ineinander verstrickten Lebensformen, die danach streben, die Zeit zu überdauern und etwas weiter in den Raum hinein zu expandieren. Die alte Unterscheidung zwischen Gesellschaft und Natur wird ersetzt durch den qualvollen Prozess der Zusammensetzung zwischen menschlichen und nichtmenschlichen Akteuren, die alle nach Anerkennung gieren.

Hier schließt sich auf wunderbar ironische Weise ein historischer Kreis. Die Erfahrung der Menschheit in der Klimakatastrophe besteht auch in der Konfrontation mit der Tatsache, dass sie unmöglich weiter so handeln kann, als wäre die menschliche Geschichte, das menschliche Bewusstsein und die Rolle des Menschen aus der Natur herausgehoben, als wären sie nicht Teil natürlicher Prozesse und Kreisläufe und ständig in komplexen, unkontrollierbaren und unverstandenen Wechselwirkungen bezogen, die zwar beschönigt und geleugnet werden können, die aber trotzdem ungerührt weiterexistieren und deren Auswirkungen massive Zerstörung verursachen.

Diese Vergegenwärtigung, dass Leben und Überleben von Menschen und ganzen Gesellschaften in einem radikalen Abhängigkeitsverhältnis zu natürlichen Prozessen stehen und dass eine erfolgreiche Existenz auf einem sorgfältig abgestimmten Geben und Nehmen beruhen muss, bringt uns zurück zur Epoche des Gilgamesch, denn die aus der Wissenschaft gewachsene Weltsicht hat überraschend viel mit antiken, polytheistischen Naturbildern gemein.

Ein durchschnittlicher Sumerer oder eine Akkaderin des 2. Jahrtausends v. u. Z. hatten eine Beziehung zu ihren Göttern, die sich nur in Einzelheiten von der eines Maori, eines Azteken, eines Tibeters oder einer

Frau im klassischen Athen unterschieden. Sie alle wussten, dass ihre Umgebung von Göttern und Geistern, Ahnen und Dämonen, Nymphen oder Furien bewohnt wurde und dass die Welt um sie herum von diesen Interessen und ihrem Handeln durchdrungen war. Sie wussten auch, dass sie selbst von kaum verstandenen Kräften bewohnt und umgetrieben wurden und dass es wichtig war, die bestmöglichen Techniken und Verständnismöglichkeiten einzusetzen, um mit diesen Kräften in eine wechselseitig nützliche Beziehung zu treten.

Mit jeder Handlung war klar, dass sie in einem Geflecht von Mächten und Interessen standen, das anerkannt werden musste. Jede Handlung war ein Eingriff in das bestehende labile Gleichgewicht und tastete den Machtbereich einer anderen Existenzform an. Wer in See stechen wollte, musste dem Gott des Meeres opfern; wer eine Reise plante, befragte das Orakel nach dem Willen der Götter; wer ein Feld pflanzte, baute einen Altar für die dort wohnenden Geister, die so anwesend waren, wie die Ahnen und die Götter selbst. Jeder menschliche Akt war eingebunden in eine Tiefe, die an den Mythos, in ein unendlich komplexes Geflecht von magischen Kräften und Heldengeschichten, göttlichem Eingreifen, Geschenken und Gegengeschenken, ein dauerndes Geben und Nehmen zwischen den Menschen und der Welt, in der sie lebten, reichte. Wer das nicht tat, wie Gilgamesch, musste an seinem Hochmut scheitern.

Die metaphorische Sprache des Animismus hat die gegenseitige Verstricktheit von menschlichen und nichtmenschlichen Interessen und Handlungen poetisch als eine Beziehung zu den Ahnen, Geistern und Göttern ausgedrückt und diese Beziehung durch Rituale und Opfer formalisiert. Das war auf der metaphorischen Ebene erfolgreicher als auf der naturwissenschaftlichen, denn auch wenn Poseidon ein teures Brandopfer gnädig angenommen hatte, konnte ein Sturm noch immer Schiff und Besatzung samt kostbarer Ladung an einem Fels zerschellen lassen. Trotzdem gab es einen kulturellen Rahmen, in dem das Geben und Nehmen in Verbindung mit natürlichen Ereignissen wie Geburt und Tod, Aussaat und Ernte, symbolisch und rituell anerkannt und erfüllt wurde.

Hier wird noch einmal die metaphysische Radikalität der Idee der Unterwerfung deutlich, der Bruch mit einem komplexen Weltverständnis der reziproken Abhängigkeiten. Mit dem Gebot an Adam und Eva, sich die Erde untertan zu machen, wurde diese Weltsicht zum Einsturz gebracht. Von nun an war die Beziehung des Menschen kein Geben und Nehmen mehr, sie war überhaupt nicht reziprok, sondern bestand darin, dass Menschen die Natur »eroberten« und »zähmten«, Berge »bezwangen« und Kontinente »entdeckten« – eine Ausdrucksweise mit deutlich sexuellen Anklängen: Man(n) zieht sozusagen die Decke von der Intimität des Landes, um es zu besitzen, gerne auch indem er symbolisch seine Fahnenstange einrammt. Die Erde selbst, die »Natur«, war passiv und hatte keine Stimme mehr, konnte besessen und verkauft werden, penetriert und urbar gemacht, ausgebeutet und beherrscht von Gottes geliebter, aber gefallener Kreatur, dem Menschen.

Nun stellt die Klimakatastrophe die zwingende Frage, inwiefern die Einsicht der animistischen Kulturen über die Interdependenz zwischen menschlichem und nichtmenschlichem Handeln und Wollen nicht der tatsächlichen Beziehung zwischen Homo sapiens und dem überwältigenden Großteil der unendlich komplexen Natur angemessen war, wenn auch das Idiom, in das diese Erkenntnis gekleidet wird, der Gegenwart nicht angemessen ist. Wo der Mythos von Göttern und Göttinnen spricht, kennt die Naturwissenschaft ihr eigenes systemisches Denken mit eigenen Handelnden und vielleicht sogar eigenen wissenschaftlichen Ritualen.

Die metaphorischen Sprachen ändern sich, aber die grundlegende Einschätzung von der Beziehung zwischen Menschen und der Welt, die sie umgibt und durchdringt und konstituiert, war vielleicht realistischer als der Jahrtausende dauernde Ausflug in den Narzissmus, der sich im frühen 21. Jahrhundert als existenzieller Irrtum erweist.

Nachdem aber die großen Kulissen seiner Unterwerfungsgeschichte abgebaut sind, bleibt ein nackter Affe auf der Bühne zurück. Auch das letzte Stück, das hier gegeben wurde, »Der Freie Markt«, zwang ihn dazu, sich in seiner Rolle als erfolgreich agierendes, glücklich konsumierendes Individuum unendlich zu verrenken und sich in einen Zustand der dauernden nervösen Abgelenktheit hineinzusteigern. Aber auch dieses Stück ist nun zu Ende. Vielleicht wäre es an der Zeit, über eine psychologisch nicht grausame, artgerechte Haltung von Homo sapiens nachzudenken. Sogar Hagenbecks Tierpark gab sich in dieser Hinsicht mehr Mühe als die sinistren Propheten der digitalen Zukunft.

Riskantes Denken

Gehen wir ein Risiko ein. Denken wir die Aufklärung weiter, mit Kant, als den Ausgang des Menschen aus seiner Unmündigkeit. Wie würde das aussehen? Und wollen wir das überhaupt?

Der Anspruch der Aufklärung war zunächst, das Wissen über die Welt auf eine solide Basis zu stellen, also empirisch und wissenschaftlich nur auf Vernunft und verifizierbarer Wahrnehmung zu begründen, und zweitens für eine Gesellschaft zu argumentieren, in der Macht nicht auf Willkür oder Tradition beruht, sondern auf der freien und gleichen Entscheidung vernünftiger Individuen und einer Idee des Allgemeinguts, des Fortschritts.

Diese grobe Umschreibung stellt eigentlich mehr Fragen, als sie antwortet, und jongliert mit Begriffen, die völlig unterschiedlich definiert werden können, allen voran die Vernunft. Deshalb ist Kants essenziell poetischer und unspezifischer Vorschlag des Ausgangs aus der Unmündigkeit so stark – er lässt sich nicht auf das Spiel der Definitionen ein.

Tatsächlich aber ist es wichtig, dass die Begriffe immer wieder aufs Neue abgeklopft und debattiert werden, denn im Namen der Aufklärung gibt es zwar viele politische oder ideologische Bekenntnisse, aber wenig intellektuellen Ernst. *Liberté-égalité-fraternité* ergibt einen wunderbaren Schlachtruf für Menschen idealistischer Gesinnung, aber wie diese Freiheit zu füllen ist, wenn die Freiheit der einen immer die Unfreiheit der anderen ist; was Gleichheit bedeuten kann, wenn sie mit der Freiheit in Konflikt gerät; und wen die Gleichheit mit einschließt und wen nicht und warum; ob die Idee der Brüderlichkeit nicht die patriarchale Struktur des ganzen Gebäudes verrät, das Frauen immer schon unterdrückt hat und dem die Unterdrückung Programm ist: Sobald man anfängt, die Worte auch nur etwas auszupacken und zu befragen, geht die Eindeutigkeit verloren. Vielleicht wäre es klug, einen von Heisenberg inspirierten Zugang zu diesen Definitionen zu finden: Es ist möglich, Aussagen über Felder von Bedeutungen zu treffen, nicht aber, jedes einzelne Teilchen in diesem Feld festzunageln.

Diese Debatten um Definitionen sind besonders in den vergangenen Jahrzehnten im Schatten von Feminismus, Postkolonialismus und Gender-Theorie wieder aufgebrochen und haben enorm zu einer Vertiefung der Fragen und zu einer Ausweitung der Referenzpunkte beigetragen. Es kommt also wieder Leben in die alte Debatte um die Aufklärung und in diesem Kontext scheint es nützlich, die ursprüngliche Ambition der Aufklärung noch einmal auf ihre Tragfähigkeit abzuklopfen.

Die Aufklärung war der Versuch, den Menschen innerhalb der Natur zu denken. Frühe Aufklärer wie Spinoza, Bacon und Descartes (und vor ihnen, als schreibender Solitär, Montaigne) setzten sich das Ziel, ihr Wissen nur darauf zu begründen, was sie beobachten und logisch aus ihren Beobachtungen schließen konnten, also nur aus ihrer Anschauung der Natur. Descartes scheiterte daran, weil er gleichzeitig einen allmächtigen und guten Gott in seinem System unterbringen wollte, was ihn zu einigen haarsträubenden Kompromissen zwang, darunter die Behauptung, nur Menschen würden eine Seele und damit auch eine Persönlichkeit, Gefühle und Erinnerungen haben und Tiere seien nichts als biologische Automaten.

Solche Kompromisse wurden über die nächsten beiden Jahrhunderte von vielen Denkern gemacht. Sie versuchten auf verschiedene Weise, den Impetus der aufklärerischen Bewegung zu nutzen, um einerseits ihre sozialen und wissenschaftlichen Interessen zu verfolgen, andererseits aber Frieden mit der Theologie zu schließen und sich nicht zu weit aus dem Fenster zu lehnen.

Was heute landläufig »die Aufklärung« genannt wird, entspricht, wie schon erwähnt, Jonathan Israels *moderate mainstream*, nämlich den Autoren (Frauen waren kaum vertreten), deren Denken bewusst oder unbewusst eine christlich-theologische Tradition fortschrieb, wenn auch in einem anderen Vokabular: Die Heilsgeschichte wurde der Fortschritt, die Seele wurde zur Vernunft, der Mensch war außerhalb, nämlich über der Natur und hatte eine besondere Aufgabe, sich die Erde untertan zu machen. Gleichzeitig sorgte eine professionelle Rechtfertigungsindustrie dafür, dass aufgeklärte Geister ihre imperialistischen Feldzüge als moralische Notwendigkeit und ihren Reichtum als persönliches Opfer konstruieren konnten.

Diese Tendenz, Macht nach außen zu projizieren, entspricht in der Logik der moderaten Aufklärung auch eine von einem tiefen christlichen Körperhass durchzogene Haltung zur Ökonomie der Gefühle und eine Projektion von Macht nach innen. Die aufgeklärte Moral stand der nackten Lust häufig ähnlich prüde gegenüber wie die Kirchenväter. Das Begehren passte nicht in die Konzeption eines Vernunftwesens, das sich so perfekt kontrolliert und beherrscht, dass es im Diskurs mit anderen Gleichen zu freien und rationalen Entscheidungen finden kann.

Das Begehren wurde so ebenso zum Problem der Aufklärung, wie es ein Problem der Theologie gewesen war und in beiden Fällen ist die einzige Lösung seine rigorose Unterdrückung. Allein die panische Rhetorik aufgeklärter Ärzte gegen Masturbation füllt ganze Bibliotheken und führte über Generationen zu den sadistischsten Praktiken besorgter Erzieher ihren Schützlingen gegenüber, die vor allem vor sich selbst und der Verschmutzung ihrer Reinheit durch ihre körperlichen Regungen geschützt werden mussten.

Solche Perversionen des ursprünglichen Interesses, den Menschen als Teil der Natur zu begreifen, haben die Energie der Aufklärung lange in seltsamen Strudeln verschwinden lassen. Ein Weiterdenken der Aufklärung müsste also damit anfangen, die theologischen Grundannahmen, die aufgeklärtes Denken lange mit sich transportierte, als solche zu erkennen und beiseitezusetzen, weil sie die Debatte lediglich auf ein fremdes und unfruchtbares Feld verlagern.

Versuchen wir also, gewisse Grundannahmen, die historisch leicht als theologische Ideen zu identifizieren sind, auf ihre Gültigkeit abzuklopfen, bevor wir sie als annehmbares Baumaterial annehmen. Aufstieg und Fall einer dieser theologischen Annahmen – die Unterwerfung der Natur – sind wir in diesem Buch gefolgt. Anderen sind wir auf dem Weg begegnet.

Ohne die von der moderaten Aufklärung transportierten und gewissermaßen umetikettierten theologischen Ideen wirkt Homo sapiens seltsam und durchaus ungewohnt nackt. Er oder sie steht inmitten der Natur, eine Primatenart, deren erstaunliche Erfolge jetzt ihr Überleben bedrohen, was an sich eine alte evolutionäre Geschichte ist. Diese Primatenart handelt nicht rationaler als andere Tiere auch, ihre Lebensziele und sozialen Strategien, ihre Ängste und Sehnsüchte ähneln sich, aber diese Primatenart hat eine komplexere Sprache und kann dadurch ihre zerstörerischen Emotionen in rational klingende Sätze fassen und seine wahren Motive durch elaboratere Lügen verschleiern, als andere Tiere es vermögen.

Dieser Homo sapiens kann die Natur nicht unterwerfen, denn er kann, wie schon Montaigne bemerkte, nicht einmal die eigene Natur verstehen, geschweige denn beherrschen und verstrickt sich deswegen in endlosen emotionalen Stellvertreterkämpfen. Tatsächlich ist sein Erleben ein vorübergehendes Ereignis, das verzweifelt und trotzig seine Ewigkeit postuliert; ein Primat, der über sich selbst beleidigt ist, weil er eine Idee von sich selbst hat, die er nicht einlösen kann.

Nichts von alledem nimmt etwas von den existenziellen Dramen und den großen Träumen von Individuen und ganzen Gesellschaften, es nimmt ihnen nur die unsinnige Annahme, dass diese *sub specie aeternitatis* irgendeine Bedeutung haben. Die Geschichte des Menschen wird enden, nicht durch die Lösung aller Probleme und im Ewigen Frieden, in einer Utopie der ultimativen Gerechtigkeit oder sogar in einer dystopischen Herrschaft des Bösen, sondern chaotischer, und aus sehr prosaischen Gründen ohne spektakuläres Finale.

Die Endlichkeit des Homo sapiens ist nur dann eine Tragödie, wenn einem das Fortschrittsnarrativ noch in den Knochen steckt, wenn die Idee eines göttlichen Plans noch immer irgendwo im Gebälk des Geschichtsbildes hockt und sich ab und zu durch ein lautes Knacken oder Rieseln vom Staub der Jahrhunderte in Erinnerung ruft. Tiere sind sterblich. Zivilisationen und Arten sind es auch. Homo sapiens ist davon nicht ausgenommen. Trotzdem ist nichts wichtiger, als die zukünftigen Möglichkeiten des Lebens, wie wir es jetzt leben, so gut wie möglich zu gestalten, trotzdem haben Menschen eine ethische Beziehung zu ihren Nachkommen, wie sie auch eine zu ihren Vorfahren haben. Das ist vielleicht nicht sehr aufgeklärt, aber es ist eine anthropologische Konstante.

Neben der Darstellung der dominanten westlichen Tradition der letzten drei Jahrhunderte, der moderaten Aufklärung und ihrem hocheffizienten Recycling theologischer Ideen, habe ich auch versucht, anderen

Sichtweisen innerhalb derselben westlichen Geschichte der Unterwerfung immer wieder Raum zu geben, denn es gab immer schon Menschen, die Lust und Mut hatten, den Implikationen der aufklärerischen Energie mit mehr Willen zur Radikalität zu folgen. In diesen Werken und Debatten erscheint die Welt häufig fremd und kühl, ein Mensch aus Atomen, der in einem Kontinuum aus Atomen lebt, Knotenpunkte in einem ewigen Prozess der Transformation, ein geheimnisvolles Leben und Erleben, das zum Zentrum aller menschlichen Bemühungen wird. Immer wieder bemerkten diese Denker mit einem tiefen, fast mystischen Respekt, dass sie mit solchen Ideen letztendlich eine Welt beschrieben, deren eigentliches Funktionieren ihnen noch völlig unvorstellbar war, eine physische Realität, für die sie noch keine geeigneten Verständnismöglichkeiten und Modelle hatten.

Die Verständnismöglichkeiten der Wissenschaft sind seitdem revolutioniert worden, aber das menschliche Dilemma hat sich dadurch nur vertieft. Schon vor den konventionellsten Ideen der heutigen Kosmologie oder Quantentheorie müssen Vorstellungskraft und Wahrnehmungsvermögen des Menschen die Segel streichen. Das menschliche Drama innerhalb dieses zunehmend fremden Universums und die emotionalen Verständnishorizonte aber sind gleich geblieben.

Homo sapiens wird durch sein immer besseres, wenn auch per Definition immer modellhaftes Verständnis der Welt in eine fremde Realität gestoßen. Die Aufklärung war der Anfang dieses Weges, wurde aber auch stark von einem Zurückschrecken vor den Implikationen beeinflusst. Jetzt ist es an der Zeit, diese Implikationen mitzudenken, weil es zur existenziellen Bedrohung geworden ist, sie weiter auszublenden.

Die Vorstellungswelten und Bilder einer Kultur wachsen an- und miteinander. Die Aufklärung löste die Bilder einer Schöpfung ab und ersetzte sie durch ein mechanisches, vernunftorientiertes Weltbild, eine Idee, die sich perfekt einfügte in die Logik der Manufaktur, des Kapitalismus, der Industrialisierung, der empirischen Wissenschaft, des Kolonialismus und der Perfektionierung einer Gesellschaft als Panoptikum, als eugenisches Experiment, oder als transhumanistische Zukunft.

Mit der Revolution der Vernetzung nimmt ein neues Bild die Bühnenmitte ein. Auch dieses Bild ist nur eine Krücke für unser Verständnis einer fundamental fremdartigen Realität und nicht die letzte Wahrheit über sie – und auch dieses Bild entstand und entsteht noch immer im ungeordneten Dialog mit der Gesellschaft, aus der heraus es lebt und die es seinerseits formt. In einer Welt der globalen Vernetztheit und Abhängigkeit, in der gesellschaftliche, sexuelle und kulturelle Identitäten immer unsicherer, kontingenter und künstlicher erscheinen, korrespondiert dieses Bild der natürlichen Zusammenhänge mit der emotionalen Gestimmtheit der Gesellschaft.

Es ist eine undankbare Aufgabe, die theologischen Kulissen der Aufklärung abzubauen und die Protagonisten auf der Bühne in einer Umgebung stehen zu lassen, in der sie sich nicht orientieren können. Mit den Annahmen über die Stellung des Menschen in der Welt gerät aber auch die aufgeklärte Zukunftsvision ins Wanken. Ein grundsätzliches Versagen der Aufklärung, das dann von Karl Marx aufgegriffen wurde, war ihr lineares Denken über die Zukunft.

Ein liebevoll illustrierter Artikel in der *Encyclopédie* von Diderot und d'Alembert, *pompe à feu* (Feuerpumpe), beschreibt eine seltsame Maschine, die Wasser pumpt und mit Feuer betrieben wird. In der zweiten Hälfte des 18. Jahrhunderts beschreiben die Autoren eine frühe Dampfmaschine und begreifen nicht, dass sie vor einer Technologie stehen, die nicht nur die Industrie, sondern auch Wirtschaft und Gesellschaften radikal transformieren wird. Sie denken ihre Utopien linear aus dem 18. Jahrhundert weiter. Ihre utopischen Gesellschaften sind weiterhin auf Landwirtschaft begründet und kennen nur die Gemeinschaft der Gleichen (obwohl gelegentlich gewisse Menschen gleicher sind als andere), in denen, wenn die Perversionen der Kirche und der Monarchie erst einmal überwunden sind, vernünftig und tugendhaft entschieden und gelebt wird.

Diese aufgeklärte Utopie ist auch deswegen so blutleer, weil die Menschen, die darin leben, ebenso theologische Konstrukte sind wie die Menschen der neoklassischen Ökonomie. So bleibt eine Frage, die im Zuge der Aufklärung zu selten gestellt wurde: Was passiert, wenn nicht alle Bürgerinnen eines Landes die Privilegien ihrer Freiheit und Gleichheit in Anspruch nehmen wollen? Was ist, wenn es sie gar nicht interessiert, wer auch immer die Macht hat und was er mit anderen tut, solange sie genug zu essen haben und genug unterhalten werden? Was wird aus der Aufklärung, wenn die Römer recht hatten mit ihrem *panem et circenses*? Die letzte Frage wird gerne mit moralischer Emphase oder sogar Entrüstung aus dem Weg geräumt, als wäre es ungehörig und zynisch, sie zu stellen. Aber nach drei Jahrhunderten Aufklärung und mehreren Generationen Demokratie und einem Ausmaß von Freiheit, das historisch ohne Parallele ist, scheinen die ethischen und politischen Vorstellungen der Aufklärer auch in reichen Gesellschaften in keiner Weise eingelöst. Dabei waren viele Aufklärer zutiefst davon überzeugt, dass alle Menschen sich bilden und informieren, an der politischen Entscheidungsfindung teilnehmen und für die Verbesserung ihrer Gesellschaft einsetzen würden, hätten sie nur die Möglichkeit dazu. Dass dies auch in weitgehend freien und demokratischen Gesellschaften nicht der Fall ist, deutet darauf hin, dass das Menschenbild dieser Denker sich stärker an ihren Idealen orientierte als an der von ihnen so viel beschworenen Empirie.

Hier tobt eine der größten Schlachten der wissenschaftlichen Erkundung des menschlichen Verhaltens und seiner Potenziale. Sind Menschen über kleine Gruppen, Familien oder Clans hinaus fähig, mit Fremden, für sie schwer lesbaren Menschen zusammenzuleben und zusammenzuarbeiten und ihnen sogar zu vertrauen und ihr Vertrauen und ihre Sicherheit in Institutionen zu investieren, die sie schützen sollen, oder waren die demokratischen Experimente des 20. Jahrhunderts nichts weiter als ein Nebeneffekt des Erdölbooms und ohne immenses Wirtschaftswachstum nicht zu wiederholen? Sind Menschen im Plural nicht nur fähig, sondern auch willens, zu den Individuen zu werden, als welche die Aufklärung sie gesehen hat, oder hatte der alte Zyniker Voltaire doch recht, als er eine Wahrheit für die Aufgeklärten wollte und eine andere, die den Plebs unter Kontrolle hielt? Ist es genug für die Ausübung der Macht, die Gesellschaft satt, bespaßt und abgelenkt zu erhalten? Was bedeutet die moralische, kognitive und ethische Neuentdeckung des unbekannten Netzwerkereignisses *Homo sapiens* für den Primaten und für die Staatsbürgerin?

Sind Menschen in Gesellschaften, deren Größe und Komplexität einen individuellen Bekanntenkreis und eine Klasse und eine bestimmte Art von Menschen übersteigen, fähig, genug Vertrauen zu haben und Solidarität zu zeigen und mit den Institutionen des Kollektivs zu kooperieren, anstatt zu versuchen, zu dominieren oder in tribale Reflexe zurückzufallen? Sind sie fähig, sich selbst ohne Unterwerfung zu denken?

Die Bandbreite des menschlichen Sozialverhaltens pendelt irgendwo zwischen den entspannten *free-love*-Kommunen der Bonobos und den kriegerischen Hierarchien der Schimpansen, mit denen wir jeweils etwa 98,5 Prozent unseres Erbmaterials teilen, d. h. der genetische Unterschied zwischen uns und Schimpansen und Bonobos ist so groß wie der zwischen indischen und afrikanischen Elefanten. Was ist das Potenzial des sozialen Wesens Homo sapiens? Das kann nur die Geschichte zeigen.

Arbeiten wir also mit der Hypothese, dass der Ausgang aus der Unmündigkeit psychologisch komplizierter ist, als Kant und Kollegen geglaubt hatten, dass er aber vielleicht nicht unmöglich ist, nicht ganz und sicherlich nicht immer und überall, aber dass es eine Perspektive geben muss, die hinter diesem Ausgang liegt, und in eine Landschaft führt, die navigierbar werden kann.

Das Nachdenken über die Natur vollzieht sich in Gedankenbildern: als Schöpfung, als Maschine, als kritische Zone, als selbstregulierender Organismus. Keines dieser Bilder ist wahr, richtig und vollständig, weil jedes eine eigene metaphorische Sprache gebraucht und bestimmte Aspekte der Erfahrung tief und detailliert beschreiben kann, während andere flach und schemenhaft bleiben. Das liegt in der Natur eines Denkbilds und schon Francis Bacon und Claude Lévi-Strauss wussten, dass Menschen Totems brauchen, um über die Welt um sich herum nachdenken zu können.

Die entscheidende Frage an ein Bild von der Welt ist nicht, ob es wahr ist, sondern ob es zu konstruktivem Handeln in dieser Welt führen kann. Findet jemand mit dieser Landkarte im Kopf sein Ziel? Und ist es ein Ziel, das es wert ist, gesucht zu werden? Erst, wenn die Karte die Landschaft ausreichend gut beschreibt, ist es sinnvoll, sich die Frage zu stellen, ob das auf ihr verzeichnete Ziel die Mühe wert ist, es zu erreichen. Wenn die Landkarte die Welt als ein Gefälle zwischen Herrschern und Beherrschten beschreibt, dann führt jeder Weg durch das Relief der Unterdrückung. Wenn eine Landkarte das Territorium anhand von Grenzen darstellt, denkt eine Betrachterin anders darüber nach. Wenn die Landkarte Verbindungen, Abhängigkeiten und Kommunikationsprozesse zeigt, inspiriert sie andere Bewegungen durch die Welt.

Auf eine gewisse Weise hat auch diese Geschichte der Unterwerfung der Natur den Versuch unternommen, an so einer Landkarte mitzuzeichnen, die nicht in Grenzen, sondern in Verbindungen denkt, nicht in Definitionen, sondern in kumulativen Facetten von Bedeutung. Diese Art nachzudenken erinnert etwas an die neue Betrachtung von Bäumen als Teil eines kommunizierenden biologischen Organismus. Die klar umrissene Definition eines Baumes als Objekt, das von einer gedachten schwarzen Linie umgeben ist, ergibt in diesem Kontext keinen Sinn. Der Baum ist besser als ein kommunikatives Ereignis zu verstehen. Sein Stamm ist solide und nach außen hin klar definiert, aber die Äste und Zweige und besonders Wurzeln breiten sich aus, verquicken sich funktional und kommunikativ mit den Wurzelschösslingen anderer Bäume und mit dem Myzel von Pilzen und anderen Organismen, sodass sich der Baum noch über das äußerste Ende seiner Wurzeln hinaus erstreckt. Erst aus der Perspektive der Interaktion entsteht ein sinnvolles Bild des Baumes.

Auch einen Fluss kann man aus dieser Perspektive heraus anders verstehen: nicht als Abgrenzung zwischen den Ländern an beiden Ufern, sondern als Transportweg, als Raum für Lebenszyklen, die sich oft Hunderte von Kilometern entlang seines Laufes abspielen. Der Fluss verbindet und transportiert eine kaum verstehbare und längst noch nicht erschlossene Vielfalt an Substanzen, Informationen, Tier- und Pflanzenarten, Mikroben und Geschichten, die durch ihn neue Lebenszusammenhänge und neue Komplexität, neue Arten von instabilem Gleichgewicht schaffen.

Eine weitergedachte Aufklärung wäre eine multidimensionale und ständig in Veränderung befindliche Landkarte der Verbindungen und Verstricktheiten, die Grenzen erkennt, aber als einen weniger interessanten Aspekt in einer Landschaft der Abhängigkeiten und Konversationen sieht. Eine weitergedachte Aufklärung würde die Komplexität im Einfachen suchen, die Verbundenheit im Isolierten, das schwärmende Leben, wo es nicht offensichtlich ist, die Einzigartigkeit der Erfahrung, das *terroir* der Existenz. Ihr Bild wäre eine Handvoll Erde.

Ein Weiterdenken der Aufklärung würde bedeuten, den Ort des Menschen radikal neu zu denken, als ein Element in einer Natur, die keine unterworfene Erde mehr ist, sondern ein unendlich vernetztes, interdependentes System von Systemen, die Grenzen verwischen und anderer wissenschaftlicher Kategorien, Erzählungen und Bilder, anderer künstlerischer Interventionen und persönlicher Erfahrungen bedürfen, um fassbar zu werden. In dieser Konzeption von Natur durchdringen sich das Individuelle und das Kollektive, das Lebende und das nicht Lebende, Ursache und Folge in einer Weise, die sich zwar mathematisch ausdrücken, nicht aber vorstellen lässt. Dies ist tatsächlich eine *terra incognita*.

Ein Weiterdenken der Aufklärung würde damit beginnen, den eigenen Ethos im Foucault'schen Sinn, die Haltung und die Annahmen der eigenen Kultur auf Strukturen zu untersuchen, die das rationale, klare Denken erschweren, weil sie Argumentationen in eine bestimmte Richtung führen und Inhalte mit einer bestimmten Wertung, einer eigentümlichen Farbe, einem Geruch, einem Ballast versehen. Alle Wörter tragen den Abdruck ihrer Geschichte auf sich, aber nicht alle sind so tendenziös und schwierig zu fassen wie das eben endlos befrachtete Wort »Natur«.

Es ist eine ständige Herausforderung, in den Strukturen des sogenannt säkularen historischen, philosophischen, wissenschaftlichen und politischen Denkens theologische Kernideen zu identifizieren, die den Blick der westlichen Tradition jahrhundertelang gelenkt haben und die immer noch einen überraschend starken Einfluss ausüben, von der zusammenbrechenden Idee der Unterwerfung der Natur bis zum korrespondierenden Menschenbild.

Die Ökologie, schreibt Bruno Latour,

> ist nicht das Eindringen der »Natur« als eines Konzepts, das uns erlaubt, unsere Beziehungen zur Welt zu resümieren und zu pazifizieren. Was uns zu Recht krank macht, ist das Gefühl, daß das Ende dieses ANCIEN RÉGIME nahe ist. Das Konzept »Natur« erscheint jetzt als eine verstümmelte, vereinfachte, übertrieben moralisierende, exzessive polemische, verfrüht politische Version der Alterität der Welt, der wir uns öffnen müssen, um nicht alle miteinander wahnsinnig zu werden (oder sagen wir: »alieniert«). Um es verkürzt zu sagen: Für die Bewohner des Westens und für ihre Imitatoren hat die »Natur« die Welt unbewohnbar gemacht.[138]

Wie lässt sich die Welt auch philosophisch bewohnbar machen? Ist es möglich, aus der denkerischen und sprachlichen Aufspaltung der Realität und ihrer Logik der Unterwerfung auszubrechen? Das wäre exakt im Sinne eines Ausgangs aus der eigenen Unmündigkeit. Es geht nicht um Sprachregelungen, sondern um das Ermöglichen von Resonanz im Sinne Hartmut Rosas.[139] Im Laufe der Geschichte ist die Natur in unterschiedlichen metaphorischen Bildern beschrieben worden. In diesem Buch sind die gedanklichen Bilder einer Tradition in ihrem Umgang mit der Natur beschrieben worden. Diese Bilder oder gedanklichen Formen lösen untereinander Resonanzen aus und schaffen ein Feld, innerhalb dessen bestimmte Bilder und Begriffe miteinander den Raum einer Kultur bilden. Bestimmte Bilder und Wörter entwickeln dabei eine starke Resonanz, während andere erst eingeführt werden müssen oder überhaupt in einer Konstellation nur dissonant herausstechen können, weil sie Teil eines anderen Resonanzfeldes sind.

Könnten menschliche Gesellschaften und Individuen sich besser in der Welt zurechtfinden, sie besser verstehen und eine bessere Landkarte von ihr zeichnen, wenn sie »Natur« und »Kultur« als Kategorien der Differenz hinter sich lassen könnten, um in einer Welt zu leben, in der solche Unterscheidungen nur die viel wichtigere Tatsache der gegenseitigen Verstricktheit und Verbundenheit verdecken?

Wenn es möglich ist, die Menschheit nicht nur wissenschaftlich, sondern auch epistemisch und existenziell mitten in der Natur anzusiedeln und von dort neu zu konstruieren, dann wäre eine immense philosophische Revolution auf dem Weg, die Möglichkeit, das ursprüngliche Versprechen der Aufklärung doch noch einzulösen.

Thiry d'Holbachs Insistieren darauf, dass der Mensch »ein Werk der Natur« sei, zeigt sich auch in der Geschichte des menschlichen Denkens. Vielleicht konnte sich nur in einer Landschaft wie der um Uruk herum die Idee entwickeln, dass der Mensch sich die Erde untertan machen kann; ohne den Klimaschock der Kleinen Eiszeit wäre es sicherlich nicht so schnell zur Transformation des 17. Jahrhunderts und zu den Debatten der Aufklärung, der *Lumières* und der verschiedenen *Enlightenments* gekommen. Auch die heutige Klimakatastrophe schafft die empirische Notwendigkeit für ein neues Nachdenken über das Verhältnis zwischen

»Mensch« und »Natur«, obwohl diese Begriffe im Laufe dieser intellektuellen Reise immer brüchiger geworden sind und voller Löcher, keine klare Bedeutung mehr halten können. Die Klimakatastrophe verändert die Wahrnehmung der natürlichen Welt und des menschlichen Verhältnisses zu ihr. Wie auch die Pandemie ist sie eine unwillkommene, aber auch unübersehbare Erinnerung daran, dass die Sprache des Okzidents und seiner Erben und Imitatoren nicht mehr geeignet ist, die Realität zu beschreiben, und dass dieses Problem an die Wurzel der Sprache geht, weil es die Weltsicht negiert, die dieser Sprache zugrunde liegt. Konkret: Die Wörter, die unser Denken formen, die Begriffe, die bereitstehen, um mit Erfahrungen gefüllt zu werden, sind noch immer theologisch aufgeladen, mit all dem kulturellen Ballast, den das beinhaltet.

Wo immer Kultur und Natur, aber auch Politik und Erderhitzung, Ökonomie und Ökologie auseinander gedacht werden, wo immer »der Mensch« über »die Erde« erhaben ist, wo die Geschichte einem paradiesischen Ziel oder einer Apokalypse zustrebt, wo ein großer Sinn irgendwo dann doch alles unterfüttern und garantieren muss, wo »Menschen« eben anders sind als »Tiere«, wo die eigene Tugend stets mit dem eigenen Nutzen zusammenfällt und Privilegien moralisch gerecht sind – wo immer so argumentiert und gedacht wird, ist theologisches Denken am Werk; nicht, weil der Sprecher oder die Sprecherin im religiösen Sinne gläubig ist, sondern weil die allgemeine Unterhaltung diese Begriffe gebraucht, weil diese Begriffe sofort eine Resonanz im Gegenüber auslösen, einen gemeinsamen Raum, der zurückreicht in das Weltbild untergegangener Gesellschaften.

Dieser kollektive Resonanzraum aber ist längst zur Höhle in Platos Höhlengleichnis geworden, zum Projektionsraum einer Schattenwelt, die sich im Zeitalter des Smartphones stärker durchgesetzt hat, als Plato in seinen kühnsten Träumen für möglich gehalten hätte. In diesem Sinne sind wir alle platonische Idealisten. Die theologische Tradition löst in der natürlichen Welt keine Resonanz mehr aus und verstellt mit ihren historischen Kulissen den Blick auf die unendlich faszinierenden Zusammenhänge der Materie, die für die Naturwissenschaften erst seit kurzer Zeit beginnen, messbar, beschreibbar, modellierbar und denkbar zu werden, auch wenn dieser intellektuelle Prozess uns mit großer Wahrscheinlichkeit in eine Konzeption der Erfahrungswelt und ihrer physikalischen Grundlagen führt, die aus der Perspektive der Gegenwart noch nicht einmal erahnt werden kann.

Es ist gut möglich, dass Systeme dieser Komplexität nur durch künstliche Intelligenz und neuronale Netzwerke theoretisch konzeptualisiert und erforscht werden können und dass menschliche Gehirne gar nicht fähig sind, sich ein intuitives, sinnliches Bild von dieser Art Wirklichkeit zu machen. Sinnesorgane und Intelligenz des Homo sapiens sind dafür adaptiert, einen bestimmten, winzigen Ausschnitt der physikalischen und von organischen Wesen erfahrbaren Realität wahrzunehmen, in dem sie sinnvoll agieren können. Schon bei großen Zahlen und bei Ideen, die ihrer Erfahrung nicht entsprechen, scheitert ihre Vorstellungskraft.

Gleichzeitig aber ist nichts wichtiger, als die Realität auch bildlich und dramatisch ergreifen und in angemessene Handlungen übersetzen zu können. Die psychologische und kognitive Krise der Klimakatastrophe drückt sich auch darin aus, dass sich eine bestimmte Haltung – die des Unterwerfers, die seit dreitausend Jahren erfolgreich war – gegen ihre Besitzer gewendet hat und ein ganzes Archipel von Gesellschaften ohne das bewährte Verständniswerkzeug dasteht.

Welcher zwischenmenschliche Resonanzraum kann diese neue Erde abbilden? Wie können Sprache, Körper, Emotionen und Bewusstsein ankommen auf einer Erde, die sprachlich erst erschlossen werden muss, weil die alte Sprache wertlos geworden ist? Und wie kann das aus dieser alten Sprache heraus möglich sein? So wie es immer möglich gewesen ist: aus der Erfahrung heraus, wo sie nicht sofort in ein Gatter aus Worten und Kanälen gedrängt wird. »Heute müssen wir uns aufmachen. Wir müssen das Narrativ der wirklichen Verhältnisse entziffern, so wie man plötzlich den Stein von Rosette gefunden hat und die Hieroglyphen entziffern konnte. Es ist Übersetzungskunst. Sammeln. Und Bodenhaftung haben«, sagt Alexander Kluge in einem Interview.[140]

Dieser Stein von Rosette ist noch längst nicht entziffert, aber die ersten Buchstaben und Wörter werden deutlich – genug, um schon jetzt sagen zu können, dass die Natur eine Sprache spricht, deren Grammatik wenig zu tun hat mit der sinnlichen Erfahrung von Homo sapiens und dessen mentalen Konstruktionen seiner Umgebung. Das Überleben der Menschheit als Zivilisation und als Spezies wird davon abhängen, wie gut und wie schnell Menschen diese Sprache dekodieren und sprechen lernen.

Menschen erfahren sich (vielleicht in den entfremdeten Umgebungen großer Metropolen noch mehr als in traditionellen Lebenszusammenhängen) als nach außen abgeschlossene Individuen, auch wenn das aus der Perspektive der Naturwissenschaften bestenfalls eine traditionelle Fiktion ist. Die Natur spricht eine fremde Sprache, vielleicht haben Menschen gerade deswegen ihre metaphorischen Universen entwickelt, in denen sie andere Geschichten erzählen konnten, Geschichten, in denen sie sich zu Hause fühlten.

Aber können Menschen lernen, sich in anderen Geschichten zu Hause zu fühlen? Kann die Unterwerfung (auch des eigenen Selbst) abgelöst werden durch eine andere Idee vom guten Leben?

Die Menschheit des 21. Jahrhunderts wird aus ihrer konzeptuellen Heimat, der Geschichte der Unterwerfung der Natur, vertrieben wie Adam und Eva aus dem Paradies, nur dass es diesmal kein Gott ist und kein Engel mit flammendem Schwert auftritt und nicht einmal eine zürnende Gaia, sondern dass eine vorhersagbare und längst vorhergesagte Kaskade von Verschiebungen innerhalb der kritischen Zone, eine Veränderung mit potenziell verheerenden Rückkopplungseffekten über sie hereinbricht.

Lassen wir uns von der Parallele mit Adam und Eva nicht irreführen. Dies ist keine moralische Geschichte, kein Gott steht dahinter, kein Sinn und kein Bund und keine historische Mission, nicht einmal die banale Idee des Fortschritts. Die Vertreibung aus dem Paradies ganz ohne Engel und ohne Heilsgeschichte ist eine schmerzliche Erfahrung, denn es stellt sich heraus, dass die Menschen ein überwältigendes Verlangen nach Engeln und Erlösung haben. In der neuen, fremden Natur frösteln sie, denn sie haben noch keine Begriffe, sie zu beschreiben, und sie haben noch nicht verstanden, dass ihre Vertreibung auch ihre Befreiung ist.

Wollen sie diese Befreiung wirklich?

Dank

Dieses Buch zu recherchieren und zu schreiben war ein Abenteuer, eine ungeheure Herausforderung und eine faszinierende Reise. Einige Mitreisende und Reiseführer haben mich dabei besonders unterstützt. Mein Dank für gute Gespräche, geduldiges Zuhören bei langen Exkursionen, kluges Nachfragen, Anregungen und das Beantworten auch naiver Fragen geht an Thomas Angerer, Gertraud Auer-d'Olmo, Tina Breckwoldt, Lothar von Falkenhausen, Michael Ignatieff, Ivan Krastev, Geert Mak, Brian Van Norden, Hannes Benedetto Pircher, Shalini Randeria, Alexa Sekyra, Richard Sennett und Heike Silbermann.

Tobias Heyl hat dieses Buch von der ersten Idee an begleitet, mitgeformt und klug lektoriert, Sebastian Ritscher hat es mit großem Enthusiasmus und unendlicher Geduld auf den Weg gebracht. Marie Klinger half mit Zitaten, Belegen und wichtigen Fragen.

Mitten in der Stille der Pandemie war meine Frau Veronica mehr denn je meine wichtigste und tägliche Gesprächspartnerin.

Ich verdanke Euch allen, dass meine flatternden Ideen auf der Erde ankommen konnten und eine Form gefunden haben.

Wien, im Juni 2022

Anmerkungen

1 https://www.nzz.ch/feuilleton/alexander-kluge-zeichnet-eine-grosse-beobach tungsgabe-aus-ld.1660027
2 https://www.theguardian.com/world/2021/dec/06/china-modified-the-weather-to-create-clear-skies-for-political-celebration-study
3 https://www.noajansma.com/buycloud
4 Ebd.
5 Chakrabarty, Das Klima der Geschichte im planetarischen Zeitalter, S. 114, *passim*
6 Latour, Face à Gaïa, S. 25
7 Latour, Kampf um Gaia, S. 150
8 Descola, Jenseits von Natur und Kultur, S. 533
9 Das Gilgamesch-Epos – neu übersetzt und kommentiert von Stefan M. Maul. München 2005
10 Ebd., S. 46
11 Ranke: Das Gilgamesch-Epos. Diese Verse wurden aus der Standardversion des Epos entfernt, sind aber in einigen Quellen enthalten.
12 Algaze, Initial Social Complexity of Southwestern Asia
13 Jean Bottéro, Das religiöse Empfinden, in: Hrouda, Der alte Orient, S. 219.
14 Martin Luther, Die Bibel, Deuteronomium XII 2
15 Deuteronomium 12, 2–3, Evangelisch-Reformierte Landeskirche des Kantons Zürich (Hrsg.): *Zürcher Bibel* 2007
16 Testart, La déesse et le grain
17 Ebd.
18 Ebd.
19 Luckenbill, Ancient Records of Assyria and Babylonia, S. 45
20 Genesis 28:1, Luther, Die Bibel
21 Psalm 8: 4–7, Neue Genfer Übersetzung
22 Raschi (Rabbi Schlomo Yitzhaki), Kommentar zu Genesis 28:1
23 Shelley, Ozymandias
24 Augustinus, zitiert nach Holland, Dominion, S. 137
25 Augustinus, De catechizandis rudibus, 18 (Von der Erschaffung der Menschen und der übrigen Geschöpfe)
26 De Genesi ad litteram opus imperfectum; keine Erwähnung von Gen 1,26–28 De Genesi adversus Manichaeos I 17,27
27 Zitiert nach: J. Migne: Sancti Aurelii Augustini, Hipponensis episcopi, opera

omnia (Patrologia Latina, Band 42). Eine englische Übersetzung dieser zentralen Passage findet sich bei Helgeland, Christians and the Military, S. 81 f.
28 Virgil, Aen. 6, S. 730–735
29 Zweiundzwanzig Bücher über den Gottesstaat. Aus dem Lateinischen übers. von Alfred Schröder, Band 1, Kempten; München 1911–1916, S. 25
30 Ebd., S. 741
31 Holland, Dominion, S. xxii
32 Homer: Ilias / Odyssee. Übers. v. Johann Heinrich Voß, München: Winkler Verlag, 1976, S. 551
33 Zitiert nach Freeman, Closing, S. 299
34 Ebd., S. 322
35 Ebd., S. 242
36 Ebd., S. 240 f.
37 Ebd., S. 93 f.
38 Heinrich Heine, Ludwig Börne, in: Werke und Briefe in 10 Bden. Bd. 4, Berlin, Weimar 1972, S. 119
39 D. H. Auden, Musée des Beaux Arts, 1938, Übers. PB.
40 Sernigi, Girolamo (1499). Übersetzung in Ravenstein, E. G. (Hrsg.), A Journal of the First Voyage of Vasco da Gama, 1497–1499, London: Hakluyt Society 1898
41 Dschuang Dsï: Das wahre Buch vom südlichen Blütenland. Düsseldorf/Köln 1972, S. 51–52
42 Ebd., S. 49
43 Headrick, Humans versus Nature, S. 160
44 Die Datierung wird noch immer debattiert und viele Forscher setzen eine wesentlich länge Periode an. Ich habe in *Die Welt aus den Angeln* ausführlich über die Kleine Eiszeit und ihre kulturellen Auswirkungen geschrieben.
45 René Descartes, Abhandlung über die Methode des richtigen Vernunftgebrauchs (1637)
46 Henry More an Descartes, Henry More, ›Epistolæ quatuor ad Renatum DesCartes‹, from Opera omnia, II (1679), S. 227–271
47 René Descartes an Henry More, 2. Mai 1649, zitiert in: Cambridge Neoplatonists. Das Original lässt einige Ambivalenzen zu. Es lautet: *Nec moror astutias et sagacitates canum et vulpium, nec quaecunque alia quae propter cibum, venerem, vel metum a brutis fiunt. Profiteor enim me posse perfacile illa omnia, ut a sola membrorum conformatione profecta, explicare.*
48 Michel de Montaigne, Essais. Versuche, Zweites Buch (1580). Übers.: J. D. Tietz, 1753/54
49 Franz Bacon's Neues Organon. Übersetzt, erläutert und mit einer Lebensbeschreibung des Verfassers versehen von J. H. von Kirchmann, Berlin: L. Heimann, 1870 (Philosophische Bibliothek, Bd. 32), S. 82
50 DRN, Buch V, Kap. III, Band II, S. 216
51 Francis Bacon, Cogitata et visa, SEH 3, S. 619

52 Baruch de Spinoza, Ethica, S. 40
53 Dass Spinoza auf dem Index landete, versteht sich eigentlich von selbst und er war dort in guter Gesellschaft, unter anderem von Descartes, Montaigne, Francis Bacon und Thomas Hobbes. Die Zensoren zeigten einen sicheren Instinkt für historische Bedeutung.
54 Descartes, Discours de la méthode, VI, 2
55 Dazu exemplarisch und ausführlich: Dorothea Weltecke: »Der Narr spricht: Es ist kein Gott«. Atheismus, Unglauben und Glaubenszweifel vom 12. Jahrhundert bis zur Neuzeit, Frankfurt/M. 2010.
56 Anthony Ashley Cooper, third Earl of Shaftesbury, An Inquiry Concerning Virtue or Merit (1699), S. 169
57 Jenyns, Soame, A Free Inquiry into the Nature and Origin of Evil, London, 1757, S. 65–66
58 Noel Antoine Pluche, Spectacle de la nature, Bd. 1, S. iv–v. Le Spectacle de la nature, ou Entretiens sur les particularités de l'Histoire naturelle qui ont paru les plus propres à rendre les jeunes gens curieux et à leur former l'esprit [par l'abbé Pluche], Tome 1, Partie 1 les frères Estienne (Paris) 1764–1770
59 Ebd., S. vii
60 Robertson, S. 148
61 Ebd., S. 188
62 Kant, Werkausgabe, Bd. 1, S. 340 (A 121)
63 Ebd. (A 122)
64 Voltaire, Poëme sur le désastre de Lisbonne, Œuvres complètes de Voltaire, Garnier, 1877, Band 9, S. 470–479
65 J. G. Herder, Ideen zu einer Philosophie der Menschheit, 1. Band, 1781, Kap. 3
66 Kant, Naturgeschichte, S. xii
67 Kant, Was ist Aufklärung, Anfang
68 Peter Gay, The Enlightenment, Bd. II, S. 368
69 Zitiert in: David Day, Conquest – How Societies Overwhelm Others, S. 159
70 Thomas Jefferson, Notes on the State of Virginia (1802), S. 130
71 Jonathan Swift: Lemuel Gullivers sämtliche Reisen: mit Kupfern, dritte Auflage Zürich: bey Orel, Geßner, Füeßlin und Comp., 1772, XV, 500 S., [2], [4] Bl.
72 Paul Henri Thiry d'Holbach, System der Natur, oder von den Gesetzen der Physischen und Moralischen Welt / Aus dem Französischen des Herrn von Mirabaud [übers. von Carl Gottfried Schreiter] Erster Theil, Leipzig, 1791, S. IX. Rechtschreibung angepasst
73 Ebd., S. 1–2
74 Ebd., S. 104
75 Ebd., S. 116
76 Diderot, D'Alembert's Traum, S. 546
77 Diderot an Sophie Volland, 15 Oktober 1759, Œuvres, S. 172
78 Rousseau, Diskurs über die Ungleichheit, Übers. von Moses Mendelssohn, S. 49

79 Ebd., S. 60
80 Ebd., S. 97
81 Bentham: A Comment on the Commentaries and a Fragment on Government, S. 393
82 Jeremy Bentham: Eine Einführung in die Prinzipien der Moral und Gesetzgebung, S. 10
83 Ebd., S. 312
84 Jeremy Bentham: Das Panoptikum, aus dem Englischen und mit einem Essay von Andreas Hofbauer, einem Nachwort von Christian Welzbacher, einem Essay von Henry Sidgwick und einem Interview mit Michel Foucault, Berlin 2013, S. 8.
85 Diese Passage über Bentham ist in einer anderen Version 2017 in meinem Essay »Gefangen im Panoptikum« veröffentlicht worden.
86 Hagenbeck, Carl: Von Tieren und Menschen. Leipzig: Paul List, 1967, S. 4
87 Ebd., S. 158
88 Ebd., S. 43
89 Ebd., S. 57
90 Ebd., S. 61
91 Thomas Phillips: A Journal of a Voyage Made in the Hannibal of London, Ann. 1693, 1694, From England, to Cape's Monseradoe, in Africa, And thence along the Coast of Guiney to Whidaw, the Island of St. Thomas, An so forward to Barbadoes, Walton, 1732, S. 114
92 Ebd., S. 219–220
93 Ebd., S. 219
94 Ebd., S. 142
95 William Cowper, zitiert in George Dow, Slave Ships and Slaving, S. 170
96 Williams, Slavery and Capitalism, S. 196
97 Ebd., S. 19
98 Ebd., S. 23
99 Jefferson, Notes on the State of Virginia, S. 264
100 Hegel, Philosophie der Geschichte, S. 51
101 Ebd., S. 51
102 Ebd., S. 46
103 Ebd., S. 44
104 Ebd., S. 51
105 Schmitt, Nomos der Erde, S. 171
106 Zit. n.: Dieter Schönecker: Amerikaner seien »zu schwach für schwere Arbeit«. Und Schwarze faul: Wie ich lernte, dass Kant Rassist war, NZZ, 16.04.2021.
107 Voltaire, Traité de métaphysique
108 Georges Cuvier, Le règne animal: arrangé en conformité avec son organisation, S. 50
109 Charles Darwin, Die Abstammung des Menschen und die geschlechtliche Zuchtwahl; 2: In: Charles Darwin's gesammelte Werke: 6. Aus dem Englischen von J. Victor Carus, Schweizerbart, Stuttgart 1875, S. 380

110 Galton, Narrative of an Explorer in Tropical South Africa, S. 123
111 Francis Galton, »Photographic Composites«, The Photographic News 1885, S. 243
112 Rev. Joseph S. Exell und Henry Donald Maurice Spence-Jones, The Pulpit Commentary, 48 Bde., London 1880–1897
113 Pankaj Mishra, Das Zeitalter des Zorns: eine Geschichte der Gegenwart. Aus dem Englischen von Laura Su Bischoff und Michael Bischoff, S. Fischer Verlag, Frankfurt/M. 2017, S. 62
114 Hervé Faye, Sur l'origine du monde, théories cosmogoniques des anciens et des modernes, Paris, 1884, S. 110
115 Friedrich Nietzsche, Werke in 3 Bden. München 1954, Bd. 2, S. 127–128n
116 Sigmund Freud: »Das Unbehagen in der Kultur«. In: Sigmund Freud, Studienausgabe, Bd. IX, S. 250.
117 Friedrich Nietzsche, Werke in 3 Bden. München 1954, Bd. 2, S. 208
118 Ebd.
119 Ebd., S. 229
120 Ebd., S. 251–252
121 Coleridge, Rime of the Ancient Mariner
122 William Blake, Auguries of Innocence
123 Zitiert in: Headrick, Humans versus Nature, S. 1
124 Leo Trotzki, zitiert in Murray Feshbach und Alfred Friendly Jr., Ecocide in the USSR: Health and Nature under Siege, New York, 1992, S. 43
125 Shapiro, Mao's War Against Nature, S. 204–205
126 Elizabeth Economy, The River Runs Black: The Environmental Challenge of China's Future, Ithaca, 2010, S. 49
127 Nietzsche, Fröhliche Wissenschaft, S. 222
128 Michel de Montaigne, Schutzschrift für Raymond von Sebonde, in: Michel de Montaigne, Essais. Versuche, Zweites Buch, Übersetzung: J. D. Tietz, 1753/54
129 Ebd.
130 Humboldt, Ansichten, S. 9
131 Ebd., S. 8
132 Ebd., S. 15
133 A. von Humboldt, Kosmos (1845–1862), Band 1, S. 5 f.
134 Friedrich Nietzsche, Also sprach Zarathustra, Werke II, 6. Aufl. Frankfurt/M. u. a.: Ullstein, 1969, S. 581
135 Latour und Weibel, Critical Zones, S. 2
136 James E. Lovelock, Reviews of Geophysics 17, 11 May 1989, S. 215–222
137 Latour und Weibel, Critical Zones, S. 5
138 Latour, Kampf um Gaia, S. 68
139 Rosa, Resonanz – Eine Soziologie der Weltbeziehung, S. 289, *passim*
140 https://www.nzz.ch/feuilleton/alexander-kluge-zeichnet-eine-grosse-beobachtungsgabe-aus-ld.1660027

Bibliografie

Adamson, Peter, und Richard Taylor (Hrsg.). The Cambridge Companion to Arabic Philosophy. New York 2005.
Algaze, Guillermo. »Initial Social Complexity of Southwestern Asia. The Mesopotamian Advantage«. In: Current Anthropology, Bd. 42, Nr. 2 (April 2001), S. 199–233.
Ambrosius von Mailand, Exameron. Übers. von Joh. Ev. Niederhuber, Bibliothek der Kirchenväter. Kempten 1914.
Appiah, Kwame Anthony. In My Father's House: Africa in the Philosophy of Culture. New York 1993.
Assmann, Jan. Die Mosaische Unterscheidung oder Der Preis des Monotheismus. München 2003.
– Monotheismus und die Sprache der Gewalt. Wien 2006.
– Exodus – Die Revolution der Alten Welt. München 2015.
Auerbach, Erich. Mimesis – The Representation of Reality in Western Literature. Princeton, NJ 1953.
Augustinus. De catechizandis rudibus, des heiligen Kirchenvaters Aurelius Augustinus ausgewählte Schriften, Bd. 8; Bibliothek der Kirchenväter, 1. Reihe, Bd. 49. Aus dem Lateinischen übers., unter der Mitarbeit von Patrick Huse. München-Kempten 1925, S. 233–309.
Augustinus von Hippo. Zweiundzwanzig Bücher über den Gottesstaat. Aus dem Lateinischen übers. von Alfred Schröder. Kempten. München 1911–1916.
Aydin, Cemil. The Idea of the Muslim World: A Global Intellectual History. Cambridge, Mass. 2017.
Bacon, Francis. Franz Bacon's Neues Organon. Übersetzt, erläutert und mit einer Lebensbeschreibung des Verfassers versehen von J. H. von Kirchmann. Berlin 1870.
Bakari, Mohamed El-Kamel. »Sustainability and Contemporary Man-Nature Divide: Aspects of Conflict, Alienation, and Beyond«, Consilience: The Journal of Sustainable Development 13(1), 2014, S. 125–146.
Ball, Philip. The Water Kingdom – A Secret History of China. London 2016.
Barnes, Barry, und Steven Shapin (Hrsg.). Natural Order – Historical Studies of Scientific Culture. Beverly Hills, London 1979.
Bayly, C. A. The Birth of the Modern World, 1780–1914. Oxford 2004.
Bellah, Robert N. Religion in Human Evolution from the Palaeolithic to the Axial Age. Cambridge, Mass. 2011.

Bennet, John. »Minoan Civilization«. Oxford Classical Dictionary. Oxford 2015.
Bentham, Jeremy. A Comment on the Commentaries and a Fragment on Government, edited by J. H. Burns and H. L. A. Hart. London 1977.
– Eine Einführung in die Prinzipien der Moral und Gesetzgebung. Aus dem Englischen übersetzt von Imgard Nash (Kapitel I einschließlich Kapitel XVII) und Richard Seidenkranz (übrige Teile). Saldenburg 2013.
Birstein, Vadim J. The Perversion of Knowledge: The True Story of Soviet Science. Boulder, Oxford 2004.
Birrell, Anne. Chinese Mythology: An Introduction. Baltimore, London 1993.
Black, Jeremy. The Literature of Ancient Sumer. London 2004.
Blake, William. Auguries of Innocence. In: The Complete Poetry and Prose of William Blake, Anchor Books, New York, 1982.
Blom, Philipp. Das große Welttheater. Von der Macht der Vorstellungskraft in Zeiten des Umbruchs. Wien 2020.
– Die Welt aus den Angeln. Eine Geschichte der Kleinen Eiszeit von 1570 bis 1700 sowie der Entstehung der modernen Welt, verbunden mit einigen Überlegungen zum Klima der Gegenwart. München 2017.
– Gefangen im Panoptikum. Reisenotizen zwischen Aufklärung und Gegenwart. Salzburg 2017.
– Was auf dem Spiel steht. München 2017.
Blum, P. R. (Hrsg.). Philosophers of the Renaissance. Washington, D. C. 2010.
Blumenberg, Hans. Schiffbruch mit Zuschauer. Paradigma einer Daseinsmetapher. Frankfurt/M. 1979.
Boyce, James. Born Bad – Original Sin and the Making of the Western World. Berkeley 2015.
Buckley, Veronica. Madame de Maintenon – The Secret Wife of Louis XIV. London 2008.
Cajete, Gregory. Native Science: Natural Laws of Interdependence. Santa Fe, NM 1999.
Callicott, J. Baird, und Roger T. Ames (Hrsg.). Nature in Asian Traditions of Thought: Essays in Environmental Philosophy. Albany, NY 1989.
Campbell, Joseph. The Masks of God. 4 Bde. New York 1959–1968.
Carson, Rachel. Silent Spring. New York 1962 (Dt.: Der stumme Frühling. Mit einem Vorwort von Theo Löbsack, übersetzt von Margaret Auer. München 1962, 1968, 1976).
Casas, Bartholomé de las. The Devastation of the Indies: A Brief Account. Baltimore 1992 (1552).
Chakrabarty, Dipesh. Das Klima der Geschichte im planetarischen Zeitalter. Frankfurt/M. 2022.
Challenger, Melanie. How to be an Animal: A New History of What it Means to be Human. London 2021.
Cheng, Anne. Histoire de la pensée chinoise. Paris 1997.

Bibliografie

Chomsky, Noam, und Robert Pollin, mit C. J. Polychroniou. Climate Crisis and the Global Green New Deal. London 2020.
Clendinnen, Inga. Aztecs: An Interpretation. Cambridge 2014.
Coccia, Emanuele. Metamorphoses. London 2021.
Coetzee, P. H., und A. P. J. Roux (Hrsg.). The African Philosophy Reader. 2. Aufl. New York 2003.
Cohen, Cl. La femme des origines: Images de la femme dans la préhistoire occidentale. Paris 2003.
Coleridge. »Rime of the Ancient Mariner«. In: The Complete Poems, London, 1997.
Conrad, David. Empires of Medieval West Africa: Ghana, Mali, and Songhay. New York 2009.
Cooper, Anthony Ashley, third Earl of Shaftesbury. An Inquiry Concerning Virtue or Merit. Stuttgart 1984.
Copenhaver, B. P., und C. B. Schmitt. Renaissance Philosophy. Oxford 1992.
Cottingham, J. »›A Brute to the Brutes?‹. Descartes' Treatment of Animals«. In: Philosophy 53 (206), 1978, S. 551–559.
Cronon, William (Hrsg.). Uncommon Ground – Rethinking the Human Place in Nature. New York 1996.
Curran, Andrew S. Curran. The Anatomy of Blackness: Science & Slavery in an Age of Enlightenment. Baltimore 2011.
Cuvier, Georges. Le règne animal: arrangé en conformité avec son organisation. 4 Bde. Paris 1817.
Davidson, Basil. The African Slave Trade. New York 1961.
Descartes, René. Discours sur la méthode. Abhandlung über die Methode des richtigen Vernunftgebrauchs (1637). Übers. von Kuno Fischer. München 1966.
Descola, Philippe. Diversité des natures, diversité des cultures. Paris 2010.
– Jenseits von Natur und Kultur. Berlin 2011.
– Par-delà nature et culture. Paris 2005.
– L'Écologie des autres. L'anthropologie et la question de la nature. Paris 2011.
– La Composition des mondes. Entretiens avec Pierre Charbonnier. Paris 2014.
– Les formes du visible. Paris 2021.
Diderot, Denis. Le rêve de d'Alembert. Paris 1830.
– Supplément au voyage de Bougainville. Paris 1772.
Diderot, Denis, mit Guillaume Raynal. Histoire philosophique et politique des deux Indes. Paris 1772–1781.
Dow, George. Slave Ships and Slaving. Salem, Mass. 1927.
Dschuang Dsï. Das wahre Buch vom südlichen Blütenland. Düsseldorf, Köln 1972.
Economy, Elizabeth. The River Runs Black: The Environmental Challenge of China's Future. Ithaca 2010.
Eliade, Mircea. Paradise and Utopia: Mythical Geography aod Eschatology, in: Frank E. Manuel (Hrsg.). Utopia and Utopian Thought. Boston 1966, S. 261 ff.

Elvin, Mark. The Retreat of the Elephants: An Environmental History of China. New Haven. London 2004.
Elvin, Mark, and Liu Ts'ui-jung (Hrsg.). Sediments of Time: Environment and Society in Chinese History. Studies in Environment and History. Cambridge 1998.
Engels, Friedrich. »Dialektik der Natur«, in: Karl Marx / Friedrich Engels – Werke. Band 20. Berlin/DDR 1962, S. 444–455.
Ernst, G. Tommaso Campanella: The Book and the Body of Nature. Übers. von D. Marshall. Dordrecht 2010.
Evangelisch-Reformierte Landeskirche des Kantons Zürich (Hrsg.). Zürcher Bibel. Zürich 2007.
Evernden, Neil. The Social Creation of Nature. Baltimore 1992.
Exell, Joseph S., und Henry Donald Maurice Spence-Jones. The Pulpit Commentary, 48 Bde. London 1880–1897.
Fanon, Frantz. Black Skin, White Masks. Übersetzt von R. Philcox. New York 1952.
– The Wretched of the Earth. 1961. Übersetzt von R. Philcox. Paris 1963.
Faye, Hervé. Sur l'origine du monde, théories cosmogoniques des anciens et des modernes. Paris 1884.
Feshbach, Murray, und Alfred Friendly Jr. Ecocide in the USSR: Health and Nature under Siege, New York 1992.
Fleming, Andrew. »The Myth of the Mother-Goddess«. In: World Archaeology. Bd. 1, in Nr. 2: Techniques of Chronology and Excavation, 1969, S. 247–261.
Foucault, Michel. Les mots et les choses. Paris 1966.
Frankopan, Peter. The Silk Roads: A New History of the World. London 2015.
Freeman, Charles. The Closing of the Western Mind – The Rise of Faith and the Fall of Reason. London 2003.
Freud, Sigmund. »Das Unbehagen in der Kultur«. In: Sigmund Freud. Studienausgabe, Bd. IX. Fragen der Gesellschaft, Ursprünge der Religion. Hrsg. von Alexander Mitscherlich, Angela Richard, James Strachey. Fischer, Frankfurt/M. 1997.
Fukuyama, Francis. The End of History and the Last Man. New York 1992.
Gaillardet, Jérôme, und Soraya Boudia, »La Zone critique«. In: Revue d'anthropologie des connaissances [online], 15-4 (2021).
Galton, Francis. The Narrative of an Explorer in Tropical South Africa. London 1853.
Gatti, H. (Hrsg.). Giordano Bruno: Philosopher of the Renaissance. Aldershot 2002.
Gay, Peter. The Enlightenment: An Interpretation: The Rise of Modern Paganism. New York 1966.
– The Enlightenment: An Interpretation: The Science of Freedom. New York 1969.
Gilbert, Scott F., und David Epel. Ecological Developmental Biology. Integrating Epigenetics, Medicine and Evolution. Sunderland, Mass. 2009.
Gimbutas, Marija. The gods goddesses of Old Europa, 7000–3000 BC: Myths, legends & cult images. Berkeley, Los Angeles 1974.
Glacken, Clarence J. Traces on the Rhodian Shore. Nature and Culture in Western Thought from Ancient Times to the End of the Eighteenth Century. Berkeley 1967.

Goodison, Lucy, und Christine Morris (Hrsg.). Ancient Goddesses: The Myths and the Evidence. London 1998.
Gosh, Amitav. The Nutmeg's Curse: Parables for a Planet in Crisis. London 2022.
Gottschall, Jonathan. The Storytelling Animal – How Stories Make Us Human. New York 2012.
Graeber, David, und David Wengrow. The Dawn of Everything. London 2021.
Graham, A. C. Disputers of the Tao: Philosophical Argument in Ancient China. La Salle, Ill. 1989.
Graves, Robert. The White Goddess. London, Faber & Faber, 1948.
Gray, John. Black Mass: Apocalyptic Religion and the Death of Utopia. London 2007.
– The Silence of Animals: On Progress and Other Modern Myths. London 2013.
– The Soul of the Marionette: A Short Inquiry into Human Freedom. London 2015.
Greenwood, David J., und William A. Stini. Nature, Culture, and Human History. New York 1977.
Gribbin, John, und Mary Gribbin. James Lovelock: In Search of Gaia. Princeton, NJ 2009.
Gupta, Bina. An Introduction to Indian Philosophy: Perspectives on Reality, Knowledge, and Freedom. New York 2011.
Hagenbeck, Carl. Von Tieren und Menschen. Leipzig 1967.
Hanke, Lewis. All Mankind Is One: A Study of the the Disputation between Bartlomé de Las Casas and Juan Ginés de Sepúlveda in 1550 on the intellectual and religious capacity of the American Indians. Illinois 1974.
Hankins, J. Plato in the Italian Renaissance, 2 Bde. Leiden 1990.
Headley, J. M. Tommaso Campanella and the Transformation of the World. Princeton, NJ 1997.
Headrick, Daniel R. Humans versus Nature. A Global Environmental History. Oxford 2020.
Hegel, Georg Wilhelm Friedrich. Vorlesungen über die Philosophie der Geschichte. München 1924.
Heimert, Alan. Puritanism, The Wildemess and the Frontier. In: New England Quarterly 26, 1953.
Heine, Heinrich. Werke und Briefe in 10 Bden. Berlin, Weimar 1972.
Helgeland John u. a. (Hrsg.). Christians and the Military. Philadelphia 1985.
Henry, Paget. Caliban's Reason: Introducing Afro-Caribbean Philosophy. New York 2000.
Herder, Johann Gottfried. Ideen zur Philosophie der Geschichte der Menschheit. In: Werke in 10 Bden. Bd. 6. Hrsg. von Martin Bollacher. Frankfurt/M. 1989.
Hobbes, Thomas. Leviathan. London (1651) 1985.
Hoffman, Philip T. Why did Europe Conquer the World? Princeton, NJ 2015.
Holbach, Paul Henry Thiry d'. System der Natur, oder von den Gesetzen der Physischen und Moralischen Welt. Aus dem Französischen des Herrn von Mirabaud. Übers. von Carl Gottfried Schreiter. Erster Theil, Leipzig 1791.

Holland, Tom. Dominion – The Making of the Western Mind. London 2019.
Holmes, Richard. The Age of Wonder – How the Romantic Generation Discovered the Beauty and Terror of Science. London 2008.
Holzinger, Markus. Natur als sozialer Akteur. Realismus und Konstruktivismus in der Wissenschafts- und Gesellschaftstheorie. Opladen 2004.
Homer: Ilias/Odyssee. Übers. v. Johann Heinrich Voß. München 1976.
Howard, Douglas A. A History of the Ottoman Empire. Cambridge 2017.
Hrouda, Barthel (Hrsg.). Der alte Orient. München 1991.
Humboldt, Alexander von. Ansichten der Kordilleren und Monumente der eingeborenen Völker Amerikas. Übers. von Claudia Kalscheuer. Frankfurt/M. 2004.
– Kosmos – Entwurf einer physischen Weltbeschreibung. Mit Berghaus-Atlas. Hrsg. von Ottmar Ette und Oliver Lubrich. Frankfurt/M. 2004.
Hyde, Lewis. The Gift – How the Creative Spirit Transforms the World. New York 1979.
Israel, Jonathan. A Revolution of the Mind: Radical Enlightenment and the Intellectual Origins of Modern Democracy. Princeton, NJ 2009.
– Democratic Enlightenment: Philosophy, Revolution, and Human Rights 1750–1790. Princeton, NJ 2011.
– Enlightenment Contested: Philosophy, Modernity, and the Emancipation of Man, 1670–1752. Princeton, NJ 2006.
– Radical Enlightenment: Philosophy and the Making of Modernity, 1650–1750. Princeton, NJ 2001.
– The Enlightenment That Failed: Ideas, Revolution, and Democratic Defeat, 1748–1830. Princeton, NJ 2019.
Ivanhoe, Philip J., und Bryan W. Van Norden (Hrsg.). Readings in Classical Chinese Philosophy. 2. Aufl. Indianapolis 2005.
Jacobsen T, Adams RM. »Salt and Silt in Ancient Mesopotamian Agriculture: Progressive changes in soil salinity and sedimentation contributed to the breakup of past civilizations«. In: Science, Bd. 128, Nr. 3334, 1958, S. 1251 ff.
James, William. »The Will to Believe« in Pragmatism: The Classic Writings. Hrsg. von H. S. Thayer. Indianapolis 1982.
Jefferson, Thomas. Notes on the State of Virginia. Hrsg. von William Harwood Peden. New York 1982.
Kant, Immanuel. Werkausgabe. Hrsg. von Wilhelm Weischedel. Frankfurt/M. Bd. 1. Vorkritische Schriften bis 1768. Frankfurt/M. 1977.
Keen, Benjamin. Essays in the Intellectual History of Colonial Latin America. Boulder, Colorado 1998.
Kim, Yung Sik. The Natural Philosophy of Chu Hsi, 1130–1200. Philadelphia 2000.
Khalidi, Muhammad A. (Hrsg.). Medieval Islamic Philosophical Writings. New York 2005.
Kramer, Samuel Noah. The Sumerians: Their History, Culture, and Character. Chicago, IL 1971.

Lambert, W. G., and Alan R. Millard. Atra-Hasis: The Babylonian Story of the Flood. Oxford 1969.
Latour, Bruno. Cogitamus. Six lettres sur les humanités scientifiques. Paris 2010.
– Enquête sur les modes d'existence. Une anthropologie des Modernes. Paris 2012.
– Face à Gaïa: Huit conférences sur le nouveau régime climatique. Paris 2015.
– Kampf um Gaia: Acht Vorträge über das Neue Klimaregime. Aus dem Französischen von Achim Russer und Bernd Schwibs. Berlin 2017.
– La clef de Berlin et autres leçons d'un amateur de sciences. Paris 1993.
– Nous n'avons jamais été modernes. Paris 1991.
– Où atterrir? Comment s'orienter en politique. Paris 2017.
– Où suis-je? Leçons du confinement à l'usage des terrestres. Paris 2021.
Latour, Bruno, und Peter Weibel. Critical Zones. The Science and Politics of Landing on Earth. Cambridge, Mass. 2020.
Leick, Gwendolyn. Mesopotamia: The Invention of the City. London 2001.
Levi, Primo. Il sistema periodico. Turin 1973.
Lopez, Barry. Horizon. London 2020.
Luckenbill, Daniel David. Ancient Records of Assyria and Babylonia. Band 2: Historical Records of Assyria From Sargon to the End. Chicago, IL 1927.
Luther, Martin. Die Bibel, 1546. Hier: Deutsche evangelische Kirchenkonferenz und Britische und ausländische Bibelgesellschaft, Berlin 1906.
Maffie, James. Aztec Philosophy: Understanding a World in Motion. Boulder 2014.
Margulis, Lynn, und Dorian Sagan. Microcosmos: Four Billion Years of Microbial Evolution. Berkeley, Los Angeles 1997.
Maul, Stefan M. Das Gilgamesch-Epos. Neu übersetzt und kommentiert. München 2005.
Mbembe, Achille. Critique of Black Reason. Übersetzt von Lauren Dubois. Durham, NC 2017.
McKibben, Bill. The End of Nature. London 1990.
McPhee, John. Dominating Nature. New York 1989.
Merchant, Carolyn. The Anthropocene and the Humanities: From Climate Change to a New Age of Sustainability. New Haven, London 2020.
– »The Scientific Revolution and The Death of Nature«. In: Isis 97, 2006, S. 513–533.
Mengzi. The Essential Mengzi. Übersetzt von Bryan W. Van Norden. Indianapolis 2007.
Mills, Charles W. The Racial Contract. Ithaca, NY 1999.
Mishra, Pankaj. A Great Clamour: Encounters with China and Its Neighbours. London 2013.
– Age of Anger: A History of the Present. London 2017.
– Bland Fanatics: Liberals, Race, and Empire. London 2020.
Montaigne, Michel de. Essais. Versuche, Zweites Buch (1580). Übers. von J. D. Tietz, 1753/54. Zürich 2000.

Morton, Timothy. Hyperobjects: Philosophy and Ecology After the End of the World. Minneapolis 2013.

Muthu, Sankar. Enlightenment Against Empire. Princeton, NJ 2003.

Nagao, Debra. »The Planting of Sustenance: Symbolism of the Two-Horned God in Offerings from the Templo Mayor«. Res: Anthropology and Aesthetics 10 (n.d.), S. 5–27.

Needham, Joseph. Science and Civilization in China, Band 7, Teil II: General Conclusions and Reflections. Cambridge 2004.

Needham, Joseph, with Wang Ling. Science and Civilization in China, v. 1: Introductory Orientations. Cambridge 1954.

– Science and Civilization in China, Band 2: History of Scientific Thought. Cambridge 1957.

Nietzsche, Friedrich. Werke in 3 Bden. München 1954.

Norton-Smith, Thomas M. The Dance of Person and Place: One Interpretation of American Indian Philosophy. Albany 2010.

Paganini, G., und Maia Neto, J. R. (Hrsg.). Renaissance Scepticisms. Dordrecht, 2009.

Pelluchon, Corine. Les lumières à l'âge du vivant. Paris 2021.

Phillips, Thomas. A Journal of a Voyage Made in the Hannibal of London, Ann. 1693, 1694, From England, to Cape's Monseradoe, in Africa, And thence along the Coast of Guiney to Whidaw, the Island of St. Thomas, An so forward to Barbadoes. Walton 1732.

Pluche, Noel Antoine. Spectacle de la nature, Band 1, iv–v. Le Spectacle de la nature, ou Entretiens sur les particularités de l'Histoire naturelle qui ont paru les plus propres à rendre les jeunes gens curieux et à leur former l'esprit [par l'abbé Pluche] ... Tome 1, Partie 1 les frères Estienne. Paris 1764–1770.

Plumwood, Val. Feminism and the Mastery of Nature. London, New York 1993.

– »Nature as Agency and the Prospects for a Progressive Naturalism«. In: Capitalism, Nature, Socialism 12, Nr. 4 (2001).

Popkin, R. H. The History of Scepticism from Savonarola to Bayle. Oxford 2003.

Ranke, Hermann: Das Gilgamesch-Epos. Der älteste überlieferte Mythos der Geschichte. Wiesbaden 2012.

Raschi (Rabbi Schlomo Yitzchaki). Perush Rashi 'al ha-Torah. Jerusalem 1994.

Ravenstein, E. G. (Hrsg.). A Journal of the First Voyage of Vasco da Gama, 1497–1499. London 1898.

Richter-Boix, Alex. El Primate que cambió el mundo: Nuestra relación con la naturaleza desde las cavernas hasta hoy. Barcelona 2022.

Robertson, Ritchie. The Enlightenment – The Pursuit of Happiness 1680–1790. London 2020.

Rosa, Hartmut. Resonanz – Eine Soziologie der Weltbeziehung. Berlin 2016.

Rountree, Kathryn. Archaeologists and Goddess Feminists at Çatalhöyük: An Experiment in Multivocality. In: Journal of Feminist Studies in Religion. Band 23, Nr. 2, 2007, S. 7–26.

Rousseau, Jean-Jacques. Diskurs über die Ungleichheit. Johann Jacob Rousseau, Bürgers zu Genf Abhandlung von dem Ursprunge der Ungleichheit unter den Menschen, und worauf sie sich gründe. Übers. von Moses Mendelssohn. Berlin 1756.

Rubiés, Joan-Pau. »Ethnography, philosophy and the rise of natural man 1500–1750«. In: Guido Abbattista (Hrsg.). Encountering Otherness. Diversities and Transcultural Experiences in Early Modern European Culture, Trieste: EUD, 2011, S. 97–127.

Sanford, Charles L. The Quest for Paradise, European and American Moral Imagination. Urbana 1961.

Scheidler, Fabian. Der Stoff, aus dem wir sind. München 2021.

Schmitt, Carl. »Der Begriff des Politischen«. In: Archiv für Sozialwissenschaften und Sozialpolitik 58 (1927), S. 1–33.

– Der Nomos der Erde im Völkerrecht des Jus Publicum Europaeum. Berlin 1950.

– Politische Theologie. Vier Kapitel zur Lehre von der Souveränität. München, Leipzig 1922.

Schwartz, Benjamin I. The World of Thought in Ancient China. Cambridge, Mass. 1985.

Scott, James C. Against the Grain – A Deep History of the Earliest Times. New Haven, London 2017.

Segarra, Marta. Humanimales: Abrir las fronteras de lo humano. Barcelona 2022.

Sennett, Richard. Flesh and Stone: The Body and the City in Western Civilization. New York 1994 (Dt.: Fleisch und Stein. Berlin 1995).

– Respect in a World of Inequality. Penguin, 2003 (Dt.: Respekt im Zeitalter der Ungleichheit. Übers. Von Michael Bischoff. Berlin 2004).

– The Corrosion of Character, The Personal Consequences of Work in the New Capitalism. New York 1998.

– The Culture of the New Capitalism, Yale 2006.

– The Craftsman. London 2008.

– Together: The Rituals, Pleasures, and Politics of Cooperation. New Haven, CT 2012.

Serres, Michel. Le Contrat naturel. Paris 1990.

Shapin, Steven. Never Pure. Baltimore 2010.

Shapiro, Judith. Mao's War Against Nature. Cambridge 2001.

Sharman, J. C. Empires of the Weak – The Real Story of European Expansion and the Creation of the New World Order. Princeton, NJ 2019.

Sheldrake, Merlin. Entangled Life: How Fungi Make Our Worlds, Change Our Minds & Shape Our Futures. London 2020.

Shelley, Percy Bysshe: »Ozymandias«. In: Shelley's Poetry and Prose. London, 1977.

Soper, Kate. What is Nature? Oxford 1995.

Soyfer, Valery N. »The consequences of political dictatorship for Russian science«. In: Nature Reviews Genetics 2, Nr. 9, September 2001, S. 723–729.

Spinoza, Baruch de. Ethica – Ethik in geometrischer Ordnung dargestellt. Hamburg 1999.
Swift, Jonathan. Lemuel Gullivers sämtliche Reisen: mit Kupfern. 3. Auflage. Zürich 1772.
Testart, Alain. La déesse et le grain: Trois essais sur les religions néolithiques. Paris 2010.
Tiwald, Justin, und Bryan W. Van Norden (Hrsg.). Readings in Later Chinese Philosophy: Han Dynasty to the 20th Century. Indianapolis 2014.
Van Norden, Bryan W. Introduction to Classical Chinese Philosophy. Indianapolis 2011.
– Taking Back Philosophy: A Multicultural Manifesto. New York 2017.
– Virtue Ethics and Consequentialism in Early Chinese Philosophy. New York 2007.
Vogel, Hans Ulrich, and Günter Dux (Hrsg.). Concepts of Nature: A Chinese-European Cross-Cultural Perspective. Leiden 2010.
Voltaire. Candide. Genf 1758.
– »Poëme sur le désastre de Lisbonne«. In: ders., Œuvres complètes de Voltaire, Garnier 1877.
– Traité de métaphysique. François Marie Arouet, dit (1694–1778). Œuvres complètes. De l'imprimerie de la société littéraire typographique, Kehl 1784–1789.
Weaver, Jace (Hrsg.). Defending Mother Earth: Native American Perspectives on Environmental Justice. Maryknoll, NY 1996.
Wesel, Uwe. Der Mythos vom Matriarchat. Frankfurt/M. 1999.
Whitehead, Alfred North. The Concept of Nature. Cambridge 1920.
Whyte, Kyle P. »Our Ancestor's Dystopia Now: Indigenous Conservation and the Anthropocene«. In: Routledge Companion to the Environmental Humanities. Hrsg. von U. Heise, J. Christensen und M. Niemann. London 2016.
Williams, Eric. Capitalism and Slavery. New York 1944, Neuausgabe London 2022.
– The Economic Aspect of the Abolition of the West Indian Slave Trade and Slavery. Lanham, Maryland 2014.
Williams, George H. Wilderness and Paradise in Christian Thought. New York 1962.
Wiredu, Kwasi (Hrsg.). A Companion to African Philosophy. Malden, MA 2004.
Xagorari-Gleißner, Maria. Meter Theon: Die Göttermutter bei den Griechen. Rutzen, Mainz u. a. 2008.
Yates, Frances. Giordano Bruno and the Hermetic Tradition. London 1964.
Yaycioglu, Ali. Partners of the Empire: The Crisis of the Ottoman Order in the Age of Revolutions. Stanford, California 2016.
Zalasiewicz, Jan. The Earth After Us. Oxford 2008.
– The Planet in a Pebble – A Journey into Earth's Deep History. London 2010.
Zhao, Tingyang. Alles unter dem Himmel – Vergangenheit und Zukunft der Weltordnung. Frankfurt/M. 2020.
Zhuangzi. Wandering on the Way: Early Taoist Parables and Tales of Chuang Tzu. Übers. von Victor Mair. Honolulu 1997.

Bildnachweis

© Noa Jansma: 13
© NOAA: 289
akg-images: 117, 181, 272
akg-images/arkivi: 231
akg-images/BRITISH LIBRARY/SCIENCE PHOTO LIBRARY: 225
akg-images/Erich Lessing: 29, 53, 244, 270
akg-images/Joseph Martin: 73
Heritage Images/Heritage Art/akg-images: 179
Hervé Champollion/akg-images: 103
mauritius images/Old Visuals: 10
Stiftung Preußischer Kulturbesitz: © Foto: Kunstbibliothek, Staatliche Museen zu Berlin: 151

Personenregister

Adorno, Theodor W. 228, 284
Ajall Shams al-Din Omar al-Bukhari, Sayyid 129
al-Bīrūnī, Abū Rayhān 144
Algaze, Guillermo 46
Aristoteles 90, 100, 163, 168
Arkwright, Richard 182 f.
Ashurbanipal 61, 73–76, 88 f.
Auden, W. H. 117
Augustinus 92–99, 101 f., 106, 109, 149, 265, 277, 293

Baartman, Saartjie 252
Bachofen, Johann Jakob 55, 57
Bacon, Francis 115, 166 f., 169–172, 177, 205, 334, 340
Basilius der Große 110
Bayle, Pierre 210
Bentham, Jeremy 221–227
Bentham, Samuel 223
Blake, William 269 f., 274
Bloom, Harold 107
Bottéro, Jean 51
Bowie, David 124
Brennus 108
Bruegel, Pieter d. Ä. 117–125, 273
Brunel, Isambard Kingdom 271
Büchner, Georg 266
Buffon, Georges-Louis Leclerc de 209, 213, 245
Burnet, Thomas 197

Campbell, Joseph 56
Camus, Albert 199
Čapek, Karel 275

Cassian 110
Chakrabarty, Dipesh 19
Chaplin, Charlie 275
Churchill, Winston 255
Coleridge, Samuel Taylor 219, 268
Condorcet, Nicolas de 216
Cotton, John 206
Cowper, William 239
Cuvier, Georges 252 f.
Cyrus 87

D'Alembert, Jean-Baptiste le Rond 215, 245, 338
Darwin, Charles 182, 253 f., 256, 314
Darwin, Erasmus 182
De La Barre, Chevalier 211
d'Épinay, Louise 200
Derham, William 192
Descartes, René 147, 159–163, 173, 177 f., 202, 205, 209, 228 f., 244, 287, 303, 305, 334
Descola, Philippe 23
Dickens, Charles 266
Diderot, Denis 207, 211, 213, 215–217, 245, 248, 315, 338
Dostojewski, Fjodor 266

Emerson, Ralph Waldo 219
Engels, Friedrich 268
Evans, Arthur 57 f., 62 f.

Forster, Georg 251
Foucault, Michel 107, 226, 228
Franz I. 243

Freud, Sigmund 58, 264 f.
Fukuyama, Francis 288, 297

Galiani, Ferdinando 211, 213
Galton, Francis 254–256
Galvani, Luigi 185
Garrick, David 213
Gay, Peter 204
Geoffrin, Marie Thérèse Rodet 213
Gimbutas, Marija 56
Goethe, Johann Wolfgang von
   81, 266, 277, 313
Grotius, Hugo 216
Gustav Adolf 150

Haeckel, Ernst 252, 258
Hagenbeck, Carl 231–234, 251, 258
Halley, Edmond 192
Harris, John 144
Hayek, Friedrich 282
Headrick, Daniel R. 68, 137
Hegel, Georg Wilhelm Friedrich
   245–249, 258, 277, 307, 311
Heine, Heinrich 79, 111
Heisenberg, Werner 333
Helvétius, Claude Adrien 216
Herder, Johann Gottfried 199
Hieronymus 110
Hilliard, Nicholas 167
Hobbes, Thomas 188, 216, 351
Holbach, Paul Henry Thiry d'
   187, 211–217, 343
Holland, Tom 101
Homer 85
Horkheimer, Max 228, 284
Hugo, Victor 266
Humboldt, Alexander von 251, 311–315
Hume, David 202, 210, 213, 250

Israel, Jonathan 190, 210, 334

Jansma, Noa 12 f.
Jefferson, Thomas 206, 241 f.
Jenyns, Soame 193
Jeschuah ben Joseph 71, 89 f., 100,
   107, 112
Jiang Zemin 283
Josef II. 243
Julian von Eclanum 109
Jung, Carl Gustav 56
Jungk, Robert 284

Kahn, Fritz 305
Kant, Immanuel 188, 197, 201–204,
   228, 249, 304, 307, 333, 340
Katharina die Große 223
Kierkegaard, Søren 266
Kluge, Alexander 9, 345
Konfuzius 137
Konstantin der Große 100 f., 103
Kopernikus, Nikolaus 20, 301 f.

La Boétie, Étienne de 219
La Mettrie, Julien Offray de 211
Lang, Fritz 275
Laplace, Pierre-Simon 261, 265, 313
Latour, Bruno 22, 41, 79, 327–329, 342
Leibniz, Gottfried Wilhelm 188, 193,
   198, 304
Lévi-Strauss, Claude 340
Linné, Carl von 245, 305
Livius, Titus 108
Li Zicheng 154
Locke, John 13, 244
Lombroso, Cesare 252, 255
Lorrain, Claude 273
Louis XIV. 178
Lovelock, James 328 f.
Lukrez 168, 202, 210, 216, 315
Luther, Martin 60, 84, 148

Machiavelli, Niccolò 149, 216
Mann, Adrian 225

Mann, Michael 289
Mao Zedong 11, 283
Margulis, Lynn 328
Marquis de Pombal 200
Marx, Karl 20, 218, 268, 338
May, Karl 231
Melville, Herman 269
Mendelssohn, Moses 217
Meslier, Jean 211
Mishra, Pankaj 260, 264
Montaigne, Michel de 163f., 166, 172, 174, 177, 210, 219, 247, 308–310, 312, 315, 324, 334, 336
Montesquieu, Charles de Secondat, Baron de 209, 250
More, Henry 161–163
Murad III. 144

Napoleon I. Bonaparte 261
Nebukadnezar 77
Newton, Isaac 192, 269f., 303
Nietzsche, Friedrich 252, 262, 266f., 277, 295, 301, 316
Novalis 219

Origenes 100, 110, 293
Ovid 62, 119–121

Paulus 90, 107, 112
Perelle, Adam 179
Philipp II. 123
Phillips, Thomas 235–237, 240, 259
Pinckard, George 241
Piri Reis 144
Plato 89f., 93f., 98, 100, 104, 160, 163, 266, 344
Plotin 93
Pluche, Noël-Antoine 193–195
Potemkin, Gregor 223f.
Priestley, Joseph 182, 185, 254
Putin, Wladimir 220

Ramses II. 88
Ranke-Graves, Robert 56
Rashi 84
Raynal, Guillaume 211
Reimarus, Hermann Samuel 195
Rembrandt van Rijn 11
Renan, Ernest 230
Rilke, Rainer Maria 219
Robertson, Ritchie 194
Robespierre, Maximilien 221
Rosa, Hartmut 343
Rousseau, Jean-Jacques 12, 23, 68, 196, 211, 213, 217–220, 258
Rovelli, Carlo 316
Ruisdael, Jacob van 10f.

Sargon von Akkad 80
Sartre, Jean-Paul 199
Schmitt, Carl 230, 248f.
Scott, James C. 45
Seneca, Lucius Annaeus 216
Sernigi, Girolamo 127–129
Shakespeare, William 213
Shaw, George Bernard 255
Sheldrake, Merlin 317
Shelley, Mary 58, 88, 185, 266, 269
Shelley, Percy Bysshe 88, 269
Sîn-leqe-unnīnī 32
Smith, Adam 213, 218
Snelgrave, William 240, 246
Soliman, Angelo 243f.
Spinoza, Baruch de 174–178, 191, 193, 210, 310, 315, 334
Stalin, Josef 282
Sterne, Lawrence 213
Suleiman der Prächtige 141
Swift, Jonathan 207

Taqi ad-Din Muhammad ibn Ma'ruf 144
Telesio, Bernardino 167–169, 172, 174, 177, 310

Tertullian 110
Testart, Alain 64
Thomas von Aquin 109
Trotzki, Leo 282
Turner, Joseph Mallord William 270–274, 278

Utnapischtin 35–38, 80, 97

Vasco da Gama 127, 129
Verdi, Giuseppe 266
Vergil 98
Vira Alakesvara 131
Volland, Sophie 216
Voltaire 188, 190, 198 f., 208, 211, 228, 250, 339

Wanli 153 f.
Weber, Max 213

Wedgwood, Josiah 182 f.
Widtsoe, John 282
Wilhelm II. 293
Williams, Eric 239, 352
Winthrop, John 206
Wittfogel, Karl 41
Wolff, Christian 191 f.
Wollstonecraft, Mary 200
Wright of Derby, Joseph 181–186, 254

Xerxes 88

Yongle 129–134

Zedekiah 77
Zhang Juzheng 153
Zheng He 129–134
Zhuang Zhou 136 f.